LEHRBUCH FÜR HEILPRAKTIKER

INNERE MEDIZIN

Mit den meldepflichtigen Infektionskrankheiten und den prüfungsrelevanten Themen aus der Inneren Medizin

Dr. med. Dr. phil. Hartmut Hildebrand
Heilpraktikerin Sabine Kaiser

Kreativität & Wissen
1999

Die Erkenntnisse der Medizin unterliegen laufendem Wandel: neue Diagnostikmethoden, neue Forschungsergebnisse und neue klinische Erfahrungen erweitern ständig unser medizinisches Wissen. Dies mögen unsere Leser bedenken, wenn sie im medizinischen Bereich tätig sind und Verantwortung für Patienten übernehmen.
Wir haben große Sorgfalt darauf verwandt, daß unsere Angaben dem aktuellen Wissensstand bei Fertigstellung des Werkes entsprechen. Wir bitten unsere Leser, uns alle etwa auffallenden Ungenauigkeiten mitzuteilen.
Korrekturhinweise, Verbesserungsvorschläge und Ergänzungen sind willkommen!
Anschrift der Verfasser:
Verlag Kreativität & Wissen, z. Hd. Hildebrand/Kaiser, Friedrichstr. 11, 74372 Sersheim, Fax: 07042 830287

DANKSAGUNG
Für konstruktive Kritik bedanken wir uns bei den vielen ausgezeichneten Dozenten von „Team Dr. Dr. Hildebrand", bei unseren zahlreichen Schülern und bei den Teilnehmern unserer Pauk-, Intensiv- und Prüfungsvorbereitungskurse.

5., überarbeitete Auflage 1999

ISBN 3-931865-23-1

Petra Hildebrand, Verlag Kreativität & Wissen, Sersheim

Printed in Germany
Druck und Verarbeitung: Gruner Druck GmbH, Sonnenstr. 23b, 91058 Erlangen

Petra Hildebrand
Verlag Kreativität & Wissen
Friedrichstr. 11
D-74372 Sersheim
Tel.: 07042-830286
Fax: 07042-830287

Bestellung

1. über den Buchhandel (Standardbuchnummer ISBN 3-931865-23-1)
2. mit Verrechnungsscheck 64.- (inkl. Porto und Verpackung. An: Kreativität & Wissen, Friedrichstr. 11, D-74372 Sersheim) bitte zusätzliche Absenderangabe auf der Scheckrückseite! Schnellster Weg!!
3. **per Bankeinzug (bitte Einzugsermächtigung zur einmaligen Abbuchung des Betrages beifügen). Bankleitzahl, Kontonummer und Bank**
4. bei Nachnahmeversand: zuzüglich DM 12.-

Achtung:
Die vollständige deutliche Absenderangabe ist unbedingt erforderlich.

Dieses Buch wird ständig aktualisiert.
Bitte erkundigen Sie sich nach den aktuellen Preisen (Tel. 07042-830286).

INHALTSVERZEICHNIS

LERNTEXTE

ABBILDUNGEN

ALLGEMEINE PATHOLOGIE (AUSWAHL)

ALLGEMEINE ÄTIOLOGIE UND PATHOGENESE VON KRANKHEITEN

ALLGEMEINE DEFINITIONEN

GESUNDHEIT

Die Definition von „Gesundheit" ist schwierig.
WHO (World Health Organization, Weltgesundheitsorganisation): Gesundheit ist der Zustand völligen körperlichen, seelischen und sozialen Wohlbefindens.
HOFF: Gesundheit ist das harmonische Gleichgewicht im Bau und in den Funktionen des Organismus und im seelischen Erleben.
LENZ: Gesundheit bezeichnet den Zustand der völligen Anpassung.

KRANKHEIT

Das Gleichgewicht des Körpers (das „innere Milieu", die „Homöostase") ist gekennzeichnet durch ständigen Auf- bzw. Abbau (Anabiose und Katabiose) von Strukturen. Ist dieses Gleichgewicht gestört, kann „Kranksein" resultieren.
Definition Krankheit: Störung des Gleichgewichtes, d. h. der strukturellen u. funktionellen Homöostase, die mit verminderter Leistungsfähigkeit u./o. mit seelischer Belastung einhergeht.

PATHOLOGIE

Die Pathologie (Krankheitslehre) ist die Lehre von abnormen und krankhaften Veränderungen im Organismus. Unterschieden werden eine allgemeine Pathologie und eine spezielle Pathologie.

Allgemeine Pathologie

- Ätiologie: Lehre von den Ursachen der Krankheiten
- Pathogenese: Lehre von der Entstehung und Entwicklung von Krankheiten
- pathologische Anatomie und Histopathologie: Lehre von den durch Krankheiten hervorgerufenen organischen Veränderungen

Spezielle Pathologie

Die spezielle Krankheitslehre beschreibt systematisch das an den verschiedenen Organen bzw. Organsystemen nachweisbare morphologische Substrat der Krankheit, sie ist eine „Organpathologie". Sie umfaßt die systematische Einordnung und Beschreibung von Krankheiten („Nosologie").

HISTOLOGIE

Lehre von den Geweben des Körpers

ZYTOLOGIE

Lehre vom Bau und den Funktionen der Zelle

BIOPSIE

Entnahme einer Gewebeprobe am Lebenden. Das durch unterschiedliche Methoden (Operationspräparat, Gewebsexzision, Organpunktion) gewonnene Material kann z. B. histologisch, zytologisch, immunhistologisch, histochemisch oder gentechnologisch untersucht werden.

OBDUKTION

(lateinisch obducere vorführen)

Leicheneröffnung zur Feststellung der Todesursache (auch: Sektion oder Nekropsie)

ALLGEMEINE PATHOLOGIE

Krankheit ist ein Geschehen, kein Zustand. Die Krankheit läßt sich mit einem Film vergleichen, sie hat einen Anfang, einen Verlauf und ein Ende.

Ausgelöst wird eine Krankheit durch einen, gelegentlich mehrere, ursächliche(n) Faktor(en).

Die Lehre von diesen Krankheitsursachen heißt Ätiologie.

Krankheiten können endogene (im Körper selbst entstandene, nicht von außen zugeführte) oder exogene (außerhalb des Organismus entstandene, von außen eindringende) Ursachen haben.

ENDOGENE KRANKHEITSURSACHEN

Endogen hervorgerufene Krankheiten werden meist durch erbliche Veränderungen des genetischen Materials, von Fehlsteuerungen im Basencode der DNS, verursacht. Genmutationen und Veränderungen des Chromosomensatzes sind verantwortlich für Erbkrankheiten.
So rufen Veränderungen der normalen Chromosomenzahl Krankheiten hervor. Der normale menschliche Chromosomensatz besteht aus 46 Chromosomen: 22 Chromosomenpaare und zwei Geschlechtschromosomen (weiblich: XX, männlich XY).
Zusätzliche Chromosomen, sogenannte Trisomien, finden sich z. B. beim Klinefelter-Syndrom = 22, XXY oder beim Down-Syndrom = Trisomie 21 (Chromosom 21 ist 3x vorhanden).
Eine Chromosomenverminderung (Monosomie) zeigt sich beim Turner-Syndrom = X0.
Strukturelle Abweichung einzelner Chromosomen (z. B. Chromosomenbrüche) können ebenfalls Krankheiten auslösen oder mitbedingen.
Für viele Krankheiten besteht eine sog. „genetische Disposition". Menschen mit unterschiedlichen Erbanlagen zeigen sehr unterschiedliche Neigung, an bestimmten Krankheiten zu erkranken.

EXOGENE KRANKHEITSURSACHEN

Exogen bedingte Krankheiten können durch belebte Krankheitserreger wie Viren, Bakterien, Pilze, Protozoen (tierische Einzeller), Helminthen (Würmer), Arthropoden (Gliederfüßler), durch gestörte Nahrungszufuhr, verminderte oder vermehrte Sauerstoffzufuhr, Verletzungen (Traumata), Hitze, Kälte, chemisch-toxische Substanzen, Strahlen, Luftdruckveränderungen, elektrische Ströme und Schäden psychosozialer Art verursacht werden.

PATHOGENESE

Die Pathogenese beschreibt den Verlauf, die Entwicklung, aufeinanderfolgende Abschnitte, Stadien oder Phasen einer Erkrankung.

Formale strukturelle Pathogenese

Sie beobachtet und beschreibt den Wandel der Organstruktur im Verlauf einer Krankheit.

Formale funktionelle Pathogenese

Sie erfaßt funktionelle Veränderungen im Verlauf einer Krankheit.

Kausale Pathogenese

Sie erforscht das Ursachen-/Wirkungsgefüge, welches zwischen ursächlich (ätiologisch) die Krankheiten auslösenden Faktoren einerseits und der Krankheitsbereitschaft (Disposition) andererseits besteht. Die kausale Pathogenese sucht nach Erklärungen, warum an der gleichen Krankheit einige Menschen sehr schwer, andere leicht, manche überhaupt nicht erkranken.

Einige wichtige Definitionen:

Heilung heißt lateinisch Sanatio, Tod Exitus letalis. Heilung mit völliger Wiederherstellung der Struktur wird als Restitutio ad integrum bezeichnet. Flammt eine Krankheit nach ihrem völligen Abheilen wieder auf, spricht man von einem Rezidiv. Unter Remission wird die vorübergehende Rückbildung bzw. das völlige Verschwinden der Krankheitserscheinungen einer Erkrankung („scheinbare Heilung") verstanden.

TOD

SICHERE ZEICHEN DES ALLGEMEINEN TODES

- Totenflecke = Livores
- Leichenstarre = Rigor mortis
- Selbstandauung = Autolyse

Nur bei Vorliegen mindestens eines sicheren Todeszeichens kann der Tod bescheinigt werden.

Die Totenflecken sind rosarote Flecken, die sich an den abhängigen (tiefsten) Partien der Haut bilden. Während der ersten zehn Stunden nach dem Tod lassen sich die Totenflecken noch wegdrücken.

Die Totenstarre beginnt ca. 4 Stunden nach Todeseintritt (abhängig von der Außentemperatur usw.) und erreicht nach ca. 6 Stunden ihr Maximum. Sie beginnt an Unterkiefer-, Hals- und Nackenmuskulatur und löst sich nach 1-6 Tagen in der gleichen Reihenfolge.

Bei der Autolyse wird das Organeiweiß durch die beim Zelltod freiwerdenden Enzyme abgebaut.

UNSICHERE TODESZEICHEN

- Herz- Kreislaufstillstand
- Pulslosigkeit
- Atemstillstand
- Erlöschen der Reflexe
- Abfall der Körpertemperatur

Patienten mit diesen unsicheren Todeszeichen müssen nicht irreversibel biologisch tot sein. Sie können unter Umständen durch geeignete Wiederbelebungsmaßnahmen (Herz-Lungen-Wiederbelebung = kardiopulmonale Reanimation) ins Leben zurückgeholt werden.

BIOLOGISCHER TOD, HIRNTOD

Bei intensivmedizinisch betreuten und maschinell beatmeten Patienten ist u. U. die Kreislauffunktion noch erhalten, obwohl keine Hirnfunktionen mehr nachweisbar sind.
Um einen intravitalen Hirntod (etwa: „Hirntod beim noch Lebenden") zu diagnostizieren hat der Gesetzgeber mehrere Kriterien vorgeschrieben:

- isoelektrische- oder Nullinie im Elektroenzephalogramm (= EEG) über 24 Stunden
- zweimaliger (im Abstand von 30 Minuten) angiographischer Nachweis, daß das Gehirn nicht mit Blut versorgt wird (Hirngefäßdarstellung mit Kontrastmittel)
- fehlende Spontanatmung
- tiefe Bewusstlosigkeit und Areflexie (Fehlen der Reflexe)
- Temperaturabfall mit Verlust der Temperaturregulation

ZELL- UND GEWEBSSCHÄDEN

DEFINITIONEN

NEKROSE

Zelltod bei lebendem Gesamtorganismus

KÄSIGE NEKROSE

wie „Hüttenkäse" imponierendes, abgestorbenes Gewebe bei der Tbc (Tuberkulose)

GUMMA

fadenziehende (gummiähnliche) Flüssigkeit im Zentrum einer Nekrose bei Syphilis (Lues) im tertiären (dritten) Stadium

GANGRÄN

Mit Gangrän oder „Brand" bezeichnet man Nekrosen mit schwarzer Verfärbung, die wie verbrannt aussehen. Wird die trockene Gangrän im weiteren Verlauf („sekundär") von Bakterien besiedelt, wird sie zur feuchten Gangrän.

ABSZESS UND EMPYEM

Eiteransammlung in einer nicht vorgebildeten Höhle (im Gegensatz zum Empyem: Eiteransammlung in einer vorgebildeten Höhle, z. B. Gallenblasenempyem)

ATROPHIE

Größenabnahme eines Körperteils, eines Organs, eines Gewebes oder einer Zelle

HYPERTROPHIE

Vergrößerung von Geweben oder Organen, durch Zunahme des Zellvolumens bei gleichbleibender Zellzahl. Die Vergrößerung beruht auf Mehrbeanspruchung. (Merke: eine vergrößerte Stauungsleber ist keine Hypertrophie).

HYPERPLASIE

Vergrößerung eines Gewebes oder eines Organs durch Zunahme der Zellzahl bei unveränderter Zellgröße

ÖDEM

(griech. oidema Geschwulst, Schwellung) auch Hydrops oder Wassersucht. Ansammlung wässriger Flüssigkeit in Haut oder Schleimhaut, Gewebsspalten oder Organen durch verschiedenste Ursachen.

ÖRTLICHE UND ALLGEMEINE STÖRUNGEN DES KREISLAUFS

DEFINITIONEN

THROMBOSE

Blutpfropfbildung als „intravital" (am Lebenden) und „intravasal" (in Blutgefäßen) auftretende Blutgerinnung. Meist in Venen, aber auch in Arterien.

THROMBUS

intravital durch Blutgerinnung entstandener Blutpfropf in Gefäßen und im Herzen

EMBOLUS

in die Blutbahn verschlepptes Gebilde (z. B. Blutgerinnsel)

EMBOLIE

Verlegung eines Gefäßes durch einen Embolus

PHLEBOTHROMBOSE

Thrombose in den tiefen Venen, meist Beinvenen

THROMBOPHLEBITIS

Entzündung der Venenwand oberflächlicher Venen

HÄMORRHAGIE

(griech. rhagenai reißen, brechen) Blutung. Austritt von Blut aus den Gefäßen in Gewebsspalten, Körperhöhlen oder auf freie Oberflächen. Nach Lokalisation und Ausmaß der Blutung und ihrem Verhalten zu den Geweben haben die Hämorrhagien verschiedene Namen.

HYPERÄMIE

Blutüberfüllung eines Organs. Blutreichtum (arteriell oder venös bedingt)

ISCHÄMIE

Verminderung oder Unterbrechung der Blutzufuhr eines Organs, Organteils oder Gewebes infolge mangelnder arterieller Blutzufuhr (z. B. durch Thrombose oder Embolie)

INFARKT

Nekrose (irreversibler Zelluntergang) eines Organs, Organteils oder Gewebes durch Ischämie (Minderdurchblutung)

ENTZÜNDUNG

Definition: Komplexe Reaktion des Gefäßbindegewebes auf Zell- bzw. Gewebsschäden. Eine Vielzahl von unterschiedlichen Ursachen ruft eine solche Entzündungsreaktion hervor.
Symptomenkomplex einer Entzündung:

- Rötung = Rubor
- Schwellung = Tumor
- Überwärmung = Calor
- Schmerz = Dolor
- Funktionseinschränkung = Functio laesa

HÄMATOLOGIE

ANATOMIE UND PHYSIOLOGIE DES BLUTES

FUNKTION DES BLUTES

- Transport von Nährstoffen, Wirkstoffen (Hormone, Vitamine), Abbauprodukten, Sauerstoff (O_2) und Kohlendioxid (CO_2)
- Wärmeverteiler (Aufrechterhaltung der Körpertemperatur)
- allgemeine Milieuregulation (Ionenzusammensetzung, pH-Wert, osmotischer Druck)
- Schutz vor Blutverlust durch Blutstillung und Blutgerinnung
- Abwehrfunktion

BLUTBILDUNGSSTÄTTEN

Erythrozyten (rote Blutkörperchen), Leukozyten (weiße Blutkörperchen) und Thrombozyten (Blutplättchen) werden beim Erwachsenen im roten Knochenmark der platten Knochen, der kurzen Knochen und der Epiphysen der Röhrenknochen aus einer gemeinsamen Stammzelle gebildet (myeloisches System). Lymphozyten werden außerdem in den Lymphknoten, im lymphatischen Gewebe, in der Milz und beim Kind im Thymus gebildet (lymphatisches System).

BLUTZUSAMMENSETZUNG

Die Blutmenge eines Erwachsenen beträgt ca. $^1/_{14}$ (6-8%) seines Körpergewichtes. Bei einem 70 kg schweren Menschen ca. 5 l. Blut besteht aus Blutplasma (ca. 55% des Gesamtbluts) und Blutzellen (ca. 45% des Gesamtbluts). Die Blutzellen werden unterteilt in Leukozyten (weiße Blutkörperchen), Erythrozyten (rote Blutkörperchen) und Thrombozyten (Blutplättchen).

DAS BLUTPLASMA

- Hauptbestandteil ist Wasser
- Plasmaproteine (Albumin, Globulin, Fibrinogen)
- Nährstoffe (Glukose, Aminosäuren, Fettsäuren)
- O_2 (Sauerstoff), Elektrolyte (Na^+, Cl^-, Mg^+, Ca^{++}, K^+)
- Spurenelemente, Vitamine, Hormone, Aminosäuren, Harnstoff, Ammoniak, Kreatinin u. a.

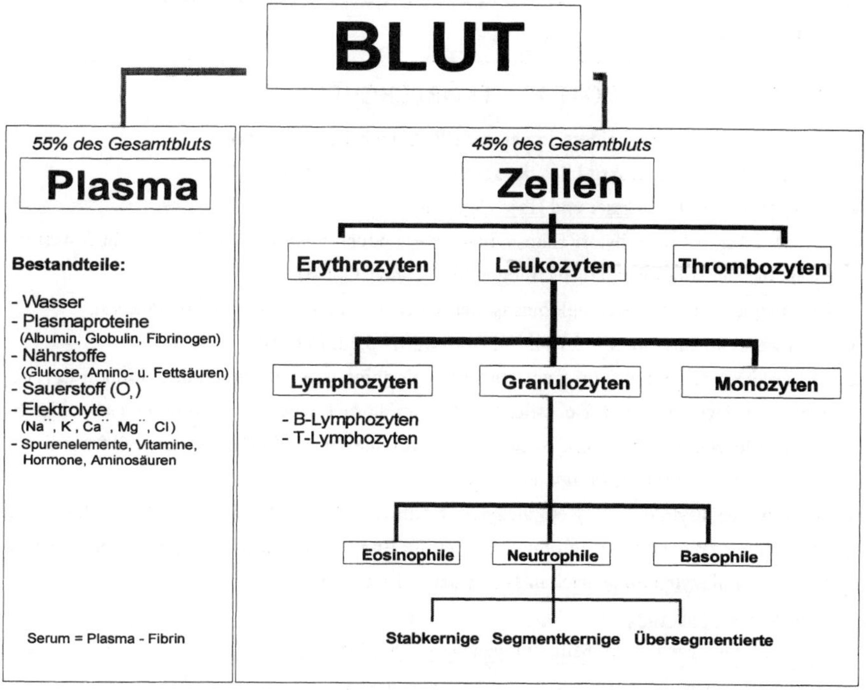

Abb. 1 Schematische Darstellung der Blutzusammensetzung

PLASMAPROTEINE (BLUTEIWEIßE)

ALBUMINE

- Trägermolekül für Bilirubin, Schilddrüsenhormone, freie Fettsäuren, Medikamente
- bestimmen den onkotischen Druck (Albumin ↓ ⇒ Wasserbindungskapazität im Gefäß ↓)

GLOBULINE

- Trägermolekül für viele Hormone, für Fe = Eisen (Trägerglobulin für Eisen: Haptoglobin), Cu = Kupfer (Trägerglobulin für Kupfer: Zaeruloplasmin), für Enzyme u.v.a.
- Abwehrfunktion: Gamma-Globuline (= Immunglobuline, Antikörper)
- Gerinnungsfunktion: bilden den Gerinnungsfaktor Prothrombin

FIBRINOGEN

- Vorstufe des Fibrins (wichtig für die Blutgerinnung, wird in der Leber gebildet und fällt bei der Blutgerinnung fadenförmig aus). Merke: Serum = Plasma abzüglich Fibrinogen

Weitere Funktionen der Plasmaproteine:

Nährfunktion als Eiweißreserve (im Plasma befinden sich 200 g gelöstes Protein). Pufferung des pH-Wertes durch ionisierbare Aminosäuren.

BLUTZELLEN

ERYTHROZYTEN (ROTE BLUTKÖRPERCHEN)

- kernlose, verformbare, beiderseitig eingedellte Scheibchen,7 µm groß
- stellen 98% des Hämatokrit (also der zellulären Blutbestandteile)
- bestehen aus H_2O = Wasser und Hb = Hämoglobin
  (Hämoglobin = Blutfarbstoff Häm + Eiweißverbindung Globin. Das Häm enthält 2-wertiges Eisen, das ein hohes Bindungsvermögen für O_2 und CO_2 hat).
- Die Hauptaufgabe des Hämoglobins ist der Sauerstoff- und Kohlendioxid-Transport.
- Normwerte im Blut: m: 4,3-5,7 mio/µl Blut, w: 3,9-5,3 mio/µl Blut
- Die Erythrozytenbildung im Knochenmark = Erythropoese wird durch das Hormon Erythropoetin der Niere gesteuert. Bei fallendem O_2-Partialdruck wird die Erythropoetinausschüttung um ein Mehrfaches gesteigert. Notwendige Bausteine für die Erythrozytenneubildung: Eisen, Vitamin B12 (= Cobalamin) und Folsäure.
- Frühform der Erythrozyten: Retikulozyten. Normwert: 3-18 Retikulozyten/1000 Erythrozyten. Die Retikulozytenzahl gibt Information über die Blutneubildung (Erythropoese) im Knochenmark. Retikulozyten bilden sich in 1-2 Tagen zu Erythrozyten um.
- Lebensdauer: 120 Tage
- Abbau überwiegend in der Milz (tgl. gehen ca. 200 Mrd. zugrunde)

LEUKOZYTEN (WEIßE BLUTKÖRPERCHEN)

- Anzahl: 3000-10.000 /µl Blut
- 50% extravasal (außerhalb der Gefäße), 50% intravasal (innerhalb der Gefäße)
- Fähigkeiten:
  1. Emigration = Wanderung aus der Blutbahn in Gewebe
  2. Diapedese = aktiver Durchtritt durch Blutgefäße
  3. amöboid beweglich
  4. Chemotaxis = Bewegung auf chemische Reize zu
  5. Phagozytose = Fresstätigkeit = unspezifische Abwehr

Die Leukozyten sind die wichtigsten Träger der Abwehrfunktionen des Organismus. Sie werden weiter untergliedert in Granulozyten, Lymphozyten und Monozyten.

Exkurs: Die Abwehrsysteme des menschlichen Körpers:
Unspezifische Abwehr:
Säureschutzmantel, Flimmerepithel, Lidschlag, pH-Wert der Haut, Salzsäure des Magens, antibakterielle Enzyme, Phagozytose (Granulozyten, Monozyten), u. v. m.
Spezifische Abwehr:

- humorales System = B-Lymphozyten (Antikörper)
- zelluläres System = T-Lymphozyten (Killerzellen, Gedächtniszellen u. a.)
- System der mononukleären Makrophagen:
  Auch: retikuloendotheliales System (RES), retikulohistiozytäres System (RHS), oder Monozyten-Makrophagen-System (MMS). Funktionell zusammengehörendes Zellsystem verschiedener großer Freßzellen (mononukleärer Makrophagen), die der Abwehr dienen:

- Retikulumzellen: bilden als retikuläres Bindegewebe das Grundgerüst der lymphatischen Organe und des roten Knochenmarkes
- Sinusendothelzellen = spezielle Phagozyten in Kapillarwänden von Milz, Tonsillen, Lymphknoten, Knochenmark, Leber
- Histiozyten = Monozyten des Bindegewebes

GRANULOZYTEN

Ca. 60% der Leukozyten, Träger unspezifischer zellulärer Abwehrreaktionen insbesondere gegen Bakterien und Pilze, Hauptaufgabe: Phagozytose, Lebenszeit 4-5 Tage, zu ca. 90% im Knochenmark, nur 2-3% im Blut (Rest im Gewebe), bei Bedarf aus dem Knochenmark freigesetzt.

- neutrophile Gr.: 50-70% der Granulozyten. Sie phagozytieren („fressen") Bakterien und Fremdkörper im Rahmen einer sofortigen unspezifischen Abwehr durch Aufnahme in den Zelleib und Abbau. Sie werden durch Bakteriengifte und Zerfallsstoffe angelockt.
  → stabkernige Gr. = jugendliche neutrophile Gr.
  → segmentkernige Gr .= reife neutrophile Gr. (übersegmentierte = überreife Gr.)
- eosinophile Gr.: spielen eine Rolle bei allen allergischen Reaktionen und bei Parasitenbefall
- basophile Gr.: enthalten Heparin, Histamin, Serotonin. Über ihre Funktion ist wenig bekannt.

Im Verlauf bakterieller Infekte kommt es zu typischen Granulozytenverschiebungen im Differentialblutbild: 1) neutrophile Kampfphase mit Granulozytose, 2) monozytäre Überwindungsphase, 3) lymphozytär-eosinophile Heilphase („Morgenröte der Genesung")

LYMPHOZYTEN

Ca. 25-40% der Leukozyten sind Lymphozyten (bei Kleinkindern 50-70%). Sie finden sich in den Lymphknoten, und sie zirkulieren im Blutstrom. Wichtigste Aufgabe ist die immunologische Abwehr bakterieller und viraler Infektionen. Es werden B- und T-Lymphozyten unterschieden:

B-Lymphozyten:

Sind „sesshaft" im lymphatischen Gewebe (Lymphknoten, Milz, RES). Jeder B-Lymphozyt stellt einen einzigen spezifischen Antikörpers her („Spezifität"). Nach Kontakt mit ihrem Antigen („Feind") wandeln sich B-Lymphozyten zu Plasmazellen und Gedächtniszellen um.

Als Plasmazelle produzieren sie Immunglobuline (Ig), sog. Antikörper. Diese Immunglobuline sind Träger der sog. humoralen Abwehr. Untergruppen der Immunglobuline:

- IgA: Schutz der Schleimhäute (Magen-Darm- und Respirationstrakt). IgA-Immunglobuline finden sich in allen Körpersekreten.
- IgD: finden sich auf Membranoberflächen von B-Lymphozyten
- IgE: an Mastzellen (und basophile Granulozyten) gebunden, setzen bei Kontakt mit allergisierendem Antigen aus der Mastzelle Histamin frei (allergische Reaktion Typ I).
- IgG: Hauptanteil der Immunglobuline. Sie lösen nach 2-4 Wochen als sog. Spätantikörper die frühen Antikörper vom Typ IgM ab.
- IgM: als Frühreaktion der Immunantwort treten diese Immunglobuline nach Antigenkontakt zuerst auf. IgM-Antikörpern weisen auf eine frische Infektion („Frühantikörper") hin.

Gedächtniszellen, die sich ebenfalls aus den Plasmazellen gebildet haben, „erinnern" sich bei späterem Kontakt an ihr Antigen und produzieren innerhalb weniger Tage große Mengen Antikörper => schnelle Immunabwehr, Grundlage der Immunität.

T-Lymphozyten:
Erhalten im Thymus ihre Immunkompetenz („der Thymus ist die Schule der T-Lymphozyten"). T-Lymphozyten sind Träger der sog. zellulären Abwehr. Sie spielen eine wichtige Rolle

- bei der Abwehr von Infektionen, besonders von Pilzen, Viren, Tuberkuloseerregern
- bei der Tumorabwehr
- bei der Allergie vom verzögerten Typ
- bei der Transplantatabstoßung
- bei der Stimulation der Immunabwehr durch Produktion von sog. Zytokinen (Interleukine, Interferone). Diese haben regulierende Wirkung auf Zellwachstum und –differenzierung.

Bei Kontakt mit dem Antigen vermehren sie sich und werden zu

- Killerzellen (greifen das Antigen direkt an)
- Helferzellen (unterstützen Killerzellen und Antikörperproduktion, Zytokinproduktion)
- Suppressorzellen (kontrollieren und bremsen Heftigkeit der T- und B-Lymphozytenabwehr)
- Gedächtniszellen (für späteren Kontakt mit identischem Antigen)

Exkurs: Überreaktionen des Immunsystems werden als Allergien bezeichnet. Diese Allergien stehen in enger Verbindung zu den durch T- und B-Lymphozyten vermittelten Funktionen:
Allergische Reaktionen = Überempfindlichkeitsreaktionen

- Soforttyp = überschießende Reaktion des Körpers innerhalb von Sekunden (Anaphylaxie) bis Stunden:
  z. B. anaphylaktische Reaktion: ausgelöst durch IgE-Antikörper kommt es nach vorangegangener Sensibilisierung zu Vasodilatation und verstärkter Kapillardurchlässigkeit, die örtlich begrenzt (Asthma, Heuschnupfen) oder generalisiert (Anaphylaxie) auftreten kann.
- Verzögerter Typ = überschießende Reaktion des Körpers mit dem Höhepunkt nach frühestens 24 Stunden, ausgelöst durch T-Lymphozyten (z. B. bei Transplantatabstoßung, Tuberkulinreaktion, Kontaktallergie gegen Nikkel, Chrom, Kosmetika).

MONOZYTEN

Monozyten sind die größten Leukozyten (auch: „Makrophagen" oder mononukleäre Phagozyten). Im Blut heißen sie Monozyten. Als Histiozyten können sie ins Gewebe auswandern (z. B. Peritonealmakrophagen, Kupffer´sche Sternzellen). In Milz, Lymphknoten und Knochenmark kommen sie als phagozytierende Retikulumzellen vor. Durch Anlagerung, Phagozytose und Weiterleitung von antigenem Material an die Lymphozyten leiten sie immunologische Reaktionen ein.

THROMBOZYTEN (BLUTPLÄTTCHEN)

- stellen sich mikroskopisch als flache Scheiben dar
- Anzahl: 150 000-300 000/µl
- dienen der Blutstillung, indem sie oberflächliche Epitheldefekte schließen. Sie leiten die Blutgerinnung ein (indem sie über den Plättchenfaktor 3 die Gerinnungskaskade aktivieren).
- Lebensdauer 9-10 Tage, Abbau in der Milz (Leber, Lunge)

BLUTSTILLUNG UND BLUTGERINNUNG

PRIMÄRE HÄMOSTASE = BLUTSTILLUNG

Gefäßverengung (Vasokonstriktion) und Verklumpung der Blutplättchen (Thrombozytenaggregation). Die Zeit zwischen Gefäßverletzung und erstem, durch Thrombozyten vermitteltem, noch nicht stabilem Wundverschluss, wird Blutungszeit genannt: Sie beträgt 2-6 min (vgl. S. 45).

SEKUNDÄRE HÄMOSTASE = BLUTGERINNUNG

Die Blutgerinnung ist eine Funktion der 13 Gerinnungsfaktoren. Sie dauert 5-7 min.
Sie sorgt für den stabilen Verschluss des Gefäßdefektes durch Festigung der instabilen Thrombozytenaggregation und kommt durch Zusammenwirken der insgesamt 13 Gerinnungsfaktoren im Blut zustande (Gerinnungskaskade oder Gerinnungskette).
Die Gerinnung kann durch 2 Mechanismen in Gang gesetzt werden: beim sog. „intrinsic system" erfolgt die Aktivierung durch im Blut vorhandene Faktoren, sobald diese Kontakt mit einer blutfremden Oberfläche (z. B. Verletzung), mit Kollagen oder mit der Basalmembran des verletzten Gefäßes haben.
Beim „extrinsic system" erfolgt die Aktivierung durch ein Gewebelipid (Thromboplastin), welches bei der Gewebeläsion freigesetzt wird. Einzelne Gerinnungsfaktoren werden jeweils aktiviert und aktivieren dann ihrerseits den nächsten Gerinnungsfaktor („Gerinnungskaskade"). Dabei zielen beide Systeme auf die Aktivierung des Fibrinogens zu Fibrin (siehe Abb. unten).

HEMMUNG DER BLUTGERINNUNG

- Heparin: wirkt als Gegenspieler des Thrombins und hemmt die Umwandlung von Fibrinogen zu Fibrin.
- Cumarin (Marcumar®). wirkt als Gegenspieler von Vitamin K und hemmt die Vitamin-K abhängigen Gerinnungsfaktoren (II, VII, IX, X).

Abb. 2 Schema der Blutgerinnungskaskade

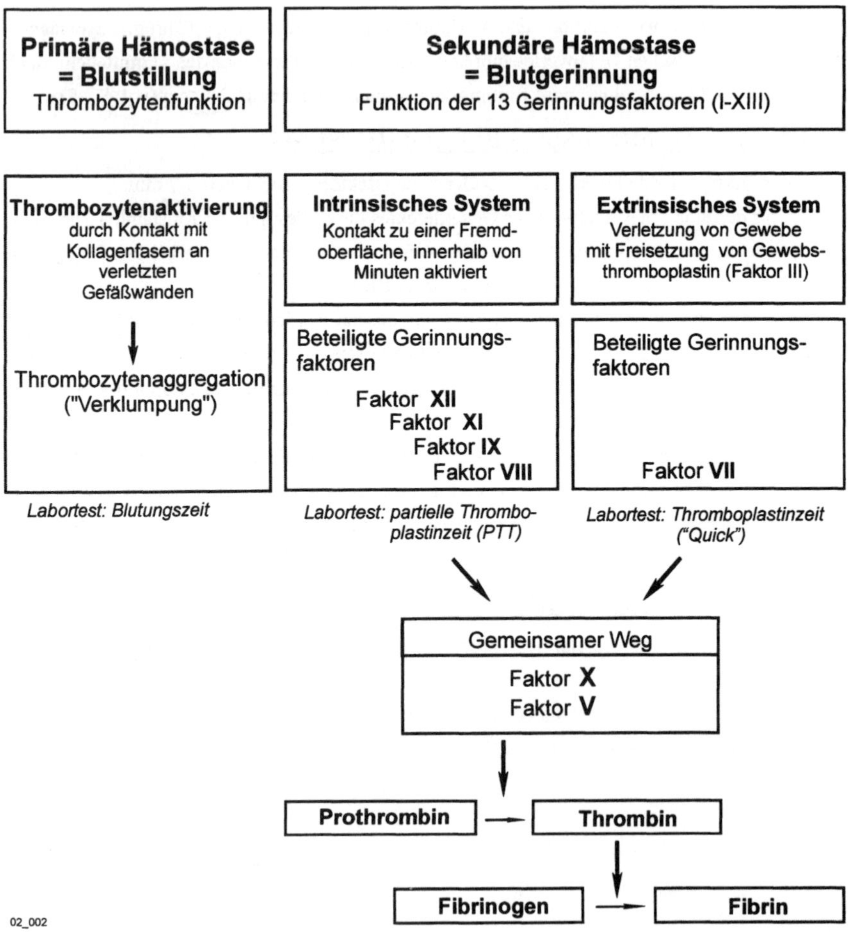

BLUTGRUPPEN, ANTI-D, RHESUSFAKTOR

BLUTGRUPPEN

Die Blutgruppe richtet sich nach der Antigenstruktur auf dem Erythrozyten. Gegen die „eigene" Antigenstruktur werden keine Antikörper gebildet. Im Serum finden sich jedoch Antikörper gegen die jeweils anderen Blutgruppenantigene:

Blutgruppe (Antigenstruktur)	A	B	AB	0
Häufigkeit in Europa:	40%	10%	6%	40%
Antikörper im Serum gegen:	B	A	keine	A, B

Schwere Transfusionszwischenfälle (Hämolyse, Schock) entstehen, wenn das Empfängerblut Antikörper gegen das Spenderblut enthält.
Diese Unverträglichkeitsreaktion verläuft abgeschwächt, wenn das Spenderblut Antikörper gegen die Empfängererythrozyten enthält (aufgrund der starken Verdünnung der Antikörper im Spenderblut).
Obwohl Blut der Gruppe AB als Universalempfänger und Blut der Gruppe 0 als Universalspender betrachtet wird, darf nur blutgruppengleiches Blut übertragen werden (abgesehen von extremen Notfällen).

RHESUSFAKTOR

Der Rhesusfaktor ist einer von vielen Faktoren des Blutes mit Antigencharakter, wobei eine rh-negative-Person erst nach Kontakt mit Rh-positivem Blut Antikörper gegen den Rhesusfaktor bildet. (Blutgruppenunverträglichkeit zwischen Mutter und Kind: Mutter rh-negativ, erstes Kind Rh-positiv. Mutter kommt bei Geburt in Kontakt mit Rh-positivem Blut und bildet Antikörper. Ist das zweite Kind nun auch Rh-positiv, werden die Erythrozyten dieses zweiten Kindes von den zirkulierenden Antikörpern der Mutter vernichtet.)

ANTI-D

Anti-D ist ein Präparat zur Ausschaltung der geschilderten Immunreaktion einer rh-negativen Mutter, die gerade ein Rh-positives Kind geboren hat. Damit bei der nächsten Schwangerschaft mit einem Rh-positiven Kind keine mütterlichen Antikörper gegen den Rhesusfaktor vorliegen, werden der Mutter sofort nach Geburt „Fremdantikörper" gegen den Rhesusfaktor gespritzt. Dadurch werden die ins mütterliche Blut übergetretenen kindlichen Rh-positiven Erythrozyten sofort vernichtet, ohne dass es bei der Mutter zu einer aktiven Antikörperbildung gegen Rh-positive Erythrozyten kommt. Bis zur nächsten Schwangerschaft sind die passiv verabreichten Antikörper längst abgebaut, und es existieren nun keine Antikörper gegen Rh-positive Erythrozyten mehr.

UNTERSUCHUNGSMETHODEN

BLUTBILD

Nebeneinanderstellung der aus einer Blutprobe durch Zählung ermittelten Erythrozyten-, Leukozyten-, Thrombozyten- und Retikulozytenwerte sowie der durch Auszählung eines Blutausstrichs („Differentialblutbild") festgestellten Prozentzahlen weißer Blutkörperchen. Gilt als Routineuntersuchung für vielfältige medizinische Fragestellungen, wie z. B. Erkrankungen des Blut bildenden Systems, Verletzungen, Blutungen, Allgemeinerkrankungen und Entzündungsreaktionen.

Rotes Blutbild:

- Hämoglobin (Hb)
- Erythrozytenzahl (Ery)
- Hämatokrit (Hk)
- Erythrozytenindizes
  - mittleres korpuskuläres Erythrozytenvolumen (MCV)
  - mittleres korpuskuläres Hämoglobin (MCH oder Hb_E)
  - mittlere korpuskuläre Hämoglobinkonzentration (MCHC)

Kleines Blutbild

- Rotes Blutbild und zusätzlich
  - Leukozytenzahl
  - Thrombozytenzahl
  - (auf besondere Anforderung: Retikulozytenzahl)

Großes Blutbild

- Kleines Blutbild und zusätzlich
- Differenzierung der Leukozyten (auch: „Blutausstrich", Differentialblutbild, siehe unten)

KLEINES BLUTBILD

LEUKOZYTEN (WEIßE BLUTKÖRPERCHEN)

Normalwerte: 3000-10000 /µl

- Leukozytose = Vermehrung der Leukozytenzahl (> 10000 /µl): bei nicht-viralen Infekten und akut-lokalen Infektionen, körperlicher Anstrengung, Stress, bei Rauchern, Cortisontherapie, M. Cushing, Apoplexie, epileptischem Anfall, Leukämie u.v.m.

- Leukopenie = Verminderung der Leukozytenzahl (< 3000 /µl):bei Viruserkrankungen, bei einigen bakteriellen Erkrankungen (Typhus, Brucellose, Borreliose), bei Knochenmarksschädigung, im Endstadium schwerster Infektionen, nach Bestrahlung, Chemotherapie u. a.

ERYTHROZYTEN (ROTE BLUTKÖRPERCHEN)

Normalwerte: weiblich 3,9-5,3 mio/µl, männlich 4,3-5,7 mio/µl

Vor der Geburt werden die Erythrozyten im Dottersack und in der Leber gebildet, nach der Geburt vorwiegend im Knochenmark. Sie entstehen aus kernhaltigen Vorstufen. Nachdem sie den Kern abgegeben haben, erscheinen sie als Retikulozyten (Frühformen der Erythrozyten) im peripheren Blut. Lebensdauer: ca. 120 Tage. Ein Drittel des Erythrozyten besteht aus Hämoglobin, dem Blutfarbstoff der Erythrozyten, der für die Sauerstoff- und teilweise für die Kohlendioxidbindung verantwortlich ist.

- Polyglobulie = zu viel Erythrozyten, z. B. bei Krankheiten, die mit einem Sauerstoff (O_2)-Mangel einhergehen
- Anämie (Blutarmut) = zu wenig Erythrozyten (verschiedene Anämieformen)

HÄMOGLOBIN (ROTER BLUTFARBSTOFF)

Normalwerte: weiblich 12-16 g/dl, männlich 13,5-17 g/dl.

Eigentlicher Sauerstoffträger. Bestandteil der Erythrozyten.

HÄMATOKRIT (HK)

Normalwerte: weiblich 37-48%; männlich 40-52%.

Prozentualer Anteil der zellulären Bestandteile am gesamten Blutvolumen

Ab HK > 60% kritischer Anstieg der Blutviskosität (Viskosität = "Zähigkeit") mit der Gefahr thromboembolischer Komplikationen.

ERYTHROZYTENINDIZES

Aus Hämatokrit, Hämoglobin und Erythrozytenzahl lassen sich drei Quotienten errechnen:

- MCH = Hb_E = Hämoglobingehalt eines Erythrozyten (Norm: 28-34 pg)
- MCV = Volumen des Einzelerythrozyten (Norm: weibl. 85-98 fl; männl. 84-98 fl)
- MCHC = Hämoglobinkonzentration eines Erythrozyten (Norm: 32-37 g/dl)

Diese Werte gestatten Aussagen über Größe, Volumen und Hämoglobingehalt des Einzelerythrozyten. So gibt der MCH-Wert (= mittlerer korpuskulärer Hämoglobingehalt) Aufschluss über die Hämoglobinbeladung des Einzelerythrozyten: zu wenig Hämoglobin (hypochrom), normal viel Hämoglobin (normochrom) und zu viel Hämoglobin (hyperchrom). Der MCV-Wert (= mittleres korpuskuläres Volumen) gibt Aufschluss über die Größe des Einzelerythrozyten: zu kleine, normale und zu große Erythrozyten: „mikro-, normo-, makrozytäre Erythrozyten". Sie sind wichtige Werte zur Differentialdiagnose der Anämien: z. B. makrozytäre, hyperchrome Anämie bzw. mikrozytäre, hypochrome Anämie.

THROMBOZYTEN (BLUTPLÄTTCHEN)

Normalwerte: 150 000-300 000/µl

Thrombozytopenie = Verminderung der Thrombozyten, z. B. bei Knochenmarksschäden, Mangel an Vitamin B12 u./o. Folsäure, Splenomegalie (= Milzvergrößerung, dadurch vermehrter Abbau), M. Werlhof (thrombozytopenische Purpura)

Thrombozytose = Vermehrung der Thrombozyten als Folge von akuten Blutungen und massiven Infektionen, nach Entfernung der Milz (Splenektomie), bei Darmerkrankungen u. a.

RETIKULOZYTEN

Normalwerte: 3-18/1000 Erythrozyten (3-18 °/oo)

Sie sind Frühformen der Erythrozyten (junge Erythrozyten). Die Zahl der Retikulozyten gibt Aufschluss über die Neubildungsrate der Erythrozyten im Knochenmark. Sie dient z. B. zur differentialdiagnostischen Unterscheidung von hyporegenerativen (= knochenmarksbedingt zu wenige Retikulozyten) und hyperregenerativen (= viele Retikulozyten durch verstärkten Erythrozytenabbau oder Hämolyse) Anämien.

GROßES BLUTBILD

DIFFERENTIALBLUTBILD

Das Differentialblutbild („gefärbter Blutausstrich") zeigt die Morphologie der Blutkörperchen und macht Phänomene sichtbar, die nicht allein durch Zählung oder Messung quantitativ erfassbar sind. So kommen Formvarianten der Erythrozyten („Sichelzellen", „Kugelzellen" usw.) und Besonderheiten der Thrombozyten zur Darstellung.

Im Vordergrund stehen jedoch die Leukozyten, welche in ihren Unterarten differenzierbar werden und deren zahlenmäßigen Anteile ermittelt werden können.

Leukozytenarten und Reifestadien lassen sich daraus bestimmen (siehe unten).

Die prozentualen Anteile dieser Leukozytenarten (Granulozyten, Lymphozyten, Monozyten) und Reifestadien helfen, Krankheiten zu differenzieren, zu definieren und prognostisch zu werten.

Die Granulozyten - eine der Unterformen der Leukozyten - enthalten unter dem Mikroskop sichtbare Körnchen = Granula in den Zellen. Aufgrund des Färbeverhaltens der Granula werden sie in

- neutrophile,
- eosinophile (rote) und
- basophile (dunkelblaue) Granulozyten unterteilt:

Bei den neutrophilen Granulozyten werden verschiedene Reifestadien unterschieden: Im Blut finden sich normalerweise nur reife neutrophile Granulozyten:

- stabkernige (jugendliche = Frühformen)
- segmentkernige und
- übersegmentierte („überalterte") neutrophile Granulozyten

Finden sich unreife neutrophile Granulozyten (Myeloblast, Promyelozyt, Myelozyt) des Knochenmarks im Blut, spricht man von einer pathologischen Linksverschiebung des Differentialblutbildes. Finden sich vermehrt stabkernige, jugendliche Formen oder Metamyelozyten, spricht man von reaktiver Linksverschiebung (z. B. bei bakteriellen Infektionen).
Die Lymphozyten (B- und T-Lymphozyten, vgl. oben) sind die Träger der spezifischen Abwehr, der zellulären (T-Lymphozyten) und humoralen (B-Lymphozyten) Immunität.
Die Monozyten sind große Fresszellen (Makrophagen). Sie sind wichtige Zellen der Abwehr in allen Phasen von Entzündungen und geben wesentliche Informationen an andere Abwehrzellen (vor allem Lymphozyten) weiter.

Normwerte im Differentialblutbild:

Lerntext 1 Leukozytenzahlen pro µl Blut beim Gesunden

	%	Mittelwert	Streubreite
Granulozyten			
• Neutrophile		4150	712-7588
– stabkernige N.	**(0-3)**		
– segmentkernige N.	**(60-70)**		
– übersegmentierte N.	vereinzelt		
• Eosinophile	**1-5**	165	0-397
• Basophile	**0-1**	44	0-112
Monozyten	**1-12**	456	66-846
Lymphozyten	**20-30**	2185	1029-3341
Gesamtzahl Leukozyten	**100**	**7000**	**2800-11200**

Wenn man die verschiedenen Reifestadien der neutrophilen Granulozyten tabellarisch auf der Abszisse und die Häufigkeit des Vorkommens auf der Ordinate anordnet, so ergibt sich beim Gesunden eine „Normalverteilung", eine Normalkurve der Häufigkeitsverteilung.
Von einer Linksverschiebung spricht man, wenn Frühformen der neutrophilen Granulozyten (Stabkernige u. a.) im Differentialblutbild verstärkt auftreten.
(Die Normalkurve der Häufigkeitsverteilung verschiebt sich nach links.) Eine Linksverschiebung findet man bei vielen Infektionskrankheiten, Entzündungen und Eiterungen.

Exkurs: Deutung einiger wichtiger pathologischer Befunde:
Eosinophilie = Vermehrung der Eosinophilen im Differentialblutbild bei:

- Wurmbefall (Parasitosen)
- allergischen Krankheitsbildern (Heuschnupfen, Asthma, Rhinitis allergica)
- anaphylaktischen Zuständen
- chronische Hautkrankheiten
- Scharlach, M. Addison (Nebennierenrindenunterfunktion)
- Lymphogranulomatose (M. Hodgkin), evtl. bei generalisierten Karzinomen
- nach überstandenem Infekt („Morgenröte der Genesung")
- nach bestimmten Medikamenten

Eosinopenie = Verminderung der Eosinophilen im Differentialblutbild bei:

- bei prognostisch ungünstig verlaufenden Krankheiten.
- auf dem Höhepunkt schwerer Infektionen.

Lymphozytose = Vermehrung der Lymphozyten im Differentialblutbild bei:

- einer Vielzahl von viralen und einigen bakteriellen Infektionen (Tbc, Lues, Keuchhusten, Typhus, Paratyphus, Brucellose u. a).
- chronisch lymphatischer Leukämie
- M. Addison, primär chronischer Polyarthritis, Hyperthyreose
- nach Medikamenten u. a.

Lympho(zyto)penie = Verminderung der Lymphozyten im Differentialblutbild bei:

- Stresssituationen (Trauma, Schwangerschaft, starke Schmerzen)
- Miliartuberkulose
- M. Hodgkin
- M. Cushing
- Masern
- Scharlach u. a.

Monozytose = Vermehrung der Monozyten im Differentialblutbild bei:

- vielen Infektionskrankheiten (z. B. Mononukleose, akute Virushepatitis, Mumps, Listeriose, Windpocken, Rückfallfieber, Lues, Tbc, Endocarditis lenta, Brucellose, Malaria, Paratyphus u. a.)
- M. Hodgkin
- Agranulozytose
- als reaktive Veränderung bei Entzündungen
- (Bei Entzündungen unterscheidet man eine neutrophile „Kampfphase", eine monozytäre „Überwindungsphase" und eine lymphozytär - eosinophile „Heilungsphase").

Monozytopenie = Verminderung der Monozyten im Differentialblutbild bei:

- ungünstigem Verlauf von Infektionskrankheiten (z. B. Miliar-Tbc)
- lymphatischer Leukämie

BLUTSENKUNG

siehe S. 412

ELEKTROPHORESE

Trennung der Plasmaproteine aufgrund ihrer unterschiedlichen Wanderungsgeschwindigkeit im elektrischen Gleichspannungsfeld, woraus sich deren prozentuale Verteilung ergibt: Bei bestimmten Krankheiten ändert sich die prozentuale Verteilung der Plasmaproteine. Der Geübte (!) liest aus der Elektrophorese „wie aus dem Buch des Lebens" (P. KELLER). Normalwerte: Albumin 61%, α_1-Globulin 6%, α_2-Globulin 8%, β-Globulin 10,3%, γ-Globulin 14,7%.

KNOCHENMARKPUNKTION

Zur endgültigen Diagnose vieler hämatologischer Erkrankungen ist eine Entnahme von Knochenmark zur histologisch-zytologischen Untersuchung notwendig. Hierzu wird entweder Knochenmark nach Punktion des Markraumes (z. B. Brustbein) mit einer speziellen Hohlnadel angesogen (aspiriert), oder es wird ein kleiner Knochenzylinder - meist aus dem Beckenkamm - durch Ausstanzung bzw. unter Verwendung eines Hohlbohrers gewonnen.

Abb. 3 Neutrophile Granulozyten (Häufigkeitsverteilung im Blutausstrich)

	Unreife neutrophile Granulozyten				Reife neutrophile Granulozyten		
Leukozytentypen	Myeloblast	Promyelozyt	Myelozyt	Metamyelozyt	Stabkerniger	Segmentkerniger	Übersegmentierter
❶	0	0	0	0	0-3%	60-70%	vereinzelt

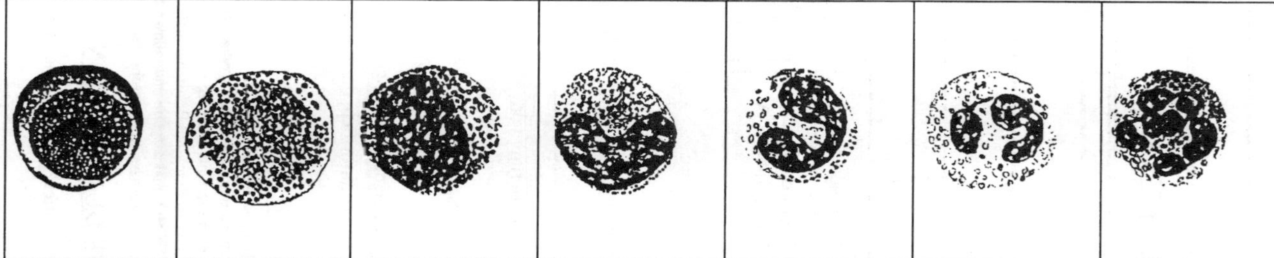

Verteilungskurven

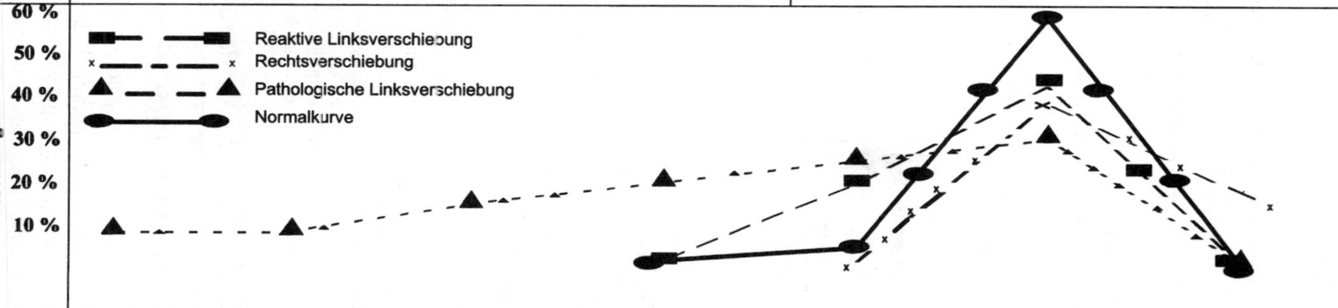

❶ prozentuale Verteilung im normalen Blutausstrich

ERKRANKUNGEN DER ROTEN BLUTZELLEN

ANÄMIEN

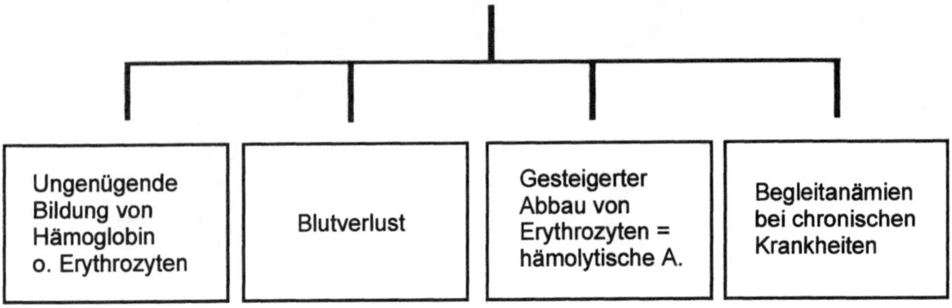

Abb. 4 Orientierende Einteilung der Anämien

ALLGEMEINES

Die Anämie oder Blutarmut ist definiert durch eine <u>Verminderung</u> von

- Erythrozytenzahl u./o.
- Hämoglobin u./o.
- Hämatokrit

Aus diesen Werten lassen sich die für die Einteilung der Anämien wichtigen <u>Erythrozytenindizes</u> bestimmen. Hilfreich ist die Bestimmung der Erythrozytenfrühformen, der <u>Retikulozyten</u>.

Anämien können verursacht sein:
1) durch ungenügende Bildung von Hämoglobin oder Erythrozyten
2) durch Blutverlust nach außen (Blutungsanämien)
3) durch vermehrten Erythrozytenuntergang oder -abbau (hämolytische Anämien)
Bei Anämien der Gruppe 1) findet sich im Blutbild eine Verminderung der Retikulozytenzahl, bei Anämien der Gruppe 2) und 3) eine Vermehrung der Retikulozytenzahl. Durch diese Untersuchung wird laborchemisch die erste differentialdiagnostische Weiche gestellt. Eine weitere Unterteilung ist durch die Bestimmung der Erythrozytenindizes möglich (siehe oben). Aufgrund des MCV lassen sich normozytäre, makrozytäre und mikrozytäre Anämien, aufgrund des MCH (= Hb_E) normochrome, hyperchrome und hypochrome Anämien unterscheiden (siehe Tab. S. 35).

<u>ALLGEMEINE KLINISCHE SYMPTOME DER ANÄMIEN</u>

Unabhängig von der Ursache der einzelnen Anämie finden sich typische <u>allgemeine Anämiesymptome</u>: Diese werden beeinflusst durch:

1) den Grad der Anämie, 2) die Zeit der Entwicklung der Anämie, 3) die Art der Anämie

Ein sehr langsam über Monate abfallender Hämoglobinwert wird auffallend gut vertragen. Das totale Blutvolumen fällt nicht ab, es kommt nicht zur Schocksymptomatik, denn eine langsame Adaptation ist möglich. (Chronisch Nierenkranke mit langsamem Hb-Abfall vertragen problemlos ein Hb von 6,5 g/dl. Kommt ein solch niedriger Hb-Wert durch eine <u>akute</u> Blutung schnell zustande, kann dies tödlich sein.)

Abb. 5 Allgemeine Anämiesymptome

Haut/Schleimhäute	Blässe
Herz/Kreislauf	Tachykardie, Ohrensausen, systol. Herzgeräusch, Ödeme, Herzverbr.
Atemwege	Atemnot, Hyperventilation
Neuromuskuläre Symptome	Schwindel, Konzentrationsschwäche, Schlaflosigkeit, "Schwarz vor Augen" rasche Ermüdbarkeit, Muskelschmerz, Kälteempfindlichkeit, Kopfschmerz

- Haut und Schleimhäute: Blässe (Nicht jeder Mensch mit einer blassen Haut hat eine Anämie! Oft haben auch Gesunde eine blasse Hautfarbe. Deshalb: „Blässe" besser in den Bindehauttaschen der Augen beurteilen = konjunktivale Blässe)
- Herz/Kreislauf: Tachykardie, Ohrensausen, systolisches Herzgeräusch, Verbreiterung der Blutdruckamplitude, Herzverbreiterung und kardial bedingte Ödeme (langdauernde Anämien belasten das Herz erheblich)
- Atemwege: Atemnot, Hyperventilation (Folge einer zentralen Sauerstoffunterversorgung)
- Neuromuskuläre Symptome: Schwindel, Konzentrationsschwäche, Kopfschmerz, Schlaflosigkeit, Schwarzwerden vor den Augen (Ausdruck vorübergehender ungenügender Blutversorgung des Hirns), rasche Ermüdbarkeit, Muskelschmerz bei körperlicher Belastung (lokaler Sauerstoffmangel im Muskelgewebe), Kälteempfindlichkeit

ANÄMIEN DURCH UNGENÜGENDE BILDUNG VON HÄMOGLOBIN ODER ERYTHROZYTEN

HÄMOGLOBINSYNTHESESTÖRUNGEN

EISENMANGELANÄMIE

häufigste Anämieform; die Synthese von Hämoglobin ist infolge eines Eisenmangels behindert

Eisen = Fe: Normalwerte: m: 55-170 µg/dl, w: 50-150 µg/dl

Ferritin (= Speichereisen): Normalwerte: m: 19-500 µg/l, w: 7-220 µg/l

Ferritin-Werte < 12 µg/l beweisen einen Eisenmangel. Ferritin ist bei Eisenmangelanämie erniedrigt, bei chronischen Infekten und Tumoren erhöht! (Merke: Keine Eisentherapie ohne Bestimmung des Ferritins! Wenn die Eisenspeicher voll sind, kann ein erniedrigtes Eisen nicht durch Eisengabe ausgeglichen werden.)

Ät.:

- mangelnde Zufuhr: Säuglinge, Kleinkinder, Vegetarier
  Tagesverlust Männer: 1 mg, Frauen: 2 mg, Schwangere: 3 mg
  (empfohlene tgl. Zufuhr: Männer 12 mg, menstruierende Frauen 15 mg, Schwangere 30 mg)
- mangelnde Resorption im Dünndarm durch Säuremangel im Magen (Anazidität), nach operativer Entfernung des Magens oder Malassimilation
- erhöhter Bedarf bei Wachstum, Schwangerschaft (Gravidität), Stillperiode, Sportler
- Eisenverluste: chronische Blutungen sind die häufigste Ursache eines Eisenmangels (80%) (Blutungen aus Verdauungstrakt, genitale Blutung bei Frauen u. a.)

Kl.:

- allgemeine Anämiesymptome (vgl. oben S. 22)
- Haut/Schleimhautsymptome (brüchige Nägel mit Rillenbildung, trockene und rissige Haut, Juckreiz, Zunge atrophisch, Zungenbrennen, Schluckbeschwerden, Mundwinkelrhagaden)

Dg.:

Anamnese, Klinik, Ursachenabklärung!

Lab.: Die typischen Laborwerte zeigen eine hypochrome, mikrozytäre Anämie mit vermindertem Eisen und erniedrigtem Ferritin. Hb ↓, Erythrozyten ↓, MCV ↓ (mikrozytär), MCH ↓ (hypochrom), Fe ↓, Ferritin ↓, Transferrin = Eisentransportprotein ↑.

DD: Tumor- und Infektanämie (Fe ↓, Ferritin↑). Eisengabe nicht indiziert!

Th.:

Zunächst muss die Ursache der Eisenmangelanämie genau geklärt sein.

Therapie des zugrunde liegenden Krankheitsbildes! Zum Ausgleich des Eisenmangels:

Orale Eisensubstitution: 100-200 mg/Tag II-wertiges Eisen über mindestens 3 Monate. Tabletten nach dem Essen geben, sie werden sonst schlecht vertragen, (die intramuskuläre und intravenöse Gabe von Eisen ist risikoreich und Sonderfällen vorbehalten!) Eisenreiche Ernährung (Fleisch, Blutwurst, Leber, Ei, Salat, Gemüse). Therapieerfolg: Retikulozytenzahl und Hämoglobin müssen nach 1 Woche angestiegen sein, nach 3 Monaten müssen sie sich normalisiert haben.

- Eine Eisenmangelanämie ist keine endgültige Diagnose, sondern ein Symptom für sehr viele - oft bösartige - Erkrankungen! Vor der symptomatischen Eisengabe muss die Ursache des Eisenmangels (z. B. chronische Blutung bei Magen- oder Darmtumoren usw.) eindeutig abgeklärt werden!
- Eisentabletten verursachen schwarzen Stuhl (DD: Teerstuhl) und sind im Röntgenbild schattengebend!
- Zufälliges Verschlucken von Eisentabletten ist für Kinder lebensgefährlich! (Aufklärung des Patienten)

SIDEROACHRESTISCHE ANÄMIE

Anämie infolge einer Eisenfehlverwertung (gestörter Fe-Einbau). Dies führt zu einer ineffektiven Bildung der roten Blutkörperchen.

Lab.: Hb ↓, Ery ↓, Hämatokrit ↓, MCH ↓ (hypochrom), MCV ↓ (mikrozytär), Fe ↑

Eine hypochrome, mikrozytäre Anämie, die nicht auf Eisengabe anspricht, ist verdächtig auf eine sideroachrestische Anämie.

REIFUNGSHEMMUNG DER ERYTHROZYTEN (MEGALOBLASTÄRE ANÄMIEN)

Der Mangel an Vitamin B12 u./o. Folsäure führt zur Bildungsstörung der DNS und zur Ausreifungsstörung der Zellen. Dies führt zu einer Verminderung aller Blutzellen, besonders der Erythrozyten. Leitsymptom: Im Differentialblutbild und Knochenmark sind die Erythrozyten sehr groß (megaloblastär, Megaloblasten) und vermehrt mit Hämoglobin beladen (MCH ↑: hyperchrom); bei Vitamin-B12-Mangel zusätzlich: gastrointestinale und neurologische Störungen.

VITAMIN-B12-MANGEL

Ät.:

- Mangel an „intrinsic factor:" „Intrinsic factor" wird in den Belegzellen (= Parietalzellen) der Magenschleimhaut gebildet. Der Faktor wird für die Resorption von Vitamin B12 („Extrinsic factor") im Endstück des Dünndarms (= terminales Ileum) benötigt:
  - Zustand nach Magenresektion
  - perniziöse Anämie (M. Biermer): Ursache ist eine Autoantikörperbildung gegen die den „intrinsic factor" bildenden Belegzellen des Magens und gegen den eigentlichen „intrinsic factor". Es kommt zur atrophischen Immungastritis (Magenschleimhautentzündung) Typ A (siehe S. 180)
- Mangelernährung (Vegetarier), selten
- Dünndarmkrankheiten mit gestörter Resorption („Malabsorptionssyndrom", z. B. M. Crohn)
- bakterielle Ileumüberwucherung
- Befall mit Fischbandwurm (soll Vitamin B12 aus seiner Intrinsic-factor-Bindung lösen)

Kl.:

schleichender Krankheitsbeginn mit der klinischen Trias (drei Symptome, die für eine bestimmte Krankheit charakteristisch sind):

- Anämiesymptome: strohgelbe Blässe (Anämie und diskreter Ikterus: Kombination aus einer Blutbildungsstörung und einem verstärkten Abbau der Erythrozyten im Knochenmark), allgemeine Anämiesymptome (siehe S. 22)
- Gastrointestinale Symptome: atrophische Magenschleimhautentzündung (Typ A), Entzündung der Zunge (Hunter-Glossitis) mit Zungenbrennen und Lackzunge (glatte, tiefrote Zunge), Schleimhautveränderungen
- Neurologische und psychiatrische Symptome: Gangunsicherheit, spastische Lähmungen, schmerzhafte Empfindungsstörungen (Parästhesien) an Händen und Füßen, evtl. Fehlen der Eigenreflexe, Störung der Tiefensensibilität bzw. des Vibrationsempfindens (Stimmgabelversuch), organisches Psychosyndrom
- Symptome der ursächlichen Erkrankung (z. B. Dünndarmentzündung im terminalen Ileum)

Merke: Es gibt einen Vitamin-B12-Mangel mit neurologischen Störungen ohne gleichzeitige Anämie! Bei unklaren neurologischen Symptomen deshalb immer an Vitamin-B12-Mangel denken.

Dg.:

Anamnese, Klinik, typische Laborbefunde, Knochenmarksuntersuchung

Diagnose einer perniziösen Anämie: Nachweis von Autoantikörpern gegen Belegzellen und „intrinsic factor", Magenspiegelung (ÖGD = Oesophago-Gastro-Duodenoskopie) mit Gewebsentnahme (Biopsie)

Lab.: Leukozyten und Thrombozyten vermindert (Bildungsstörung), Laborzeichen einer ineffektiven Bildung von roten Blutkörperchen mit Hämolyse (Zelluntergang): Eisen ↑, LDH ↑, indirektes Bilirubin ↑, Haptoglobin ↓, Vitamin B12 ↓, typischer Knochenmarksbefund

Th.:

falls möglich kausal: Behandlung einer Dünndarmentzündung (M. Crohn), eines Fischbandwurms usw. Symptomatisch: Vitamin-B12-Substitution intramuskulär (oder hohe Dosen oral). Durch die nach Vitamin-B12-Gabe einsetzende Blutbildung kommt es häufig zur Hypokaliämie - ⇒ Kaliumgabe und zum Eisenmangel ⇒ Eisengabe. Gleichzeitigen Folsäuremangel nicht übersehen (Labor)!

Bei perniziöser Anämie (siehe oben) ist das Magenkarzinomrisiko stark erhöht. Deshalb: Jährliche Magenspiegelungen bei Perniziosa-Patienten zur Früherkennung eines Magenkarzinoms.

FOLSÄUREANÄMIE

Ähnliche Ursachen und ähnliches klinisches Bild wie bei Vitamin-B12-Mangel. Zum Folsäuremangel führen: Behandlung mit bestimmten Medikamenten („Folsäureantagonisten"), Mangelernährung (Alkoholiker), erhöhter Bedarf (Hämolyse, Schwangerschaft) und gestörte Aufnahme im Dünndarm (Malabsorption).

Lab.: Folsäure im Blut erniedrigt, megaloblastäre Anämie

Th.: Substitution von Folsäure

REGENERATIONSHEMMUNG IM BLUTBILDENDEN KNOCHENMARK

Das Versagen des Knochenmarks führt zu den gefährlichsten Anämien, da hier die Blutbildungsstätte, das Knochenmark, unmittelbar betroffen ist. Unterschieden werden muss zwischen den verschiedenen aplastischen Anämien, mit dem völligen Versiegen der Blutbildung („leeres Knochenmark" im Biopsat), und der sekundären Knochenmarksverdrängung durch Leukämie- oder Tumorzellen („übervolles Knochenmark" im Biopsat).

APLASTISCHE ANÄMIE

Häufig tödliches Versagen der Blutbildung einer oder aller Zellreihen im Knochenmark (Knochenmarksversagen = Panmyelophthise). Es kann die Anämie (Erythrozyten), die Granulozytopenie (Leukozyten) oder die Thrombozytopenie dominieren.

Ät.:

Strahlen, Medikamente, Gifte (Toxine), bösartige (maligne) Tumoren, Virusinfekte

Kl.:

- Anämie: allgemeine Anämiesymptome (siehe S. 22)
- Leukozytopenie: Abwehrschwäche mit Infekten, Fieber, Nekrosen, Pilzerkrankungen
- Thrombozytopenie: Blutungen (Zahnfleischbluten, Nasenbluten u. a.), Petechien

Dg.:

Anamnese, Klinik

Lab.: Erythrozyten, Retikulozyten, Leukozyten und Thrombozyten vermindert, MCH und MCV normal, Knochenmarkzytologie und –histologie (Knochenmark zellarm)

Th.:

Substitution von Thrombozyten und Erythrozyten, Knochenmarktransplantation, Infektionsprophylaxe und Therapie, Wachstumsfaktoren der Blutbildung (G-CSF, GM-CSF, Erythropoetin)

ANÄMIEN DURCH BLUTVERLUST

AKUTE BLUTUNG

Ein akuter Blutungverlust von mehr als 1000 ml/24 Stunden ist wegen der Entwicklung eines hypovolämischen Schocks lebensbedrohlich. Feucht-kühle, blasse Haut, schneller werdender Puls (Tachykardie) und sinkender Blutdruck (< 100 mm/Hg) sind erste Schockzeichen:

Schockindex = Puls/systolischen Blutdruck

Bewertung: 0,5 = normal, 1 = drohender Schock (Blutverlust 20-30%), 1,5 = manifester Schock (Blutverlust 30-50%)

Erythrozytenzahl, Hämoglobin- und Hämatokritwert ändern sich zunächst nicht, da der Organismus versucht, die Hypovolämie durch Gefäßverengung (Vasokonstriktion) auszugleichen. (Es kann theoretisch passieren, dass jemand mit einem normalen Hb-Wert verblutet! ⇒ Labor keine Hilfe bei akuter Blutung! Die Klinik führt!) In der zweiten Phase wird das Volumen durch Einstrom von Gewebsflüssigkeit in die Blutbahn (innerhalb von Stunden) und Ersatz der Plasmaproteine (innerhalb von Tagen) aufgefüllt. Erst jetzt sinken Hämoglobin, Hämatokrit und Erythrozytenzahl ab. MCV und MCH sind normal – normozytäre und normochrome Anämie. Innerhalb von Wochen bis Monaten werden dann die Erythrozyten ersetzt (Neubildung im Knochenmark).

CHRONISCHE BLUTUNG

Leitsymptom einer chronische Blutungen ist die Eisenmangelanämie! Durch den ständigen Verlust auch kleinster Mengen Blut kommt es über die gesteigerte Blutbildung und den Eisenverlust zum Eisenmangel. Eine Eisenmangelanämie ist also meist ein Symptom für eine chronische Blutung und erfordert eine genaue Ursachenabklärung! Krebsverdacht! Nachweis: Anamnese, klinische Untersuchung. Labor: (vgl. oben: Eisenmangelanämie S. 23) Stuhltest auf okkultes Blut (Magen-Darm-Blutungen); Urinstix-Untersuchung (Blutungen aus dem harnableitenden System). Die Diagnose muss mit allen diagnostischen Mitteln erzwungen werden!

Lerntext 2 Warnsignale, die auf einen bösartigen Tumor („Krebs") hindeuten

Anamnese:

- Leistungsknick, Gewichtsabnahme, Fieber
- Stuhlunregelmäßigkeiten: z. B. "Bleistiftstühle", Blut im Stuhl, Durchfall abwechselnd mit Verstopfung (paradoxe Diarrhoe), Teerstuhl , unwillkürlicher Stuhlabgang (falscher Freund)
- Veränderungen beim Wasserlassen
- Übelkeit, Erbrechen, Schluckbeschwerden
- Husten, Heiserkeit (länger als 4 Wochen)
- Blutungen (wo auch immer: urogenital, rektal; Bluterbrechen, blutiges Sputum usw.)
- ungewöhnliche Absonderungen (z. B. rektaler/vaginaler Ausfluss, Sekretion der Mamille)
- Kopfschmerzen (vor allem in Kombination mit morgendlichem Erbrechen)

Klinik:

- Blässe („Blutungsanämie")
- nicht heilende Wunden
- Knoten, Schwellungen, vergrößerte Lymphknoten (oft schmerzlos!)

Sollten die oben erwähnten anamnestischen oder klinischen Befunde auftauchen, empfiehlt es sich, eine eingehende Diagnostik zu empfehlen und in die Wege zu leiten. Es gilt das Motto: Diese Befunde „sind solange karzinomverdächtig, bis das Gegenteil bewiesen ist".

Die Frühformen vieler bösartiger Karzinome haben heute eine gute Prognose. Werden Frühsymptome übersehen oder nicht richtig gedeutet, vergeht wertvolle Zeit bis zur Diagnose und Therapie. Verlieren Sie keine Zeit mit Behandlungsversuchen ohne Diagnose!

Als Screening-Untersuchungen sollte Ihnen der Stuhltest auf „Mikromelaena", auf minimale Spuren von Blut im Stuhl („okkultes Blut im Stuhl") geläufig sein.

Blut aus dem Urogenitaltrakt zeigt sich in der Urinuntersuchung („Stix"). Eine BSG-Erhöhung mit den oben erwähnten anamnestischen und klinischen Zeichen sollte Sie aufmerksam werden lassen. Verweisen Sie solche Patienten lieber einmal mehr zur invasiven Diagnostik (z. B. Gastroskopie = ÖGD = Magenspiegelung oder Koloskopie = Darmspiegelung usw).

ANÄMIEN DURCH GESTEIGERTEN ABBAU VON ERYTHROZYTEN (HÄMOLYTISCHE ANÄMIEN)

Unter Hämolyse versteht man die Verkürzung der Erythrozytenlebenszeit (normal 120 Tage) auf wenige Wochen oder Tage. Eine hämolytische Anämie ist charakterisiert durch beschleunigten Erythrozytenzerfall und -abbau. Bleibt durch gesteigerte Erythropoese („Blutbildung") der Hb-Gehalt des Blutes bzw. die Erythrozytenzahl normal, spricht man von kompensierter Hämolyse. Reicht die Erythropoese nicht aus, um den Verlust auszugleichen - dekompensierte Hämolyse - kommt es zur hämolytischen Anämie. In beiden Fällen ist die Retikulozytenzahl - als Zeichen einer gesteigerten Blutneubildung - erhöht. Das indirekte (unkonjugierte) Bilirubin ist - aufgrund des gesteigerten Abbaus von Häm (Bestandteil des Hämoglobins) - erhöht. Die Milz ist infolge des gesteigerten Erythrozytenabbaus vergrößert. Es werden angeborene und erworbene Formen unterschieden.

Ein chronischer Verlauf (chronische H.) wird von akuten hämolytischen Krisen (z. B. bei Transfusionszwischenfall oder Entgleisung einer chronischen Hämolyse) unterschieden.

Klinik der chronischen Hämolyse	Klinik der akuten Hämolyse
• Anämie • evtl. Ikterus • Milzvergrößerung • evtl. Gallensteine (Bilirubinsteine)	• Fieber, Schüttelfrost, evtl. Kollaps • Ikterus, Hyperbilirubinämie • Kopf-, Abdominal- und Rückenschmerzen • Hämoglobinurie (bierbrauner Urin)

Andere Hämolysezeichen:

- Hämoglobin, Erythrozyten und Hämatokrit ↓
- LDH ↑, Eisen↑
- indirektes Bilirubin ↑ und Urobilinogenurie
- Retikulozyten ↑ (kompensatorisch gesteigerte Blutneubildung)
- Erythrozytenlebenszeit ↓

ANGEBORENE KORPUSKULÄRE (ZELLULÄRE) HÄMOLYTISCHE ANÄMIEN

Es handelt sich um erbliche Anomalien

- der Erythrozytenmembran
- der Erythrozytenenzyme
- des Hämoglobins: (Es sind ca. 300 verschiedene, genetisch fixierte, Anomalien des Hämoglobinmoleküls - meist ist eine Aminosäure durch eine andere ausgetauscht - bekannt).

Einige angeborene hämolytische Anämien sollen im Folgenden beispielhaft besprochen werden.

ANGEBORENE MEMBRANDEFEKTE DER ERYTHROZYTEN

Hereditäre Sphärozytose (Kugelzellenanämie)

Die häufigste hämolytische Anämie in Deutschland (1:5000) mit typischer Kugelform der Erythrozyten im Differentialblutbild

Ät.:

Ein Baustoffmangel der Erythrozytenmembran (Spektrin, Ankyrin u. a.) führt zur Formveränderung der Erythrozyten. Früher Abbau der Zellen in der Milz, dadurch verkürzte Erythrozytenlebenszeit.

Kl.:

- Anämie u./o. Ikterus als Kind, Splenomegalie (große Milz), positive Familienanamnese
- hämolytische Krisen mit Ikterus, Fieber, Oberbauchschmerzen
- gehäuft Bilirubingallensteine
- Kompl.: evtl. lebenbedrohliche aplastische Krisen (z. B. durch Virusinfektion)

Dg.:

Anamnese, Klinik

Lab.: normochrome, normozytäre Anämie, laborchemische Hämolysezeichen (vgl. S. 29), Haptoglobin ↓, Kugelzellen im Blutausstrich, osmotische Resistenz der Erythrozyten ↓, Retikulozytose

Th.:

Ein mögliches Therapieverfahren ist die Milzentfernung (Splenektomie). Dadurch wird der Filter entfernt, der die deformierten Erythrozyten vorzeitig aus dem Blut entfernt. (Die Milzentfernung nur in schweren Fällen indiziert, Risikoabwägung)

ANGEBORENE ENZYMDEFEKTE DER ERYTHROZYTEN

Glukose-6-Phosphatdehydrogenase- (G-6-PD-) Mangel (Favismus)

Ein X-chromosomal-rezessiv vererbter Enzymdefekt der Erythrozyten. Nach Diabetes mellitus ist das Krankheitsbild die häufigste Erbkrankheit. Sie betrifft vor allem Afrikaner, Asiaten und Bewohner der Mittelmeerländer (Israel bis 60%).

Kl.:

Genuss von Saubohnen (Favismus), Arzneimittel und Infektionen führen zur Hämolyse.

Dg.:

Anamnese, Klinik (z. B. hämolytische Krisen nach Medikamenten oder Mahlzeiten)

Lab.: allgemeine Hämolysezeichen (vgl. S. 29), ↓ G-6-PDH-Aktivität der Erythrozyten

Th.:

Eine kausale Therapie ist nicht möglich, auslösende Substanzen müssen gemieden werden.

Pyruvatkinase-(PK-)Mangel

Ein autosomal-rezessiv vererbter Enzymdefekt (Glykolyse betreffend) führt zur Störung bei der Energiegewinnung des Erythrozyten.

Kl.: Splenomegalie, hämolytische Krisen

Dg.: Anamnese, Klinik, Nachweis einer verminderten Pyruvatkinase-Aktivität der Erythrozyten

Th.: keine kausale Therapie möglich, evtl. Besserung durch Splenektomie (Milzentfernung)

ANGEBORENE HÄMOGLOBINOPATHIEN

Sichelzellanämie

häufigste Hämogobinopathie. Ein autosomal-dominant vererbter qualitativer Defekt der Hämoglobinsynthese. Dadurch Produktion eines abnormen Hämoglobins: HbS. Bei O_2-Mangel verformen sich die Erythrozyten sichelförmig, verlieren ihre normale Elastizität und ihr normales Fließverhalten und verstopfen die kleineren Blutgefäße.

Kl.:

hämolytische Anämie, schmerzhafte Multiorganinfarkte (z. B. Milz, Niere, Gehirn), Hepatosplenomegalie (Leber- und Milzvergrößerung), gesteigerte Neigung zu bakteriellen Infekten

Dg.:

Anamnese, Klinik; Lab.: Sichelzellen im Differentialblutbild, Sichelzelltest, Hb-Elekrophorese

Th.:

Eine kausale Therapie ist nicht bekannt. O_2-Mangelzustände müssen vermieden werden.

Anlageträger des G-6-PD-Mangels und der Sichelzellanämie sind gegenüber Malariaerregern resistenter als die übrige Bevölkerung. Es kommt so zu dem interessanten Phänomen, dass eine Erbkrankheit in gewissen geografischen Regionen sogar einen Selektionsvorteil mit sich bringt!

Thalassämie

Im Mittelmeerraum häufige, vererbte, quantitative (nicht qualitative) Hämoglobinsynthesestörung. Eine neffektive Blutbildung führt zur Hämolyse.

Kl.:

je nach Erbanlage (heterozygot/homozygot) unterschiedlich stark ausgeprägt. Typische Anämiesymptome, Hepatosplenomegalie (Leber- und Milzvergrößerung), Ikterus („Gelbsucht")

Lab.: Hb, Erythrozyten, Hämatokrit, MCV und MCH erniedrigt (mikrozytäre, hypochrome Anämie), Eisen normal oder erhöht (DD zur Eisenmangelanämie!), Hämolysezeichen (siehe S. 29)

Dg:

Anamnese (Geburtsland), Klinik, Hb-Elektrophorese

Th.:

Erythrozytenkonzentrate nach Bedarf; Behandlung der Eisenüberladung („Hämosiderose"), evtl. Milzentfernung, Knochenmarktransplantation

ERWORBENE (EXTRAZELLULÄRE) HÄMOLYTISCHE ANÄMIEN

Ursachen sind entweder Fehltransfusionen von Blutkonserven (hämolytische Transfusionsreaktion), Immunreaktionen oder Gifte. Selten sind bei uns hämolytische Anämien durch direkte Einwirkung von Krankheitserregern auf die Erythrozyten (z. B. Malaria).

AUTOIMMUNHÄMOLYTISCHE ANÄMIEN (AIHA)

Durch eine Fehlsteuerung der Abwehr kommt es zum Antikörperangriff auf die eigenen Erythrozyten. Sie werden durch eine Antigen-Antikörperreaktion geschädigt und in Milz und Leber abgebaut. Klinisch äußern sich die AIHA durch hämolytische Anämien und hämolytische Krisen. Es wird eine AIHA durch Wärmeautoantikörper von einer AIHA durch Kälteautoantikörper („Kälteagglutinine") unterschieden. Neben idiopathischen Formen können verschiedene Krankheiten (z. B. Lymphome, chronisch lymphatische Leukämien, Lupus erythematodes, Mononukleose, Mykoplasmenpneumonie) und Medikamente zur Auslösung der Autoimmunphänomene führen. Sie können sehr schwer akut oder chronisch schubweise verlaufen. Die Behandlung besteht im Absetzen der evtl. das Krankheitsbild auslösenden Medikamente und in medikamentöser Unterdrückung der Immunabwehr („Immunsupression"), evtl. Splenektomie.

TOXISCHE, MECHANISCHE ODER THERMISCHE HÄMOLYTISCHE ANÄMIEN

Mechanische (Herzklappen), thermische (schwere Verbrennungen) oder chemische (Schlangengifte) Schädigungen können zum vermehrten Untergang von Erythrozyten (Hämolyse) führen.

BEGLEITANÄMIEN BEI CHRONISCHEN KRANKHEITEN (SEKUNDÄRE ANÄMIEN)

RENALE ANÄMIE

Normochrome, normozytäre hyporegenerative (Retikulozyten erniedrigt) Anämie, die sich im Verlauf einer chronischen Niereninsuffizienz (Kreatinin > 3,5 mg/dl) entwickelt. (Die Niere ist die Produktionsstätte des Erythrozytenreifungshormons Erythropoetin.)

Ät.:

Erythropoetinmangel (und Knochenmarksschädigung durch Urämiegifte)

Kl.:

Café-au-lait-Farbe der Haut (Ablagerung von nicht ausgeschiedenen Stoffwechselprodukten = Urochromen in Kombination mit anämischer Blässe)

Dg.:

Anamnese und Klinik (Niereninsuffizienz), Lab.: Hb ↓, Hk ↓, Ery ↓, MCH und MCV normal, Retikulozyten ↓, Erythropoetinspiegel normal (nicht erhöht, wie bei Anämie zu erwarten)

Th.:

Erythropoetingabe, Bluttransfusionen (nur wenn unumgänglich), Nierentransplantation

TUMOR- UND INFEKTANÄMIE

Bei Tumoren und chronischen Infektionen findet sich häufig eine meist leichte, normochrome (oder gering hypochrome) Anämie. Ursache ist möglicherweise eine gestörte Eisenverwertung („Eisenfehlverwertung"). Die Serumkonzentration des Eisens ist bei diesen Anämieformen vermindert, das Speichereisen (Ferritin) jedoch erhöht. Da es sich um eine Eisenfehlverwertung bei vollen Eisenspeichern handelt, ist eine Eisengabe nicht indiziert.

Eine Überlagerung, vor allem der Tumoranämie, mit anderen Anämieformen, ist nicht selten und erschwert die differentialdiagnostische Einordnung: viele Magen-Darm-Tumoren, aber auch Nierentumoren u. a. führen über einen chronischen Blutverlust zu einer Eisenmangelanämie. Erworbene hämolytische Anämien finden sich ab und zu bei Eierstocktumoren. Tumoren, die ins Knochenmark metastasieren (Prostata-Karzinom, Mamma-Karzinom, Schilddrüsen-Karzinom u. a.), können zu einer Verdrängung des Knochenmarks und zu einer Störung der Blutbildung führen. Als Folge einer zytostatischen Therapie kann es zur Blutbildungsstörung im Knochenmark kommen.

HYPERSPLENIESYNDROM (HYPERSPLENISMUS)

Bei Milzvergrößerung verschiedenster Ursachen (z. B. Leberzirrhose, Milzvenenthrombose) kommt es häufig zu einer Verminderung der Erythrozyten, der Leukozyten und der Thrombozyten im Blut. Man nimmt an, dass die Blutzellen in der vergrößerten Milz verstärkt abgefangen und abgebaut werden. In schweren Fällen muss die Milz entfernt („splenektomiert") werden.

ANÄMIE BEI LEBERERKRANKUNGEN

Chronische Blutungen aus dem Magen-Darm-Trakt bei Speiseröhrenkrampfadern (Ösophagusvarizen) verursachen einen Eisenmangel im Rahmen einer hypochromen Blutungsanämie. Bei alkoholbedingten Lebererkrankungen kommen die direkte alkoholtoxische Schädigung des Knochenmarks und ein Folsäure- (oder Vitamin-B12-)Mangel hinzu.

ANÄMIE WÄHREND DER SCHWANGERSCHAFT

Im Verlauf der Schwangerschaft entwickelt sich, beginnend im 3. Monat, eine physiologische Anämie, die hauptsächlich durch vermehrten Wassergehalt des Blutes (Hydrämie) bedingt ist. Fällt der Hämoglobinwert unter 10g/dl, so besteht eine echte Anämie, die sich durch den Eisenbedarf des Feten erklärt.

Th.:

Eisen- und evtl. Folsäuresubstitution im Rahmen der Schwangerschaftsüberwachung.

POLYGLOBULIE UND POLYCYTHAEMIA VERA

POLYCYTHAEMIA VERA (PV)

Die Polyzythämie ist eine bösartige Erkrankung, bei der es zu einer vermehrten Bildung aller drei Blutzellreihen (Erythrozyten, Leukozyten, Thrombozyten) - mit Überwiegen der roten Reihe (Erythrozyten) - kommt. Steigt der Hämatokrit über 55-60%, führt dies zu einem kritischen Anstieg der Zähigkeit (Viskosität) und zum Absinken der Sauerstofftransportkapazität des Blutes.

Ät.:

unbekannt

Kl.:

- Plethora (Blutfülle) mit folgenden Symptomen: Rötung von Gesicht und Extremitäten („blühendes Aussehen"), evtl. Lippenzyanose (kardiale Belastung), Juckreiz (Pruritus), Schwindel und Kopfschmerzen, Ohrensausen, Müdigkeit, Nasenbluten, Sehstörungen
- Als oft tödliche Komplikationen: Thromboembolien, Blutungen (Funktionsstörungen der Thrombozyten), Knochenmarkinsuffizienz, Entwicklung einer akuten Leukämie

Dg.:

Anamnese, Klinik, typischer Befund bei der Beckenkammbiopsie

Lab.: Erythrozyten ↑, Hb ↑, Hk ↑, BSG ↓, Harnsäure ↑

Th.:

Aderlässe, alpha-Interferon, evtl. Unterdrückung der Blutbildung im Knochenmark (myelosuppressive Therapie) mit Zytostatika (dadurch steigt aber das Leukämierisiko)

POLYGLOBULIE

Bei der Polyglobulie kommt es - aufgrund verschiedener Grundkrankheiten - sekundär reaktiv zu einem Anstieg der roten Blutkörperchen, des Hämatokrits und des Hämoglobins.

Ät.:

1) Krankheiten, die mit einer Sauerstoffunterversorgung (Hypoxämie) einhergehen
   - physiologisch: Aufenthalt in großen Höhen (niedriger Sauerstoffpartialdruck)
   - Erkrankungen der Lunge
   - Erkrankungen des Herzens
   - Hämoglobinstörungen bei Rauchern (CO-Hämoglobin)
   - (angeborene Methämoglobinämie)
2) Hormonale Stimulation der Blutbildung (Erythropoese)
   - M. Cushing, Therapie mit Kortikoiden oder Androgenen
3) Autonome Stimulation der Blutbildung bei anderen Erkrankungen (pO_2 normal)
   - bei verschiedenen Tumoren, als sog. „paraneoplastische Syndrome”: (Nierenkarzinom, Eierstockkarzinom, Kleinhirntumoren, Lebertumoren)
   - Nierenerkrankungen (z. B. Zystennieren)
   - familiäre Erythrozytose (autosomal-rezessiv vererbt)

Kl.:

wie bei Polyzythämie (und die Symptome der Grundkrankheit)

Th.:

Behandlung der Grundkrankheit, Aderlässe

Lerntext 3	Anämiearten	MCH	Anämien	Weiterführende Untersuchungen
Anämien	hyporegenerativ (Retikulozyten ↓)	hypochrom	Thalassämie	MCH, Ferritin, Hb-Elektrophorese
			Eisenmangel	MCH, Eisen, Ferritin, (Transferrin), Ursachenabklärung!
		normochrom	Chronische Erkrankung	Anamn., Eisen, Ferritin, (Transferrin), Knochenmark, Grundleiden
			KM-Infiltration	Diff.-BB, Leuko, Thrombo, Knochenmark, Ursachenabklärung
			Aplastische Anämie	Anamn., Leuko, Thrombo, Knochenmark
		hyperchrom	Perniziöse Anämie	MCH, Diff-BB, Leuko,Thrombo, LDH, Knochenmark
			Folsäuremangel	MCH, Folsäurespiegel, Knochenmark
	hyperregenerativ (Retikulozyten ↓)	extrakorpusk.	autoimmunhämolyt.	Grundkrankheit, Coombs-Test, Kälteagglutinine
			mechanisch	Anamnese, Thrombo, Gerinnungsfaktoren, Fragmentozyten
			medikamentös, toxisch	Anamn., Coombs-Test, Heinz-Körper, Met-Hb, Kupfer, Blei u. a.
			Mikroorganismen	Dicker Tropfen und Diff.-BB (Malaria), Abklärung der Infektion
			Hyperspleniesyndrom	Milzgröße, Leuko, Thrombo, Isotopenmarkierung
		korpusk.	Sphärozytose	Anamn. (Erbkr.), Diff-BB, MCH+MCV ↑, osmot. Resist ↓, Milz ↑
			Enzymdefekte	Anamn. (Erbkr.), Erythrozytenenzymstatus (Speziallaboratorien)
			Hämoglobinopathie	Anamn., Sichelzelltest, Diff-BB, Hb-Elektroph., instabiles Hb
			Hämoglobinurie, nächtl.	Anamn., Hämoglobin-,Hämosiderinurie, Säureserumtest, LDH

ERKRANKUNGEN DER WEIßEN BLUTZELLEN UND DER BLUTBILDENDEN ORGANE

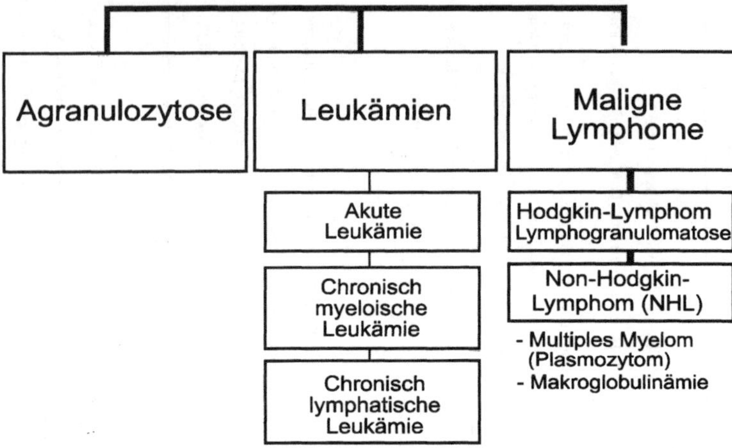

Abb. 6 Wichtige Erkrankungen der weißen Blutzellen und der Blut bildenden Organe

AGRANULOZYTOSE

Die Agranulozytose ist eine durch Medikamente (Analgetika, Thyreostatika, Sulfonamide) verursachte, rückbildungsfähige, allergische (autoimmune) Granulozytopenie (< 500 /µl).

Kl.:

nach Medikamenteneinnahme: Granulozyten können bis auf null absinken. Die körpereigene Abwehr bricht zusammen: plötzlicher Beginn mit rezidivierenden Fieberschüben und Schüttelfrost, evtl. Sepsis. An den Schleimhäuten im Mund, im Darm, am After entstehen große, weiß bedeckte Geschwüre (z. B. Tonsillengeschwüre).

Th.:

auslösendes Medikament absetzen, keimarme Räume, Infektionsprophylaxe, Antibiotika, granulozytenstimulierende Faktoren (GM-CSF, G-CSF)

Progn.:

kann nach Absetzen des auslösenden Medikamentes innerhalb einer Woche ausheilen, durch sich häufende, nicht beherrschbare Infekte in schweren Fällen auch zum Tode führen

LEUKÄMIEN

Leukämie bedeutet „weißes Blut". Dies bezieht sich auf den Farbcharakter des zentrifugierte Blutes bei Leukämiepatienten mit hohen Leukozytenzahlen.

Leukämien entstehen im Knochenmark und sind durch unkontrolliertes Wachstum einer einzelnen Leukozytenpopulation charakterisiert. Diese unterdrückt die normale Blutzellbildung, wird vom Knochenmark ins Blut und in andere Körperorgane geschwemmt und vermehrt sich dort unkontrolliert. Leukämien sind die häufigsten bösartigen Erkrankungen im Kindesalter (40%). Es werden drei Krankheitsbilder unterschieden:

1. Akute Leukämie (AL)
   - akute lymphatische Leukämie (ALL)
   - akute myeloische Leukämie (AML)
   - akute undifferenzierte Leukämie (AUL)
2. Chronisch myeloische Leukämie (CML)
3. Chronisch lymphatische Leukämie (CLL)

Morphologisch, zytochemisch, immunologisch und zytogenetisch können die Leukämien heute in Subtypen eingeteilt werden, die unterschiedliche Prognosen aufweisen.

AKUTE LEUKÄMIE (AL)

Erwachsenen und Kindern betroffen. 80% der kindlichen Leukämien sind akute lymphatische Leukämien (Ursprungszelle: Lymphozyten), 80% der akuten Leukämien im Erwachsenenalter sind akute myeloische Leukämien (Ursprungszelle: Granulozyten- oder Monozyten).

Ät.:

- Viren, z. B. HTLV 1 (= human T-cell-leucaemia-virus 1)
- Knochenmarksschädigung (chemische Noxen, ionisierende Strahlung)
- genetische Faktoren (z. B. 20fach höheres Risiko bei Down-Syndrom = Trisomie 21)
- Entwicklung einer AML aus anderen hämatologischen Erkrankungen

Kl.:

- Abgeschlagenheit, Fieber, Nachtschweiß
- bei Kindern häufig „Bauchschmerzen", Knochenschmerzen, Appetitmangel
- Lymphknotenschwellung (30%), evtl. Milz- und Lebervergrößerung
- Symptome infolge Verdrängung der Blutbildungsreihen im Knochenmark:
  – Anämie (Erythrozyten ↓) : Blässe, Dyspnoe, Müdigkeit
  – Abwehrschwäche (Leukozyten ↓): Infekte, Pilze, Haut-Schleimhautentzündungen
  – Blutungen (Thrombozyten ↓)
- neurologische Symptome (Meningiosis leucaemica bei ALL)
- leukämische Haut- und Organinfiltrationen

Dg.:

Anamnese, Klinik, Blutbild, Knochenmarkszytologie und –histologie

Leukozytenzahl im Blutbild normal, erhöht oder sogar erniedrigt! Über die Leukozyten lässt sich die Diagnose nicht stellen! Sicheren Hinweis geben unreifzellige Elemente im Blutbild und Knochenmark. Häufig besteht eine Anämie und Thrombozytopenie. (Wenn Leukozyten, Erythrozyten und Thrombozyten normal sind, so schließt dies eine Leukämie mit 95%iger Sicherheit aus).

Th.:

In speziellen überregionalen Zentren! Chemotherapie (im Kindesalter mit guter, im Erwachsenenalter mit dubioser Prognose), Knochenmarktransplantation

CHRONISCH MYELOISCHE LEUKÄMIE (CML)

auch: chronische Myelose

Es handelt sich um eine maligne (bösartige) Stammzellenentartung des Knochenmarks. Die exzessiv produzierten Granulozyten sind (im Gegensatz zur ALL/AML) funktionstüchtig. Die chronisch myeloische Leukämie beginnt schleichend im mittleren Lebensalter.

Ät.:

- unbekannte Faktoren (Mehrzahl der Fälle)
- ionisierende Strahlen, Benzol

Kl.:

- schleichender Beginn mit Blässe, Müdigkeit, Nachtschweiß, evtl. Fieber
- Leukozytose und Splenomegalie (größter Milztumor überhaupt: evtl. Druckgefühl im linken Oberbauch, Klopf- und Kompressionsschmerz des Brustbeins)
- später durch Knochenmarksverdrängung: Anämie, Thrombozytopenie

Kompl.:

- riesiger Milztumor, Milzinfarkt, Milzruptur, Thrombosen (lleukämisch oder aufgrund anfänglicher Thrombozytose), Blutungen
- fortschreitende Fibrosierung des Knochenmarks

Dg.:

Anamnese, Klinik, Knochenmarksbiopsie von geringem Aussagewert, Lab.: Leukozytose $\geq$ 500 000 /µl mit Linksverschiebung, Basophilie, Anämie, anfangs Thrombozytose, Myeloblasten, alkalische Leukozytenphosphatase stark ↓, Philadelphia-Chromosom in 90% d. F. positiv

Th.:

Interferon, Chemotherapie, Stammzelltransplantation, Knochenmarktransplantation

Mittlere Lebenserwartung: 3,5 Jahre

CHRONISCH LYMPHATISCHE LEUKÄMIE (CLL)

auch: chronische Lymphadenose

häufigste Leukämieform, autonome Überproduktion immuninkompetenter B-Lymphozyten (T-Zell-Lymphome sind mit ca. 3% selten) im peripheren Blut, Lymphknoten, Milz und Knochenmark, niedriger Malignitätsgrad; betrifft meist Männer im höherem Alter (um 65 Jahre).

Gemäß gängiger (aber deutlich komplizierterer) Einteilungen in der Hämatologie gehört die chronisch lymphatische Leukämie zu den Non-Hodgkin-Lymphomen vom niedrigen Malignitätsgrad (siehe unten S. 41).

Ät.:

unbekannt

Kl.:

- symptomloser Beginn; Leistungsminderung, Nachtschweiß
- Lymphknotenschwellung: derb und indolent im Brust- und Bauchraum
- evtl. Leber- und Milzvergrößerung
- Hauterscheinungen: knotige Hautinfiltrationen, Pruritus (Hautjucken), Ekzeme, Mykosen, Herpes zoster (bei allen Hauterscheinungen im höheren Alter stets an CLL denken!)

Dg.:

Anamnese, Klinik, Blutbild, Knochenmarksbefund

Lab.: Leukozyten 20.000-100.000/μl Blut, Knochenmark: Markinfiltration durch Lymphozyten

Th.:

„So spät wie möglich und so schonend wie möglich." Chemo- und Strahlentherapie, Splenektomie, Knochenmarktransplantation (selten zu erwägen aber einziger Therapieansatz mit Hoffnung auf Heilung), gutartigste der Leukämien

MALIGNE LYMPHOME

Als maligne Lymphome werden bösartige Erkrankungen bezeichnet, die aus der Umwandlung einer Zelle des lymphatischen Systems entstehen. Sie werden untergliedert in

1) M. Hodgkin (Lymphogranulomatose)

2) Non-Hodgkin-Lymphome NHL)

HODGKIN-LYMPHOM (LYMPHOGRANULOMATOSE)

Def.:

Das Hodgkin-Lymphom ist ein bösartiger Tumor des lymphatischen Systems (histologisches Merkmal: ein- bzw. mehrkernige Hodgkin- bzw. Sternberg-Reed-Riesenzelle). Die entarteten Zellen leiten sich wahrscheinlich in der Mehrzahl der Fälle von einem B-Lymphozytenklon ab. Im Frühstadium äußert sich das Hodgkin-Lymphom als eine lokalisierte Lymphknotenerkrankung, im fortgeschrittenen Stadium als Systemerkrankung, die sich auch an extralymphatischen Organen manifestiert (Leber, Lunge, Haut, Knochenmark, Skelett).

Ät.:

unbekannt; diskutiert wird eine Mitbeteiligung des Epstein-Barr-Virus (EBV)

Kl.:

- Erkrankungsalter: 2-gipflig: 15-30 Jahre und > 50 Jahre
- Allgemeinerscheinungen: Zusatz A: ohne Allgemeinerscheinungen; Zusatz B: B-Symptome (verschlechtern die Prognose!): 1) Fieber, 2) Nachtschweiß, 3) Gewichtsverlust
- Leistungsminderung, Juckreiz, Lymphknotenschmerzen nach Alkoholgenuss (selten)
- Lymphknotenschwellung meist Hals-Kopfgebiet, auch im Brust- und Bauchraum (schmerzlose, zu Paketen verbackene Lymphknoten, die sich anfühlen „wie ein Kartoffelsack")
- evtl. Leber- u./o. Milzschwellung

Dg.:

Anamnese, Klinik, histologisches Merkmal: Hodgkin- und Sternberg-Reed-Riesenzellen

Lab.: absolute Lymphozytopenie, evtl. Eosinophilie, BSG-Erhöhung, evtl. Anämie

Th.:

je nach Stadium: Bestrahlung u./o. Chemotherapie, Knochenmark- oder Stammzelltransplantation, Behandlung nur in spezialisierten Zentren! Heilungsquoten je nach Stadium 50-90%.

Der M. Hodgkin gilt (wie früher die Lues) als differentialdiagnostisches Chamäleon, da es durch Streuung neurologische und endokrine Störungen und Symptome am Skelett- und Atmungssystem verursachen kann. Die Stadieneinteilung (und die Prognose) des M. Hodgkin richtet sich nach der Ausbreitung des Lymphknotenbefalls (lokalisierter Befall, Befall auf einer Seite des Zwerchfells, Befall auf beiden Seiten des Zwerchfells, extralymphatische Organe mitbefallen usw.) und nach dem Auftreten der sog. B-Symptome. Stadien I-IV A (A: = ohne B-Symptome) oder Stadien I-IV B (mit B-Symptomen). Da die Stadieneinteilung für die Therapie von ausschlaggebender Bedeutung ist, wird eine umfangreiche Diagnostik (inklusvie Computertomografie) durchgeführt.

NON-HODGKIN-LYMPHOME (NHL)

Bösartige Neubildungen, die von B- oder T-Lymphozyten des lymphatischen Gewebes ihren Ausgang nehmen. Sie treten vermehrt bei Abwehrgeschwächten (HIV, Immunsupprimierte, z. B. transplantierte Patienten) auf. Die Einteilung der NHL richtet sich nach morphologischen und immunologischen Kriterien (Kiel-Klassifikation, Prof. LENNERT). Es werden Lymphome vom B-Zell-Typ von Lymphomen vom T-Zell-Typ und niedrig-maligne von hochmalignen Non-Hodgkin-Lymphomen unterschieden. Ähnlich wie beim M. Hodgkin erfolgt - je nach Lymphknotenbefall - eine Stadieneinteilung von Stadium I bis Stadium IV (Zusatz B: B-Symptomatik mit Fieber, Gewichtsverlust und Nachtschweiß, Zusatz A: ohne B-Symptomatik).

Ät.:

Viren: HTLV 1 (human T-cell-leucaemia-virus 1), EBV (Epstein-Barr-Virus), KSHV (Kaposi-Sarkom-Herpes-Virus); Bakterien (Magenlymphome durch Helicobacter pylori), Genmutationen

Kl.:

Lymphknotenschwellungen, B-Symptomatik, evtl. Hauterscheinungen, bei Knochenmarkinfiltration (50%) evtl. Anämie, Leukopenie und Thrombozytopenie mit entsprechenden Symptomen

Dg.:

Anamnese, Klinik, Lymphknotenhistologie, Erfassung aller Manifestationen und Stadieneinteilung (Sonografie, Röntgen, CT von Abdomen/Thorax, Knochenmarkszyto- und -histologie u. a.)

Th.:

Behandlung in spezialisierten Zentren, unterschiedlichste Therapieprotokolle für die bisher bekannten Untergruppen der NHL: Chirurgie, Bestrahlung, Chemotherapie

MULTIPLES MYELOM (PLASMOZYTOM, M. KAHLER)

Non-Hodgkin-Lymphom vom niedrigen Malignitätsgrad. Ausgehend von einer einzigen bösartig veränderten Plasmazelle (B-Zelle) bildet sich eine Gruppe von identischen Plasmazellen (= Plasmazellklon), die dann regellos im Überschuss den gleichen Antikörper produzieren (monoklonaler Antikörper oder monoklonales Immunglobulin), Infiltration des Knochenmarks.

Ät.:

unbekannt (in Einzelfällen: genetische Faktoren und ionisierende Strahlen)

Kl.: 3 Kardinalsymptome:

1. monoklonale Immunglobuline (Ig) im Plasma u./o. Urin: „Paraproteinämie" (IgG, IgA, IgD)
2. Plasmazellnester im Knochenmark oder Knochenmarksinfiltration > 10%
3. osteolytische Herde in den Knochen oder Osteoporose (röntgenologisch z. B. als „Schrotschussschädel" nachweisbar)

- Allgemeinerscheinungen: Abgeschlagenheit, Gewichtsverlust, subfebrile Temperatur (subfebril =„unter dem Fieber" = von 37,1-38,0°C, axillar gemessen), Nachtschweiß
- Knochenschmerzen, Spontanfrakturen, Entwicklung einer Niereninsuffizienz, hyperkalzämische Krisen, Antikörper-Mangel (Infektanfälligkeit)

Dg.:

Anamnese, Klinik, Histologie (Plasmazellinfiltrate), radiologische und laborchemische Befunde Fehldiagnosen sind häufig (Rheumatismus, Kopfschmerzen, Altersosteoporose usw.)

Lab.:

- extrem beschleunigte Blutsenkung (mäßige Beschleunigung der Blutsenkung schließt ein multiples Myelom nicht aus: Sonderform Bence-Jones-Plasmozytom)
- Proteinurie mit Ausscheidung sog. Bence-Jones-Proteine („Bence-Jones-Proteinurie": leichte Ketten von Antikörpern, nicht bei allen Plasmozytomen, normale Urinstreifentests versagen beim Nachweis!)
- Gesamteiweiß vermehrt
- monoklonale Paraproteinämie mit typischen Veränderungen in der Elektrophorese („M-Gradient") und Immunelektrophorese (54% IgG-, 25% IgA-, 1% IgD- und 20% Bence-Jones-Leichtkettenplasmozytome)
- Hyperkalzämie, Anämie

Th.:

Chemotherapie, alpha-Interferon, Strahlentherapie (je nach Stadium der Erkrankung)

MAKROGLOBULINÄMIE (M. WALDENSTRÖM)

Non-Hodgkin-Lymphom mit Bildung monoklonaler Antikörper vom Typ der IgM-Globuline (multiples Myelom: IgA, IgD, IgG) durch eine bösartig veränderte Plasmazelle (B-Zelle), 4x seltener als das multiple Myelom, Diagnose durch Nachweis monoklonaler IgM-Globuline in der Immunelektrophorese und Nachweis von Knochenmarksinfiltrationen, Prognose besser als beim multiplen Myelom

PATHOLOGISCHE BLUTUNGSNEIGUNGEN (HÄMORRHAGISCHE DIATHESEN)

Bei einer hämorrhagische Diathes sind Blutungen zu lang, zu stark oder ohne entsprechenden Anlass). Sie entstehen durch Störungen der

1. Thrombozyten (Blutplättchen) = thrombozytär bedingte hämorrhagische Diathesen (> 65%)
2. Gerinnungsfaktoren = Koagulopathie
3. Gefäße = Vaskulopathie, Angiopathie

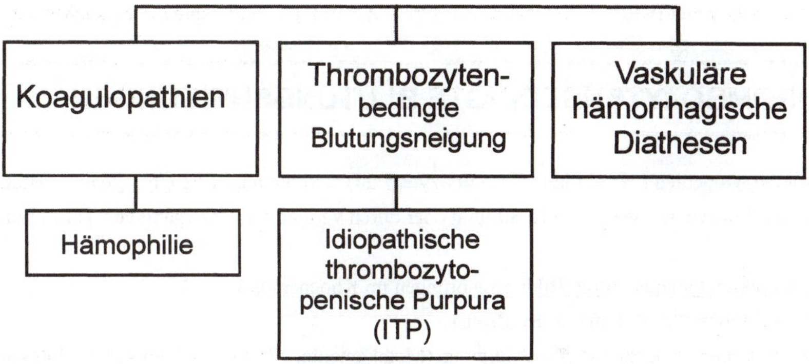

Abb. 7 Pathologische Blutungsneigungen

KOAGULOPATHIEN

BLUTERKRANKHEIT (HÄMOPHILIE)

Häufigste erbliche Koagulopathie (1:10000 Männer). Es handelt sich um eine Blutgerinnungsstörung mit ungenügender Bildung des Gerinnungsfaktors VIII (Hämophilie A: 85% d. Fälle) oder des Gerinnungsfaktors IX (Hämophilie B: 15% d. Fälle). Die Blutgerinnung ist verzögert (= langes Nachbluten), die Blutstillung ist normal (Thrombozytenfunktion intakt).
Erbrankheit, die über ein „defektes" X-Chromosom (X) der Mutter (XX) auf männliche Nachkommen (XY) vererbt wird (X-chromosomal geschlechtsgebunden rezessiv). Weibliche Nachkommen erkranken nicht, sind aber Überträgerinnen des defekten Gens.

Kl.:

Blutungsneigung: Nabelschnurblutung, großflächige Blutungen, Muskeleinblutungen, Gelenkblutungen mit Arthropathien (besonders Kniegelenke: Gonarthrosen, Gelenkversteifungen), ohne Substitution von Gerinnungsfaktoren lebensgefährliche unstillbare Blutungen

Dg.:

Familienanamnese, Klinik (Blutungstyp)

Lab.: normale Blutungszeit, normaler Quick-Wert, Gerinnungszeit und partielle Thromboplastinzeit (PTT) verlängert, Faktor VIII oder Faktor IX vermindert

Th.:

Substitution des fehlenden Gerinnungsfaktors, keine i.m.-Injektionen, keine Thrombozytenaggregationshemmer (wie z. B. Acetylsalicylsäure = Aspirin®), Gentherapie im Versuchsstadium

THROMBOZYTENBEDINGTE BLUTUNGSNEIGUNGEN

Thrombozytopenien (verminderte Thrombozytenzahl) sind die häufigste Ursache einer Blutungsneigung. Entstehung: verminderte Bildung oder durch vermehrten Untergang von Thrombozyten.

Ät.:

1. Thrombozytopenien durch Bildungsstörungen im Knochenmark
   - angeboren: (z. B. Fanconi-Syndrom)
   - erworben: Knochenmarksschädigung (Medikamente, Strahlen, Chemikalien, Infektionen, Autoantikörper gegen Stammzellen), Knochenmarksinfiltration (Leukämien, Karzinome, Lymphome), Osteomyelosklerose, Mangel an Vitamin B12 oder Folsäure
2. Thrombozytopenien durch gesteigerten peripheren Umsatz
   - bei infektiösen Prozessen und bösartigen Erkrankungen
   - durch (Auto)antikörper gegen Thrombozyten (idiopathische thrombozytopenische Purpura, Lupus erythematodes, HIV-Infektion, medikamentös bedingt usw.)
   - Hypersplenismus (Abbau von Thrombozyten in der vergrößerten Milz)
   - künstliche Herzklappen (mechanische Schädigung)
3. Kombination aus 1. und 2: z. B. bei alkoholtoxischer Leberzirrhose: vermehrter Thrombozytenabbau in der Milz und verminderte Thrombozytenbildung im Knochenmark

Thrombozytenbedingte Blutungen zeigen klinisch das Bild von kleinen, punktförmigen Einblutungen in die Haut: Petechien (am ganzen Körper: Purpura). Lebensbedrohlich wird eine Thrombozytopenie ab Thrombozytenzahlen < 30 000/µl (Hirnblutungen!). Bei jeder Thrombozytopenie ist eine diagnostische Knochenmarkspunktion indiziert, um mit Sicherheit eine Leukämie ausschließen zu können. (Vorsicht: Keine intramuskulären Injektionen bei Thrombozytopenie!)

Funktionsstörungen der Thrombozyten bei normaler Thrombozytenzahl nennt man Thrombozytopathien. Einige häufig verwendete Arzneimittel hemmen therapeutisch die Blutplättchenfunktion (z. B. Aspirin®, Dextran).

IDIOPATHISCHE THROMBOZYTOPENISCHE PURPURA (ITP)

Def.:

Thrombozytopenie infolge einer verkürzten Thrombozytenlebensdauer. Diese ist bedingt durch gegen die Thrombozyten gerichtete Autoantikörper. (Die Thrombozytenbildung im Knochenmark ist nicht beeinträchtigt, sondern sogar reaktiv gesteigert.) 2 Verlaufsformen:

- akute ITP: bevorzugt Kinder, meist nach Virusinfekten (ca. 1-2 Wochen nach Masern, Windpocken, Hepatitis, banalen Infekten), gute Prognose (Normalisierung innerhalb 6 Wochen)
- chronische ITP (= M. Werlhof): bevorzugt Erwachsene, Letalität ca. 4%

Kl.:

spontan punktförmige Blutungen (Petechien), flächenhafte Hautblutungen als Folge geringer Traumen, Nasenbluten, Hämaturie (Blut im Urin), Magen-Darm-Blutungen, Vaginalblutungen. Gefährlichste Blutung und häufigstc Todesursache: Hirnblutung

Dg.:

Anamnese, Klinik: positiver Rumpel-Leede-Test (deutsch ausgesprochen!): Nach 10-15 minütiger venöser Stauung mit der Blutdruckmanschette (bei tastbarem Radialispuls!) treten punktförmige Blutungen unterhalb der Stauungsmanschette auf. (Test auch mittels Saugglocke möglich.) Der Rumpel-Leede-Test ist auch bei vaskulär bedingten Blutungen positiv. Ausschluss einer Thromobzytopenie anderer Ursache.

Lab.: Thrombozytopenie, Plättchenlebenszeit stark verkürzt, typische Knochenmarkzytologie und -biopsie, Nachweis von Autoantikörpern gegen Thrombozyten, Blutungszeit verlängert

Blutungszeit (BZ): Zeit zwischen einer Stichinzision und Blutungsstillstand (primäre Hämostase); orientierender Suchtest bei Verdacht auf Störung der Thrombozytenfunktion oder der Blutgerinnung; Methoden: 1. Eintauchen der blutenden Fingerbeere in ein Wasserglas, bis der sich bildende Blutfaden abreißt; 2. Stich in Fingerbeere oder Ohrläppchen, Abtupfen des Bluts bis zum Auftreten von Fibrinfäden. Referenzbereich 120-300 Sekunden.

Th.:

wenn Thrombozyten unter 30 000/µl abfallen: Transfusion von Thrombozyten (wegen Antikörperbildung problematisch), Kortikoide, Immunglobuline, Milzentfernung (Splenektomie); als letzte Möglichkeit: Immunsupressiva (Zytostatika)

VASKULÄRE HÄMORRHAGISCHE DIATHESEN

ÜBERBLICK

Angeborene vaskuläre hämorrhagische Diathesen

- hereditäre Teleangiektasie Osler-Weber-Rendu (M. Osler): Punktförmige Gefäßerweiterungen (Teleangiektasien) besonders an Lippen, Zunge, Fingerspitzen (aber auch: Magen-Darm-Trakt: Blutungen!). Im Gegensatz zu thrombozytopenischen Petechien verschwindet die rote Farbe beim Wegdrücken mit einem Glasspatel.
- Ehlers-Danlos-Syndrom: Kollagenstörung mit übermäßiger Dehnbarkeit der Haut
- Purpura simplex hereditaria: Bevorzugt Frauen betreffende, harmlose Purpura. Prämenstruell können schmerzhafte Hautunterblutungen (Suffusionen) auftreten, sog. „Teufelsflecke".

Erworbene vaskuläre hämorrhagische Diathesen

- vaskuläre Purpura bei Langzeitbehandlung mit Kortikoiden und bei M. Cushing
- Vitamin-C-Mangel („Skorbut")
- paroxysmales Hand- und Fingerhämatom: spontan auftretende, schmerzhafte subkutane Fingerhämatome infolge Einriss kleiner Venen, meist junge Frauen, Spontanheilung
- Purpura senilis: auf atrophischer Altershaut auftretende, kleinflächige Hautblutung; im Gesicht, an Handrücken, Unterarmen, Beinen. Nach Einblutungen können braunpigmentierte Hautareale zurückbleiben.
- anaphylaktoide Purpura Schoenlein-Henoch (siehe unten)

ANAPHYLAKTOIDE PURPURA (SCHOENLEIN-HENOCH)

gefäßbedingte hämorrhagische Hautveränderung (Exanthem) bei älteren Kleinkindern und Schulkindern, häufig 1-2 Wochen nach Infekt der oberen Luftwege (Influenza A in 50% d. F.)

Ät.:

allergische Gefäßentzündung (Vaskulitis) der kleinen Blutgefäße und Kapillaren, Immunreaktion mit Ablagerung von Immunkomplexen („Hypersensitivitätsvaskulitis")

Kl.:

- Haut: punktförmige Blutungen („Petechien") und symmetrische Hautveränderungen, an den Streckseiten der Beine und am Gesäß (Purpura = Petechien am ganzen Körper)
- Gelenke: schmerzhafte Schwellung der Sprung- und anderer Gelenke („Plötzlich wollte mein Kind nicht mehr laufen")
- Magen-Darm-Trakt: kolikartige Bauchschmerzen, Erbrechen, Blut im Stuhl
- Nieren: Mikro- oder Makrohämaturie (Blutspuren/Blut im Urin)
- Zentralnervensystem: Kopfschmerzen, Verhaltensstörungen

Dg.:

Anamnese, Klinik, Rumpel-Leede-Test positiv, Nachweis von Immunkomplexen, Biopsie/ Histologie von Hautveränderungen

Th.:

symptomatisch (gute Prognose in den meisten Fällen)

KARDIOLOGIE

ANATOMIE UND PHYSIOLOGIE

HERZKAMMERN, HERZVORHÖFE, HERZKLAPPEN

Das Herz (cor) ist ein Hohlmuskel und wiegt beim Erwachsenen ca. 300 g. Es ist so groß „wie die Faust der entsprechenden Person". Es hat die Form eines Kegels mit stumpfer, abwärts gerichteter Spitze, die dem Zwerchfell (Diaphragma) aufliegt. Das Herz wird an der Basis durch die in die Vorhöfe mündenden großen Venen verankert („Venenkreuz"). Die Herzspitze liegt ca. im 5. Zwischenrippenraum (Interkostalraum; ICR) links neben dem Brustbein.

Der Hohlraum wird der Länge nach durch ein Septum (Muskelscheidewand) in ein rechtes und ein linkes Herz geteilt.

Linkes und rechtes Herz bestehen jeweils aus einem Herzvorhof (Atrium) und einer Herzkammer (Ventrikel). Linker und rechter Vorhof sind durch die Vorhofscheidewand voneinander getrennt. Die Kammern sind durch die Kammerscheidewand (Septum) getrennt. Die Wandstärke der linken Herzkammer ist mit 8-11 mm deutlich dicker als die Wandstärke der rechten Kammer (2-4 mm). Dies findet seine Begründung darin, dass die linke Herzkammer das Blut gegen das Hochdrucksystem des Körperkreislaufs, die rechte Herzkammer nur gegen das Niederdrucksystem des Lungenkreislaufs pumpen muss.

Die Vorhöfe nehmen das Blut aus den zum Herzen führenden großen Gefäßen auf, sammeln es und leiten es in die Herzkammern weiter.

Vorhof und Kammer stehen auf der rechten Seite über die dreizipflige Segelklappe (Trikuspidalklappe, „Tricuspidalis") in Verbindung, auf der linken Seite durch die zweizipflige Segelklappe (Mitralklappe, „Mitralis").

Aus der rechten Herzkammer fließt das Blut über die Pulmonalklappe (Taschenklappe) in den „kleinen" oder Lungenkreislauf.

Das Blut aus dem linken Ventrikel fließt über die Aortenklappe in den „großen" oder Körperkreislauf (siehe Abb. S. 86). Die vier genannten Herzklappen liegen annähernd in der gleichen Ebene, der sog. Ventilebene in einem Bindegewebegerüst, dem sog. Herzskelett, das die Kammern von den Vorhöfen trennt und elektrisch isoliert. Herzklappen sind Ventile, die dazu dienen, den Blutstrom in eine vorgegebene Richtung zu lenken und einen Rückstrom des Blutes zu verhindern. Die Richtung des Blutstromes wird also durch die Anordnung und Funktion der Herzklappen bestimmt.

Abb. 8 Anatomie des Herzens (schematischer Aufbau)

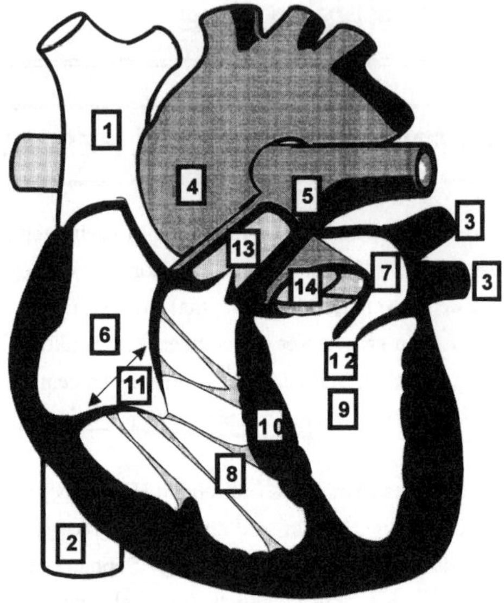

1	Obere Hohlvene (V. cava superior)	8	Rechte Kammer (Ventriculus dext.)
2	Untere Hohlvene (V. cava inferior)	9	Linke Kammer (Ventriculus sinist.)
3	Lungenvenen (Vv. pulmonales)	10	Kammerscheidewand (Septum)
4	Körperschlagader (Aorta)	11	Trikuspidalklappe
5	Lungenschlagader (A. pulmonalis)	12	Mitralklappe
6	Rechter Vorhof (Atrium dextrum)	13	Pulmonalklappe
7	Linker Vorhof (Atrium sinistrum)	14	Aortenklappe

DER HISTOLOGISCHE AUFBAU DER HERZWAND

Das Herz besteht histologisch aus drei Schichten. Von innen nach außen:

- Endokard = Herzinnenhaut (eine Duplikatur des Endokards bildet die Herzklappen)
- Myokard = Muskelwand
- Epikard = Herzaußenhaut (bindegewebige Umhüllung, inneres Blatt des Herzbeutels. Das äußere Blatt des Herzbeutels wird Perikard genannt)

WEG DES BLUTES DURCH DAS HERZ

Kleiner Kreislauf = Lungenkreislauf

Das venöse Blut des Körpers, das sich zunächst im rechten Vorhof befindet, gelangt durch die Trikuspidalklappe in die rechte Kammer, von dort durch die Pulmonalklappe in die Pulmonalarterie (Lungenarterie) und in den Lungenkreislauf. Das sauerstoffarme venöse Blut aus dem rechten Herzen wird in den Lungenkapillaren mit Sauerstoff beladen („arterialisiert") und fließt dann durch die vier Lungenvenen in den linken Vorhof.

Großer Kreislauf = Körperkreislauf

Das in der Lunge arterialisierte Blut, das sich zunächst im linken Vorhof befindet, gelangt durch die Mitralklappe in die linke Kammer, von dort durch die Aortenklappe in die Hauptschlagader (Aorta). Über die Gefäßäste der Hauptschlagader gelangt das sauerstoffreiche Blut zu Organen und Geweben, gibt dort Sauerstoff ab und nimmt Kohlendioxid auf. Das sauerstoffarme, venöse Blut der unteren Extremitäten gelangt über die untere Hohlvene (V. cava inferior), das der oberen Extremitäten über die obere Hohlvene (V. cava superior) zum rechten Vorhof zurück.

BLUTVERSORGUNG DES HERZENS

Der Herzmuskel besitzt durch die Koronararterien = Herzkranzgefäße (Aa. coronariae) und die Herzvenen (Vv. cordis) eine eigene Gefäßversorgung. (Bei Amphibien wird das Herz noch ausschließlich durch zirkulierendes Blut vom Lumen her ernährt.)

Die zwei Koronararterien, eine linke, eine rechte, entspringen direkt hinter der Aortenklappe als erste Abgänge der Hauptschlagader (Aorta). Die linke Herzkranzarterie teilt sich in zwei Äste. Diese drei großen Stämme der Kranzgefäße lagern sich in die natürlichen Furchen des Herzens zwischen Vorhöfen und Kammern (Sulcus coronarius).

Die rechte Herzkranzarterie (A. coronaria dextra) zieht ums Herz nach rechts, hinten, unten. Sie gibt zahlreiche Äste ab: zur rechten Kammer, zum rechten Vorhof und zum Septum.

Die linke Herzkranzarterie (A. coronaria sinistra) verläuft zunächst steil nach hinten, unten, teilt sich dann in einen Ramus circumflexus (der um die linke Herzkammer zieht) und einen Ramus interventricularis anterior, der vorne zwischen den beiden Herzkammern nach unten läuft.

Die Herzkranzgefäße sind Endarterien, das heißt, sie stehen nicht miteinander in Verbindung, es existieren keine sog. Umgehungs- oder Kollateralkreisläufe. Bei einem Gefäßverschluss kann die Durchblutung nicht von einem anderen Gefäß übernommen werden, es kommt zum Absterben von Herzgewebe, zum Herzinfarkt.

REIZ- ODER ERREGUNGSLEITUNGSSYSTEM DES HERZENS

Autonomie des Herzens: Auch außerhalb des Organismus schlägt das Herz noch in regelmäßiger Folge. Es besitzt ein unabhängiges Reiz- und Erregungsleitungssystem. Die Reizbildung erfolgt im Gegensatz zum Skelettmuskel im Organ selbst.

Es gibt im Herzgewebe zwei Arten von Zellen: Zellen, die selbständig elektrische Impulse bilden und weiterleiten und Zellen, die sich aufgrund dieser elektrischen Impulse zusammenziehen (kontrahieren). Die quer gestreiften Muskelzellen des Herzens sind im Gegensatz zu den quer gestreiften Skelettmuskelzellen nicht gegeneinander isoliert, sie bilden ein sog. Synzytium. Ein Reiz, der irgendwo im Herzen entsteht, führt immer zur Kontraktion des ganzen Organs. Zwischen Vorhöfen und Ventrikeln befindet sich eine isolierende bindegewebige Abgrenzung („Herzskelett"), die einen direkten Erregungsübergang verhindert. Die einzige Verbindung zwischen Vorhöfen und Kammern ist der AV-Knoten mit dem His-Bündel (siehe unten).

Die wichtigsten Anteile des Reizbildungs- und Erregungsleitungssystems des Herzens sind der Sinusknoten (Keith-Flack-Knoten), der Vorhofkammerknoten (Atrioventrikular- oder Aschoff-Tawara- oder AV-Knoten), das His-Bündel, der rechte und der linke Kammerschenkel und die Purkinje-Fasern.

DER SINUSKNOTEN

Der Sinusknoten liegt in der Wand des rechten Vorhofs an der Einmündung der oberen Hohlvene (V. cava superior) in den rechten Vorhof. Er ist der eigentliche „Schrittmacher" des Herzens, das übergeordnete Reizbildungszentrum. Der Sinusknoten „feuert" normalerweise mit einer Frequenz von ca. 72 Schägen pro Minute (60-100 Schläge/min).

Über die Vorhöfe gelangt die Erregung aus dem Sinusknoten zu nachgeschalteten Reizbildungszentren: zunächst zum Vorhofkammerknoten = AV-Knoten.

DER AV-KNOTEN

Dieser liegt am Boden des rechten Vorhofs nahe der Vorhofscheidewand. Er hat die Aufgabe, die Erregung mit einer gewissen Verzögerung überzuleiten (sonst würden sich Vorhöfe und Kammern gleichzeitig – und nicht nacheinander – kontrahieren. Er übernimmt die Reizbildung beim Ausfall des Sinusknotens, allerdings mit einer deutlich niedrigeren Frequenz: 40-60 Schläge/min. Fällt auch die Reizbildung im untergeordneten AV-Knoten aus, so können Erregungszentren der Kammer noch einen sehr langsamen (< 40 Schläge/min) Ersatzrhythmus aufrechterhalten.

HIS-BÜNDEL UND PURKINJE-FASERN

Vom AV-Knoten wird die Erregung mit leichter Verzögerung ins His-Bündel weitergeleitet. Dieses läuft entlang des Kammerseptums und teilt sich in zwei Schenkel: den linken und den rechten Kammerschenkel. (Der linke Schenkel teilt sich in einen vorderen und einen hinteren.)
Die Schenkel enden in den feinen Verzweigungen der Purkinje-Fasern, die die Erregung auf die Kammermuskulatur überleiten. Der hier geschilderte Erregungsablauf im Herzen hat zur Folge, dass sich zuerst die Vorhöfe gemeinsam und danach, zeitlich verzögert, die Kammern gemeinsam kontrahieren (Kontraktion der Kammern = Systole, Erschlaffung der Kammern = Diastole).
Zum Sinusknoten ziehen parasympathische und sympathische Nervenendigungen. Dadurch kann die autonome Frequenz des Sinusknotens durch das vegetative Nervensystem beeinflusst werden und sich unterschiedlichen Beanspruchungen anpassen. Der Parasympathikus senkt die Herzfrequenz, der Sympathikus steigert die Herzfrequenz und die Kontraktionskraft.

ARBEITSWEISE DES HERZENS

SCHLAGVOLUMEN UND HERZMINUTENVOLUMEN

Pro Herzschlag befördert jede Herzkammer ca. 70 ml Blut in die Gefäße = Schlagvolumen.
Pro Minute also ca. 70 (Herzschläge) mal 70 ml ≈ 5 l Blut = Herzminutenvolumen (HMV) oder Herzzeitvolumen (HZV). Unter Belastung kann sich das Schlagvolumen verdoppeln, die Herzfrequenz kann auf das 2,5fache ansteigen. Das maximale Herzminutenvolumen beträgt ca. 25 l.

SYSTOLE UND DIASTOLE

Die Arbeitsweise des Herzens ist dadurch gekennzeichnet, dass sich zunächst, synchron und gleichsinnig, rechter und linker Vorhof kontrahieren, dann, ebenfalls synchron und gleichsinnig, die rechte und linke Kammer. Dabei wird die Kontraktionsphase der Kammermuskulatur als Systole, die Erschlaffungsphase der Kammermuskulatur als Diastole bezeichnet.
Kontraktion der Kammermuskulatur = Systole (bei Erschlaffung der Vorhofmuskulatur)

- Die Segelklappen schließen sich (Trikuspidalklappe, Mitralklappe).
- Die Taschenklappen öffnen sich (Aortenklappe, Pulmonalklappe).
- Das Blut wird in Lungenschlagader und Körperschlagader ausgeworfen.

Erschlaffung der Kammermuskulatur = Diastole (bei Kontraktion der Vorhofmuskulatur)

- Die Taschenklappen schließen sich (Aortenklappe, Pulmonalklappe).
- Die Segelklappen öffnen sich (Trikuspidalklappe, Mitralklappe).
- Die Vorhofmuskulatur kontrahiert sich (am Ende der Diastole).

DIAGNOSTISCHE VERFAHREN

ANAMNESE UND BEFUNDERHEBUNG

ANAMNESE

Jetzige Anamnese (JA): Auf Herzprobleme können hindeuten: Schmerzen im Brustkorb, „Herzklopfen" (schneller Puls), „Herzstolpern" (Rhythmusstörungen), Herzangst (anfallsweises Herzklopfen mit Angstgefühlen: z. B. Herzphobie), Ohnmacht, Schwindelgefühl, nächtliche Atemnot, Blaufärbung der Lippen (Zyanose), „Wasser in den Beinen" (Ödeme an beiden Beinen), nächtliches Wasserlassen (Nykturie).
Eigenanamnese (EA): z. B. gehäufte Mandelentzündungen (Tonsillitiden) als Hinweis auf Infektionen mit Streptokokken und rheumatisches Fieber mit Herzklappenveränderungen
Familienanamnese: Ein Herzinfarkt bei Vater oder Mutter erhöht das Risiko, selbst an einem Herzinfarkt zu erkranken, um das 4fache.
Gewohnheiten und Medikamente: Bestimmte Medikamente verlangsamen den Puls (z. B. beta-Blocker), andere können Herzmuskelerkrankungen (Kardiomyopathien) auslösen usw. Auch Alkohol kann zu einer Herzmuskelerkrankung führen.

KÖRPERLICHER BEFUND

Die körperliche Untersuchung richtet sich nach dem Standard
- von Kopf bis Fuß
- nach dem Schema IPPAF
  - Inspektion
  - Palpation
  - Perkussion
  - Auskultation
  - Funktionsprüfung

INSPEKTION

Zyanose (Blaufärbung von Lippen, Ohrläppchen, Zunge, Haut), Ödeme (Wassereinlagerung, „dicke Beine"), Pulsationen des Brustkorbs bei Rechtsherzvergrößerung (Hypertrophie), hebender Herzspitzenstoß (bei Linksherzvergrößerung), Voussure: Vorwölbung der Brustkorbwand über dem Herzen (bei früh erworbenen oder angeborenen Herzfehlern)

PALPATION

Schwirren im Jugulum (Aortenklappenverengung), Schwirren über dem linken Brustkorb (z. B. Herzscheidewanddefekt, offener Ductus arteriosus Botalli, siehe S. 64), Pulsationen unter flach auf den Brustkorb aufgelegten Händen (Rechtsherzvergrößerung, Linksherzvergrößerung).

PERKUSSION

Mit der Herzperkussion lassen sich typische Herzformen, z. B. das vergrößerte, hypertrophierte Herz, die Herzkonfiguration bei Mitral- oder Aortenfehler bzw. eine Herzdilatation erkennen. Eine vergrößerte Fläche bei der absoluten Herzdämpfung spricht für ein vergrößertes, hypertrophiertes Herz.

Nicht verwertbar sind die Ergebnisse der Perkussion bei Emphysem (vergrößerte relative Herzdämpfung), Thoraxfehlbildungen, ausgeprägter Adipositas und Pleuraergüssen.

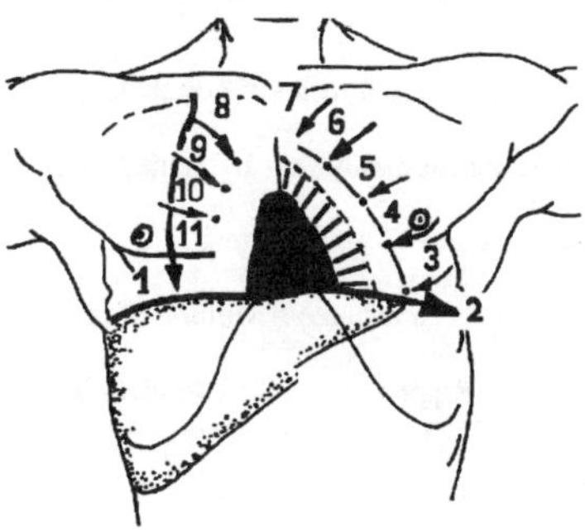

1. Feststellung der Lungen-Lebergrenze rechts in der Medioklavikularlinie **(1)**
2. Übertragung des Zwerchfellstandes nach links **(2)**
3. radiäre Perkussion in den Zwischenrippenräumen links rechtwinklig auf die erwartete Herzgrenze zu **(3 - 7)**
4. Perkussion in den Zwischenrippenräumen rechts auf die rechte Herzgrenze zu **(8 - 11)**

■ absolute Herzdämfpung

/// relative Herzdämpfung

Abb. 9 Technik der Herzperkussion

AUSKULTATION

Auskultation ist das „Behorchen der im Körper entstehenden Schallzeichen". Die Auskultation wird mit dem Stethoskop durchgeführt. Typische Auskultationsstellen des Herzens (ICR = Intercostalraum = Zwischenrippenraum, ps = parasternal = neben dem Brustbein gelegen):

- 2. ICR ps rechts = Aortenklappe
- 2. ICR ps links = Pulmonalklappe
- 3. ICR ps links = Erb' scher Punkt (Mitralstenose, Aortenklappeninsuffizienz)
- 5. ICR links über Herzspitze (Mitralstenose, Mitralinsuffizienz)
- 5. Rippe (Ansatz) rechts = Trikuspidalklappe

Merksatz (außer Erb-Punkt): Anton **Pulmann** **trinkt** **Milch** um **22.55** Uhr (oder Andre **Pulli** **trinkt** redlich **Milli** um **22.55** Uhr)

Auskultiert werden

- Frequenz und Rhythmus
- Differenzierung des ersten und zweiten Herztones (S1 und S2)
- die Lautstärke der Töne
- Spaltung der Herztöne oder zusätzliche Herztöne
- Geräusche während der Systole oder der Diastole (siehe S. 61)

Physiologisch sind zwei Herztöne (nicht gespalten) und keinerlei sonstige Geräusche zu hören. Die Herztöne kommen durch den Schluss der Herzklappen zustande: 1. HT: Schluss der Mitral- und Trikuspidalklappe zu Beginn der Systole, 2. HT: Schluss der Aorten- und Pulmonalklappe zu Beginn der Diastole.

Abb. 10 Topografie der Auskultationsstellen am Herzen

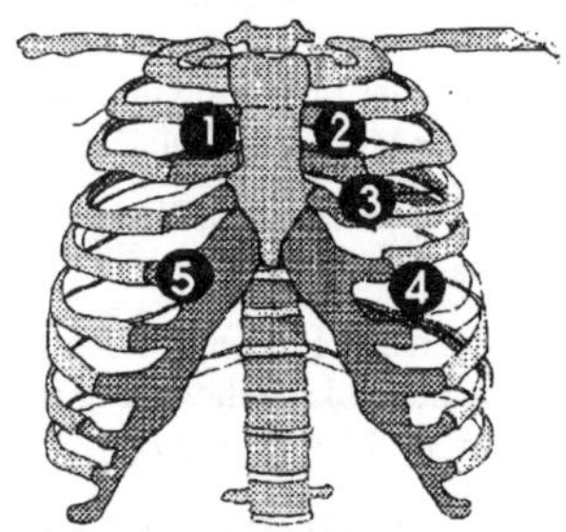

❶ 2. ICR parasternal rechts = Aortenklappe

❷ 2. ICR parasternal links = Pulmonalklappe

❸ 3. ICR links = Erb´scher Punkt

❹ 5.ICR links Herzspitze = Mitral-/Aortenfehler

❺ Ansatz 5. Rippe rechts = Trikuspidalfehler

Pathologische Auskultationsbefunde:

- Arrhythmien (z. B. Tachyarrhythmie, Bradykardie, Tachykardie usw.)
- systolische Geräusche (z. B. Mitral- oder Trikuspidalinsuffizienz, Aorten- oder Pulmonalstenose, Ventrikelseptumdefekt, Vorhofseptumdefekt, Aortenisthmusstenose)
- diastolische Geräusche (z. B. Mitral- /Trikuspidalstenose, Aorten-/Pulmonalinsuffizienz)
- 3. Herzton (in der Diastole): beim Jugendlichen ohne Krankheitswert, beim älteren Patienten Hinweis auf Dilatation des linken Ventrikels (z. B. Mitralinsuffizienz)
- 4. Herzton (in der Diastole, präsystolisch) bei Hypertonie und Aortenklappenstenose
- Spaltung von Herztönen: Bei jüngeren Patienten ist der 2. Herzton (HT) häufig physiologisch in der Inspirationsphase gespalten (respiratorische Arrhythmie). Eine fixierte (= immer zu hörende) Spaltung ist pathologisch (z. B. Mitralinsuffizienz, Links-Rechts-Shunt, Aortenklappenstenose, Links- und Rechtsschenkelblock).

FUNKTIONSPRÜFUNGEN

RR- ODER BLUTDRUCKMESSUNG

RR steht für Riva-Rocci, Erfinder der Apparatur zur unblutigen, indirekten Blutdruckmessung mit aufzublasender Oberarmmanschette und Manometer. Es wird der in den Blutgefäßen und Herzkammern herrschende Druck an einer Armarterie in mmHg (Hg = Quecksilber) bzw. Kilopascal gemessen. Es wird ein systolischer Druck von einem diastolischen Druck unterschieden.
Systolischer Druck = während der Systole der Herzkammern gemessener, hoher Druckwert (Norm < 140 mmHg);
Diastolischer Druck = während der Diastole der Herzkammern gemessener Druckwert (Norm < 90 mmHg). Der diastolische Druck entspricht dem peripheren Widerstand der Gefäße.

SCHELLONG-TEST

Der Schellong-Test ist eine Kreislauffunktionsprüfung zur Beurteilung von hypotonen und hypodynamischen Kreislaufregulationsstörungen. Beim Schellong Test werden die Veränderungen von Pulsfrequenz und Blutdruck (sowie der QRS-Dauer im EKG) in Ruhe, bei orthostatischer Belastung (Stehtest) und bei Kniebeugenbelastung bestimmt.

EKG UND PHONOKARDIOGRAMM

Elektrokardiogramm (EKG): Verfahren zur Registrierung der Aktionspotentiale (elektrischen Aktionen) des Herzens. Das EKG ist aus der Herzdiagnostik nicht wegzudenken. Es gibt Informationen über Herzrhythmus und -frequenz, die Lage des Herzens im Brustkorb, über Erregungsbildung, -ausbreitung und -rückbildung im Erregungsleitungssystem und zeigt Herzhypertrophien an.
Die Registrierung der Aktionspotentiale unter Belastung mit dem Fahrradergometer wird als Belastungs-EKG bezeichnet. (Indikation: Koronare Herzkrankheit, Herzrhythmuskontrolle unter Belastung, Kontrolle des Blutdruckverhaltens unter Belastung). Als Langzeit-EKG wird ein EKG bezeichnet, das mittels Bandspeicher über 24 Stunden aufgezeichnet wird (Indikation: Herzrhythmusstörungen, koronare Herzkrankheit).
Phonokardiogramm: Mit dem Phonokardiogramm werden die Schallphänomene des Herzens mit Mikrophon und Herzschallverstärker aufgezeichnet. Es dient der zeitlichen Einordnung und Dokumentation von Herztönen und -geräuschen.

ECHOKARDIOGRAFIE

Aussagekräftige, nicht invasive und den Patienten wenig belastende Methode der Herzdiagnostik mittels Ultraschall (Ultraschallkardiografie). Indikation: Herzklappenfehler, Herzmuskelschädigungen (Kardiomyopathien), Herzbeutelerguss, Pumpversagen des Herzens, Herzschlagvolumen u. a. Neben dem Aufschluss über die Funktion und Anatomie der Herzklappen liefert die Echokardiografie Informationen über Druckgradienten (bei Stenosen), über Pendelblutvolumina (Reflux bei Klappeninsuffizienzen, Shuntströme bei Scheidewanddefekten).

RÖNTGEN

Das normale Röntgenbild des Brustkorbs gibt nicht nur Informationen über die Lunge, sondern ist ein wichtiges diagnostisches Hilfsmittel der Herzdiagnostik. Herzgröße, Formveränderungen, Lungenstauungszeichen (Lungendurchblutung), Klappenverkalkungen usw. sind im Röntgenbild sichtbar. Typische Herzklappenfehler zeigen im Röntgenbild typische Herzkonfigurationen.
Andere radiologische Verfahren wie Computertomografie (CT) und Kernspintomografie (NMR) (NMR = nuclear magnetic resonance) werden zur Beurteilung von Anatomie und Funktion des Herzens ebenfalls herangezogen.

Exkurs:
Computertomografie (CT): Röntgendiagnostisches, computergestütztes bildgebendes Verfahren. Mittels einer sich um den Patienten herumdrehenden Röntgenröhre wird der Patient in mehreren „Schichten" durchstrahlt. Dadurch werden verschiedene Projektionen derselben Körperschicht gewonnen. Diese werden dann von einem Computer zu einem zwei- bzw. dreidimensionalen Bild verarbeitet.
NMR = nuclear magnetic resonance (auch: Kernspintomografie bzw. Kernspinresonanztomografie): Computergestütztes bildgebendes Verfahren. Im Gegensatz zur Röntgendiagnostik wird hierbei keine ionisierende Strahlung verwendet, sondern die Energie gemessen, die unter Einfluss eines von außen angelegten starken Magnetfeldes aus dem Körper in Form von elektromagnetischen Wellen austritt. Die Signale aus verschiedenen Aufnahmepositionen werden rechnergesteuert zu einem zwei- oder dreidimensionalen Bild zusammengesetzt. Dadurch wird eine sehr gute Auflösung und Darstellung auch sehr kleiner anatomischer Strukturen überall im Körper möglich.

NUKLEARMEDIZINISCHE UNTERSUCHUNGEN

Myokardperfusionsszintigrafie, Herzbinnenraumszintigrafie, Positronen-Emissions-Tomografie: Bei diesen Untersuchungen werden strahlende Substanzen (Technetium, Thallium) zu Diagnosezwecken angewendet. Aktivitätsanreicherungen oder -verminderungen lassen Rückschlüsse auf Funktionsausfälle des Herzmuskels, über das Ventrikelvolumen und über die Ventrikelauswurffraktion zu.

INVASIVE DIAGNOSTIK (KATHETERVERFAHREN)

Zur Bestimmung von Druckwerten, Druckgradienten, Sauerstoffsättigung, Herzzeitvolumen, Shuntvolumina, Gefäßwiderstand usw. Nach Kontrastmittelgabe in das Gefäßsystem erhält man Informationen über den Bau der Herzhöhlen, der herznahen Gefäße, der Klappen- und Ventrikelfunktion sowie über Reflux- oder Shuntströme bei Klappeninsuffizienzen oder Scheidewanddefekten.

KORONARANGIOGRAFIE

Röntgendarstellung der Herzkranzgefäße (Koronararterien) mittels eines in die Koronararterien vorgeschobenen Katheters. Indikation: Koronare Herzkrankheit, Lokalisation von Gefäßengen (Stenosen), vor koronarchirurgischen Eingriffen, zur Differenzierung von verschiedenen Typen der Koronarsklerose

RECHTSHERZKATHETER (EINSCHWEMMKATHETER)

Zur Diagnostik des rechten Herzens und des Lungenkreislaufes: Druck und O_2-Sättigung, pathologische Querverbindungen (Shunts), Herzminutenvolumen usw.

LINKSHERZKATHETER

Vor invasiv-therapeutischen Eingriffen oder operativen Eingriffen (Herzklappenfehler, Herzfehler, Aneurysmen), zur Darstellung der Gefäße, der Druckverhältnisse, der ausgeworfenen Volumina, der Kontraktionsfähigkeit, der O_2-Sättigung usw.

MYOKARDBIOPSIE

Gewebsentnahme aus dem Herzmuskel zur Abklärung von Herzmuskelerkrankungen (Kardiomyopathien)

PATHOLOGIE

ENDOKARDITIDEN

Eine Endokarditis ist eine Entzündung der Herzinnenhaut, des Endokards. Sie kann über entzündliche Veränderungen an den Herzklappen zu Herzklappenfehlern führen.

RHEUMATISCHE ENDOKARDITIS

Def.:

Manifestation des rheumatischen Fiebers (siehe S. 403). Abakterielle, Streptokokken-allergische entzündliche Autoimmun-Systemerkrankung, die 10-20 Tage nach Infekt mit β-hämolysierenden Streptokokken der Gruppe A auftritt. Betrifft meist Kinder und Jugendliche von 5-15 Jahren nach überstandenem Streptokokkeninfekt (z. B. Angina tonsillaris = Gaumenmandelentzündung). Sie macht Krankheitssymptome an Herz, Gelenken, Haut, Subkutangewebe und Zentralnervensystem. Die Endokarditis ist eine Manifestation der bei diesem Krankheitsbild auftretenden rheumatischen Karditis.

Kl.:

Das rheumatische Fieber „leckt die Gelenke und beißt das Herz". Es befällt das gesamte Herz als sog. Pankarditis (Endo-, Myo- und Perikarditis). Die Prognose der Erkrankung wird von der Entzündung der Herzklappen (Endokarditis) und den daraus resultierenden Klappenfehlern bestimmt. Die Herzmuskelentzündung (Myokarditis) und die Herzbeutelentzündung (Perikarditis) macht selten Symptome. Auch bei Endokarditis können Symptome seitens des Herzens fehlen oder uncharakteristisch in Erscheinung treten:

- bei Endokarditis: leises systolisches oder diastolisches Geräusch
- bei Perikarditis: Perikardreiben (auskultatorisch) und Präkordialschmerz
- bei Myokarditis: Rhythmusstörungen (Extraschläge des Herzens = Extrasystolen) und evtl. Herzinsuffizienzzeichen
- Komplikationen: bleibende Klappenfehler durch feine Auflagerungen und Narbenbildung am Klappenschließungsrand, meist als kombinierte Insuffizienz (Schließungsunfähigkeit) und Stenose (narbige Verengung, Öffnungsunfähigkeit). Zu 80% ist dabei die Mitralklappe, zu 30% Aorten- und Mitralklappe gemeinsam und zu 15% die Aortenklappe isoliert betroffen. Auf rheumatisch veränderte Herzklappen setzen sich häufig sekundäre bakterielle Infekte (bakterielle Endokarditis, gefürchtet!)

Weitere Einzelheiten zum rheumatischen Fieber siehe S. 403

INFEKTIÖSE ENDOKARDITIS

Def.: durch einen infektiösen Streuherd im Bereich des Endokards bzw. der Herzklappen verursachte, akute septische Erkrankung

Erreger:

zu 60% α-hämolysierende Streptokokken, zu 20% Staphylokokken, Enterokokken, Pilze u. a.

Kl.:

Fast immer befällt die infektiöse bakterielle Endokarditis einen bereits defekten Klappenapparat. Aufgrund eines angeborenen Klappenfehlers, einer künstlichen Herzklappe oder einer vorangegangenen rheumatischen Endokarditis (Anamnese!) sind die Klappen vorgeschädigt und können von Mikroorganismen besiedelt werden.

- Allgemeinsymptome: Fieber (90%), Tachykardie, Schüttelfrost, Allgemeinbefinden ↓
- Herz: Herzgeräusche (je nach Klappenfehler), zunehmende Herzinsuffizienz
- Haut: Petechien (punktförmige Einblutungen), Osler-Knötchen (schmerzliche, linsengroße rötliche Knötchen an Finger und Zehen; immunkomplexbedingte Gefäßentzündung)
- bakterielle Mikroembolien, sog. „Osler-splits" (z. B. an Händen, Zehen, Netzhaut, Gehirn)
- Splenomegalie (Milzvergrößerung)
- Niere: Hämaturie (Blut im Urin), Proteinurie (Eiweiß im Urin); Niereninfarkte, Herdnephritis

Dg.:

Anamnese (rheumatisches Fieber?), Klinik, Labor: BSG und CRP erhöht, Anämie, Leukozytose, Blutkulturen (Erregernachweis; beweisend!)

(CRP = C-reaktives Protein: empfindlicher, aber unspezifischer Indikator für entzündliche Prozesse und Gewebeschädigungen; eignet sich zur Frühdiagnose bakterieller Erkrankungen, zur Beurteilung des Krankheitsverlaufs und des Behandlungserfolg)

Th.:

Antibiotika (schon bei Verdacht! Lebensrettend!)

Prognose:

Unbehandelt tödlich, je früher Antibiotikatherapie einsetzt, desto besser (Überlebensrate > 70%). Der Krankheitsverlauf wird bestimmt von der Vorschädigung des Herzens (z. B. rheumatische Endokarditis, Schrittmacher, Klappenersatz), der Abwehrlage des Patienten, der Virulenz (Gefährlichkeit) des Erregers und durch den rechtzeitigen Therapiebeginn.

Prophylaxe:

Endokarditisprophylaxe bei Patienten mit kardiovaskulären Fehlbildungen, erworbenen Klappenfehlern, früheren bakteriellen Endokarditiden und hypertrophischer Kardiomyopathie.

ENDOCARDITIS LENTA (SUBAKUTE SEPSIS)

Erreger: meist Streptococcus viridans

Kl.: langsamer, wenig beeindruckender Verlauf (Fehldiagnosen sind häufig), Leitsymptom: unklares Fieber (mit oder ohne Schüttelfrost), zunehmende Herzinsuffizienz. Daran denken!

ANGEBORENE HERZFEHLER

0,8-1% der Lebendgeborenen haben einen angeborenen Herzfehler (Vitium cordis). Bei 25% dieser Kinder bestehen zusätzliche Missbildungen anderer Organsysteme.

Ät.:

- genetische Faktoren: Chromosomendefekt (z. B. M. Down, Turner-Syndrom u. a.)
- exogene Faktoren: Rötelnembryopathie (1% der Fälle! Impfung!), Medikamente (Zytostatika, Immunsuppressiva), Strahlen, Diabetes mellitus der Mutter, Alkoholmissbrauch der Mutter.

Ca. 75% der angeborenen Herzfehler sind durch Anamnese und körperliche Untersuchung diagnostizierbar. Beweisend ist die Diagnostik mittels Echokardiografie (Ultraschalluntersuchung). Ca. 90% der Herzfehler sind operativer Therapie zugängig (Operation mit Herz-Lungenmaschine). Für die Praxis wichtig: Auf alle Herz- und Herzklappenfehler, ob angeboren oder erworben, kann sich sekundär eine Endokarditis auflagern. Diese schwere und häufig tödliche Erkrankung muss unter allen Umständen verhindert werden. Bei allen (auch kleineren) bakteriellen Infekten und bei allen Eingriffen in den Körper (Zahnarzt, OP, Endoskopie usw.) muss deshalb eine antibiotische Vorsorge (Prophylaxe) getroffen werden: Endokarditisprophylaxe!

Die im Folgenden gewählte Einteilung der angeborenen Herzfehler richtet sich nach dem Vorliegen einer Kurzschlussverbindung (sog. Shunt) zwischen arteriellem und venösem System, entweder im Herzen selbst (intrakardial) oder auf Gefäßebene.

- Links-Rechts-Shunt: Kurzschluss vom Hochdrucksystem des linken Herzens zum Niederdrucksystem des rechten Herzens
- Rechts-Links-Shunt: Kurzschluss vom Niederdrucksystem des rechten Herzens zum Hochdrucksystem des linken Herzens
- Herzfehler ohne Shunt

Aus der außerordentlichen Vielfalt der angeborenen Herzfehler werden nur die klinisch wichtigsten aufgeführt.

Herzfehler ohne Shunt (20-30%)

- Pulmonal(klappen)stenose (Pulmonalklappenverengung, 7%)
- Aorten(klappen)stenose (Aortenklappenverengung, 6%)
- Aortenisthmusstenose (Verengung im Gebiet des Aortenisthmus, 7%)

Leitsymptom der Herzfehler ohne Shunt ist ein durch die Verengung (Stenose) verursachtes, systolisches Strömungsgeräusch über dem Herzen. Die betroffene Kammer muss gegen einen erhöhten Widerstand arbeiten. Es kommt zu einer Druckbelastung mit Hypertrophie der Kammer.

Herzfehler mit Links-Rechts-Shunt (ca. 50%)

- Vorhofseptumdefekt (Vorhofscheidewanddefekt, ASD, 10%)
- Ventrikelseptumdefekt (Kammerscheidewanddefekt, VSD, 30%)
- Persistierender Ductus arteriosus Botalli (PDA, Offenbleiben der embryonalen Verbindung von Truncus pulmonalis = Lungenarterie und Aorta = Körperschlagader; 10%)

Entsprechend dem natürlichen Druck- und Widerstandsgefälle kommt es bei Shunt-Verbindungen normalerweise zu einem Blutfluss vom linken zum rechten Herzen. Bereits mit Sauerstoff beladenes Blut durchströmt erneut die Lungengefäße und führt zu einer Volumenüberlastung. Das Ausmaß des Shuntvolumens richtet sich nach Defektgröße und Druckgefälle. Die Volumenüberlastung führt schnell zur Herzinsuffizienz.

Herzfehler mit Rechts-Links-Shunt (Leitsymptom: Zyanose, 20-30%)

- Transposition der großen Arterien (TGA, 4%)
- Fallot-Tetralogie (6%)

Venöses Blut gelangt unter Umgehung des Lungengefäßbettes wieder in den großen Kreislauf. Es handelt sich um komplexe Herzfehler, die die Druck- und Strömungsverhältnisse so verändern, dass das Blut entgegen der normalen Druckverhältnisse vom rechten zum linken Herzen fließt. Aufgrund des sauerstoffarmen Mischblutes (venöses Blut mischt sich mit arteriellem) kommt es schnell zur Sauerstoffunterversorgung (Hypoxämie) und evtl. zur Herzinsuffizienz.

Bei den Herzklappenfehlern werden Klappenverengungen (Stenosen) von Schlussunfähigkeiten (Insuffizienzen) unterschieden. Eine Stenose führt zu einem Öffnungsproblem der Klappe und damit zu einer Druckbelastung des Herzens. Eine Insuffizienz führt durch Schlussunfähigkeit zum Rückfluss von Blut (Pendelblut) und damit zu einer Volumenüberlastung des Herzens. Volumenbelastungen werden vom Herzen besser toleriert als Druckbelastungen und haben eine bessere Prognose.

- Stenose = Verengung = Klappenöffnungsproblem = Druckbelastung
- Insuffizienz = Schlussunfähigkeit = Klappenschlussproblem = Volumenbelastung

Bei der klinischen Untersuchung finden sich bei Klappenfehlern häufig systolische oder diastolische Geräusche:

Lerntext 4 Systolische und diastolische Herzgeräusche (vereinfachendes Schema)

GERÄUSCH	EINFLUSSBAHN (AV-Segelklappen)	AUSFLUSSBAHN (Taschenklappen)
systolisch	Insuffizienz der Mitral- u./o.Trikuspidalklappe	Stenose der Aorten- u./o. der Pulmonalklappe
diastolisch	Stenose von Mitral- u./o. Trikuspidalklappe	Insuffizienz der Aorten- u./o. der Pulmonalklappe

Systolische Geräusche finden sich auch bei Vorhof- und Ventrikelseptumdefekten, ein systolisch-diastolisches Maschinengeräusch charakterisiert den persistierenden Ductus arteriosus.

ANGEBORENE HERZFEHLER OHNE SHUNT

PULMONALKLAPPENSTENOSE

ca. 7% der angeborenen Herzfehler oder rheumatisch erworben (selten)

Pathogenese: Die Druckbelastung der rechten Kammer führt zur Kammerhypertrophie und endet in der Rechtsherzinsuffizienz.

Kl.:

- erst spät Symptome wie: Leistungsminderung, Atemnot, Rechtsherzinsuffizienz (siehe S. 73)
- Palpation: Schwirren über dem Herzen, Auskultation: Systolikum über der Pulmonalklappe im 2. ICR links neben dem Brustbein, 2. Herzton gespalten

Dg.:

Anamnese, Klinik, EKG, Thorax-Röntgenbild, Echokardiografie

Th.:

Endokarditisprophylaxe, OP-Indikation erst, wenn Druckunterschied von rechter Kammer zur A. pulmonalis > 50 mmHg (Rechtsherzkatheter), Erweiterung mit Ballonkatheter, Klappenersatz

AORTENKLAPPENSTENOSE

ca. 6% der angeborenen Herzfehler oder rheumatisch (häufigster Herzfehler Erwachsener)

Pathogenese: Die Druckbelastung der linken Kammer führt zur Hypertrophie des linken Ventrikels und endet in der Linksherzinsuffizienz (siehe S. 73). Durch Abgang der Herzkranzgefäße genau hinter der gestörten Klappe kann es zu Durchblutungsstörungen der Herzkranzgefäße, zu Symptomen der koronaren Herzkrankheit, z. B. Angina pectoris (siehe S. 75), kommen.

Kl.:

- Beschwerden oft jahrelang unscheinbar, dann: plötzliche Dekompensation unter Belastung
- Blässe
- Schwindel, kurzdauernder Bewusstseinsverlust (Synkope) unter Belastung
- Herzschmerzen (Angina pectoris) und Atemnot bei Belastung
- niederer Blutdruck mit kleiner Blutdruckamplitude (= geringe Differenz zwischen systolischen und diastolischen Blutdruckwerten)
- Komplikationen: Rhythmusstörungen, plötzlicher Herztod (20% d. F.), Synkopen, Linksherzinsuffizienz, Mikroembolien (aus verkalktem Klappensegel),
- Palpation: Schwirren im Jugulum, Auskultation: Systolikum über der Aortenklappe im 2. ICR rechts, Geräuschfortleitung in die Halsschlagadern (Karotiden)

Dg.:

Anamnese, Klinik, EKG, Thorax-Röntgenbild, Echokardiografie

Th.:

frühzeitige Operation, wenn der Druckgradient zwischen linker Kammer und Aorta > 60 mmHg gemessen wird (Linksherzkatheter): Klappensprengung, -dehnung, Klappenersatz

AORTENISTHMUSSTENOSE

ca. 7% aller angeborenen Herzfehler; überwiegend bei Knaben

Def.:

angeborene Verengung von unterschiedlicher Ausprägung und Längenausdehnung, meist am Übergang vom Aortenbogen zur Aorta descendens

- Präduktal (infantile Form = kindliche Form, Säuglingsform, seltenere Form): Aufgrund der Niederdrucksituation hinter der Stenose bleibt der Ductus arteriosus Botalli offen.
- Postduktal (adulte Form = Erwachsenenform, häufigere Form, 75%): Ductus Botalli geschlossen

Kl.:

- warme Hände, kalte Beine
- fehlender oder abgeschwächter Puls der A. femoralis bei normalem oder erhöhtem Puls der A. radialis (Hypotonie der unteren Extremität bei Hypertonie der oberen Extremität)
- Palpation: evtl. tastbare Kollateralgefäße (Interkostalarterien), Auskultation: systolisches Geräusch 2. ICR links parasternal und links neben der Wirbelsäule am Rücken (!) hörbar
- Komplikationen: Hypertonie (Nasenbluten, Kopfschmerzen, Hirnschlag), Linksherzversagen

Dg.:

Anamnese, Klinik, Echokardiografie, Linksherzkatheter

Th.:

Operation im frühen Säuglingsalter nur wenn unbedingt nötig (erhöhtes Risiko). Die adulte Form der Aortenisthmusstenose wird nach Möglichkeit nicht vor dem 6. Jahr operiert.

ANGEBORENE HERZFEHLER MIT LINKS-RECHTS-SHUNT

sog. azyanotische Herzfehler (primär keine Zyanose = Blaufärbung der Patienten, 85% d. F.)

VORHOFSEPTUMDEFEKT (ASD = ATRIUMSEPTUMDEFEKT)

ca. 10% aller Herzfehler

Def.:

Ein Loch in der Trennwand der Vorhöfe. Die Volumenbelastung (Rückfluss des schon in der Lunge arterialisierten Blutes aus dem linken in den rechten Vorhof) führt am rechten Herzen zur rechtsventrikulären Hypertrophie und im Lungenkreislauf zur pulmonaler Hypervolämie (Volumenüberlastung), pulmonaler Hypertonie und Shunt-Umkehr (siehe unten)

Kl.:

- bei kleinem Vorhofseptumdefekt evtl. jahrzehntelang beschwerdefrei
- kleine Kinder mit grazilem Körperbau und blasser Hautfarbe
- Leistungsminderung, Atemnot bei Belastung, später Rechtsherzinsuffizienz, Shunt-Umkehr Auskultation: gespaltener 2. Herzton und Systolikum über der Pulmonalklappe im 2. ICR links neben dem Brustbein (relative Pulmonalstenose durch vermehrten Blutdurchfluss)

Dg.:

Anamnese, Klinik, EKG, Röntgen (Lungengefäßüberfüllung), Echokardiografie, Katheter

Th.:

operativer Verschluss (um das 8. Lj.), bei größeren Defekten früher

Shunt-Umkehr (Eisenmenger-Reaktion): Bei Herzfehlern mit Links-Rechts-Shunt kommt es durch die vermehrte Lungendurchblutung zu einem Lungenhochdruck (pulmonale Hypertonie). Als Reaktion verengen sich die Lungengefäße und es kommt zur Sklerosierung dieser Gefäße (Pulmonalsklerose). Der Lungengefäßwiderstand nimmt zu und ist ab einem bestimmten Zeitpunkt irreversibel (fixierte pulmonale Hypertonie). Durch den dadurch höher werdenden Druck in der rechten Herzkammer nimmt das Shuntvolumen aus der linken Herzkammer ständig ab. Schließlich kehrt sich der Shunt um: Der Lungengefäßwiderstand hat nun den Gefäßwiderstand im großen Kreislauf überschritten, das Shuntvolumen fließt nun von rechts nach links (sekundärer Rechts-Links-Shunt: Eisenmenger-Reaktion). Es entwickelt sich eine Zyanose (venöses Blut fließt in den Körperkreislauf).

VENTRIKELSEPTUMDEFEKT (VSD)

häufigster angeborener Herzfehler (ca. 30%)

Def.:

Ein Loch in der Kammerscheidewand. Entscheidend für die Pathophysiologie und die Klinik ist die Defektgröße. Je größer der Defekt, umso größer ist die Volumenbelastung des rechten Herzens (Rückfluss des schon in der Lunge arterialisierten Blutes aus der linken Herzkammer). Die zusätzliche Blutmenge in der Lungenarterie führt außerdem zur pulmonalen Hypervolämie (Lungenüberdurchblutung) und pulmonaler Hypertonie.

Kl.:

- Blässe, Leistungsminderung, Atemnot, (evtl. Zyanose), Herzbuckel („Voussure“)
- durch Blutfülle der Lungen schnelle Atmung (Tachypnoe), Neigung zu pulmonalen Infekten
- Rechtsherzinsuffizienz, im Spätstadium Shunt-Umkehr (Eisenmenger-Reaktion, siehe oben)
- Palpation: Schwirren links parasternal, Auskultation: Systolikum links parasternal (3. ICR)

Dg.:

Anamnese, Klinik, Echokardiografie (Nachweis des Defektes und der Shuntgröße), Katheter

Th.:

oft Spontanverschluss (30-50% d. F.), bei kleineren Defekten Operation im 5. Lj., bei mittleren im 3. Lj., bei größeren Defekten im 1. Lj. (dann normale Lebenserwartung)

PERSISTIERENDER DUCTUS ARTERIOSUS (PDA)

ca. 10% aller angeborenen Herzfehler

Def.:

Der Ductus arteriosus Botalli ist eine fetale Kurzschlussverbindung zwischen der Lungenarterie (A. pulmonalis) und der Körperschlagader (Aorta) zur Umgehung des Lungenkreislaufs. Er schließt sich ca. 3 Wochen nach der Geburt. Beim offenen Ductus arteriosus Botalli bleibt die Verbindung bestehen. Es kommt zu einem Links-Rechts-Shunt: Aufgrund der nach der Geburt veränderten Druckverhältnisse fließt das Blut nun umgekehrt von der Aorta zurück in die A. pulmonalis und erneut in die Lunge. Es kommt zu einer Volumenüberlastung des linken Herzens und evtl. über einen Lungenhochdruck (pulmonale Hypertonie) zur Druckbelastung des rechten Herzens mit Shunt-Umkehr (= Eisenmenger-Reaktion; siehe S. 64).

Kl.:

Beschwerden können lange Zeit fehlen. Trinkschwäche (Säugling), Neigung zu pulmonalen Infekten (Bronchitis und Pneumonie), große Blutdruckamplitude (= große Spanne zwischen systolischem und diastolischem Blutdruck), Linksherzinsuffizienz

Palpation: Schwirren 2. ICR links, Auskultation: kontinuierliches systolisch-diastolisches Maschinengeräusch im 2. ICR links neben dem Brustbein

Dg.:

Anamnese, Klinik, Echokardiografie, EKG, Röntgen (Linksherzvergrößerung)

Th.:

Schließung konservativ medikamentös (Indometacin) bzw. durch Kathetertechnik oder Operation

ANGEBORENE HERZFEHLER MIT RECHTS-LINKS-SHUNT

Leitsymptom: Zyanose = "blue babies", ca. 20% der angeborenen Herzfehler

FALLOT-TETRALOGIE

ca. 6% aller Herzfehler, häufigster zyanotischer Herzfehler, gekennzeichnet durch:

- Pulmonalstenose
- Rechtsherzhypertrophie (durch Pulmonalstenose verursacht)
- Ventrikelseptumdefekt (Rechts-Links-Shunt wegen Pulmonalstenose)
- „Reitende Aorta" (= Fehllage der Aorta: sie „reitet" über dem Ventrikelseptumdefekt)

Die Verengung (Stenose) der Pulmonalklappe bestimmt das klinische Bild. Je enger die Pulmonalklappe, umso größer der Druck des hypertrophierten rechten Ventrikels, umso größer das Shuntvolumen von rechts nach links.

Kl.:

- zentrale Zyanose mit Trommelschlägelfingern und Uhrglasnägeln, Polyglobulie
- hypoxämische Anfälle mit zunehmender Zyanose, Synkopen, Krampfanfälle
- körperliche Entwicklungsverzögerung
- Belastungsdyspnoe, typische Hockstellung (= Steigerung des Widerstandes im großen Kreislauf. Dies führt zur Verminderung des Shuntvolumens und zu gesteigerter Lungenperfusion)
- Thromboembolien (aufgrund der Polyglobulie), hauptsächlich im Gehirn, bakterielle Endokarditis, Rechtsherzinsuffizienz
- Auskultation: systolisches Geräusch im 2. ICR links neben dem Brustbein (Pulmonalstenose)

Dg.:

Anamnese, Klinik, EKG, Röntgen, Echokardiografie, Katheter

Th.:

bei rechtzeitiger Operation normale Lebenserwartung (verschiedene Operationsverfahren)

TRANSPOSITION DER GROßEN ARTERIEN (TGA)

4% aller angeborenen Herzfehler

Die Hauptschlagader (Aorta) entspringt aus der rechten Kammer, die Lungenarterie (Truncus pulmonalis) aus der linken Kammer. Bei vollständiger Trennung dieser beiden fehlgeschalteten Kreisläufe ist der Betroffene nicht lebensfähig (venöses Blut wird in den Körperkreislauf gepumpt). Erst weitere Missbildungen (Vorhof u./o. Ventrikelseptumdefekt, persistierender Ductus arteriosus Botalli) ermöglichen eine Vermischung von venösem und arteriellem Blut und damit ein Überleben.

Kl.:

Zyanose (vom ersten Augenblick an), Atemnot (Dyspnoe), Herzinsuffizienz

Dg.:

Klinik, Röntgen („eiförmiges Herz"), Echokardiografie, Katheter, Angiografie

Th.:

Operation, (komplizierte operative Verfahren), Prognose ungewiss

ERWORBENE HERZKLAPPENFEHLER

Die meisten erworbenen Herzklappenfehler sind durch eine rheumatische Endokarditis (siehe S. 58) verursacht. Oft liegt die ursächliche Endokarditis Jahre oder Jahrzehnte zurück. Meist sind die Klappen des linken Herzens betroffen (Mitralklappe 50%, Mitral- und Aortenklappe kombiniert 30%, Aortenklappe isoliert 15%). Erworbene Klappenfehler des rechten Herzens sind selten: sie kommen, als Folge einer bakteriellen Endokarditis, z. B. bei Fixern (kontaminierte Drogen i. v. zum rechten Herzen) und in der Intensivmedizin (infizierte Dauerkatheter) vor.

MITRALKLAPPENSTENOSE

häufigster erworbener Klappenfehler (80%)

meist auf dem Boden einer lange zurückliegenden rheumatischen Endokarditis (an die sich die Patienten meist nicht erinnern können)

Pathophysiologie:

Die Verengung der Mitralklappe führt zu einem Druckanstieg im linken Vorhof. Es kommt zu einem Rückstau des Blutes in die Lunge, zur Lungenstauung mit Lungenhochdruck (pulmonale Hypertonie). Die pulmonale Hypertonie führt zu einer Druckbelastung der rechten Herzkammer (Endstadium: Rechtsherzinsuffizienz).

Kl.:

- Folgen der Drucksteigerung im linken Vorhof: absolute Arrhythmie (bei Vorhofflimmern), Thrombenbildung im linken Vorhof mit arteriellen Embolien (Gehirn, Extremitäten, Nieren)
- Folge von Lungenstauung und pulmonaler Hypertonie: Atemnot bei Belastung, Husten, Asthma cardiale, Bluthusten
- Folgen einer Rechtsherzinsuffizienz: sichtbare Venenstauung (Hals, Zungengrund), Stauungsleber, Stauungsniere (mit Proteinurie), Ödeme
- Folgen des verminderten Herzzeitvolumens: Leistungsminderung mit peripherer Zyanose (rötlich-zyanotische Wangen: Mitralgesicht oder Facies mitralis)
- Komplikationen: Lungenödem, bakterielle Endokarditis, arterielle Embolien
- Auskultation: 1) paukender 1. Herzton, 2) Mitralöffnungston mit nachfolgendem Strömungsgeräusch, 3) diastolisches Geräusch, 4) präsystolisches Geräusch

Dg.:

Anamnese, Klinik, EKG, Röntgen, Echokardiografie, Links- und Rechtsherzkatheter

Th.:

Thromboembolieprophylaxe, Endokarditisprophylaxe, Klappensprengung, Klappenersatz

MITRALKLAPPENINSUFFIZIENZ

Def.:

meist durch rheumatische Endokarditis erworbene (nur äußerst selten angeborene) Schlussunfähigkeit der Mitralklappe

Pathophysiologie:

Durch die Schlussunfähigkeit der Klappe gelangt während der Kammersystole Pendelblut von der linken Kammer zurück in den linken Vorhof. Dies führt zur Volumenüberlastung des linken Vorhofs und der linken Kammer. Es resultiert daraus eine Erweiterung (Dilatation) des linken Vorhofs und eine Vergrößerung (Hypertrophie) der linken Kammer.

Kl:

- wird meist lange Zeit ohne klinische Symptome toleriert
- erst bei Versagen des linken Ventrikels kommt es zu den typischen Zeichen der Linksherzinsuffizienz (siehe S. 73): Atemnot (Dyspnoe), Herzklopfen, nächtliche Hustenanfälle („Herzhusten"), sonstige Klinik wie bei Mitralklappenstenose (siehe oben)
- Auskultation: leiser 1. Herzton, 3. Herzton (Füllungston) in der Diastole, Systolikum über der Herzspitze mit Fortleitung in die Axilla,

Dg.:

Anamnese, Klinik, EKG, Röntgen, Phonokardiografie, Echokardiografie, Linksherzkatheter

Th.:

Thromboembolieprophylaxe, Endokarditisprophylaxe, Operation (Klappenersatz)

MITRALKLAPPENPROLAPS

Def.:

Vorwölbung eines oder beider Mitralklappensegel in den linken Vorhof während der Systole. Häufigste Form der Klappenveränderung im Erwachsenenalter (4-10%). Der Mitralklappenprolaps hat meist keine hämodynamische Bedeutung und damit meist auch keinen Krankheitswert.

Kl.:

- Patienten meist beschwerdefrei
- Rhythmusstörungen, Schwindel, Synkopen Brustschmerzen (pektanginöse Beschwerden), selten Beschwerden aufgrund einer sich entwickelnden Mitralinsuffizienz (siehe S. 67)
- Auskultation: ein oder zwei Zusatztöne während der Systole („systolische Klicks"), häufig ein spätsystolisches Geräusch

Dg.:

Anamnese, Klinik (Auskultation), Echokardiografie

Th.:

nur bei klinischen Beschwerden! Behandlung von Rhythmusstörungen, Behandlung einer Mitralinsuffizienz

AORTENKLAPPENSTENOSE

siehe S. 62

AORTENKLAPPENINSUFFIZIENZ

zweithäufigster erworbener Klappenfehler nach der Mitralstenose, sehr selten angeboren

Pathophysiologie: Der Rückfluss des Blutes aus der Aorta in die linke Herzkammer führt zur Volumenbelastung des linken Ventrikels mit großem Schlagvolumen. Dadurch kommt es zur Hypertrophie des linken Ventrikels (Endstadium: Linksherzinsuffizienz, siehe S. 73).

Kl.:

- Leitsymptom: große Blutdruckamplitude (große Differenz zwischen systolischem und diastolischem Blutdruck z. B. 150/40 mmHg), sog. Wasserhammerpuls": Pulsus celer et altus: schnell (celer) und große Druckschwankung (altus) des Pulses. Durch das große Schlagvolumen hoher systolischer, durch den Rückfluss während der Diastole, niedriger diastolischer Blutdruck. Die große Blutdruckamplitude ist ursächlich für:
  - pulssynchrones Dröhnen im Kopf
  - sichtbare Pulsationen der Halsschlagadern
  - pulssynchrones Kopfnicken (sog. Musset-Zeichen, gesprochen etwa „Müsä", französisch)
- rasche Ermüdbarkeit

- Warnsymptome bei beginnender Dekompensation: Brustschmerz (Angina pectoris) und Linksherzinsuffizienz (Atemnot, Lungenstauung)
- Palpation: Herzspitzenstoß nach außen verlagert, Auskultation: diastolisches Geräusch im 3. ICR links neben dem Brustbein oder 2. ICR rechts neben dem Brustbein, evtl. Systolikum (relative Aortenklappenstenose durch großes Blutvolumen)

Dg.:

Anamnese, Klinik, EKG, Röntgen, Karotispulskurve, Phono- und Echokardiografie, Linksherzkatheter

Th.:

Endokarditisprophylaxe, operativer Klappenersatz (frühzeitig, vor Entwicklung einer Linksherzinsuffizienz)

Lerntext 5 Synopse der wichtigsten Herzfehler und des dabei zu erhebenden klinischen Befundes

	Inspektion	**Palpation**	**Perkussion**	**Auskultation Herztöne**	**Herzgeräusche**
Mitralklappen-insuffizienz		Spitzenstoß verbreitert, hebend, linksverlagert, Schwirren 4.-5. ICR li.	Herzdämpfung nach links verbreitert	S1 abgeschwächt, S2 gespalten (im Spätstadium 3. Herzton)	Systolikum am lautesten (= p. m.= punctum maximum) über der Herzspitze
Mitralklappen-stenose	„Mitralbäckchen" mit bläulich-roten Wangen	Herzspitzenstoß vermindert, kleiner Puls		S1 paukend und Mitralöffnungston (über Erb u. Spitze), Dreierrhythmus	Diastolikum p. m. Spitze, Fortleitung in die Axilla
Aortenklappen-insuffizienz	Kapillarpuls, Blässe Pulsationen der Arteria carotis („hüpfende Gefäße")	Spitzenstoß hebend, verbreitert, Pulsation der A. carotis, große Blutdruck-Amplitude, Pulsus celer et altus	Herzdämpfung nach links verbreitert	S1 im Spätstadium leiser	Diastolikum p. m. 3.-4. ICR links
Aortenklappen-stenose	Blässe	Spitzenstoß hebend, li. verlagert, verbreitert, Schwirren im Jugulum, Pulsus parvus+tardus	Herzdämpfung nach links unten verbreitert	S2 abgeschwächt (oder normal)	Systolikum p. m. Aorta, (Erb und Spitze) Fortleitung in A. carotis

Pulmonalklappen-stenose	Jugularispulswelle	Schwirren im 2. und 3. ICR	Verbreiterung der Herzdämpfung nach rechts	atemabhängige fixierte Spaltung von S2	Systolikum p. m. 2. und 3. ICR
Trikuspidalklap-peninsuffizienz	Jugularvenenpuls, sichtbare Herz- und Oberbauchpulsationen	Leber vergrößert und pulsierend	Herzdämpfung nach beidseits verbreitert		Systolikum p. m. 3.-5. ICR rechts
Ventrikelseptum-defekt	Voussure („Herzbuckel")		Herzdämpfung nach beidseits verbreitert	gelegentl. Spaltung des 2. Herztones	Systolikum 3.-5. ICR links
Vorhofseptum-defekt	Voussure („Herzbuckel"), epigastrische Pulsationen	Herzspitzenstoß kaum tastbar	Herzdämpfung nach beidseits verbreitert	S1 laut, S2 gespalten	Systolikum p. m. 2. ICR links
Ductus arteriosus Botalli	Pulsationen der A. carotis („hüpfende Gefäße")	Pulsationen der A. carotis bds. („hüpfende Gefäße")	Herzdämpfung nach links verbreitert	S2 betont	Maschinengeräusch systolisch-diastolisch p. m. 2.-3. ICR links
Aortenisthmus-stenose		Herzspitzenstoß verbreitert, hebend, A. carotis u. radialis gut, A. femoralis schwach tastbar	Herzdämpfung nach links verbreitert	S2 laut	Systolikum p. m. 2.-4. ICR links am Rücken (!) hörbar

HERZINSUFFIZIENZ

Def.:

Unfähigkeit des Herzens, das vom Organismus benötigte Herzminutenvolumen zu fördern. Es kommt zu verminderter körperlicher Leistungsfähigkeit aufgrund einer Funktionsstörung der Herzkammern.

Herzinsuffizienz ist keine Diagnose, sondern ein klinisches Syndrom mit den unterschiedlichsten Ursachen!

Nach dem zeitlichen Verlauf einer Herzinsuffizienz werden unterschieden:

- Akute Herzinsuffizienz: z. B. durch Pumpversagen, akut auftretende Klappenfehler, mechanischer Behinderung der Ventrikelfüllung (Herzbeuteltamponade), tachykarde oder bradykarde Rhythmusstörungen u. a.
  - akute Linksherzinsuffizienz (z. B. durch Herzinfarkt, hypertone Krise, Myokarditis)
  - akute Rechtsherzinsuffizienz (z. B. durch Lungenembolie)
- Chronische Herzinsuffizienz (z. B. durch Herzmuskelerkrankungen = Kardiomyopathien)

Nach der bevorzugt betroffenen Kammer werden unterschieden:

- Linksherzinsuffizienz
- Rechtsherzinsuffizienz
- Globalinsuffizienz

Nach dem pathophysiologischen Prinzip werden unterschieden:

- Low-output-failure: Vorwärtsversagen des Herzens mit vermindertem Herzzeitvolumens
- High-output-failure: verminderte Blut-O_2-Versorgung der Peripherie mit erhöhtem Herzzeitvolumen (z. B. bei Anämie und Hyperthyreose)

Ät.:

- systolische Ventrikelfunktionsstörungen
  - Kontraktionsschwäche: Herzmuskelerkrankungen (Kardiomyopathien), Herzmuskelentzündungen (Myokarditiden), koronare Herzkrankheit
  - Volumenbelastung (Herzklappeninsuffizienz, Scheidewanddefekte usw.)
  - Druckbelastung (Herzklappenstenosen, arterieller oder pulmonaler Hypertonus)
- diastolische Ventrikelfunktionsstörungen (durch Behinderung der Ventrikelfüllung)
  z. B. Herzbeuteltamponade, konstriktive Herzbeutelentzündung (Perikarditis), restriktive Herzmuskelerkrankung (Kardiomyopathie)
- Herzrhythmusstörungen
  zu langsamer oder zu schneller Puls (Bradykardie/Tachykardie) verschiedenster Ursache
  (z. B. auch nicht-kardiale Ursachen: Hyperthyreose, Anämie usw.)

Klinik der Rechtsherzinsuffizienz (Rückstau in den Körperkreislauf):

- sichtbare Venenstauung (Halsvenen, Unterzungenvenen)
- Stauungsergüsse (Aszites, Pleuraerguss)
- Stauungsleber (vergrößert, evtl. schmerzhaft)
- Stauungsgastritis (durch Blutrückstau in die Pfortader; Appetitlosigkeit, Meteorismus)
- Stauungsnieren mit Proteinurie (= Eiweiß im Urin)
- Gewichtszunahme und Ödeme (Knöchel, Unterschenkel, bei liegenden Patienten am Kreuzbein = tiefster Körperpunkt)
- Nykturie (= nächtliches Wasserlassen; durch nächtliche Rückresorption von Ödemen)
- Tachykardie (schneller Herzschlag > 100 Schläge pro Minute)
- Herzvergrößerung (Hypertrophie)
- kardiogener Schock

Klinik der Linksherzinsuffizienz (Rückstau in den Lungenkreislauf):

- Atemnot (= Dyspnoe, anfangs bei Belastung, später in Ruhe), Tachypnoe (schnelle Atmung)
- Orthopnoe (= Atemnot im Liegen, die durch Aufsitzen gebessert wird. Die Patienten legen zum Schlafen immer mehr Kopfkissen ins Bett = grobes Maß für die Insuffizienz.)
- Asthma cardiale (nächtlicher Husten und Atemnot; Auskultation: basale Rasselgeräusche)
- Lungenödem (= Endstadium der Linksherzinsuffizienz; Rasseln über der Brust, schaumiger Auswurf), Pleuraerguss
- Zyanose
- Nykturie (nächtliches Wasserlassen)
- Tachykardie
- Herzvergrößerung
- Leistungsminderung, Schwächegefühl
- Hirnfunktionsstörungen
- kardiogener Schock

Gemeinsame Symptome bei Rechts- und Linksherzinsuffizienz („Globalinsuffizienz") sind Nykturie (= das nächtliche Wasserlassen), schnelle Herzfrequenz (Tachykardie), Herzvergrößerung (Hypertrophie) und evtl. Pleuraerguss .

Schweregrade der Herzinsuffizienz:

- Stadium I : Beschwerdefreiheit, normale körperliche Belastungsfähigkeit
- Stadium II : Beschwerden bei stärkerer körperlicher Belastung
- Stadium III : Beschwerden schon bei leichter körperlicher Belastung
- Stadium IV : Beschwerden in Ruhe

Dg.:

Anamnese, Klinik, EKG, Echokardiografie (Pumpleistung, Auswurffraktion, Myokarddicke), Herzzeitvolumen, Doppler-Echokardiografie, Röntgen-Thorax (Herzgröße, Herzkonfiguration, Lungenstauung?), (in Sonderfällen: Herzbinnenraumszintigrafie, Katheteruntersuchungen) geeignete Verfahren zur Ursachensuche: Schilddrüsenwerte, Anämieabklärung usw.

Th.:

falls möglich, Behandlung der auslösenden Ursache (= kausale Therapie): z. B. Behandlung einer arteriellen oder pulmonalen Hypertonie, eines Herzfehlers, einer koronaren Herzkrankheit, einer Herzmuskelentzündung (Myokarditis), einer Herzrhythmusstörung, einer Anämie (Blutarmut) oder Hyperthyreose (Schilddrüsenüberfunktion) usw.

Symptomatische Therapie: Ruhe (körperliche und seelische Entlastung), Gewichtsnormalisierung, Stuhlregulierung, Thromboseprophylaxe, Weglassen herzbelastender Medikamente, Medikamente zur Steigerung der Kontraktionskraft (z. B. Digitalis), zur Entlastung des Herzens (Entwässerungsmittel = Diuretika, Nitrate, ACE-Hemmer oder Angiotensin-II-Rezeptorantagonisten, Beta-Rezeptorenblocker), zur Rhythmisierung (Digitalis, evtl. Schrittmacherimplantation)

KORONARE HERZKRANKHEIT

auch: ischämische Herzerkrankung oder KHK

Def.:

Herzerkrankung, bei der unterschiedliche Ursachen zu einer ungenügenden Durchblutung der Herzkranzgefäße (= Koronarinsuffizienz) führen. Es kommt zu einem Missverhältnis zwischen O_2-Angebot und -bedarf im Herzmuskel. Häufigste Todesursache in den Industrieländern.

Sie kann zu folgenden Krankheitsbildern führen:

1. Angina pectoris (= Enge der Brust, Brustschmerz infolge vorübergehender Minderdurchblutung = Ischämie des Herzens)
2. Herzinfarkt: irreversibler Untergang von Herzmuskelgewebe aufgrund einer Minderdurchblutung (= ischämische Myokardnekrose)
3. ischämische Herzmuskelschädigung mit Linksherzinsuffizienz
4. Herzrhythmusstörungen
5. plötzlicher Herztod (20% d. F.)

Ät.:

Erhöhter Koronarwiderstand:

- gefäßbedingt
  - Makroangiopathie: atherosklerotische Verengung der großen Herzkranzgefäße (Koronarsklerose; KHK im engeren Sinne)
  - Spasmus („Krampf") der Herzkranzgefäße (Koronarspasmus)

- Thrombose der Herzkranzgefäße (auf dem Boden einer Koronarsklerose)
- Mikroangiopathie („small vessel disease"): Verengung der kleinen im Herzmuskel gelegenen kleinen Koronargefäße (5% d. F). Ursachen: arterielle Hypertonie, Diabetes mellitus, Vaskulitiden)

- herzmuskelbedingt (myokardial)
  - Herzvergrößerung (über das „kritische Herzgewicht" von 500 g hinaus)
  - Bluthochdruck und schnelle Herzfrequenz (Tachykardie, Tachyarrhythmie)
  - Pumpversagen des Herzens

Außerhalb der Herzkranzgefäße liegende Faktoren

- kardial: Rhythmusstörungen, Aortenklappenfehler
- extrakardial
  - erhöhter O_2-Bedarf (Bluthochdruck, Schilddrüsenüberfunktion)
  - erniedrigtes O_2-Angebot (Anämie, Lungenerkrankungen)
  - erschwerter Blutfluss (erhöhte Viskosität = Zähigkeit des Blutes) z. B. bei Polyglobulie
  - Vergiftungen (z. B. CO-Vergiftung)

Ursachen (Risikofaktoren) einer Atherosklerose („Gefäßverkalkung"): siehe S. 98

ANGINA PECTORIS

Kl.:

Leitsymptom der Herzkranzgefäßverengung ist die Angina pectoris (Stenokardie). Die typischen stenokardischen Beschwerden sind von kurzer Dauer (Minuten). Sie sind hinter dem Brustbein (retrosternal) lokalisiert und werden durch psychische oder körperliche Anstrengungen ausgelöst. Im typischen Falle strahlen die Schmerzen in die Kleinfingerseite des linken Armes aus. (Sie können jedoch auch in den Hals, den Unterkiefer, den rechten Arm oder in den Oberbauch ausstrahlen.) Kalte Außentemperatur und voller Magen können die Schmerzen verstärken.

Im typischen Fall verschwinden die Schmerzen nach Beendigung der Belastung bzw. nach Medikation mit Nitraten („Herzspray", „Nitrospray").

Merke: Nur ca. 55% der Herzkranzgefäßverengungen gehen mit diesen typischen Angina-pectoris-Beschwerden einher. Oft verläuft eine KHK schmerzlos („stumme Ischämie"). Die Erstmanifestation zeigt sich dann als Herzinfarkt (25%) oder plötzlicher Herztod (20%).

Verlaufsformen:

- Stabile Angina pectoris: Anfälle, die durch ganz bestimmte Mechanismen ausgelöst werden (z. B. körperliche Anstrengung) und gut auf Nitrate ansprechen.
- Instabile Angina pectoris (Präinfarktsyndrom, Infarktrisiko ca. 20%): jede Erstangina, zunehmende Schwere und Häufigkeit der Schmerzanfälle, Ruheangina, zunehmender Nitratbedarf

Dg.:

Anamnese, Klinik, Ruhe-EKG (häufig unauffällig), Belastungs-EKG, Langzeit-EKG, Koronarangiografie (Darstellung der Herzkranzgefäße mittels Katheter und Kontrastmittel) u. a.

Th.:

Eine stabile Angina pectoris wird ambulant behandelt. Eine instabile Angina pectoris erfordert unbedingt eine Klinikeinweisung (Notarzt). Patienten über die Unterschiede aufklären!

Therapieprinzip: O_2-Bedarf mindern, O_2-Zufuhr verbessern

- Ausschaltung von Risikofaktoren der Atherosklerose (siehe S. 98)
- Medikamente: (Nitrate, Beta-Rezeptorenblocker, Kalziumantagonisten, Acetylsalicylsäure)
- Dilatation (koronare Angioplastie): Aufweitung der Herzkranzgefäßenge
- Koronarchirurgie: z. B. aortokoronarer Venenbypass = ACVB (Überbrückung mittels einer körpereigenen Vene von der Aorta bis hinter die verengte Koronararterie) oder Überbrückung mittels A. thoracica (mammaria) interna (IMA- oder ITA-Bypass; Prognose besser als ACVB)

HERZINFARKT (MYOKARDINFARKT)

Def.:

Irreversibler Untergang von Herzmuskelgewebe (Myokardnekrose), meist aufgrund einer koronaren Herzkrankheit mit hochgradiger Stenose einer Koronararterie. (Die Angina pectoris ist eine reversible Sauerstoffunterversorgung des Herzens aufgrund einer koronaren Herzkrankheit.)

Kl.:

- lang anhaltender Angina-pectoris-Schmerz, Nitroglyzerin unwirksam („nitroresistent"). Der Schmerz auch in den Oberbauch projiziert werden (besonders bei Hinterwandinfarkt; wichtigste Differentialdiagnose: akute Pankreatitis)
- retrosternale Schmerzen mit Ausstrahlung in den linken Arm u. a. (siehe Angina pectoris)
- Schwäche, Todesangst, vegetative Begleitsymptomatik (Schweiß, Erbrechen)
- oft Blutdruckabfall (aber: Blutdruck kann auch normal oder erhöht sein)
- Puls normal, tachykard (schnell) oder bradykard (langsam)
- Herzrhythmusstörungen (95% d. F.; z. B. Kammerflimmern)
- Symptome einer Linksherzinsuffizienz (Extremform: kardiogener Schock)
- MERKE: 20% der Infarkte laufen stumm ab (Diabetiker, alte Menschen)!
- Frühkomplikationen: gefährlichster Zeitraum: die ersten 48-72 Stunden! Elektrische Instabilität führt zu Rhythmusstörungen bis hin zum Kammerflimmern (häufigste Todesursache). Das akute Pumpversagen (Linksherzinsuffizienz) ist die zweithäufigste Todesursache.
- Spätkomplikationen: z. B. Herzwandaneurysma, arterielle Embolien, Perikarditis, Arrhythmie

Dg.:

- Anamnese, Klinik
- Labor: unspezifisch: Leukozyten ↑, BSG ↑, Myoglobin ↑, Gesamt-CK ↑; spezifisch: Troponin T, herzspezifische Creatinin-Kinase (CK-MB: Leitenzym!) ↑, GOT und LDH ↑
- EKG (Elektrokardiogramm): zeigt Infarktausmaß und -lokalisation, kann aber innerhalb der ersten 24 h noch ohne pathologischen Befund sein.

Th.:
Alarmierung des Notarztes! Die Mehrzahl der Todesfälle durch Herzinfarkt wird innerhalb der ersten 24 Stunden durch Kammerflimmern verursacht (Defibrillation lebensrettend!). Beruhigung, Schmerzbekämpfung, Sauerstoffgabe; bei Linksherzinsuffizenz Lagerung mit erhöhtem Oberkörper, wenn Nitrate (Nitro-Spray oder Nitrokapsel unter die Zunge = sublingual) keinen Erfolg bringen: Venenzugang, keine i. m. Injektionen (Lyse = Auflösung des Thrombus nach i.m. Injektion unmöglich), Heparin (5000 I.E. i.v. als Gerinnungshemmer) und Acetylsalicylsäure (250-500mg i.v. oder oral als Thrombozytenaggregationshemmer), intensivmedizinische Betreuung (Fibrinolyse schnellstmöglich)!
Wichtig nach der Krankenhausentlassung: Cholesterinsenkung LDL-Cholesterin < 100mg/dl)

KARDIOMYOPATHIEN (HERZMUSKELERKRANKUNGEN)

Def.:
Als Kardiomyopathie (CM) werden alle Erkrankungen des Herzmuskels bezeichnet, die mit einer kardialen Funktionsstörung einhergehen (WHO u. a. 1995).

- idiopathische (primäre, autochthone) Kardiomyopathien: Ursachen unbekannt
- spezifische (sekundäre) Kardiomyopathien: Ursachen (Grunderkrankungen) bekannt

Klassifizierung der primären Kardiomyopathien:

Bezeichnung	Abkürzung	Charakteristikum
1. dilatative Kardiomyopathie	DCM	systolischer Pumpfehler
2. hypertrophische Kardiomyopathie (mit und ohne Obstruktion)	HCM	diastolischer Compliancefehler (= Störung der Dehnbarkeit des Herzmuskeln in der Diastole = vermehrte Steifigkeit)
3. restriktive Kardiomyopathie	RCM	Endokardfibrose mit oder ohne Eosinophilie, diastolischer Compliancefehler
4. arrhythmogene rechtsventrikuläre Kardiomyopathie	ARVCM	Überwiegend rechtsventrikulärer kombinierter Pumpfehler mit ventrikulären Tachykardien
5. nicht klassifizierbare Kardiomyopathie	NKCM	

DILATATIVE KARDIOMYOPATHIE (DCM)

früher: kongestive Kardiomyopathie
Def.:
Myokarderkrankung mit systolischem Pumpfehler, Herzvergrößerung und eingeschränkter Auswurffraktion. Zusätzlich bestehen Störungen der diastolischen Funktion (Compliance).

Ät.:
- idiopathische DCM (Ursache unbekannt): familiäre Häufung, unterschiedliche Gendefekte
- spezifische DCM (Ursache bekannt):
  - ischämische CM: Überlastung des nicht geschädigten Herzmuskels nach Herzinfarkt
  - valvuläre CM: Dysfunktion bei fortgeschrittenen Herzklappenfehlern
  - hypertensive CM: diastolische (später auch systolische) Funktionsstörung des „Hypertonieherzens"
  - alkoholtoxische CM mit Rhythmusstörungen
  - medikamentös-toxische CM nach herzschädigenden Medikamenten (Phenothiazine, trizyklische Antidepressiva, Lithiumcarbonat, Doxorubicin, Anthracycline u. a.)
  - entzündliche (inflammatorische) CM: als mikrobielle Infektion (Viren, Bakterien, Protozoen) oder autoimmun (evtl. durch Virusinfekt induziert)
  - DCM bei neuromuskulären Erkrankungen:
  - DCM bei Stoffwechsel- und endokrinen Erkrankungen u. a.

Kl.:
zunehmende Linksherzinsuffizienz mit Atemnot bei Belastung, später Globalinsuffizienz des Herzens, Rhythmusstörungen, arterielle und pulmonale Embolien infolge kardialer Thrombenbildung, plötzlicher Herztod
Dg.:
Anamnese, Klinik, Röntgen, Echokardiografie, Linksherzkatheter, Myokard
Th.:
kausal: z. B. Behandlung einer Infektion, Absetzen kardiotoxischer Medikamente usw.
symptomatisch: Behandlung der Herzinsuffizienz und der Rhythmusstörungen, Thromboembolieprophylaxe, ggf. Herztransplantation

HYPERTROPHISCHE KARDIOMYOPATHIE (HCM)

Def.:
idiopathische Hypertrophie der linken Kammer, besonders im Bereich der Herzscheidewand (Septum) mit oder ohne Obstruktion der Ausflussbahn in die Körperschlagader (Aorta)
Ät.: in ca. 50% familiär (autosomal-dominant vererbt)
Kl.:
oft beschwerdefrei, Atemnot, Angina pectoris, Arrhythmien mit Schwindel, Synkopen, plötzlicher Herztod; Auskultation: systolisches Geräusch (linker Brustbeinrand), oft 4. diastolischer Herzton (Vorhofüberlastung)
Dg.:
(Familien-)Anamnese, Klinik, EKG, Echokardiografie, Linksherzkatheter, Myokardbiopsie
Th.:
Allgemeinmaßnahmen (Meiden von Belastung, Gewichtsreduktion usw.), Medikamente: Beta-Rezeptorenblocker u./o. Kalziumantagonisten, keine Digitalispräparate oder Nitrate! Ggf. Schrittmachertherapie, evtl. chirurgisch (septale Myektomie, Herztransplantation)

RESTRIKTIVE (OBLITERATIVE) KARDIOMYOPATHIE (RCM)

Sehr seltene Erkrankung, Ursache unbekannt, familiäre Häufung
Das Endokard ist verdickt und mit Thromben belegt (Gefahr von Embolien). Die diastolische Dehnbarkeit des linken Ventrikels ist vermindert. Im weiteren Verlauf kommt es zu einer Endokardfibrose mit therapieresistenter Rechtsherzinsuffizienz (Einflussstauung vor dem rechten Herzen) und Eosinophilie (Endocarditis parietalis fibroplastica, Löffler).
Th.: evtl. Herztransplantation

ARRHYTHMOGENE RECHTSVENTRIKULÄRE KARDIOMYOPATHIE (ARVCM)

Seltene Erkrankung mit verfettender Degeneration des rechtsventrikulären Myokards und rechtsventrikulärer Dilatation, Ursache unbekannt (Gendefekte wurden nachgewiesen).
Kl.: Rechtsherzinsuffizienz, ventrikuläre Tachyarrhythmie (evtl. Synkopen), plötzlicher Herztod nach körperlicher Anstrengung
Th.: symptomatisch (körperliche Schonung, Arrhythmiebehandlung, evtl. Herztransplantation

MYOKARDITIS

Def.:

Die Myokarditis ist eine entzündliche Herzmuskelerkrankung, die die Herzmuskelzellen, das Interstitium und die Herzgefäße betreffen kann.

Ät.:

Infektiöse Myokarditis

- Viren (50% d. F.): häufig und gefährlich: Coxsackie B1-B5, ferner: Coxsackie A, Herpes-, Influenza-, Adeno- und Echo- und viele andere Viren.
- Bakterien: z. B. bei septischen Erkrankungen (insbesondere bei bakterieller Endokarditis), Streptokokken, Enterokokken, Borrelien, Diphtherie; seltener: Typhus, Tbc, Lues u. a.
- Pilze bei Abwehrschwäche
- tierische Einzeller (Protozoen) : Toxoplasmose, Chagas-Krankheit (Südamerika)
- Würmer (Helminthen): Trichinen, Echinokokken u. a.

Nichtinfektiöse Myokarditis

- immunologisch bedingte Myokarditis (rheumatisches Fieber, Kollagenosen)
- medikamenteninduzierte Myokarditis (Sulfonamide) u. a.
- strahleninduziert (Bestrahlung des Mediastinums)

Kl.:

- variabler Verlauf: häufig leicht oder asymptomatisch, selten schwer oder tödlich
- bei infektiöser Myokarditis: anamnestisch und klinisch Zeichen eines Infektes, evtl. Fieber
- Müdigkeit, Schwächegefühl, Leistungsknick
- Tachykardie („Herzklopfen")
- Rhythmusstörungen (vor allem Extrasystolen),
- klinische Zeichen der Herzinsuffizienz (siehe S. 72)
- Auskultation: evtl. systolisches Geräusch, evtl. 3. Herzton (bei Herzinsuffizienz)

Dg.:

Anamnese, Klinik, EKG, Echokardiografie, Myokardbiopsie, Lab.: CK/CK-MB evtl. erhöht, evtl. Entzündungszeichen (BSG ↑, Blutbild: Leukozytose), positive Blutkultur, Virusdiagnostik, evtl. Nachweis von Myokardantikörper

Th.:

symptomatisch: Bettruhe, dann körperliche Schonung (1/2 Jahr), Thromboembolieprophylaxe (während der Bettruhe), Herztransplantation (bei dekompensierter Herzinsuffizienz)

kausal: je nach Ursache und Grunderkrankung (z. B. Antibiotika)

PERIKARDITIS (HERZBEUTELENTZÜNDUNG)

Eine klinische Trennung zwischen Myokarditis (Herzmuskelentzündung: Sinustachykardie, Rhythmusstörungen, Herzvergrößerung) und Perikarditis (Herzbeutelentzündung: Schmerz hinter dem Brustbein, Perikardreiben) ist häufig nicht sinnvoll. Herzbeutel und Herzmuskelschicht sind meist gleichzeitig befallen: Perimyokarditis. Bei den reinen Perikarditis-Formen wird eine akute Perikarditis von einer chronisch konstriktiven Perikarditis unterschieden.

AKUTE PERIKARDITIS

Ät.:

- Infektionen (Viren, Bakterien, vgl. Infektionserreger bei Myokarditis)
- immunologisch bedingte Perikarditis (z. B. systemischer Lupus erythematodes, rheumatisches Fieber, allergische Perikarditis, Postmyokardinfarkt-Syndrom u. a.)
- Perikarditis bei Herzinfarkt (innerhalb der ersten Woche nach Infarkt)
- Perikarditis bei Urämie (Urämie = Endstadium eines Nierenversagens)
- Perikarditis nach Trauma
- Tumorperikarditis (z. B. bei Lungenkarzinom)
- Perikarditis nach Strahlentherapie

Kl.:

- Trockene Perikarditis: stechende Schmerzen hinter dem Brustbein (DD: Herzinfarkt), verstärkt im Liegen, bei tiefer Einatmung und beim Husten. Auskultation: herzschlagsynchrones systolisches oder systolisch-diastolisches „schabendes" ohrnahes Reibegeräusch. (Im Gegensatz zum Pleurareiben bei Pleuritis besteht das Geräusch auch bei Atempause fort.)
- Feuchte (exsudative) Perikarditis: Beim Übergang von einer trockenen zu einer feuchten Perikarditis (Flüssigkeit im Herzbeutel) werden die Herztöne leiser, oft verschwinden die Schmerzen und das Reibegeräusch. Eine Komplikation der feuchten Perikarditis ist die sog.
- Herzbeuteltamponade: Flüssigkeit im Herzbeutel verhindern eine diastolische Erweiterung des Herzens und machen die Blutfüllung der Herzkammern unmöglich. Klinisch kommt es zu einer Einflussstauung des Blutes vor dem rechten Herzen. Das verminderte Schlagvolumen der linken Herzkammer führt zu körperlicher Schwäche, Atemnot und Tachykardie.

Dg.:

Anamnese, Klinik, Auskultation, EKG, Röntgen-Thoraxbild, Echokardiografie u. a.

Th.:

je nach Grundleiden: Antibiotika bei bakterieller Perikarditis, Penizillin und Glukokortikoide bei rheumatischer Perikarditis, Glukokortikoide bei allergischer Perikarditis, Dialyse bei urämischer Perikarditis, zusätzlich symptomatisch Schmerzmittel (Analgetika) und ausschwemmende Medikamente (Diuretika). Therapie bei Herztamponade (lebensbedrohlich!): Entlastungspunktion

CHRONISCH KONSTRIKTIVE PERIKARDITIS

Narbige Folgezustände der akuten Perikarditis. Der narbig geschrumpfte, zum Teil mit Kalkspangen durchsetzte Herzbeutel behindert die diastolische Kammerfüllung des Herzens. Es kommt zur Einflussstauung und zur Herzmuskelatrophie.

Ät.:

wie bei akuter Perikarditis (am häufigsten: Tuberkulose)

Kl.:

Rückstau vor dem rechten Herzen: Körperliche Schwäche, Atemnot bei Belastung, Lebervergrößerung, Aszites, Ödeme, Stauungsproteinurie (Eiweiß im Urin) u. a.; das verminderte Schlagvolumen der linken Herzkammer führt zu körperlicher Schwäche, Atemnot und Tachykardie.

Auskultation: evtl. leise Herztöne, evtl. 3. Herzton (Diastole)

Dg.:

Anamnese, Klinik, Echokardiografie und Röntgen (Verkalkungen, normal großes Herz)

Th.:

operative Entfernung der Kalkspangen (Dekortikation, Perikardektomie)

HERZRHYTHMUSSTÖRUNGEN

TERMINOLOGIE

Herzrhythmusveränderungen sind häufig. Sie kommen auch beim Herzgesunden vor, können jedoch durch Herzkrankheiten und durch Krankheiten außerhalb des Herzens bedingt sein. Erste Informationen über den Herzrhythmus geben die Pulspalpation und die Auskultation. Eine sinnvolle Behandlung und diagnostische Einordung von Herzrhythmusstörungen ist ohne EKG nicht denkbar. Eine Ursachenabklärung ist die Voraussetzung für eine kausale Behandlung. Die Einordnung und Ursachenabklärung der verschiedenen Herzrhythmusstörungen ist Aufgabe von Fachärzten (Kardiologen). Hier deshalb nur einige allgemein gültige Anmerkungen:

Terminologie:

Der Sinusknoten des Herzens hat normalerweise eine rhythmische Eigenfrequenz von 70-80 Schlägen pro Minute. Fällt der Sinusrhythmus aus, übernimmt der Vorhofkammerknoten (AV-Knoten) mit einer Frequenz von 40-60 Schlägen pro Minute bzw. - wenn auch der AV-Rhythmus ausfällt - die Kammer mit einer Frequenz von 20-40 Schlägen pro Minute die Reizbildung.

Tiefer gelegene Abschnitte des Reizleitungssystems können also bei Bedarf die Impulsbildung übernehmen.

Bei unkontrollierter Reizfortleitung kann es zum Flattern (Frequenz bis 350/min) und Flimmern (Frequenz 350-600/min) kommen. Das Fehlen jeglicher Erregungsbildung führt zum Herzstillstand = Asystolie. Schlägt das Herz nicht im normalen Sinusrhythmus, spricht man von Arrhythmie. Steigt der Sinusrhythmus in Ruhe über 100 Schläge pro Minute, spricht man von Sinustachykardie, fällt er unter 50-60 Schläge pro Minute, handelt es sich um eine Sinusbradykardie. Bei beiden besteht ein regelmäßiger Rhythmus, während bei Sinusarrhythmie die Frequenz schwankt. Bei der supraventrikulären Arrhythmie (= über dem Ventrikel gelegenen Arrhythmie) kommt es durch abnorme atriale (= im Vorhof gelegene) oder nodale (= im AV-Knoten gelegene) Erregungszentren zu Extrasystolen (= Herzschläge außerhalb der Reihe).

Extrasystolen sind vorzeitig und unregelmäßig einfallende Extraschläge des Herzens, die spontan von einem pathologischen Reizbildungsherd des Herzens ausgehen. Sie unterbrechen den normalen Herzrhythmus. Extrasystolen können zwischen zwei normalen Herzschlägen „interponiert" sein, oder es folgt der Extrasystole eine Verlängerung des diastolischen Intervalles („kompensatorische Pause").
Extrasystolen sind bei der Auskultation des Herzens zu hören und bei der Pulskontrolle zu fühlen.
Vom Patienten werden Extrasystolen als „Herzstolpern" empfunden.
Das Phänomen der kompensatorischen Pause erklärt sich daraus, dass der nach der ventrikulären Extrasystole folgende „normale" Reiz des Sinusknotens auf noch „refraktäres", d.h. noch nicht wieder erregbares, Herzgewebe trifft. Erst der übernächste Sinusknotenimpuls wird wieder auf die Kammer übergeleitet.)
Bei sehr früh einfallenden Kammerextrasystolen kann die kompensatorische Pause auch fehlen, die Extrasystole ist dann zwischen zwei Normalschlägen „interponiert" (dazwischengeschoben).
Eine eindeutige Unterscheidung der verschiedenen Typen der Extrasystolen ist nur anhand des EKG (Elektrokardiogramm) möglich.
Nur für Profis: Supraventrikuläre Extrasystolen depolarisieren normalerweise den Sinusknoten, wodurch der Abstand zwischen prä- und postextrasystolischer Herzaktion kleiner als ein doppeltes Normalintervall ist (nichtkompensierte Pause).
Bei ventrikulären Extrasystolen wird der Sinusknoten normalerweise nicht depolarisiert, der Sinusrhythmus bleibt ungestört. Es resultiert eine kompensatorische postextrasystolische Pause, weil der normal ablaufende Sinusimpuls auf ein noch nicht wieder erregbares, refraktäres Kammermyokard trifft. (Nur bei Sinusbradykardie kann die Kammer schon wieder erregbar sein, dann kommt es zu der beschriebenen interpolierten oder interponierten ES).
Nach dem Ursprungsort des elektrischen Zentrums, welches die Extrasystole auslöst, unterscheidet man die im Vorhof ausgelösten, supraventrikulären Extrasystolen (SVES, meist ohne kompensatorische Pause), von den im Ventrikel ausgelösten, ventrikulären Extrasystolen (VES, meist mit kompensatorischer Pause).

Bei Vorhoftachykardie (Frequenz mehr als 180 Schläge/min) folgt die Kammer dem Erregungsrhythmus bis zu einer Frequenz von ca. 220 Schläge/min. Bei Vorhofflattern (220-350 Schläge/min) und Vorhofflimmern (350-600 Schläge/min) wird nur noch jede 2. bis 3. Erregung auf die Kammer übergeleitet. Die Ventrikelerregung wird völlig unregelmäßig, es kommt zu einer absoluten Arrhythmie. Bei Vorhofflimmern fehlt die Vorhofkontraktion am Ende der Diastole. Das Herzzeitvolumen ist dadurch um ca. 20% vermindert. (Dies ist aber - im Gegensatz zu Kammerflimmern - mit dem Leben vereinbar.) Durch die unregelmäßigen Kammerkontraktionen mit unterschiedlicher diastolischer Füllungsdauer kommt es zu stark wechselnden Schlagvolumina mit systolischen Blutdruckschwankungen und Pulsdefizit (= Differenz zwischen am Radialispuls getasteter peripherer Pulsfrequenz und über dem Herzen auskultierter zentraler Herzfrequenz infolge frustraner Herzkontraktion).
Liegt das abnorme Erregungszentrum in der Kammer, so kommt es zu ventrikulären Extrasystolen. Kammertachykardie (150-200 Schläge/min) ist eine rasche Folge ventrikulärer Extrasystolen. Kammerflattern (> 200-350 Schläge/min) und Kammerflimmern (> 350-500 Schläge/min) sind ohne sofortige Gegenmaßnahmen (Defibrillation, Herz-Kreislauf-Wiederbelebung) tödlich.

Neben Störungen der Erregungsbildung können Arrhythmien auch durch Erregungsüberleitungsstörungen bedingt sein. So schlagen z. B. die Vorhöfe im Fall einer Überleitungsblockade zwischen Sinusknoten und AV-Knoten (totaler Herzblock) mit der Sinusfrequenz (70-80 Schläge/min), die Kammererregung wird jedoch vom AV-Knoten übernommen (40-60 Schläge/min).

Exkurs: Morgagni-Adams-Stokes-Anfall (MAS): Eine länger dauernde Pause (= Asystolie) zwischen Beginn des totalen Herzblocks und Einsetzen des Kammerersatzrhythmus (= präautomatische Pause) führt zum MAS-Anfall:
Je nach Dauer der Asystolie äußert sich dieser in Blässe und Schwindel (Asystoliedauer: 3-5 Sekunden), Bewusstseinsverlust (10-15 s), Krämpfe (Fehldiagnose: Epilepsie; 20-30 s), Atemstillstand (30-60 s), irreversible Hirnschäden oder Tod (> 3 Minuten). Im Anfall sind die Pupillen weit, die Reflexe abgeschwächt oder nicht auslösbar. Jeder Anfall kann tödlich enden (Therapie: Herzschrittmacher).

ALLGEMEINES ZUR ÄTIOLOGIE, KLINIK, DIAGNOSE UND THERAPIE

Ät.: Rhythmusstörungen werden u. a. verursacht durch:

Ursachen, die im Herzmuskel liegen

- koronare Herzkrankheit und Herzinfarkt
- Herzmuskelentzündung (Myokarditis) und Herzmuskelerkrankungen (Kardiomyopathien)

Hämodynamische Ursachen

- Volumenbelastung des Herzens, z. B. Herzklappeninsuffizienzen
- Druckbelastung des Herzens, z. B. Hypertonus, Herzklappenstenosen

Ursachen, die außerhalb des Herzens (= extrakardial) liegen

- Hyperthyreose (Schilddrüsenüberfunktion)
- Hypoxie (Sauerstoffunterversorgung)
- Elektrolytstörungen
- Medikamente (Digitalis, Psychopharmaka)
- Genussmittel (Kaffee, Alkohol)
- überempfindlicher Karotissinus
- psychovegetative Faktoren

Kl:

Anamnese: Patienten klagen über Herzklopfen (als Hinweis z. B. auf Tachykardie) u./o. Herzstolpern (als Hinweis auf Extrasystolen). Leichte bzw. kurzzeitige Rhythmusstörungen werden von den meisten Patienten überhaupt nicht wahrgenommen. Gesunde tolerieren Herzfrequenzänderungen zwischen 40-170 Schläge/min problemlos. Bei Patienten mit vorbestehenden Herzerkrankungen (KHK, Atherosklerose) kann es dagegen schon früher zu Beschwerden kommen:

- kardial: Verschlechterung bzw. Auftreten einer Herzinsuffizienz, Angina pectoris, Herzinfarkt, kardiogener Schock, Herz-Kreislauf-Stillstand, arterielle Embolien
- zerebral: Schwindel, Benommenheit, Konzentrationsschwäche, Verwirrtheit, epileptische Anfälle, Hirninfarkt (Apoplexie), Seh- und Sprachstörungen

Dg.:

Anamnese, Klinik, EKG, Langzeit-EKG, Belastungs-EKG (belastungsabhängige Rhythmusstörungen), invasive Diagnostik (Vorhofstimulation, His-Bündel-EKG, Ventrikelstimulation usw.)

Th.:

- kausal: Beseitigung pathogenetischer Faktoren (z. B. Schilddrüsenüberfunktion, Störungen im Mineral- oder Säure-Basenhaushalt, Digitalisüberdosierung)
- physikalische Rhythmisierung: Herzschrittmacher-Implantation, Defibrillation, antiarrhythmische Pharmaka

GEFÄßSYSTEM

Das Blutgefäßsystem dient als Transportsystem für den Stoffwechsel. Es ist hilfreich, sich die Blutgefäße als Straßen, die Blutkörperchen als Fahrzeuge und das terminale Gefäßnetz (Kapillaren) als Umschlagplatz für Stoffwechselaustauschvorgänge vorzustellen.
Das Herz pumpt das Blut in rhythmischen Stößen in das Blutgefäßnetz des großen und kleinen Kreislaufs. Die Gefäße haben unterschiedliche Aufgaben: Die dehnbare Körperschlagader (Aorta) fängt mit ihrer sog. Windkesselfunktion die Druckstöße des Herzens auf und wandelt sie in gleichmäßigen Blutfluss um. Über die nachgeschalteten Arterien und Arteriolen wird das Blut im Körper verteilt. Im Kapillarnetz (Haargefäßnetz), mit feinsten durchlässigen Wänden, finden die Stoffwechselaustauschvorgänge mit den Geweben statt (Gasaustausch, Stoffaustausch). Venolen und Venen führen das Blut zum rechten Herzen zurück.
Arterie: Blutgefäß, welches Blut vom Herzen ins Kapillarnetz der Peripherie befördert.
Vene: Blutgefäß, welches Blut vom Kapillarnetz der Peripherie zum Herzen befördert.
Arterielles Blut ist meist sauerstoffreich, venöses Blut ist meist sauerstoffarm. Eine Ausnahme bilden die Gefäße des Lungenkreislaufs. Die zur Lunge hinführenden Arterien enthalten sauerstoffarmes Blut, während die Lungenvenen sauerstoffreiches, sog. arterialisiertes Blut führen.
Es wird ein kleiner Kreislauf (Lungenkreislauf) von einem großen Kreislauf (Körperkreislauf) unterschieden. Im Zentrum dieser Kreisläufe liegt das Herz. Der Blutweg führt vom rechten Herzen über die Lungenarterie (Truncus pulmonalis), die Lungenkapillaren und die Lungenvenen (Vv. pulmonales) zum linken Herzen. Vom linken Herzen fließt das Blut über die Körperschlagader (Aorta) ins Kapillargebiet der Gewebe und von dort über V. cava superior (obere Hohlvene) und V. cava inferior (untere Hohlvene) zurück zum rechten Herzen.
Der kleine Kreislauf dient also der Sauerstoffversorgung und der CO_2-Entsorgung und geht vom rechten Herzen aus.
Der große Kreislauf dient der Blutversorgung aller Organe und Gewebe mit Ausnahme der Lunge und geht vom linken Herzen aus.
Zwei weitere Kreislaufsysteme werden unterschieden:
Der Pfortaderkreislauf ist ein der Ernährung dienender Sonderkreislauf. Das venöse Blut des Darms sammelt sich im Pfortadersystem (V. mesenterica inferior, V. mesenterica superior, V. lienalis) und wird zur weiteren Verstoffwechselung innerhalb der Leber erneut kapillarisiert. Über die Lebervenen wird das Blut dann dem rechten Herzen zugeleitet.
Das Lymphsystem drainiert die Flüssigkeit aus dem Extrazellulärraum der Gewebe. Über den großen Lymphgefäßstamm (Ductus thoracicus) wird die Lymphe in die V. subclavia links geleitet und erhält so Anschluss an das Herz-Kreislaufsystem.

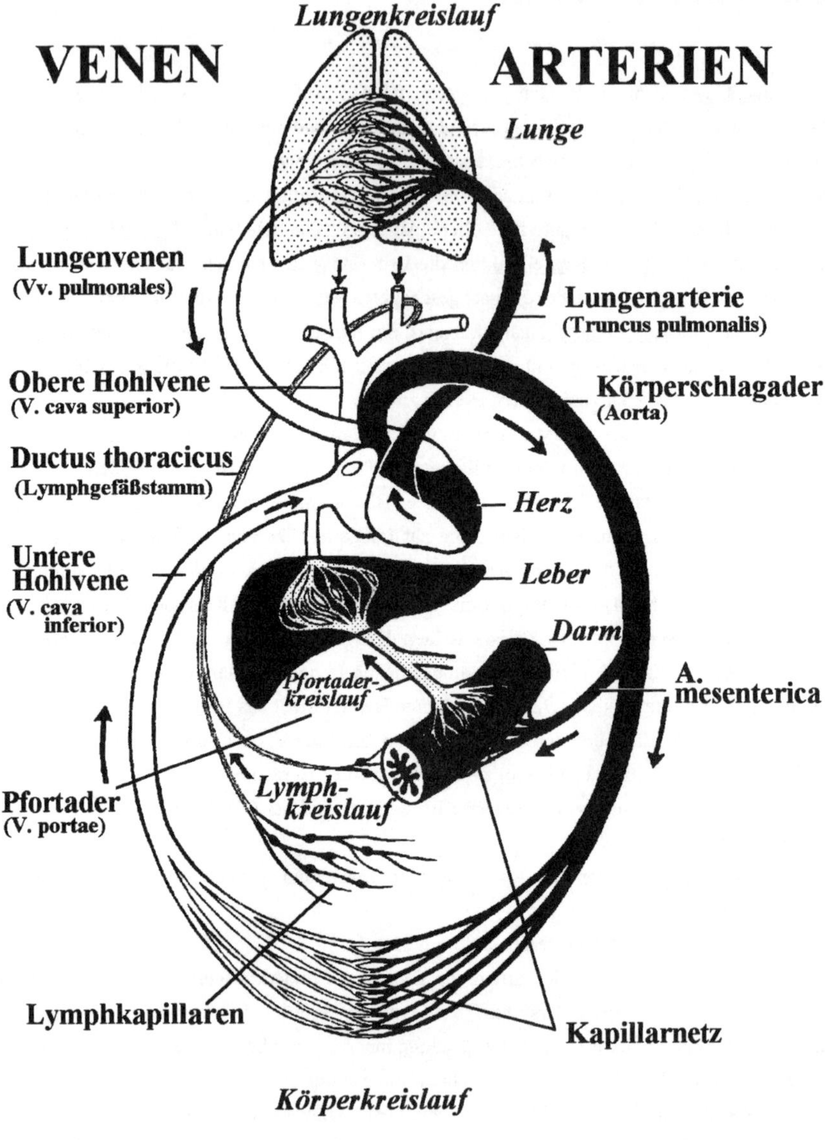

Abb. 11 Schema der Körperkreisläufe

ANATOMIE UND PHYSIOLOGIE VON VENEN UND ARTERIEN

VENÖSES GEFÄßSYSTEM (ASTFOLGE DER RUMPFVENEN)

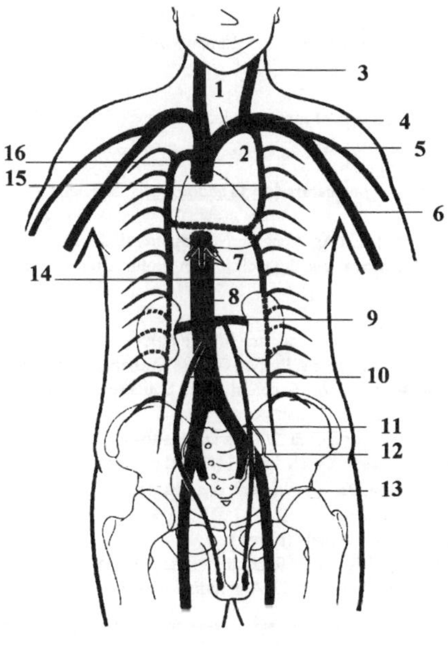

(Abkürzungen:
V. = Vene, Vv. = Venen
sin. = sinistra = links
sup. = superior = oben
inf. = inferior = unten)

1 V. brachiocephalica sin.
2 obere Hohlvene (V. cava sup.)
3 V. jugularis interna
4 V. subclavia sin.
5 V. cephalica
6 V. brachialis
7 Vv. hepaticae (Lebervenen)
8 untere Hohlvene (V. cava inf.)
9 V. renalis sin. (Nierenvene li.)
10 Vv. testiculares
11 V. iliaca communis
12 V. iliaca interna
13 V. iliaca externa
14 V. hemiazygos
15 V. hemiazygos accessoria
16 V. azygos

Abb. 12 Venöses Gefäßsystem

ARTERIELLES GEFÄßSYSTEM (ASTFOLGE DER AORTA)

Vom Herzen gehen die Hauptschlagadern (Arterien) aus, die letztlich alle Organe des Körpers mit Blut versorgen (Ausnahme: Lungenarterie). Die größte Arterie des Körpers ist die Aorta. Sie kommt aus der linken Kammer des Herzens, bildet im oberen Bereich der Brusthöhle einen Bogen (Arcus aortae), verläuft dann an der Brustwirbelsäule entlang bis zur unteren Lendenwirbelsäule und spaltet sich dort in die beiden Iliakalarterien (Aa. iliacae communes) auf, die das kleine Becken und die unteren Extremitäten mit Blut versorgen.

Gleich nach der Aortenklappe ziehen die Herzkranzgefäße zum Herzen. Vom Aortenbogen (Arcus aortae) zweigen die großen Arterien für die Versorgung von Kopf, Hals und Arm ab: (Vgl. Zeichnung nächste Seite)

- A.coronaria dextra und sinistra (rechte und linke Herzkranzarterie) (**1**): Die A. coronaria sinistra teilt sich in einen Ramus circumflexus und in einen Ramus interventricularis anterior
- Truncus brachiocephalicus (**2**): teilt sich in die A. subclavia dextra (**3**) für die Versorgung der rechten Halshälfte und der rechten oberen Extremität sowie in die A. carotis communis dextra (**4**) zur Versorgung von Kopf und Hals rechts
- A. carotis communis sinistra (**5**): teilt sich wie die rechte A. carotis communis in eine A. carotis externa (Versorgung von Gesicht und Hals) und eine A. carotis interna (versorgt das Gehirn)
- A. subclavia sinistra (**6**): versorgt die linke obere Extremität (Astfolge entspricht A. subclavia rechts: A. subclavia → A. axillaris → A. brachialis. Die A. brachialis teilt sich zur Versorgung des Unterarms und der Hand: A. radialis, A. ulnaris.)

Abgänge der Brustaorta (Aorta thoracalis):

- Zwischenrippenarterien (Interkostalarterien, nicht eingezeichnet): versorgen Rippenzwischenraum
- Aa. bronchiales (**7**): versorgen das Lungenparenchym
- Aa. oesophagei (**8, 9**): mehrere kleine Ästchen zur Speiseröhre
- Rr. mediastinales (**10**): mehrere kleine Arterien zu den Organen des hinteren Mediastinums (Herzbeutel, Speiseröhre, Aorta, Lymphknoten)
- Aa. phrenicae superiores (**11**): Versorgen das Zwerchfell von oben

Die Aorta zieht anschließend durchs Zwerchfell und wird dann als Bauchaorta (Aorta abdominalis) bezeichnet.
Astfolge der Bauchaorta:

- Aa. phrenicae (**12, 13**): versorgen von unten das Zwerchfell. Ein Ast zieht zur Nebennierenrinde
- Truncus coeliacus (**14**): ist ein kurzer, kräftiger Gefäßstamm, der sich rasch in drei große Arterien zur Versorgung von Magen, Leber, Pankreas und Milz aufteilt:
  - A. gastrica sinistra (**14/1**): linke Magenarterie
  - A. lienalis (**14/2**): Milzarterie (gibt Äste zur Bauchspeicheldrüse und zum Magen ab)
  - A. hepatica communis (**14/3**): zieht zur Leber und teilt sich in zwei große Gefäße: A. hepatica propria für Leber und Gallenblase und A. gastroduodenalis für Magen, Zwölffingerdarm und Bauchspeicheldrüse
- Aa. renales (Nierenarterien) (**15**): versorgen die Nieren (paarig)
- A. mesenterica superior (**16**): versorgt den gesamten Dünndarm und ca. 2/3 des Dickdarms
- Aa. testiculares bzw. ovaricae (**17**): versorgen die Keimdrüsen (Eierstöcke und Hoden) (paarig)
- A. mesenterica inferior (**18**): versorgt das absteigende Kolon, das Sigmoid und das Rektum
- Aa. iliacae communes (**19**) (paarig):
  - A. iliaca interna (**20**): versorgt die Beckenorgane und das Genitale (paarig)
  - A. iliaca externa (**21**): versorgt die untere Extremität (paarig) → A. femoralis → A. poplitea
    Diese teilt sich in die A. tibialis posterior (mit A. peronaea) und in die A. tibialis anterior

BAU DER GEFÄßE

Um den hohen Strömungswiderstand der kleinen Kapillaren zu überwinden, müssen die zuführenden Arterien und Arteriolen einen hohen Druck aufbringen: Sie sind daher Hochdruckgefäße. Im Kapillargebiet fällt der Blutdruck durch den Strömungswiderstand ab. In den nachfolgenden Venen herrscht deshalb ein niedriger Druck.

Venen sind Niederdruckgefäße. Venen und Arterien sind nicht genau gleich gebaut. So besitzen die Venen im Gegensatz zu den Arterien taschenförmige Venenklappen, die den Rückstrom des Blutes verhindern und nur einen herzwärts gerichteten Blutstrom ermöglichen („Ventil").

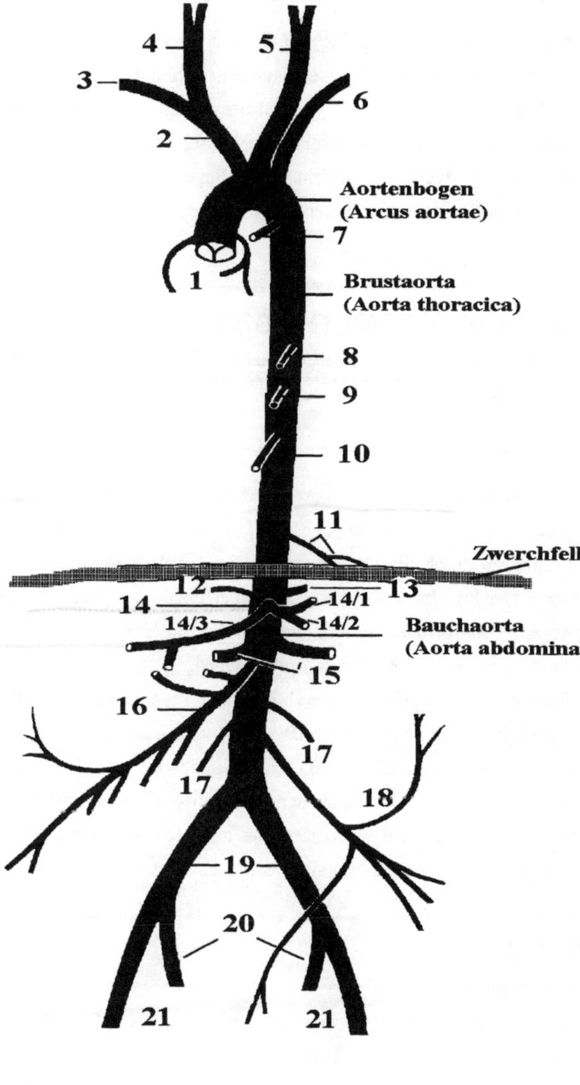

Abb. 13 Die Astfolge der Körperschlagader

Arterien- und Venenwand bestehen aus drei Schichten (von innen nach außen):

1. innere Schicht (Tunica intima, Intima): besteht aus Endothel, einer Schicht ganz flacher Zellen und darunter liegendem Bindegewebe aus elastischen und kollagenen Fasern
2. mittlere Schicht (Tunica media, Media): besteht aus elastischen Fasern und glatten Muskelfasern (Muskelschicht). Die Muskelschicht ist bei Arterien wesentlich stärker als bei Venen.
3. äußere Schicht (Adventitia): besteht aus kollagen und elastischen Fasern und verbindet das Gefäß mit dem umliegenden Gewebe. Die Adventitia ist bei den Venen kräftiger entwickelt.

UNTERSUCHUNGSMETHODEN

PULS

Unter Puls wird die rhythmisch tastbare Ausdehnung (Pulsation) der Gefäßwand durch die Weiterleitung von Druckwellen verstanden. Sie kommt nicht durch die (sehr viel langsamere) Blutströmung, sondern durch die Druckpulswelle in der Kontraktionsphase (Systole) der Herzkammer zustande. Der Puls kann durch Betasten oberflächlicher Arterien (z. B. A. radialis oder Speichenarterie am Handgelenk) gefühlt werden. Da die Pulswelle durch Kontraktion der Herzkammer hervorgerufen wird, entspricht die Zahl der Pulsschläge der Herzfrequenz (normal 60-100 Schläge/min). Durch Betasten des Pulses kann man zudem feststellen, ob der Herzrhythmus regelmäßig (rhythmisch) oder unregelmäßig (arrhythmisch) ist. Ein Geübter kann einen schnellen oder trägen Pulsablauf feststellen (und daraus diagnostische Schlüsse ziehen) und Aussagen über die Blutdruckamplitude (Differenz zwischen systolischem und diastolischem Blutdruckwert) machen. Fehlende Pulse an den normalerweise tastbaren Arterien deuten auf einen akuten oder chronischen Arterienverschluss hin (siehe S.100 f).

BLUTDRUCK

Als Blutdruck wird der Druck bezeichnet, den das strömende Blut auf die Gefäßwand ausübt. Dieser Druck ist abhängig von der Herzarbeit, dem Strömungswiderstand und der Blutmenge. Es wird ein systolischer von einem diastolischen Blutdruckwert unterschieden. Das Maximum des Blutdruckes während der Kontraktionsphase (Systole) des Herzens wird als systolischer, das Minimum, während der Diastole des Herzens, als diastolischer Blutdruck bezeichnet. Die Differenz zwischen systolischem und diastolischem Blutdruck wird als Blutdruckamplitude bezeichnet.
Der Blutdruck wird in mm Quecksilbersäule gemessen (andere Maßeinheiten haben sich in der Praxis nicht durchgesetzt). Meist wird ein Blutdruckmessapparat nach Riva-Rocci (RR) benutzt.

Hierzu wird, am liegenden oder entspannt sitzenden Patienten, eng um den Oberarm, eine aufblasbare Gummimanschette angelegt. Unabhängig von der Körperstellung sollen sich die Ellenbeuge und der ganz leicht im Ellenbogengelenk gebeugte Unterarm in Herzhöhe befinden. Die Manschette wird unter Palpation des Radialispulses rasch bis zu einem Druck aufgepumpt, der ca. 30 mm Hg oberhalb desjenigen Manometerdrucks liegt, bei dem der Radialispuls verschwindet. Anschließend wird der Manschettendruck allmählich, im Messbereich des systolischen und des diastolischen Drucks, um 2-3 mm Hg/sek verringert. Gleichzeitig wird die Arterie in der Ellenbeuge oder an der Innenseite des Oberarmes (vorher palpieren) mit dem Stethoskop abgehört. Beim ersten hörbaren Geräusch wird am Manometer des Blutdruckmessgerätes der systolische Blutdruck abgelesen. Der diastolische Blutdruck wird abgelesen, wenn die Geräusche über der auskultierten Arterie völlig verschwinden. (Ausnahmen: Bei Schwangeren wird der diastolische Druck bereits abgelesen, wenn die Geräusche deutlich leiser werden. Dies gilt auch bei Patienten, bei denen die Geräusche bis zu Druckwerten von 40 mm Hg und tiefer hörbar sind).
Zwischen zwei aufeinander folgenden Messungen sollte wenigstens eine halbe Minute verstreichen. Die Manschette muss in dieser Zeit völlig druckentlastet werden, um eine venöse Stauung zu vermeiden. Die Druckwerte werden - ungeachtet der bekannten Fehlerbreite der Methode - auf 2 mm Hg genau abgelesen und nicht auf- oder abgerundet. Eine Berücksichtigung der Weichteildicke (Muskelmasse) durch Korrektur der abgelesenen Drucke erfolgt nicht.
Die Standardmanschette (aufblasbarer Gummiteil 12-13 cm x 24 cm) ergibt bei Erwachsenen ausreichend verlässliche Werte bis zu einem Oberarmumfang von 33 cm. Für größerer Oberarmumfänge und für Kinder sind folgende Manschettenmaße notwendig:

Patient	Oberarmumfang in cm	Gummiteil der Manschette Breite x Länge in cm
Kleinkind		5 x 8
Kind		8 x 13
Erwachsener	unter 33	12-13 x 24
	33-41	15 x 30
	über 41	18 x 36

Seitendifferenzen des Blutdrucks an den Armen sind bei Erwachsenen diagnostisch erst dann verwertbar, wenn sie 20 mm Hg systolisch oder 15 mm Hg diastolisch überschreiten.
Elektronische Geräte und Druckmanometergeräte verlieren häufig recht schnell ihre Eichgenauigkeit und sind deshalb mit Vorsicht zu verwenden. Gute Eigenschaften weisen Quecksilbermeßgeräte auf (achten Sie auf einen „Tresor" zum Wegschließen des giftigen Quecksilbers).

GEFÄß- UND KREISLAUFTESTS

SCHELLONG-TEST

Der Test wird zur Differenzierung der Spätregulationsstörungen bei orthostatischer Hypotonie (auch: OH, hypotone Kreislaufdysregulation = HKD, regulative Hypotonie) eingesetzt.

Beim Patienten werden nach 5-10 Minuten Liegen und direkt anschließend 10 Minuten im Stehen regelmäßig Blutdruck und Puls gemessen (1, 3, 7 und 10 Minuten nach Aufstehen). Nach dem Verhalten von Puls und Blutdruck kann man verschiedene Formen der regulativen Hypotonie unterscheiden. (Schellong-Test, modifiziert nach Thulesius:)

- Normale Reaktion: Blutdruckabfall systolisch bis max. 15 mm Hg, Anstieg der Herzfrequenz bis max. 20 Schläge/min.
- Sympathikotone OH (2/3 aller Fälle): Abnahme des systolischen Blutdrucks (> 20 mm Hg), diastolischer Blutdruck gleich bleibend oder gering ansteigend, Anstieg der Pulsfrequenz um mehr als 16 Schläge/min.
- Asympathikotone OH: Absinken des systolischen (> 20 mm Hg) und diastolischen (> 10 mm Hg) Blutdrucks, Pulsfrequenz bleibt gleich oder fällt ab.

RATSCHOW-TEST (LAGERUNGSPROBE NACH RATSCHOW)

Funktionsprüfung zum Nachweis von arteriellen Durchblutungsstörungen der unteren Extremität.
Der auf dem Rücken liegende Patient hebt beide Beine senkrecht nach oben und rollt mit den Füßen. Dem Gesunden ist dies 10 min problemlos möglich. Beim Patienten mit arterieller Durchblutungsstörung treten fleckförmiges oder diffuses Abblassen der Hautfarbe (vor allem Fußsohle) und evtl. Schmerzen im Bereich der Wade auf. Der Zeitpunkt des Auftretens dieser Symptome wird dokumentiert. Danach setzt sich der Patient auf und lässt die Beine nach unten hängen. Beim Gesunden zeigt sich innerhalb von 5-10 Sekunden eine diffuse Hautrötung (reaktive Hyperämie), nach weiteren 5 Sekunden. sind die Venen wieder gefüllt. Bei Patienten mit arteriellen Durchblutungsstörungen ist die Nachröte und die Wiederauffüllung der Venen verzögert.

Der positive Ratschow-Lagerungstest besteht also aus zwei Teilen:

1. Hochlagerung der Beine → Abblassen des ischämischen Fußes
2. Herabhängen der Beine → verspätet auftretende und verstärkte reaktive Hyperämie

FAUSTSCHLUSSPROBE

Funktionsprüfung zum Nachweis von arteriellen Durchblutungsstörungen im Bereich der oberen Extremität (arterielle Verschlusskrankheit). Der Patient öffnet und schließt bei erhobenen Armen innerhalb von 2 Minuten 60-mal die Faust. Bei arteriellen Durchblutungsstörungen an der Extremität kommt es zu einem diffusen oder fleckförmigen Abblassen der Handinnenflächen und Finger und beim anschließenden Hängenlassen der Hand zu einer verspätet auftretenden Hyperämie (Rötung aufgrund vermehrter Durchblutung) und einer verspäteten Füllung der Venen.

ERKRANKUNGEN DES ARTERIELLEN SYSTEMS

ARTERIELLE HYPOTONIE UND ORTHOSTATISCHE HYPOTONIE

Als untere Normgrenze des systolischen Blutdrucks gilt für Erwachsene ein systolischer Wert von 100 mm Hg. Fällt der systolische Blutdruck unter diesen Wert, wird von arterieller Hypotonie gesprochen. Insbesondere bei der orthostatischen Hypotonie (siehe unten) kann der Ruheblutdruck normal sein. Die Hypotonie tritt erst bei Belastung auf (Nachweis: Schellong-Test).

Einteilung und Ätiologie:

- Primäre (essentielle) Hypotonie (häufigste Form)

  bevorzugt junge Frauen, familiäre Häufung, begünstigt durch: körperliche Inaktivität, Stress.
- Sekundäre Hypotonien
  - endokrin (Nebennierenrinden- oder Hypophysenvorderlappeninsuffizienz)
  - kardiovaskulär (z. B. Aortenstenose, Herzinsuffizienz)
  - infektiös-toxische (z. B. während Infektionskrankheiten)
  - Immobilisation (lange Bettlägrigkeit, nach Operationen)
  - Hypovolämie (Blutverlust, Kreislaufschock, Hyponatriämie)
  - medikamenteninduziert (Psychopharmaka, Antihypertonika, Diuretika u. a.)
- Orthostatische Hypotonie (OH): Def.: Abfall des systolischen Blutdrucks um mindestens 20 mm Hg oder des diastolischen Blutdrucks um mindestens 10 mm Hg im Stehen innerhalb 3 Minuten nach dem Aufstehen (im Vergleich zu Ruhewerten nach 4 Minuten Liegen).

  Ursache der OH ist das Versacken des Blutes in den Venen der unteren Extremität und des Bauchrauchs. Dadurch kann es zu einer Minderversorgung des Gehirns mit Blut kommen: Schwindel, Benommenheit, Kopfschmerzen, Sehstörungen und kurzeitiger Bewusstseinsverlust (Synkope) können die Folge sein. Bei intaktem autonomen Nervensystem kommt es reaktiv zu einer Aktivierung des Sympathikus mit Tachykardie, Blässe, kalten Extremitäten , Schweißausbruch und evt. Übelkeit. Bei Erkrankungen des autonomen Nervensystems fehlt diese reaktive Gegensteuerung. Zur Unterscheidung unterschiedlicher Formen dient der Schellong Test:

  Sympathikotone OH (2/3 aller Fälle): Abnahme des systolischen Blutdrucks (> 20 mm Hg), diastolischer Blutdruck gleich bleibend oder gering ansteigend, Anstieg der Pulsfrequenz um mehr als 16 Schläge/min.

  Asympathikotone OH: Absinken des systolischen (> 20 mm Hg) und diastolischen (> 10 mm Hg) Blutdrucks, Pulsfrequenz bleibt gleich oder fällt ab.

  Ät.:
  - primär
  - sekundär

    → Varikosis und postthrombotisches Syndrom

    → Störungen des autonomen Nervensystems (mit asympathikotoner OH):
    - diabetische autonome Neuropathie (häufig)
    - Polyneuropathien verschiedener Genese, M. Parkinson

Kl.:

Eine arterielle Hypotonie ist erst dann eine Krankheit, wenn die Kreislaufregulationmechanismen unter Ruhe- und Belastungsbedingungen nicht ausreichen, einen genügend hohen Blutdruck aufrechtzuerhalten, um zum Beispiel Gehirn und Nieren zu durchbluten. Hypotone Blutdruckwerte ohne klinische Symptome gelten nicht als Krankheit.

- rasche Ermüdbarkeit, lange morgendliche Anlaufzeit, Störung der Konzentrationsfähigkeit
- Kopfschmerzen, Ohrensausen
- kardiale Sensationen, Herzklopfen, Beklemmungsgefühl
- Schwindel („Schwarzwerden oder Flimmern vor den Augen"), evtl. orthostatische Synkope (plötzlicher Blutdruckabfall durch akute Verminderung des venösen Rückstroms zum Herzen mit kurzfristigem Bewusstseinsverlust).
- kalte Hände, kalte Füße
- depressive Verstimmung, Schlafstörungen, innere Unruhe

Dg.:

Anamnese, Klinik, Schellong-Test, Blutdruck- und Langzeitblutdruckmessung

Th.:

kausal: z. B. Weglassen von Medikamenten, Kompressionsstrümpfe bei Varikosis, Volumenausgleich, Therapie einer Herzinsuffizienz usw.

symptomatisch: Merke: Niedriger Blutdruck ohne Symptome ist keine Krankheit und deshalb nicht behandlungsbedürfig. Bei Beschwerden:

Allgemeinmaßnahmen

- vermehrte Kochsalz- und Flüssigkeitszufuhr (Vorsicht Herzinsuffizienz: Kontraindikation!)
- Kreislauftraining (Ausdauersport)
- Hydrotherapie (Kneipp-Bäder), Massagen
- Schlafen mit 20 Grad angehobenem Oberkörper (vermindert nächtliches Wasserlassen und Blutdruckabfall am Morgen)
- langsames Aufstehen nach Bettruhe
- Kompressionsstrümpfe oder -strumpfhosen

Medikamente (Dihydroergotamin, Etilefrin, evtl. auch Mineralokortikoide wie Astonin H u. a.)

ARTERIELLE HYPERTONIE

Def.:

Reproduzierbar unbehandelte Blutdruckwerte (mindestens 3 Messungen an verschiedenen Tagen) von ≥ 140 mm Hg systolisch u./o. ≥ 90 mm Hg diastolisch bei korrekter Messung des Gelegenheitsblutdrucks. Ca. 25-30 % der Bevölkerung (bzw. 2/3 der > 65-Jährigen) weisen Blutdruckwerte ≥ 140 mm Hg systolisch u./o. ≥ 90 diastolisch auf („Volkskrankheit").

Einteilung der Hypertonie nach der Blutdruckhöhe (mmHg)
(Deutsche Liga zur Bekämpfung des hohen Blutdrucks, in Anlehnung an die WHO,1997)

	Blutdruck in mm Hg	systolisch mm Hg		diastolisch mm Hg
1	milde Hypertonie	140-179	u./o.	90 -104
2	mittelschwere Hypertonie	180-209	u./o.	> 105 - 114
3	schwere Hypertonie	> 210	u./o.	≥ 115
4	isolierte systolische Hypertonie	≥ 140	und	< 90

Verbreitet ist auch eine Einteilung des amerikanischen NIH
(Joint National Committee on High Blood Pressure, 1997):

Blutdruck in mm Hg	systolisch	diastolisch
optimal	< 120	< 80
normal	< 130	< 85
hochnormal	130-139	85-89
Bluthochdruck		
Stadium 1	140-159	90-99
Stadium 2	160-179	100-109
Stadium 3	≥ 180	≥ 110

Ein erhöhter arterieller Blutdruck ist Folge von

- erhöhtem Herzzeitvolumen
- erhöhtem peripherem Gefäßwiderstand
- von beidem

Die Ursache von 90% der Hypertonien ist unbekannt (primäre Hypertonie). Von ca. 10% der Hypertonien sind die Ursachen bekannt (sekundäre Hypertonie).

PRIMÄRE HYPERTONIE

Die primäre (auch: essentielle) Hypertonie (> 90% aller Hypertonien) ist eine durch verschiedene Faktoren (Ernährung, Vererbung, Konstitution, hormonelle Faktoren) bedingte Störung der Blutdruckregulation. Sie zeigt sich meist erst nach dem 30. Lebensjahr, bei Frauen im Klimakterium.

Kl:

Eine essentielle Hypertonie findet sich häufig gemeinsam mit weiteren Erkrankungen des sog. Metabolischen Syndroms („Wohlstandssyndrom"; siehe S. 258).

Dg.:

Ausschluss aller sekundären Formen (siehe unten)

SEKUNDÄRE HYPERTONIE

- renale Hypertonie (häufigste sekundäre Form): durch Verengung der Nierenarterien erfolgt reaktiv eine Reninausschüttung, z. B. bei Nierenarterienstenose (1-2% aller Hypertonien), Glomerulonephritis (siehe S. 240), Pyelonephritis (siehe S. 245), Nierentumoren u.v.a.
- endokrine Hypertonie: bei M. Cushing (siehe S. 298), Phäochromozytom (siehe S. 300), Akromegalie (siehe S. 283), Conn-Syndrom (siehe S. 297), bei Antikonzeptivaeinnahme, Hyperthyreose (= isolierte systolische Hypertonie durch erhöhtes Schlagvolumen; siehe S. 291), primärer Hyperparathyreoidismus (siehe S. 295)
- kardiovaskuläre Hypertonie: Aortenisthmusstenose (siehe S. 63), Aortenklappeninsuffizienz (siehe S. 68) und Bradykardie (beide mit isolierter systolischer Hypertonie durch erhöhtes Schlagvolumen)
- Erkrankungen des Zentralnervensystems (Enzephalitis, Poliomyelitis, Hirndruck)
- akute Vergiftungen (Kohlenmonoxid)
- Pharmaka (Ovulationshemmer, Carbenoxolon, Kortikosteroide, Amphetamin u. a.)
- Sonderform: Schwangerschaftshypertonie (siehe Lehrbücher der Frauenheilkunde)

Kl.:

Hypertoniker fühlen sich oft gesund (sie „stehen unter Druck" und „treiben die Welt um"). Beschwerden können lange Zeit fehlen. Typisch sind frühmorgendliche (Hinterkopf-)Schmerzen, Schwindel, Ohrensausen, Nervosität, Herzklopfen, Brustschmerzen vor dem Herzen („Präkordialschmerz"), Nasenbluten und Atemnot bei Belastung.

Kompl.:

- Hypertensive Krise: kritischer Blutdruckanstieg (> 230/130 mm Hg) ohne akuten Organschaden. Hypertensiver Notfall: kritischer Blutdruckanstieg mit Vitalgefährdung durch Organschäden (Hochdruckenzephalopathie, Schlaganfall, akute Linksherzinsuffizienz mit Lungenödem, Angina-pectoris-Anfall, Herzinfarkt). Notarztindikation!

- Gefäßsystem
  in 50-60% d. F. frühzeitige Atherosklerose (Stadium abzulesen am Augenhintergrund, z. B. Kaliberunregelmäßigkeiten, Blutungen, Papillenödem)
- Herz (Todesursache bei 2/3 der Hypertoniker)
  - Druckhypertrophie, die zur Linksherzinsuffizienz führt
  - koronare Herzkrankheit (als Angina pectoris, Herzinfarkt, Herztod, Linksherzinsuffizienz)
- Gehirn (Todesursache bei 15% der Hypertoniker)
  - Infarkt aufgrund der Atherosklerose
  - hypertone Massenblutung
  - akute Hochdruckenzephalopathie (durch Versagen der Autoregulation der Hirngefäße erfolgt druckpassive Erweiterung der Hirnarteriolen, dadurch Hirnödem)
- Nieren
  Die atherosklerotische Schrumpfniere führt zur Einschränkung der Nierenfunktion (Frühsymptom: Mikroalbuminurie und evtl. über den Renin-Angiotensin-Aldosteronmechanismus (RAAS; siehe S. 279) zu einer renalen Fixierung des Bluthochdrucks.
- Bauchaortenaneurysma
  bei 10% der männlichen Hypertoniker > 65 Jahre (Rupturgefahr)

Die Endorganschäden werden nach WHO-Kriterien in die Stadien I bis III eingeteilt.

Stadium I	Hypertonie ohne Organveränderungen
Stadium II	Hypertonie mit leichten Organveränderungen: Linksventrikuläre Hypertrophie, hypertensive Retinopathie Stadium I/II, Proteinurie
Stadium III	Hypertonie mit schweren Organschäden: Linksherzinsuffizienz, hypertensive Retinopathie Stadium III/IV, zerebrale Komplikationen, Niereninsuffizienz. Sonderform: Maligne Hypertonie (kann sich auf dem Boden jeder Hochdruckform entwickeln): Diastolischer Blutdruck > 120-130 mm Hg, aufgehobener Tag/Nacht-Rhythmus des Blutdrucks, Augenhintergrundsveränderungen Stadium III-IV, Entwicklung einer Niereninsuffizienz

Dg.:

- Anamnese (Medikamente, Familienanamnese, Nikotin, Nierenerkrankungen u. a.)
- Blutdruck an beiden Armen (mehrmals in Ruhe an aufeinanderfolgenden Tagen, 24-Stunden-Blutdruckmessung), Blutdruckdifferenz zwischen Armen und Beinen (Aortenisthmusstenose)
- Auskultation: evtl. Strömungsgeräusch bei Nierenarterienstenose und Aortenisthmusstenose
- Veränderungen am Augenhintergrund: Fundus hypertonicus
- Lab.: Harnstatus (mit Mikroalbuminurie), Kreatinin (und Kreatinin-Clearance), Serumelektrolyte (Hypertonie und Hypokaliämie = Conn-Syndrom), Katecholamine oder deren Abbauprodukte im 24 h-Urin (Ausschluss eines Phäochromozytoms), Screening auf weitere Gefäßrisikofaktoren: Cholesterin, Triglyzeride, Glukose, Harnsäure

- apparative Methoden: EKG, Röntgen, Echokardiografie (Hypertrophie?), Abdominalsonografie (Nieren, Nebennieren?), Farbdopplersonografie (Nierenbefund, Nierenarterienstenose, Nebennierentumor)

Th.:

Sekundäre Hypertonien können z. T. kausal behandelt werden: z. B. Beseitigung einer Nierenarterien- oder Aortenisthmusstenose, Operation eines Phäochromozytoms usw.

Bei den über 90% der essentiellen Hypertonien wird symptomatisch behandelt:

Allgemeinmaßnahmen

- Gewichtsnormalisierung
- (salzarme) Diät: Ernährungsumstellung kann für einen Großteil der Hypertoniker die Therapie mit Medikamenten überflüssig machen (mehr Obst und Gemüse, weniger tierisches Fett)
- „gesunde Lebensweise" (Rauchen einstellen, Alkohol und Kaffee reduzieren, Anti-Stress-Training, körperliches Training)
- Beseitigung/Behandlung anderer Risikofaktoren für Herz und Gefäße (Hypercholesterinämie, Diabetes mellitus, Hyperurikämie)

Medikamente

Verwendung finden in der Schulmedizin Betablocker, Diuretika, Kalziumantagonisten, ACE-Hemmer, neuerdings auch Angiotensin-II-Rezeptorantagonisten. Die medikamentöse Therapie ist in der Regel eine Dauertherapie über Jahre. Verlaufskontrolle! Regelmäßige Blutdruckkontrollen!

Therapie einer Hochdruckkrise bzw. eines hypertensiven Notfalls: Lebensbedrohliche Erkrankung. Rufen Sie einen Notarzt! Soforttherapie: Nitrogylzerin oder Nifedipin (Adalat®). Blutdruck nicht zu rasch senken (diastolische Werte um 100 mm Hg sind zunächst anzustreben)!

ATHEROSKLEROSE

auch: Arteriosklerose; umgangssprachlich: Arterienverkalkung

häufigste krankhafte Veränderung der Arterien mit Verhärtung, Verdickung, Elastizitätsverlust und Lichtungseinengung (Folgen: koronare Herzkrankheit, Apoplexie = Schlaganfall, periphere arterielle Verschlusskrankheit u. a.)

Die Pathogenese der Atherosklerose ist nicht eindeutig geklärt. Endothelschädigungen (Intimaschäden) führen zur degenerativen Intimaerkrankung mit herdförmigen Anlagerungen verschiedenster Stoffwechsel- und Zellprodukte (z. B. Lipoproteine, Fibrinogen, Albumin, Glykoproteine, Bindegewebs- und Muskelzellen, Kollagen und Elastin). Es kommt zu einer Dickenzunahme der Intima mit herdförmigen Nekrosen, Ulzerationen und Verkalkungen. Eine wichtige Rolle scheinen Wechselwirkungen zwischen Thrombozyten und Gefäßwand zu spielen.

Risikofaktoren für die Entstehung einer Atherosklerose:

Unbeeinflussbare Risikofaktoren

- familiäre Disposition
- Lebensalter
- männliches Geschlecht

Beeinflussbare Risikofaktoren

⇒ Risikofaktoren 1. Ordnung

- Metabolisches Syndrom: Stammfettsucht, Insulinresistenz und Hyperinsulinämie (und damit vergesellschaftete Erkrankungen)
- Bluthochdruck
- Fettstoffwechselstörungen (Gesamtcholesterin und LDL-Cholesterin ↑, HDL-Cholesterin ↓, Triglyzeride ↑)
- Diabetes mellitus
- Zigarettenrauchen
- Infektion mit Chlamydia pneumoniae?
  Eine erst Mitte der 80er Jahre bekannt gewordene Chlamydienart - C. pneumoniae - spielt möglicherweise eine wichtige Rolle bei der Entstehung der Atherosklerose. Die Atherosklerose wäre dann (wie die gastrointestinale Ulkuskrankheit) eine Infektionskrankheit, das Endstadium einer chronischen Chlamydien-Endarteriitis. Der endgültige Beweis für diese interessante Hypothese steht zwar noch aus, vorläufige Studien scheinen den Verdacht aber zu erhärten.

⇒ Risikofaktoren 2. Ordnung

- Bewegungsmangel, Übergewicht
- negativer Stress (Ehrgeiz, Aggression, Hektik)
- Lipoprotein (a) ↑, Hyperfibrinogenämie, Hyperhomozysteinämie u. a.

Zwei Risikofaktoren 1. Ordnung: Infarktrisiko vierfach erhöht; drei Risikofaktoren 1. Ordnung: Infarktrisiko zehnfach erhöht.

Therapieansätze:

- Rauchverbot
- Gewichtsnormalisierung, körperliches Training, Abbau von negativem Stress
- optimale Einstellung von Fettstoffwechselstörung, Diabetes mellitus und Hypertonie
- Fett- und cholesterinarme Ernährung (Salat, Früchte, Gemüse, Olivenöl)
- Folsäure und Vitamin B_6 (senken erhöhte Homozysteinwerte)
- Vitamin E und mäßiger Alkohlkonsum (insbesondere Rotwein) senken das koronare Risiko

PERIPHERE ARTERIELLE VERSCHLUSSKRANKHEIT (PAVK)

Def.:
(AVK, chronische arterielle Verschlusskrankheit, pAVK)
Erkrankungen, die durch verengende (stenosierende) oder verschließende (obliterierende) Veränderungen an den Arterien verursacht werden und zu Durchblutungsstörungen in den jeweiligen versorgungsabhängigen Geweben und Organen führen

Ät.:

1. Atherosklerose mit entsprechenden Risikofaktoren (siehe S. 98)
2. seltener: Gefäßentzündungen (Vaskulitiden) oder rezidivierende Thromboembolien

Arterielle Verschlusskrankheiten sind zu über 90% in den unteren Gliedmaßen lokalisiert. Je nach Lokalisation und Anzahl der Arterienverschlüsse sind sie klassifiziert in Einetagen- und Mehretagenerkrankungen. Die genaue Kenntnis der Lokalisation und Ausbreitung der Arterienengen (Stenosen) ist wichtig für die Therapie

1. Einetagenerkrankungen
2. Mehretagenerkankungen

Typ	Lokalisation des Arterienverschlusses	Fehlende Pulse	Ischämieschmerz
Beckentyp	aortoiliakal	ab Leiste	Oberschenkel, Hüfte
Oberschenkeltyp	femoropopliteal	ab A. poplitea	Wade
Peripherer Typ	Unterschenkel- u./o. Fußarterien	Fußpulse	Fußsohle

Kl.:
Erst bei Einengungen der Arterie > 90% ist der Puls unterhalb der Einengung nicht mehr tastbar. Haben sich Umgehungskreisläufe (Kollateralen) gebildet, kann der Patient noch beschwerdefrei gehen (Stadium I). Kommt es aufgrund der arteriellen Minderdurchblutung zu belastungsabhängigen Schmerzen unterhalb der Stenose, muss der Patient nach einer gewissen Gehstrecke stehenbleiben, um sich zu erholen („Schaufensterkrankheit" oder Claudicatio intermittens, Stadium II). Später kommt es zu Ruheschmerzen (Stadium III) und Nekrosen (Stadium IV).

Stadien der arteriellen Verschlusskrankheit (nach Fontaine)

Stadium I	Beschwerdefreiheit
Stadium II	Belastungsschmerz (Claudicatio intermittens) a) Gehstrecke > 200 m b) Gehstrecke < 200 m
Stadium III	ischämischer Ruheschmerz
Stadium IV	Nekrose, Gangrän

Dg.:

Inspektion: Hautfarbe und -temperatur, Nekrose, Gangrän, trophische Störungen (Haut, Fußpilz usw.), Pulsstatus (Pulsverlust bei Lumeneinengung um 90% oder mehr), Auskultation: systolisches Stenosegeräusch bei Lumeneinengung um 2/3 oder mehr, Blutdruckmessung (Arteriendopplerdruck) an Oberarmen und Unterschenkeln, Lagerungsprobe nach Ratschow (siehe S. 92), standardisierter Gehtest (Metronom, Laufband), Dopplersonografie, Arteriografie (Röntgenkontrastdarstellung der Gefäße zur Diagnostik von Arterienverlauf, Stenosen und Kollateralen) u. a.

Th.:

kausal: Beseitigung von Risikofaktoren einer Atherosklerose (siehe S. 98, z. B. Nikotinabstinenz, Behandlung eines Diabetes mellitus, Hypertonieeinstellung u. a.) und symptomatisch:

- konservativ
  - Bewegungstherapie: Nur im Stadium II tgl. 1-2stündiges Gehtraining (bis zur Schmerzgrenze, dann Pause). Die Stadien III und IV sind Kontraindikationen für ein Gehtraining!
  - Prophylaxe einer arteriellen Thrombose mit Thrombozytenaggregationshemmern (Acetylsalicylsäure/Aspirin® verhindert das Verklumpen = Aggregation der Blutplättchen)
  - lokale Maßnahmen: sorgfältige Fußpflege (Schuhwerk! Vorsicht bei der Pediküre), Polsterung in Watte, Fellschuhe, Tieflagerung der Beine, keine Wärme
  - Gerinnselauflösung (Fibrinolyse) bei arteriellen Thrombosen (Katheterlyse)
  - Verbesserung der Fließeigenschaften des Blutes durch a) Aderlass (in Kombination mit Infusion von HAES oder Dextran: Vorsicht bei Herzinsuffizienz!), b) Erhöhung der Erythrozytenverformbarkeit (Pentoxifyllin, umstritten)
- operative Maßnahmen (Stadium III/IV, evtl. Stadium II) z. B. Revaskularisierung, Entfernung eines Embolus oder eines Thrombus, Aufdehnung mittels Ballonkatheters (PTA = perkutane transluminale Angioplastie), Umleitungsoperation („Gefäßbypass", z. B. Vene oder Gefäßprothese aus synthetischem Material); Amputation (letzte Möglichkeit im Stadium IV) u. a.

AKUTER ARTERIENVERSCHLUSS

Ät.:

- Embolien (70%); Emboliequelle ist in 90% das Herz (Z. n. Herzinfarkt, Vorhofflimmern)
- Thrombosen auf dem Boden einer arteriellen Verschlusskrankheit

Klinik des akuten Arterienverschlusses (6 x „p" Regel des kompletten Ischämiesyndroms):

1	blitzartiger, stärkster Schmerz	(**p**ain)
2	Blässe	(**p**aleness)
3	Missempfindung	(**p**aresthesia)
4	Pulslosigkeit	(**p**ulslessness)
5	Bewegungsunfähigkeit	(**p**aralysis)
6	Schock	(**p**rostration)

Dg.:

Anamnese (Herzerkrankungen, absolute Arrhythmie bei Vorhofflimmern), Klinik (wie oben), Farbdopplersonografie, evtl. Arteriografie

Th.:

schnelle Klinikeinweisung zur operativen Thrombusentfernung (Embolektomie) bzw. Thrombenauflösung (Fibrinolyse)! Patient darf nichts mehr essen und trinken (Nulldiät), Extremität tief lagern und in Watte packen, keine Kälte, keine Wärme; Schockprophylaxe mit Venenverweilkatheter, Infusion (Vorsicht bei Herzinsuffizienz) und Schmerzmittel, später: Emboliequellen suchen und möglichst beseitigen, Risikofaktoren einer Atherosklerose ausschalten (siehe S. 98), medikamentös: Acetylsalicylsäure niedrig dosiert (Thrombozytenaggregationshemmung)

Merke: Arterielle Verschlüsse durch Embolien können auch an vielen anderen Stellen auftreten:

- Gehirn (Hirninfarkt mit Halbseitenlähmung: „Hirnschlag" = Apoplexie)
- Nieren (Lendenschmerz, Blut im Urin = Hämaturie)
- Milz (Flankenschmerz links)
- Mesenterium (fast keine Frühsymptome: Übelkeit, Erbrechen, rezidivierende Bauchschmerzen in der Anamnese = Angina abdominalis, später: akutes Abdomen, blutige Durchfälle)

VASKULITIDEN

ARTERIITIS TEMPORALIS HORTON UND POLYMYALGIA RHEUMATICA

Def.:

Riesenzellarteriitis, meist im Versorgungsgebiet der A. carotis, die sich als Arteriitis temporalis u./o. als Polymyalgia rheumatica äußert.

Kl.:

bei Arteriitis temporalis: meist ältere Menschen > 65 Jahre

- Fieber, Schwäche, (Schläfen-) Kopfschmerz, Schmerzen beim Kauen (Masseterschmerz)
- Augenschmerzen, Sehstörungen, vorübergehende Erblindung (Amaurosis fugax)
- merke: Erblindung in 30% der Fälle!!
- A. temporalis evtl. verdickt, pulslos, schmerzhaft tastbar

Bei Polymyalgia rheumatica: symmetrische Schmerzen im Schulter- u./o. Beckengürtel, Druckempfindlichkeit der Oberarme, Morgensteifigkeit, depressive Verstimmung, Gewichtsverlust

Dg.:

Anamnese, Klinik, Biopsie aus der A. temporalis

Lab.: BSG stark erhöht!

Th.:

Glukokortikoide, nach Besserung stufenweise Reduktion der Dosis, Erhaltungstherapie über mindestens 1-2 Jahre (sonst Rezidivgefahr). Unbehandelt oder zu spät behandelt kommt es in ca. 40% der Fälle zur Erblindung! Bei konsequenter Therapie günstige Prognose!

TAKAYASU-ARTERIITIS

Def.: seltene Gefäßentzündung (Riesenzellarteriitis) bei jüngeren Frauen (< 40 J.), die zum Verschluss der vom Aortenbogen ausgehenden großen Arterien führt. Ursache ist eine Entzündung, keine Atherosklerose.
Kl.: Fieber, Schwäche, Bluthochdruck, Muskel- und Gelenkschmerzen, Kopfschmerz, Schwindel, Sehstörungen und Augenhintergrundveränderungen, Pulslosigkeit, Lungenveränderungen, Darmblutung
Lab.: starke BSG-Beschleunigung, leichte Anämie, Leukozytose
Dg.: Anamnese, Klinik (jüngere Frauen, BSG ↑, fehlender Radialispuls), Doppler, Angiografie
Th.: Glukokortikoide, Immunsuppressiva

WEGENER GRANULOMATOSE

Def.: Vaskulitis mit ulzerierenden Granulomen im Bereich des Kopfes (Nasennebenhöhlen), der Lunge und mit einer Glomerulonephritis
Ät.: unbekannt
Kl.: Lokal begrenztes Initialstadium z. B. an Kopf, Lunge, Nieren: Chronischer Schnupfen (Rhinitis), Nebenhöhlenentzündung (Sinusitis), Ohrentzündung (Otitis), Geschwüre im Oropharynx, Lungenrundherde mit Einschmelzungen, Mikrohämaturie (fokale Glomerulonephritis)
Generalisationsstadium mit pulmo-renalem Syndrom: Lungenrundherde, Blutspucken (Hämoptoe), diffuse Glomerulonephritis, evtl. Gelenkschmerzen, Muskelschmerzen, Episkleritis, Symptome des Zentralnervensystems
B-Symptome: Fieber, Gewichtsverlust, Nachtschweiß
Lab.: BSG, Leukozytose, Thrombozytose, ACPA und cANCA (Antikörper)
Rö.: Verschattung der Nasennebenhöhlen, Infiltrationen, Einschmelzungen und Rundherde der Lunge
Dg.: Anamnese, Klinik, Biopsie aus der Nasenschleimhaut oder Lunge, Nachweis von ACPA und cANCA
Th.: stadienabhängig (Cotrimoxazol, Glukokortikoide, Cyclophosphamid); Prognose dubios

PANARTERIITIS NODOSA (PAN)

auch: Polyarteriitis nodosa
Def.: seltene Systemerkrankung, die die kleinen und mittleren Arterien und Arteriolen im Bereich der Waden- und Unterarmmuskulatur und inneren Organen betrifft
Ät.: unbekannt
Kl.: Allgemeinsymptome: (Fieber, Gewichtsverlust, Nachtschweiß), Organsymptome (Niere, Muskel, Gelenke, Magen-Darmkanal, Angina pectoris, Herzinfarkt, Polyneuropathie, Hautveränderungen). Diagnose aufgrund er vielfältigen Symptome oft sehr schwierig.
Dg.: Anamnese, Klinik, Labor (BSG ↑, Leuko- und Granulozytose, evtl. Thrombozytose) evtl. pANCA (antineutrophile cytoplasmatische Antikörper) positiv, evtl. HB_S-Ag positiv
Th.: Glukokortikoide, evtl. Cyclophosphamid

HYPERSENSITIVITÄTSVASKULITIS

Def.: nekrotisierende Gefäßentzündung der kleinen Gefäße mit Leukozyteninfiltration. In den entzündlichen Veränderungen finden sich Ablagerungen von Immunkomplexen und Komplement.
Ät.: allergische Reaktion durch exogene oder endogene Antigene, exogen: Medikamente (Penizillin), Fremdeiweiß (Serumkrankheit), infektiöse Erreger (z. B. Endocarditis lenta)

Sonderform: Purpura Schoenlein-Henoch: vorwiegend bei Kindern im Anschluss an Atemwegsinfekte, Einblutungen (Purpura), Gelenkschmerz (Arthralgie), Nierenbeteiligung, gastrointestinale Blutungen), endogen: z. B. bei Kollagenosen, Tumorerkrankungen, Kryoglobulinämie
Kl.: Fieber, Purpura (meist an den Beinen), vereinzelt Gelenkbeschwerden, Nierenbeteiligung, Polyneuropathie
Dg.: Anamnese, Klinik und Biopsie
Th.: Antigenausschaltung, Behandlung der Grundkrankheit

KAWASAKI-SYNDROM

auch: Mukokutanes Lymphknoten-Syndrom
häufigste Gefäßentzündung bei Kleinkindern, 80% der Patienten sind jünger als 5 Jahre
Ät.: unbekannt
Kl: 6 Hauptsymptome: 1) septische Temperaturen (die nicht auf Antibiotika ansprechen), 2) Konjunktivitis (Bindehautentzündung), 3) Stomatitis (Mundschleimhautentzündung), 4) Palmarerythem (Rötung der Hände) und evtl. Plantarerythem (Rötung der Fußsohlen), 5) Exantheme (in der 2.-3. Woche an den Fingerspitzen beginnene Schuppung), 6) Schwellung der Halslymphknoten in 50% der Fälle
Komplikationen: Aneurysmen der Herzkranzgefäße, Herzinfarkt
Lab.: BSG-Erhöhung, CRP(C-reaktives Protein), α_2-Globuline, Leukozytose
Dg.: Anamnese, Klinik. 5 der 6 Hauptsymptome müssen vorliegen oder 4 Hauptsymptome und der Nachweis von Aneurysmen der Herzkranzgefäße.
Th.: Gammaglobulin und Acetylsalicylsäure (ASS=Aspirin®), Letalität 1%, Todesursache: Herzinfarkt

THROMBANGIITIS OBLITERANS (WINIWARTER-BUERGER)

auch: Endangiitis obliterans
Def.: segmentale multilokuläre Angiitis der kleinen und mittleren Arterien und Venen der Extremitäten (unterhalb von Knie oder Ellenbogen) mit anschließender Thrombosierung des Lumens, meist bei jungen Männern mit starkem Nikotinabusus, gehäuft im Mittelmeerraum
Kl.: Schmerzen, Zyanose, Kältegefühl in den Endgliedern der Extremitäten, Phlebitis migrans (wandernde Venenentzündung), Nekrose oder Gangrän der Endglieder (Finger, Zehen)
Dg.: Raucheranamnese, Klinik (junge Männer), Angiografie
Th.: absolute Nikotinkarenz! Prostaglandin, evtl. kurzfristig Kortikoide (evtl. Operation: Sympathektomie)

RAYNAUD-SYNDROM

Def.: keine eigentliche Gefäßerkrankung, sondern zentralnervös bedingte, anfallsweise Gefäßkrämpfe (Vasokonstriktion) mit Minderdurchblutung (Ischämie) der Arterien der Finger; bei Frauen häufiger als bei Männern. Als sekundäres Raynaud-Syndrom bezeichnet man das Auftreten der beschriebenen Symptome bei anderen Erkrankungen wie z. B. Thrombangiitis obliterans, progressive Sklerodermie, Atherosklerose, Halsrippen- oder Scalenus-anterior-Syndrom, Kryoglobulinämie, Kälteagglutininkrankheit, nach verschiedenen Traumen und Vergiftungen. Die progressive Sklerodermie beginnt oft mit Raynaud-Anfällen.
Kl.: anfallsweiser Schmerz, Fingerblässe, Zyanose, dann reaktive Hyperämie (Mehrdurchblutung)

KÄLTEAGGLUTININKRANKHEIT

Def.:
durch Kälteagglutinine vom Typ IgM hervorgerufene, autoimmunhämolytische Anämie. Diese Krankheit ist keine Gefäßkrankheit, muss aber bei der Differentialdiagnose der Vaskulitiden in Erwägung gezogen werden. Es kommt durch Agglutination von „kälteempfindlichen" Antikörpern unter Kälteeinwirkung zur Verlegung kleiner Gefäße, zu Schmerzen und Blaufärbung der Endglieder der Finger und Zehen (reversibel nach Erwärmung). Klinisch zeigt sich außerdem eine hämolytische Anämie mit hämolytischen Krisen (Fieber, Kollaps, Hämoglobinurie, Ikterus).

ERKRANKUNGEN DES VENÖSEN SYSTEMS

KRAMPFADERLEIDEN = VARIKOSIS

Def.:
Die ausgedehnte Bildung von Krampfadern (Varizen), wird als Varikosis bezeichnet. Krampfadern (vom altdeutschen Wort „Krumpader" = krumme Ader) sind unregelmäßig schlauchförmig oder ampullär-knotenförmig erweiterte und geschlängelte (oberflächliche) Venen. Man findet sie am häufigsten an der unteren Extremität. Krampfadern kommen auch im Bereich der Speiseröhre (Ösophagusvarizen) und der Bauchdecke (Caput medusae) vor.

Ät. und Risikofaktoren:
Alter, familiäre Disposition (Genetik), weibliches Geschlecht (Hormone), mehrere Schwangerschaften, langjährige stehende oder sitzende Tätigkeit, Alkohol, Übergewicht (?)

Path.:

- Primäre Varikosis (95%): als Folge einer angeborenen (familiären) Bindegewebsschwäche, durch angeborene Venenklappeninsuffizienz oder Nichtanlage (Agenesie) von Venenklappen bzw. Gefäßfehlbildungen
- Sekundäre Varikosis (oder postthrombotische Varikosis; 5%): tritt im Gefolge einer tiefen Beinvenenthrombose (siehe S. 107) oder einer Insuffizienz der Venenklappen der betroffenenen Venen (meist Vv. perforantes) auf. Bei Thrombose oder Klappeninsuffizienz der tiefen Beinvenen erfolgt der venöse Rückstrom (entgegen der physiologischen Flussrichtung) über die Vv. perforantes (Verbindungsvenen) zu den oberflächlichen Beinvenen.

Kl.:

- müde, schwere Beine (Besserung im Liegen und bei Bewegung)
- Schwellung und Ödembildung (abends)
- Schmerz, Kribbeln und Hitzegefühl
- nächtliche Fuß- und Wadenkrämpfe
- Schuppung, Hyperkeratose, Juckreiz
- häufig Entwicklung eines Ekzems
- Zeichen der chronisch-venösen Insuffizienz (CVI, postthrombotisches Syndrom)

Stadieneinteilung der Varikosis (Marshall, 1967)

Stadium I	keine Beschwerden, allenfalls kosmetisch störend
Stadium II	Stauungsgefühl, nächtliche Krämpfe, Parästhesien
Stadium III	Ödem, Hautinduration, Pigmentierung, abgeheiltes Ulcus cruris
Stadium IV	Ulcus cruris venosum

Dg.:

Anamnese, Klinik, Inspektion: Hauptstamm- (V. saphena magna), Seitenast- oder retikuläre (netzartige) Varikosis, Doppler-Ultraschall (zur Lokalisation der insuffizienten Perforansvenen), Phlebografie (Darstellung der Venen mittels Kontrastmitteldarstellung im Röntgenbild)

Th.:

Allgemeinmaßnahmen

- kein Sitzen oder Stehen, sondern Liegen oder Gehen
- sportliche Betätigung (sinnvoll: Schwimmen, Radfahren, Spaziergänge, nicht sinnvoll: z. B. Tennis, Squash, Kraftsport o. Ä.
- kalte (nicht eiskalte!) Beinduschen (mindestens 2x tgl.), Wechselduschen kalt, lauwarm
- Beine möglichst oft hochlagern
- extreme Hitze und Sonneneinstrahlung meiden
- Übergewicht reduzieren
- mäßig Alkohol, keine Zigaretten
- keine engen Schuhe, keine hohen Absätze, keine enge Kleidung

Kompressionstherapie: Das Fundament jeder sinnvollen Behandlung von Varizen ist eine sorgfältige Kompressionstechnik: Kompression mit Kurzzug-Binden, später mit speziell angepassten medizinischen Kompressionsstrümpfen.

Medikamente: Wirkung umstritten, gehen über eine Plazebowirkung wohl nicht hinaus

Verödung (auch: Sklerosierung): Ein Verödungsmittel wird in die erweiterte Vene gespritzt (ausreichend für kleinere Krampfadern oder für Restadern nach Operation).

Operative Verfahren: z. B. Venenstripping nach Babcock: Die gesamte erweiterte Vene wird auf eine biegsame Sonde aufgefädelt und durch Zug entfernt. Voraussetzung: einwandfreie Funktion der tiefen Beinvenen (Phlebografie!).

OBERFLÄCHLICHE THROMBOPHLEBITIS

Def.:

Entzündung (und Thrombose) oberflächlicher Venen

Ät.:

- an den Beinen bei Varizen der V. saphena magna
- an den Armen durch Infusionen, Injektionen oder infizierte Venenkatheder
- als Thrombophlebitis migrans (rezidivierende „wandernde Venenentzündung")
  - als Frühstadium einer Thrombangiitis obliterans (Winiwarter-Buerger)
  - gelegentlich als Begleitsymptom bei malignen Tumoren

(• M. Mondor: idiopathische Thrombophlebitis der seitlichen Thoraxvenen)

Kl.:

- Entzündungszeichen: Rötung (rubor), Schmerz (dolor), Überwärmung (calor), keine Schwellung (im Gegensatz zur tiefen Beinvenenthrombose)
- schmerzhaft tastbarer, derber (thrombosierter), bläulich verfärbter Venenstrang
- Komplikation: Eine Thrombophlebitis kann in bis zu 20% der Fälle auf die tiefen Beinvenen übergehen (siehe unten: Phlebothrombose)!

Dg.:

Anamnese, Klinik

Th:

ggf. Ursachen entfernen (venöse Verweilkanülen, Katheter usw); ambulante Behandlung, Kompressionsverband, keine Bettruhe, Patienten müssen laufen (Immobilisation fördert Gefahr der tiefen Beinvenenthrombose)! Bei frischer Thrombophlebitis evtl. Stichinzision mit dem Skalpell im Venenverlauf und mechanische Entleerung des thrombotischen Materials. Bei Thrombophlebitis der V. saphena magna zusätzlich Heparingabe (gerinnungshemmendes Medikament).

TIEFE BEINVENENTHROMBOSE (TVT)

auch: Phlebothrombose (im Gegensatz zur oberflächlichen Thrombophlebitis). Thrombose der tiefen Beinvenen mit Gefahr der Lungenembolie (siehe S. 156) und des postthrombotischen Syndroms mit chronisch venöser Insuffizienz (CVI; siehe S. 109). Zu 90% im Einflussgebiet der unteren Hohlvene (V. cava inferior) lokalisiert, davon 30% in den Beckenvenen und 60% in den unteren Extremitäten.

Ät.:

- Allgemeine Risikofaktoren: höheres Alter, Adipositas
- Mangel an physiologischen Hemmstoffen (Inhibitoren) der Blutgerinnung: Antithrombin III-Mangel, Mangel an gerinnungshemmenden Faktoren Protein S und Protein C
- Resistenz gegen physiologische Hemmstoffe der Blutgerinnung: Die häufigste erbliche Ursache einer tiefen Beinvenenthrombose ist die Resistenz gegen das antikoagulatorische aktivierte Protein C (APC). 5% der europäischen Bevölkerung (Anamnese!).
- Faktor II (Prothrombin-)Mutation (führt zur erhöhten Faktor II Aktivität)
- Störung der Fibrinolyse (sehr selten)
- Therapie mit Östrogenen (östrogenhaltige Verhütungsmittel erhöhen das Thromboserisiko um den Faktor 4-5, vor allem in Kombination mit Rauchen), Schwangerschaft, Wochenbett
- Thrombozytosen
- erhöhte Blutviskosität (bei Polyglobulie, Exsikkose)
- Zirkulationsstörungen: z. B. Immobilisation (Bettlägrigkeit), Abknicken der V. poplitea durch längeres Sitzen („Flugzeugthrombose", Autositzthrombose), Varikosis, Phlebitiden, Herzinsuffizienz , Herzinfarkt

- Tumoren im Abdominalbereich (z. B. Pankreas - und Prostata-Karzinome)
- chirurgische Eingriffe: postoperative Zustände, Frakturen, Verletzungen der Beine und des Beckens, Hüftgelenksersatz u. a.

Pathogenese:

Virchow-Trias der Thromboseentstehung:

1. Gefäßwandschädigung (Entzündung, Atherosklerose, Trauma)
2. Blutstromveränderung (Wirbelbildung, Viskositätserhöhung, Strömungsverlangsamung)
3. Veränderung der Blutzusammensetzung mit Ungleichgewicht zwischen Gerinnung und Fibrinolyse (z. B. Hyperkoagulabilität, Thrombozytosen, Blutgerinnungsinhibitoren-Mangel)

Kl.:

- oft völlig symptomlos! Lungenembolie meist erstes Symptom. Das Fehlen von Symptomen schließt eine Phlebothrombose nicht aus! Nur bei 1/3 aller Lungenembolien ist eine Phlebothrombose klinisch nachweisbar. Nur ca. 10% zeigen die klassische Trias Schwellung, Schmerz, Zyanose
- Schwere und Spannungsgefühl im Bein, ziehende Schmerzen (Leiste, Poplitea, Wade)
- Überwärmung, Schwellung (Umfangsdifferenz messen!!), zyanotische Glanzhaut, sog. Pratt-Warnvenen: Kollateralvenen an der Schienbeinkante
- Fieber oder subfebrile Temperaturen, Pulsanstieg
- Druckempfindlichkeit im Verlauf der tiefen Venen
- Wadenkompressionsschmerz (Mayr-Zeichen)
- Wadenschmerz bei Dorsalflexion im Sprunggelenk (Homann-Zeichen)
- Fußsohlendruckschmerz (Payr-Zeichen)
- Meyer-Druckpunkte entlang der inneren (medialen) Schienbeinkante
- Komplikationen:
  - 1. Lungenembolie: fast die Hälfte aller Patienten mit tiefer Beinvenenthrombose haben überwiegend asymptomatische (aber szintigrafisch nachweisbare) Lungenembolien!
  - 2. Postthrombotisches Syndrom (PTS) mit chronisch venöser Insuffizienz (CVI)

Dg.:

Anamnese, Klinik (unsicher), Ultraschalldopplersonografie, (Phlebografie) u. a.

Lab.: BSG ↑, Leukozytose

Th.:

Die Gefahr der tiefen Beinvenenthrombose liegt in der Lungenembolie und in der Entwicklung eines postthrombotischen Syndroms. Diese versucht man zu verhindern durch:

- Allgemeinmaßnahmen
  Hochlagern der betroffenen Extremität, keine Wärme, Kompressionsverband, Bettruhe (bei Unterschenkelthrombosen gilt schon länger auch das Therapiekonzept: Kompressionsverband und keine Bettruhe; neuere Studien sprechen dafür, dass auch die tiefe Oberschenkelthrombose mit niedermolekularem Heparin ambulant und ohne Bettruhe behandelt werden kann),

Stuhlregulierung (Pressen beim Stuhlgang soll verhindert werden), gerinnungshemmende Medikamente (Antikoagulantien), keine i. m. Spritzen wegen:

- Thrombolyse: Auflösung des Blutgerinnsels mit Fibrinolytika (in speziellen Einzelfällen)
- Entfernung des Thrombus (Thrombektomie) mittels (Fogarty-) Katheter

Lerntext 6 DD Thrombophlebitis/Phlebothrombose

	Thrombophlebitis	Phlebothrombose
Lok.:	oberflächliche Venen der Beine oder Arme	tiefe Bein- und Beckenvenen
Ät.:	Beine: meist vorbestehende Varizen, durch Traumen oder Immobilisation Arme: Injektion, Infusion	Bettlägrigkeit, Herzinsuffizienz
Kl.:	Entzündungszeichen ohne Schwellung	Spontanschmerz/Druckschmerz im Venenverlauf (Leiste, Poplitea, Wade), Homann-Zeichen (Wadenschmerz bei Dorsalflex.), Payr-Zeichen (Schmerz bei Druck auf innere Fußsohle), Schwellung mit Umfangdifferenz, Glanzhaut, sichtbare oberfl. Kollateralvenen, Puls ↑, Zyanose distal Trias: Schmerz, Schwellung, Zyanose
Kompl.	bei Behandlung keine	Lungenembolie Postthrombotisches Syndrom mit CVI
Th.:	- Kompressionsverband - kühlende Umschläge - viel Bewegung - Beine nachts hochlagern - Heparinsalben	- strenge Bettruhe - Antikoagulantien - medikamentöse Fibrolyse - Gefäßchirurgie

CHRONISCH VENÖSE INSUFFIZIENZ (CVI)

auch: chronisch venöses Stauungssyndrom, variköser Symptomenkomplex, Status varicosus

Def.:

Die CVI ist eine Folgeerkrankung von Veränderungen des tiefen und oberflächlichen Venensystems. Es kommt zu einer venösen Insuffizienz der unteren Extremitäten mit venöser Hypertonie im Stehen sowie Venen- und Hautveränderungen (vor allem im Unterschenkel- und Fußbereich).

Ät.:

- postthrombotisch als sog. Postthrombotisches Syndrom
- primär-varikös:
  - oberflächliche Krampfadern mit Insuffizienz einzelner oder mehrerer Venenstämme.
  - Insuffizienz der Perforansvenen (Venen, die das oberflächliche mit dem tiefen Venensystem verbinden).
- Insuffiziente Wadenmuskelpumpe (z. B. bei gelähmtem Bein)

Kl.:

- abendliche Beinschwellung (besonders bei heißem Wetter), Ödeme im Knöchelbereich und vor dem Schienbein
- Hautveränderungen:
  - Hämosiderose der Haut (Eisenablagerung mit rotbrauner Pigmentierung)
  - zyanotische Hautfarbe
  - Sklerose (Verhärtung) und evtl. Entzündung im betroffenen Gebiet
  - Unterschenkelekzem mit Juckreiz
  - Ulcus cruris venosum (Unterschenkelgeschwür)
  - depigmentierte atrophische Hautbezirke (Atrophie blanche) meist oberhalb der Sprunggelenke beidseits
  - dunkelblaue Hautvenenerweiterung am inneren und äußeren Fußrand (Corona phlebectatica paraplantaris)
- Komplikationen: Unterschenkelgeschwür (Ulcus cruris), Erysipel („Wundrose"; bakterielle Entzündung), arthrogenes Stauungssyndrom (Einschränkung der Sprunggelenksbeweglichkeit)

Dg.:

Anamnese, Klinik, Duplex- und Farbdoppler-Sonografie, evtl. Phlebografie

Th.:

- kausal: Therapie einer Varikosis (siehe oben)
- symptomatisch:
  - nicht Sitzen und Stehen („ss") sondern Liegen und Laufen („ll")
  - keine Wärme, keine Sauna, kein direktes Sonnenlicht
  - kalt Abduschen
  - Fußbewegungsübungen (gegen Sprunggelenksversteifung)
  - <u>Kompressionstherapie</u> (Kurzzugbinden, Zinkleimdauerverband, Kompressionsstrümpfe). Vorsicht: keine Kompressionstherapie bei arterieller Verschlusskrankheit, instabiler Angina pectoris und dekompensierter Herzinsuffizienz)
  - <u>Behandlung eines Ulcus cruris venosum</u>: <u>Reinigung</u> (Wasser und Zucker, H_2O_2), keine allergisierenden Salben o.Ä.; danach <u>Kompressionsverband</u> mit Schaumgummikompressen, die die angrenzende Vene mitkomprimieren sollten (ohne Kompression keine Heilung).

LYMPHGEFÄßSYSTEM

Das Lymphgefäßsystem dient der Flüssigkeitsdrainage aus dem Zwischenzellraum (Interstitium), über die Lymphbahnen, in das venöse Gefäßsystem. Auf diesem Weg werden körpereigene und körperfremde großmolekulare Stoffe (Stoffwechselprodukte, Zelltrümmer, großmolekulare Eiweißstoffe, Fremdkörper, Bakterien) abtransportiert.

Die Lymphe entspricht in der Zusammensetzung in etwa dem Blutplasma, hat jedoch einen niedrigeren Eiweißgehalt. Sie enthält Lymphozyten und hat ein hellgelbes Aussehen (Ausnahme: Darmlymphe = Chylus, die durch die aufgenommenen Nahrungsfette milchig-trüb aussieht). Im Interstitium werden täglich ca. 2-3 l Lymphflüssigkeit gebildet. Die Lymphe ensteht durch Austritt von Blutplasma aus den Blutkapillaren ins Gewebe. Sie fließt dann in die Gewebsspalten (Interstitium) und wird durch die Lymphgefäße über die regionären Lymphknoten erneut dem Blutkreislauf zugeführt.

ANATOMISCHE GRUNDLAGEN

LYMPHGEFÄßE

Die kleinsten Lymphgefäße beginnen blind im Interstitium. Sie bilden in allen Organen und Geweben ein dichtes Netz. In die Strombahn der Lymphgefäße sind die Lymphknoten eingeschaltet. Mehrere Lymphgefäße münden in einen Lymphknoten, von dem aus nur ein größeres Gefäß abgeht. Die größten Lymphgefäße sind die Lymphstämme.

LYMPHSTÄMME

Die aus dem Bereich der Beine und aus dem Bauchraum kommenden Lymphgefäße vereinigen sich in Höhe des Zwerchfells zu einem Hauptstamm, dem Milchbrustgang oder Ductus thoracicus. Er läuft neben der Aorta vor der Wirbelsäule im hinteren Mediastinum („Mittelfellraum") nach oben. Vor seiner Einmündung in den linken Venenwinkel (Angulus venosus: gebildet durch Zusammenfluss der V. subclavia und der V. jugularis interna) nimmt er den Lymphstrom aus den Brustorganen, dem linken Arm und der linken Kopf/Halsseite auf.

Die Lymphbahnen des rechten Armes und der rechten Kopf/Halsseite sammeln sich in einem eigenen großen Lymphgang, der im rechten Venenwinkel mündet: Truncus lymphaticus dexter.

LYMPHKNOTEN

Ein Lymphknoten ist ein bohnenförmiges, 2 mm bis 2 cm großes Gebilde, das von einer Bindegewebskapsel umschlossen wird. Die in die Strombahn der Lymphgefäße eingeschalteten Lymphknoten dienen als Filter. Die Lymphe muss auf ihrem Weg bis zur Einmündung in den Blutkreislauf mindestens einen oder auch mehrere Lymphknoten durchfließen.
Aufgabe der Lymphknoten: Die Lymphknoten „filtern" die Lymphe. Retikulumzellen der Lymphknoten vernichten durch Phagozytose Mikroorganismen, Gifte, Zellbruchstücke und andere Antigenstrukturen. In den Lymphknoten werden T-Lymphozyten und Antikörper der B-Lymphozyten in die Lymphe (und damit in die Blutbahn) geschwemmt.
Lymphknoten, die ihren Zufluss aus bestimmten Körperregionen oder Organen erhalten, werden als regionale Lymphknoten bezeichnet. Sie sind von großer klinischer Bedeutung, da sie eine krankhafte Veränderung (z. B. bösartiger Tumor, Entzündung) in ihrem Quellgebiet anzeigen, wenn sie sich vergrößern, schmerzhaft werden oder verhärten.

MILZ (SPLEN, LIEN)

Die Milz misst ca 11x7x4 cm (merke: 4711) und wiegt ca. 170 g. Sie hat die Form einer Kaffeebohne und liegt zwischen Magenfundus und Zwerchfell unter dem linken Rippenbogen. Sie ist normalerweise bei der körperlichen Untersuchung nicht tastbar. Nicht selten (10-35%) finden sich in der näheren Umgebung der Milz eine oder mehrere 1-3 cm große Nebenmilzen. Die Milz ist das größte Organ des lymphatischen Systems. Man kann sie als weiterentwickelten Lymphknoten auffassen, der als Filtrationsorgan zwischen Verdauungskanal, Blut und Leber eingeschaltet ist. Große Blutmengen durchströmen die Milz. Das Blut wird im Milzfilter gewissermaßen gereinigt und von überalterten Erythrozyten befreit: „Die Milz ist der Friedhof des Blutes". Die Milz ist zur Bildung von Antikörpern und antikörperproduzierenden Zellen (Lymphozyten, Plasmazellen) befähigt („Abwehrmilz"). Die Milz kann beim Menschen ohne sichtbare Schäden entfernt werden (erhöhtes Risiko, an einigen Infektionskrankheiten zu erkranken).

THYMUS

Der Thymus liegt im vorderen Mediastinum zwischen Perikard und Sternum, ist nur im Kindesalter voll ausgebildet und wandelt sich dann in einen Fettkörper um. Hauptaufgabe ist die Prägung und damit Differenzierung der noch unreifen T-Lymphozyten aus dem Knochenmark. Nur T-Lymphozyten, die den Thymus passiert haben, sind immunkompetent: „Der Thymus ist die Schule der T-Lymphozyten".

LYMPHATISCHER RACHENRING

1. Tonsilla pharyngea (Rachenmandel) am Dach des Nasenrachens
2. Tonsillae palatinae (2 Gaumenmandeln) im Gaumenbogen
3. Tonsilla lingualis (Zungenmandel in Form von Lymphfollikeln) am Zungengrund
4. lymphatische Seitenstränge an der hinteren Rachenwand

ERKRANKUNGEN DES LYMPHATISCHEN SYSTEMS

LYMPHANGIITIS

Def.:
Entzündung der Lymphbahnen im Abflussgebiet eines lokalen Infektionsherdes (z. B. Abszess, Furunkel, Phlegmone) mit sichtbarem rotem Streifen, Schwellung und evtl. bereits vergrößerten regionären Lymphknoten (Lymphadenitis)
Kl.:

- geröteter, druckempfindlicher Strang (mit schmerzhafter Infiltration des Gewebes)
- Schwellung der regionalen Lymphknoten
- meist subfebrile, gelegentlich auch septische Temperaturen
- Komplikation: Die akute Lymphangiitis ist immer ein Warnzeichen: Sie kann Ausgangsherd für eine Sepsis (Volksmund: „Blutvergiftung") werden.
- Lab.: Leukozytose, BSG↑

Th.:
Ruhigstellung, Antibiotika, evtl. chirurgische Inzision
falls möglich und erkennbar: Behandlung des Grundleidens

LYMPHÖDEM

Def.:
durch Behinderung des Lymphabflusses hervorgerufenes chronisches Ödem mit blasser, teigiger, nur z. T. eindrückbarer und schmerzloser regionaler Schwellung (häufig im Bereich von Extremitäten, Genitale). Die ursächliche Störung des Lymphtransportes kann angeboren, erworben oder - selten - Folge einer Veränderung der Zusammensetzung der Lymphe sein.

Ät.:

Primäre Lymphödeme: angeborene Fehlanlage oder Funktionsstörung der Lymphgefäße

Sekundäre Lymphödeme: postoperativ, posttraumatisch, nach Bestrahlung, durch Narben, parasitär (Filariose: Elephantiasis), Tumore, bösartige Lymphknotenerkrankungen (z. B. M. Hodgkin), Leukämie, Tuberkulose, entzündliche Lymphangitiden, direkte Traumata

Dg.:

Anamnese, Klinik, Lymphangiografie, Lymphszintigrafie

Th.:

schwierig und langwierig: Behandlung der Grundkrankheit, manuelle Lymphdrainage, Kompressionsverbände, Hautschutz, Hochlagerung, pneumatische Dekompression (Jobst-Apparat), Entwässerung (intermittierend); evtl. Operation (Resektion, Ableitung, Lymphgefäßtransplantation)

ATMUNGSSYSTEM

Durch Viren hervorgerufene Erkältungskrankheiten mit akut auftretenden Entzündungen der Atemwege gehören zu den häufigsten Krankheitsbildern überhaupt. An schweren Lungenerkrankungen sterben etwa 10% der Menschen in den Industrieländern: 40% an Lungenkrebs (Rauchen!), 20% an Lungenentzündungen, 15% an chronischen Entzündungen der Bronchialschleimhaut (chronische Bronchitis) und 7% am Asthma bronchiale. 30% der anerkannten Berufskrankheiten sind Lungenerkrankungen.

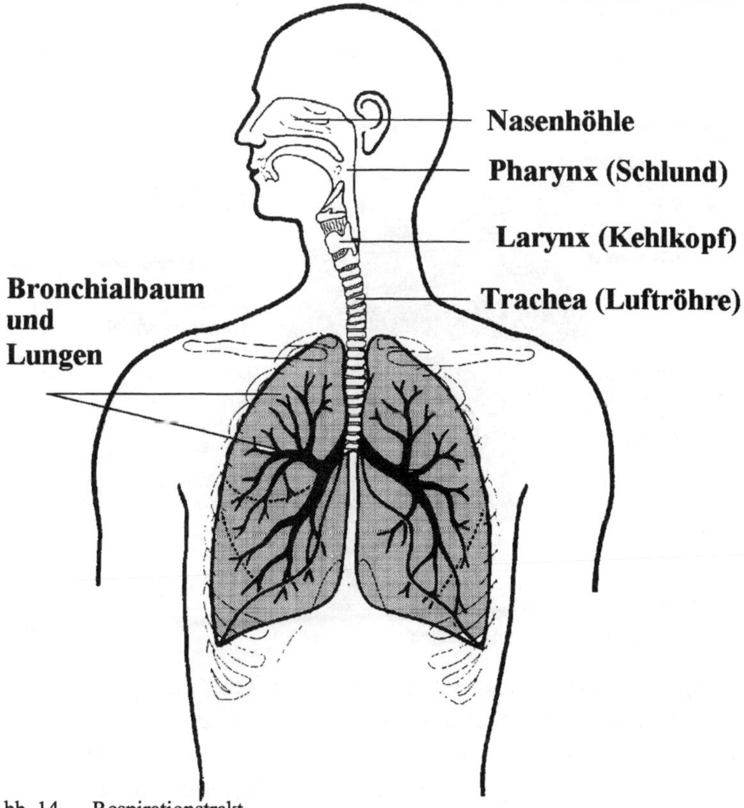

Abb. 14 Respirationstrakt

ANATOMIE UND PHYSIOLOGIE

Die Atmungsorgane bestehen aus den zuleitenden (äußeren) Atemwegen und den Lungen. Die zuleitenden Atemwege dienen der Reinigung, Vorwärmung und Befeuchtung der eingeatmeten Luft. Die Atemluft wird über die Nase (oder den Mund) zunächst in den Rachen („Schlund", Pharynx) und über den Kehlkopf (Larynx) weiter in die Luftröhre (Trachea) geleitet. Von dort gelangt sie über die Bronchien und Bronchioli in die Lungenbläschen (Alveolen). In den Lungenbläschen erfolgt der Gasaustausch. Sauerstoff (O_2) aus der eingeatmeten Luft wird ins Blut abgegeben. Kohlendioxid (CO_2) diffundiert aus dem Blut in die Lungenbläschen. Die Ausatemluft verlässt die Lunge in umgekehrter Richtung. Der hier geschilderte Vorgang wird äußere Atmung genannt. Als innere Atmung (oder Zellatmung) wird die Bildung energiereicher Phosphate (unter Verbrauch von Sauerstoff) in den Zellen bezeichnet („Atmungskette").

NASE

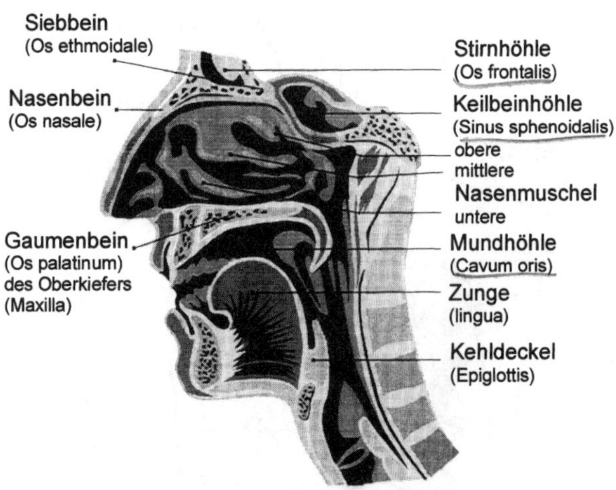

Abb. 15 Nasenhöhle, Mund und Rachen

Die Nasenscheidewand (Septum nasi) teilt die teils knöcherne, teils knorpelige Nase in eine rechte und eine linke Nasenhöhle. Die Nasenhöhle liegt als horizontal gestellter Kanal über dem Gaumenbein des Oberkiefers. Die Seitenwände werden hauptsächlich vom rechten und linken Oberkieferbein gebildet. Diese neigen sich zur Mitte und vereinigen sich unter der Schädelbasis mit der Siebbeinplatte zum Nasenhöhlendach. Der hintere Ausgang der Nasenhöhle, die sog. Choanen, führt in den Rachenraum. Die Nasenmuscheln liegen beidseits an der lateralen Wand der Nasenhöhlen parallel übereinander. Unter jeder Nasenmuschel liegt ein Nasengang:

1. Unterer Nasengang = Mündung des Tränen-Nasen-Kanals (von Schleimhaut ausgekleideter Gang, der die Tränenflüssigkeit aus dem inneren Augenwinkel in die Nasenhöhle leitet. Dies ist der Grund, warum man beim Weinen die Nase putzen muss).
2. Mittlerer Nasengang = Mündung Kieferhöhle, Stirnhöhle, vordere Siebbeinzellen
3. Oberer Nasengang = Mündung der hinteren Siebbeinzellen, Keilbeinhöhle

Die Nase ist einerseits ein Sinnesorgan, anderseits gehört sie zu den Atmungsorganen. Im Nasenhöhlendach, im Bereich der oberen Nasenmuschel und dem obersten Teil des Nasenseptums, liegt die Riechschleimhaut (Regio olfactoria) mit den Riechzellen. Die Wände der Nasenhöhle sind von einer Schleimhaut überzogen, die aus einem mehrreihigen Flimmerepithel besteht.

Aufgaben der Nasenschleimhaut

- Reinigung (durch Haare und Flimmerepithel)
- Anfeuchtung (durch die Schleimhaut)
- Erwämung der Atemluft (durch Venengeflecht unter der Schleimhaut)
- Prüfung der Atemluft durch Riechschleimhaut

NASENNEBENHÖHLEN (SINUS)

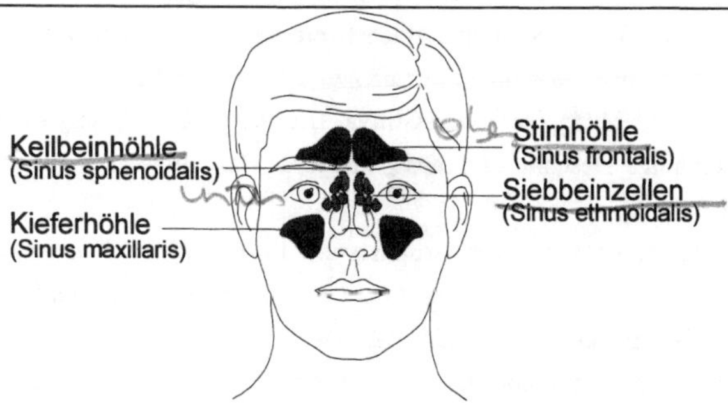

Abb. 16 Nasennebenhöhlen

Die an die Nasenhöhle angrenzenden Knochen enthalten lufthaltige Hohlräume, die Nasennebenhöhlen (Sinus). Sie stehen mit der Nasenhöhle durch feine Öffnungen in Verbindung. Die Nasennebenhöhlen sind unterschiedlich groß und oft asymmetrisch angelegt. Sie bilden sich erst während der Kindheit aus.

1. Sinus frontales, Stirnhöhlen: Nachbarschaft zu Augenhöhle und Schädelbasis, Abfluss in den mittleren Nasengang
2. Sinus maxillaris, Kieferhöhlen: sie reichen als größte Nebenhöhlen vom Auge bis zum Kieferknochen, Abfluss in den mittleren Nasengang.
3. Sinus sphenoidales, Keilbeinhöhlen: sie liegen über dem Nasenrachenraum in Nachbarschaft zu den hinteren Siebbeinzellen, Abfluss in den oberen Nasengang.

4. Cellulae ethmoidales, Siebbeinzellen (6-10 kleine, lufthaltige Hohlräume): Die vorderen Siebbeinzellen bilden mit Stirn- und Kieferhöhlen einen gemeinsamen Erkrankungsraum (Abfluss in den mittleren Nasengang), die hinteren mit den Keilbeinhöhlen (Abfluss in den oberen Nasengang).

SCHLUND (PHARYNX)

Der Schlund oder Rachen ist der gemeinsame Abschnitt der Atemwege und des Verdauungstraktes. Er wird in drei Abschnitte unterteilt:

- Oberer Rachenraum (Epi- oder Nasopharynx): Die obere Grenze bildet das sog. Rachendach, ein von Schleimhaut überzogener Bezirk der Schädelbasis. Die untere Grenze entspricht dem freien Rand der Gaumensegel.
  - Rachenmandel (Tonsilla pharyngea): Die aus lymphatischem Gewebe bestehende Rachenmandel sitzt in der Mitte des Rachendaches unter der Schädelbasis.
  - Ohrtrompete (Tuba auditiva Eustachii): In der Seitenwand des oberen Rachenraumes findet sich die Öffnung der Ohrtrompete. Die Ohrtrompete ist ein Gang, der das Mittelohr mit dem Rachen verbindet. Über diesen Gang wird das Mittelohr belüftet und der Luftdruckausgleich zwischen Mittelohr und Rachen erreicht. (Bei Kindern mit geringem Durchmesser der Tuba auditiva führen Entzündungen der oberen Luftwege zum Anschwellen der Schleimhautauskleidung der Tuba auditiva. Die fehlende Belüftung führt häufig zur Mittelohrentzündung: Deshalb sind abschwellende Nasentropfen bei Mittelohrentzündung durchaus sinnvoll.)
- Mittlerer Rachenraum (Meso- oder Oropharynx): Er erstreckt sich zwischen dem Rand der Gaumensegel bis zum oberen Rand des Kehldeckels (Epiglottis). In seiner Seitenwand liegen beidseits die Gaumenmandeln (Tonsillae palatinae).
- Unterer Rachenraum (Hypo- oder Laryngopharynx): Er wird auch als Kehlkopf-Rachenraum bezeichnet. Er reicht vom Oberrand des Kehldeckels bis in Höhe des Unterrandes der Ringknorpelplatte des Kehlkopfes. Nach unten geht er in die Speiseröhre (Ösophagus) über.

Der Epipharynx ist von mehrreihigem Flimmerepithel ausgekleidet (Epithel der Atemwege oder respiratorisches Epithel). Meso- und Hypopharynx sind - wie die Mundhöhle - von mehrschichtigem, nicht verhornendem Plattenepithel ausgekleidet.

Die verschiedenen Lymphzellhaufen, die im Bereich der Mundhöhle und im oberen Abschnitt des Rachenraumes liegen, werden als lymphatischer Rachenring bezeichnet. Er umgibt die Ausgänge des Mund- und Nasenraumes zum Rachen und setzt sich zusammen aus:

- den Zungenmandeln (Tonsilla lingualis: Lymphzellgruppen am Zungengrund)
- den paarigen Gaumenmandeln (Tonsilla palatina: zwischen den Gaumenbögen)
- der unpaaren Rachenmandel (Tonsilla pharyngea: am Rachendach)
- den Seitensträngen (lymphatisches Gewebe am seitlichen Rachendach)

KEHLKOPF (LARYNX)

Der Kehlkopf (Larynx) sitzt als röhrenförmiges Knorpelgerüst an der Vorderseite des Halses. Er besteht aus 5 Knorpeln, die zum Teil gelenkig miteinander verbunden sind und durch Bänder und Muskeln zusammengehalten werden.

Der Schildknorpel bildet mit seinen zwei vorn zusammengewachsenen Knorpelanteilen den „Adamsapfel". An seiner Innenseite ist der Kehldeckel (Epiglottis) befestigt. Er legt sich beim Schluckakt schützend vor den Kehlkopfeingang. Unter dem Schildknorpel folgt als Übergang zur Luftröhre der Ringknorpel. Schildknorpel und Ringknorpel sind durch Gelenke miteinander verbunden. Auf der Platte des Ringknorpels sitzen die beiden pyramidenförmigen Stellknorpel. Sie werden von kleinen Muskeln bewegt und sind für die Stellung und Spannung der Stimmbänder wichtig. Die Stimmbänder verlaufen unter der Schleimhaut von der Innenfläche des Schildknorpels zu den Stellknorpeln. Der zwischen den beiden Stimmbändern bestehende Spalt wird „Stimmritze" genannt.

LUFTRÖHRE (TRACHEA)

Die Luftröhre ist 10-12 cm lang. Sie liegt hinter der Schilddrüse und vor der Speiseröhre, reicht vom (tastbaren) Ringknorpel in Höhe des 6.-7. Halswirbels bis zur Gabelung (Bifurkation) in Höhe des 4. Brustwirbels. Der Durchmesser beträgt 1,3-2,2 cm. 16-20 hufeisenförmige, nach hinten offene Knorpelspangen (hyaliner Knorpel), gewährleisten Wandstabilität. Die offene hintere Seite der Knorpelspangen wird durch eine bindegewebig-muskulöse Hinterwand zusammengehalten. Diese ermöglicht eine Ausweitung des dahinter liegenden Oesophagus. Die einzelnen Knorpelspangen sind durch elastische, bindegewebige Zwischenstücke miteinander verbunden. Wie überall im Bereich der Atemwege ist auch die Luftröhre von einem Schleimhautüberzug aus Flimmerhaare tragenden Zylinderzellen und schleimbildenden Becherzellen ausgekleidet.

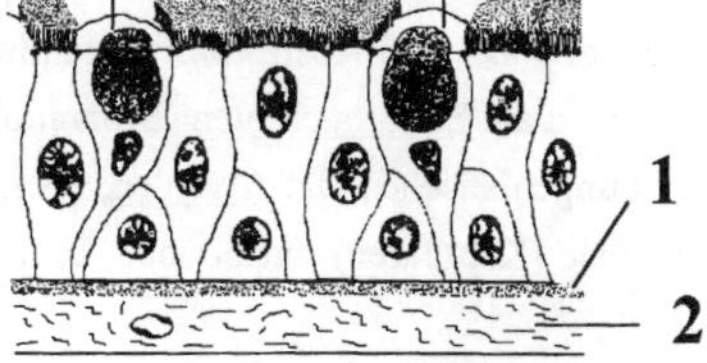

1 Basalmembran
2 Bindegewebe
3 Flimmerepithelzellen
4 Becherzellen (schleimbildend)

Abb. 17 Atemepithel mit Flimmerepithel- und Becherzellen

BRONCHIEN

1 Schildknorpel (Cartilago thyreoidea)
2 Ringknorpel (Cartilago cricoidea)
3 Luftröhre (Trachea)

4 Stammbronchus rechts
5 Oberlappenbronchus rechts
6 Mittellappenbronchus rechts
7 Unterlappenbronchus rechts

8 Unterlappenbronchus links
9 Oberlappenbronchus links
10 Stammbronchus links

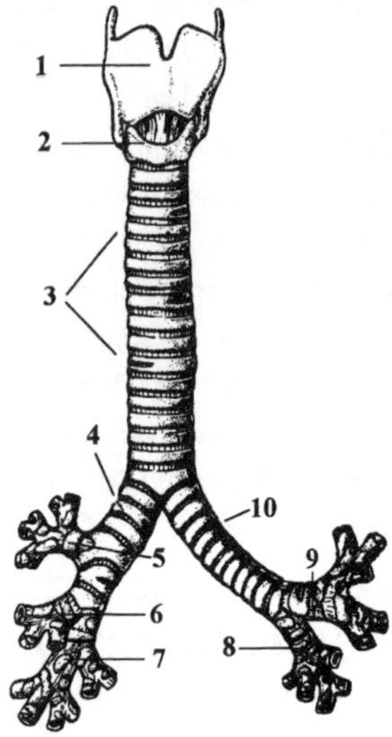

Abb. 18 Untere Luftwege (Kehlkopf, Luftröhre, Haupt- und Lappenbronchien)

Die Luftröhre teilt sich etwa 12 cm unterhalb des Kehlkopfes in 2 Äste, die zur rechten und zur linken Lunge führen. Nach dieser Luftröhrengabelung (Bifurcatio tracheae) werden die Äste der Luftröhre Bronchien genannt. Die zwei großen, zur rechten und zur linken Lunge ziehenden Äste werden als linker und rechter Stamm- oder Hauptbronchus bezeichnet. Innerhalb der Lunge teilt sich der rechte Stammbronchus in drei Hauptäste für die drei Lappen der rechten Lunge, der linke in zwei Hauptäste für die zwei Lappen der linken Lunge (Lappenbronchien). Die Lappenbronchien teilen sich weiter auf in kleinere Segmentbronchien. Den kleineren Verzweigungen der Bronchien, den Bronchiolen, fehlen Knorpeleinlagerungen. Sie sind mit glatten Muskelfasern ausgestattet, die durch Änderung des Durchmessers den Zu- und Abstrom der Atemluft regulieren. Einen noch kleineren Durchmesser (1/2 mm) haben die Endbronchiolen (Bronchioli terminales), die unmittelbar in die eigentlichen atmenden Lungenbläschen, die Alveolen, übergehen. Die Alveolen werden von einem Netz dünnster Blutgefäße (Kapillaren) umsponnen. In den Kapillaren erfolgt - durch Diffusion - der Gasaustausch.

LUNGE (PULMO)

Die Lunge (Pulmo) besteht aus zwei getrennten Lungenflügeln. Ihre Außenfläche liegt der inneren Thoraxwand an, während die Unterfläche dem Zwerchfell aufsitzt. Zwischen den beiden Lungenflügeln befinden sich die Organe des Mediastinums. Bei der Einatmung tritt die Lunge ca. 3-4 cm tiefer, um bei der Ausatmung wieder nach oben zu steigen (Lungenverschieblichkeit). Stammbronchus, Lungenschlagader (A. pulmonalis), Lungenvenen (Vv. pulmonales), Lymphgefäße und Nerven treten auf der Mediastinalseite an der Lungenwurzel (Lungenhilum) in die Lunge ein bzw. aus. Die Lungenflügel sind in Lungenlappen unterteilt: Die linke Lunge hat zwei Lappen, einen Ober- und einen Unterlappen. Die rechte Lunge besteht aus drei Lappen, dem Ober-, Mittel- und Unterlappen. Die Lungenlappen werden weiter in Lungensegmente unterteilt.

BRUSTFELL (PLEURA) UND PLEURASPALT

Beide Lungenflügel sind von einer Hülle, dem Lungenfell (Pleura visceralis) überzogen. Das Lungenfell grenzt, nur durch einen Flüssigkeitsspalt getrennt, an das Rippenfell (Pleura parietalis), welches die innere Thoraxwand, das Zwerchfell und das seitliche Mediastinum überzieht. Lungen- und Rippenfell werden gemeinsam als Brustfell oder Pleura bezeichnet. Die beiden Pleurablätter gehen am Lungenhilum ineinander über. Den feinen Spalt zwischen Pleura visceralis und Pleura parietalis nennt man Interpleuralspalt oder Pleuraspalt. Durch die beiden Brustfellblätter sind Lungenoberfläche und innere Brustwand von einer gleitfähigen Haut überzogen. Dies ermöglicht eine reibungslose Verschiebung der Lungenoberfläche gegen die Brustwand bei der Atmung. Im Pleuraspalt herrscht ein negativer intrapleuraler Druck (4-6 mm Hg), bedingt durch den Zug der elastischen Lungenfasern. Gelangt Luft in den Pleuraraum, fällt die Lunge durch die Elastizität ihrer Fasern in Richtung Hilum zusammen (Pneumothorax) und kann den Atembewegungen nicht mehr folgen.

ATEMBEWEGUNGEN

Bei der Einatmung werden die Rippen zur Erweiterung des Brustraumes angehoben. Gleichzeitig senkt sich die Zwerchfellkuppe durch Kontraktion des Zwerchfells (wichtigster Atemmuskel!).
Bei der Ausatmung werden zur Verkleinerung des Brustraums die Rippen gesenkt, das Zwerchfell erschlafft, die Zwerchfellkuppe steigt wieder nach oben.
Die Atembewegungen des Brustkorbs erfolgen hauptsächlich durch die in zwei Schichten übereinanderliegenden Zwischenrippenmuskeln (Mm. intercostales). Bei vertiefter Atmung wird zusätzlich die sog. Atemhilfsmuskulatur eingesetzt (M. pectoralis minor und major, Mm. scaleni, M. sternocleidomastoideus, M. serratus posterior superior). Bei forcierter Ausatmung werden die Bauchmuskeln eingesetzt.

ATEMFREQUENZ

Die mittlere Atemfrequenz beträgt beim Erwachsenen unter Ruhebedingungen 14 Atemzüge/ Minute, mit Schwankungen zwischen 10-18 Atemzügen pro Minute. Eine schnellere Atemfrequenz wird Tachypnoe genannt. Kinder haben eine höhere Atemfrequenz (20-30/min), Kleinkinder haben Frequenzen um 30-40/min, Neugeborene um 40-50/min.

ATEMGRÖßEN (LUNGEN- UND ATEMVOLUMINA)

Die Atemgrößen sind abhängig von Körperbau, Körpergröße, Lebensalter, Geschlecht und Trainingszustand. Ein Erwachsener in körperlicher Ruhe atmet ca. 14-16 mal pro Minute jeweils ca. 500 ccm Luft ein und aus: Das normale Ein- und Ausatmungsvolumen in Ruhe wird Atemzugvolumen genannt.

Das Volumen, welches nach normaler Inspiration zusätzlich eingeatmet werden kann (ca. 2100-3000 ccm), wird inspiratorisches Reservevolumen genannt. Die Luftmenge, die nach normaler Ausatmung noch zusätzlich ausgeatmet werden kann (ca. 800-1200 ccm), wird exspiratorisches Reservevolumen genannt. Auch nach stärkster Ausatmung bleibt Luft in den Lungen zurück: Residualluft (Restluft, ca. 1200 ccm) oder Residualvolumen der Lunge. Die Luftmenge, die nach stärkster Einatmung maximal ausgeatmet werden kann, wird Vitalkapazität (ca. 4000-5000 ccm) genannt. Unter Inspirationskapazität wird das Volumen verstanden, das nach normaler Ausatmung maximal eingeatmet werden kann. Die funktionelle Residualkapazität ist das Volumen, das nach normaler Ausatmung noch in der Lunge vorhanden ist.

Das Produkt aus Atemzugvolumen (= Volumen des einzelnen Atemzugs) und Atemfrequenz (= Anzahl der Atemzüge/min) ergibt das Atemzeitvolumen.

Das Atemzeitvolumen beträgt für die Ruheatmung Erwachsener ca. 7 l/min. Bei extremer Belastung kann es auf das 10fache steigen.

ATEMSTEUERUNG

Die Atmung verläuft rhythmisch, wird ständig vom Gehirn aus gesteuert und kontrolliert und kann nur beschränkt willkürlich beeinflusst werden. Es kann zwar zeitlich begrenzt verstärkt geatmet werden, auch kann der Atem kurzzeitig angehalten werden, doch dann unterliegt die Atmung wieder der zentralnervösen Steuerung. Die zentrale Steuerungsstelle der Atmung sitzt im verlängerten Mark (Medulla oblongata), dem Teil des Rückenmarks, welches Rückenmark und Gehirn verbindet. Dehnungsrezeptoren in der Lunge, und zentrale und periphere Chemorezeptoren mit Messfühlern für CO_2, O_2 und den pH-Wert, stehen über Regelkreise mit dem Atemzentrum in Verbindung.

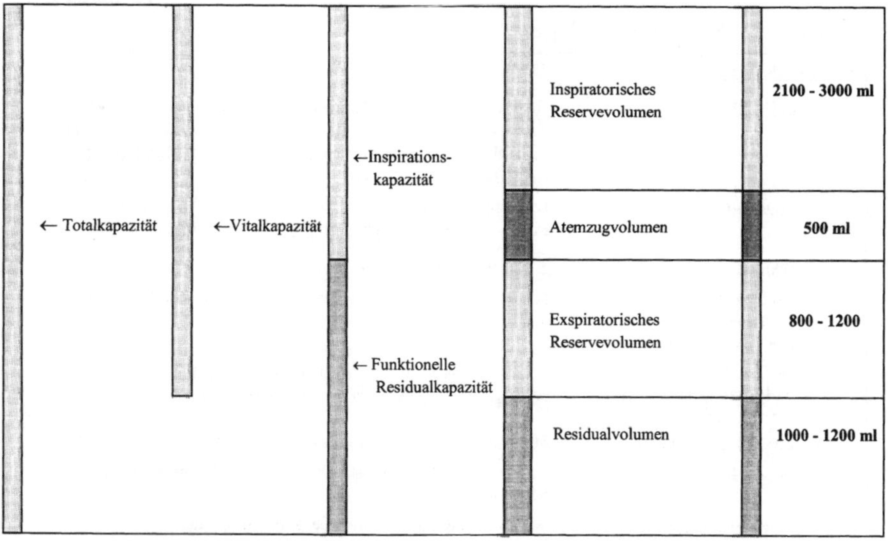

Abb. 19 Lungenvolumina und Lungenkapazitäten

UNTERSUCHUNGSMETHODEN

Prinzipieller Aufbau einer Lungendiagnostik:

Zunächst sollte eine genaue Erhebung der Anamnese (Krankengeschichte) erfolgen. Allgemeinsymptome wie Appetitlosigkeit, Fieber, Nachtschweiß sind vieldeutig, können jedoch auf Lungenerkrankungen hindeuten. Spezifischer sind Lungensymptome wie Husten ohne Auswurf (unproduktiver Husten), Husten mit Auswurf (produktiver Husten), Atemnot (Dyspnoe) und Brustschmerz. (Merke: Alle diese Symptome können auch bei Herzerkrankungen auftreten)! Raucher?! Allergie? Berufsanamnese (z. B. Bäckerasthma)?

Es folgt die eingehende klinische Untersuchung nach dem IPPAF-Schema: Inspektion, Palpation, Perkussion, Auskultation und Funktionsprüfung.

Weder mit dem Stethoskop noch mit der Perkussion kann man den ganzen Thoraxraum durchdringen! Krankhafte Prozesse am Lungenhilum (z. B. Bronchuskarzinom) sind durch klinische Untersuchung nicht zu diagnostizieren! Hier benötigt man zusätzliche Untersuchungen:

Labor (Blutbild, Blutgasanalyse), Lungenfunktionsprüfung (Spirometrie), Röntgen (Thorax in zwei Ebenen), Computertomografie, Bronchografie, Perfusions- und Ventilationsszintigrafie), mikrobiologische Untersuchungen und Allergiediagnostik, endoskopisch-bioptische Verfahren (Bronchoskopie, Pleurapunktion, Thorakoskopie), ergänzende Rechtsherzdiagnostik (Echokardiografie, Rechtsherzkatheter) u. a.

Lerntext 7 **Atemgeräusche**

ATEMGERÄUSCHE	
VESIKULÄRATMEN	Normalbefund über den Lungenbasen (in einiger Enfernung von Trachea und Bronchien), leises, niederfrequentes Rauschen, hauptsächlich während der Einatmung (Inspiration) zu hören, (nur ganz am Anfang der Exspiration)
– **abgeschwächt**	bei Infiltration, bei verminderter Entfaltung der Lunge z. B. Pleuraschwarte und -erguss, Emphysem, Adipositas, Atelektase
– **fehlend**	z. B. bei Pneumothorax, Erguss
– **verschärft** (= "Bronchialatmen" über den Lungenbasen)	laut, fauchend z. B. bei Pneumonie, Lungenfibrose und am Oberrand von großen Ergüssen
– **verlängerte Ausatmungsphase** (Exspirium)	bei obstruktiven Lungenerkrankungen (z. B. Asthma bronchiale: verlängertes Exspirium mit exspiratorischem Stridor)
– **pfeifend („Stridor")**	pfeifendes, am Mund zu hörendes Atemgeräusch
→ **inspiratorisch**	extrathorakale Atemwegsstenose, z. B. im Kehlkopf bei Krupp oder Glottisödem
→ **exspiratorisch**	intrathorakale Atemwegsstenose, z. B. bei Asthma
– **pueril („kindlich")**	verschärfte Ausatmung bei mageren Personen oder bei Kindern (nicht pathologisch)
BRONCHIALATMEN (bzw. Trachealatmen)	lautes, ohrnahes, hochfrequentes Atemgeräusch in der gesamten Ausatmungsphase hörbar physiologisch über den großen Luftwegen (Trachea, Bronchien), pathologisch über peripheren Lungenabschnitten z. B. Pneumonie

Lerntext 8 **Lungen-Nebengeräusche**

(Im Buchtext wurde die ältere Terminologie beibehalten, da diese bei den Gesundheitsämtern noch weit verbreitet ist.

Kontinuierliche Nebengeräusche (alte Terminologie: trockene Rasselgeräusche=RG)	
(Giemen, Pfeifen, Brummen)	• Asthma bronchiale: in- und exspiratorisch • chronische Bronchitis: exspiratorisch • Tumoren und Asthma cardiale
Diskontinuierliche Nebengeräusche (Rasseln/Rasselgeräusche) (alte Terminologie: feuchte Rasselgeräusche)	
feines Rasseln (alte Terminologie: „feucht, feinblasig")	• Lungenentzündung (Pneumonie) • (Linksherzinsuffizienz („Stauungslunge", Frühsymptom) • Lungenfibrose (am Ende der Inspiration hörbar) • chronische Bronchitis (am Anfang der Inspiration hörbar)
– bettlägerige Patienten	„Entfaltungsknistern": verschwindet nach einigen tiefen Atemzügen bzw. nach dem Husten
grobes Rasseln (alte Terminologie: „feucht, grobblasig")	• Lungenödem • nicht abgehustetes Sekret • Bronchiektasen (mit mittel-inspiratorischem, metallischem „Klick") • schwerstkranke Patienten („Todesröcheln")
Pleurareiben („Lederknarren")	Geräusch bei einer Pleuritis sicca, atemsynchron in- und exspiratorisch, meist mit atemabhängigen Schmerzen einhergehend.

BLUTGASANALYSE

Messung der Partialdrücke der Atemgase (Sauerstoffpartialdruck, CO_2-Partialdruck) meist im arteriellen Blut. Die Blutgasanalyse erlaubt eine Beurteilung des Gasaustausches in den Lungen (z. B. bei Lungenerkrankungen oder Beatmungspatienten).

SPIROMETRIE

Ein Spirometer kann verschiedene Gasvolumina bei gleich bleibendem Druck aufnehmen. Beim geschlossenen System mit Glockenspirometer taucht eine zylindrische Glocke in ein mit Wasser gefülltes Gefäß ein, das den Innenraum des Spirometers luftdicht umschließt. Das Mundstück des Patienten ist durch einen Schlauch mit dem Spirometer verbunden. Die Volumenänderung durch die Atemluft des Patienten führt zu einer Bewegung der Glocke. Die Luftmengen lassen sich an einer geeichten Skala ablesen. (Es gibt auch ein offenes Spirometersystem mit Atemrohr und elektronischer Integration der Strömungsgeschwindigkeit).

BRONCHOSKOPIE

Bei der Bronchoskopie handelt es sich um eine endoskopische Untersuchung des Bronchialsystems mit einem starren oder flexiblen Bronchoskop, meist in Narkose unter medikamentöser Muskelrelaxation. Gewebeproben (Biopsien) und endobronchiales Sekret zur zytologischen oder mikrobiologischen Untersuchung werden gewonnen. Bronchoskopiert wird auch therapeutisch zur Fremdkörperentfernung (z. B. Erdnüsse bei Kindern) oder zur Einlage von strahlendem Material in der Strahlentherapie von Karzinomen.

SZINTIGRAMM

Lungenventilationsszintigrafie: Verfahren zur Untersuchung der Lungenbelüftung (Ventilation) und des Gasaustausches. Ein radioaktives Medikament (z. B. Xenon-133) wird in einem Spirometer der Atemluft beigemischt. Mit einem besonderen Aufzeichnungsverfahren wird die Aktivität der strahlenden Partikel registriert: minder- oder unterbelüftete Lungenpartien kommen als aktivitätsverminderte oder aktivitätsfreie Zonen zur Darstellung. Meist wird sie kombiniert mit der Lungenperfusionsszintigrafie. Diese ist ein aussagekräftiges Verfahren zur Beurteilung der Lungendurchblutung. In die Blutbahn injizierte radioaktive Eiweißpartikel bewirken eine Mikroembolisierung von Lungenkapillaren. Lungenabschnitte mit verminderter oder aufgehobener Durchblutung, z. B. infolge embolischer Gefäßverlegung oder reflektorischer Minderdurchblutung, kommen als aktivitätsverminderte oder aktivitätsfreie Zonen zur Darstellung.

Lerntext 9	Synopse der Lungenuntersuchung				
	EMPHYSEM	**PNEUMONIE**	**Pleuraerguss**	**ATELEKTASE**	**PNEUMOTHORAX**
Inspektion	fassförmiger Thorax, waagrecht verlaufende Rippen, geblähte Schlüsselbeingruben	Lippenzyanose, beschleunigte Atmung, „Nasenflügeln"	„Nachschlepen" der erkrankten Seite bei der Atmung	„Nachschleppen" der erkrankten Seite bei der Atmung	„Nachschleppen" der erkrankten Seite bei der Atmung
Stimmfremitus (Palpation)	abgeschwächt	verstärkt	abgeschwächt bis aufgehoben	abgeschwächt bis aufgehoben	stark abge-schwächt bis aufgehoben
Perkussion	hypersonorer Klopf-schall, tief stehende Lungengrenzen, ver-minderte Verschieb-lichkeit	Dämpfung	Dämpfung (lateral ansteigend: Ellis-Damoiseau-Linie)	Dämpfung	hypersonorer Klopfschall
Auskultation	abgeschwächtes Atemgeräusch, aufgehobenes Atem-geräusch	Bronchialatmen, klingende, feuchte Rasselgeräusche	abgeschwächtes bis aufgehobenes Atem-geräusch	abgeschwächtes bis aufgehobenes Atem-geräusch	abgeschwächtes bis aufgehobenes Atemgeräusch
Bronchophonie	abgeschwächt	verstärkt	abgeschwächt bis aufgehoben	abgeschwächt bis aufgehoben	abgeschwächt bis aufgehoben

ERKRANKUNGEN DER ATEMWEGE

STÖRUNGEN DER ATEMFUNKTION

Belüftung (Ventilation) und Durchblutung (Perfusion) der Lungen ermöglichen den Austauch von O_2 (Sauerstoff) und CO_2 (Kohlenstoffdioxid) zwischen Atmosphäre und Blut. Sauerstoff wird zunächst mit der Einatemluft zu den Lungenbläschen (Alveolen) gebracht (Ventilation). Von dort wird er passiv durch die Membranen der Lungenbläschen ins Blut befördert (Diffusion) und an das Hämoglobin der roten Blutkörperchen gebunden, die mit dem Blut des kleinen Kreislaufs das Lungengewebe durchbluten (Perfusion). Mit dem großen Kreislauf gelangt der Sauerstoff zu den Geweben und diffundiert in die Zellen. Im Gegenzug wird CO_2 aus den Geweben ins Blut aufgenommten (Diffusion), im kleinen Kreislauf in die Lungen transportiert (Perfusion), gelangt von dort in die Lungenbläschen (Diffusion) und wird mit der Ausatemluft abgeatmet (Ventilation). Die Atemregulation wird zentral gesteuert und bedarf einer funktionierenden Atemmuskulatur. Normalerweise werden die Lungen in Ruhe mit 4 l Luft in der Minute ventiliert und von 5 l Blut in der Minute perfundiert.

Neben zentralen Atemregulationsstörungen können bei der Atmung folgende Störungen auftreten:

1. Ventilationsstörungen: Störungen der Lungenbelüftung (Verteilungsstörungen, Störungen der Dehnbarkeit des Lungengewebes u./o. der Brustkorbwand)
2. Diffusionsstörungen: Störungen im Austausch von Alveolargasen und Blut
3. Perfusionsstörungen: Störungen der Lungendurchblutung
4. Verteilungsstörungen: unterschiedlich belüftete oder durchblutete Lungenbezirke

VENTILATIONSSTÖRUNGEN

Belüftungsstörungen der Lunge. Es kommt zu ungleichmäßiger Verteilung des eingeatmeten Gasvolumens aufgrund pathologischer Veränderungen der Lunge oder der Atemwege.

1. Obstruktive Ventilationsstörungen

   90% aller Lungenkrankungen, jeder 2.-3. Raucher über 40 Jahren ist betroffen

   - Obstruktion (Verlegung) der innerhalb des Thorax gelegenen Atemwege

     ⇒ Endobronchiale Obstruktion

     Ät.: Schwellung der Schleimhaut
     pathologische Schleimsekretion
     Bronchospasmus

     ⇒ Exobronchiale Obstruktion

     Ät.: exspiratorischer Bronchiolenkollaps (Wandinstabilität beim Emphysem)

- Obstruktion (Verlegung) der außerhalb des Thorax gelegenen Atemwege

  Ät.: z. B. Trachealverengung, Lähmung des N. recurrens (Stimmlippeninnervation), Glottisödem

  Leitsysmptom: inspiratorischer Stridor (= pfeifendes Einatmungsgeräusch)

1. Restriktive Ventilationsstörungen

   Durch verminderte Ausdehnungsfähigkeit der Lunge (des Brustkorbs, des Zwerchfells) kommt es zu einer Verkleinerung des maximalen Lungenvolumens.

   Ät.:

   - intrapulmonale Restriktion: z. B. Lungenfibrose
   - pleurale Restriktion: z. B. Kyphoskoliose, Zwerchfellhochstand
   - thorakale Restriktion: z. B. Adipositas
   - andere Ursachen: z. B. neuromuskuläre Störung der Atemmuskulatur

DIFFUSIONSSTÖRUNGEN

Ät.

- Strukturveränderungen in den Lungenbläschen (z. B. Lungenfibrosen, Emphysem)
- verkürzte Kontaktzeit zwischen Blut und Alveolen

PERFUSIONSSTÖRUNGEN

Ät.

- Störungen der arteriellen Blutzufuhr im kleinen Kreislauf (z. B. Lungenembolie)
- Störungen im Kapillargebiet der Lunge

  z. B. Schwund der Kapillaren bei zerstörenden Lungenerkrankungen. Alveokapillärer Reflex (Euler-Liljestrand): Minderbelüfung der Lungenbläschen führt zur reflektorischen Verengung der kleinen Lungenarterien im unterbelüfteten Lungenbereich. Dadurch wird das Blut in gut belüftete Gebiete umgeleitet, allerdings um den Preis einer Widerstanderhöhung im kleinen Kreislauf = pulmonale Hypertonie.
- Störungen des venösen Abflusses (z. B. Linksherzinsuffizienz, Mitralstenose)

VERTEILUNGSSTÖRUNGEN

Sie können betreffen:

1. die Ventilation: unterschiedlich belüftete Lungenbezirke, z. B. bei obstruktiven Lungenerkrankungen
2. das Verhältnis von Ventilation zu Perfusion:
   - durchblutete, aber nicht belüftete Alveolen: Shuntdurchblutung
   - belüftete, aber nicht durchblutete Alveolen: Totraumventilation

ATEMREGULATIONSSTÖRUNGEN

PATHOLOGISCHE ATEMTYPEN

- Kussmaul-Atmung: eine regelmäßige, stark vertiefte Atmung. Sie weist auf eine kompensatorische Mehratmung (Hyperventilation) bei Azidose (saurer pH-Wert im Blut) hin. Es wird vermehrt CO_2-eine saure Substanz - abgeatmet und damit die Azidose veringert. Diese Atmung findet sich typischerweise als Symptom des ketoazidotischen Coma diabeticum (siehe S. 264)
- Cheyne-Stokes-Atmung: Atmung mit wechselnder, an- und abschwellender Atemtiefe, evtl. mit kurzen Atempausen. Dieser Atemtyp wird vor allem bei Klappenfehlern des linken Herzens und bei Linksherzinsuffizienz beobachtet.
- Seufzeratmung: anfänglich tiefe, dann abflachende Atemzüge mit mehreren Sekunden dauernden Atempausen. Dieser Atemtyp findet sich bei Patienten mit extremer Adipositas im Liegen (sog. Pickwick-Syndrom).
- Biot-Atmung: intermittierende Atmung. Kräfige Atemzüge von gleicher Tiefe werden von plötzlich auftretenden Atempausen unterbrochen. Es handelt sich um eine Störung im Atemzentrum, meist durch direkte Hirnverletzung oder Hirndrucksteigerung.

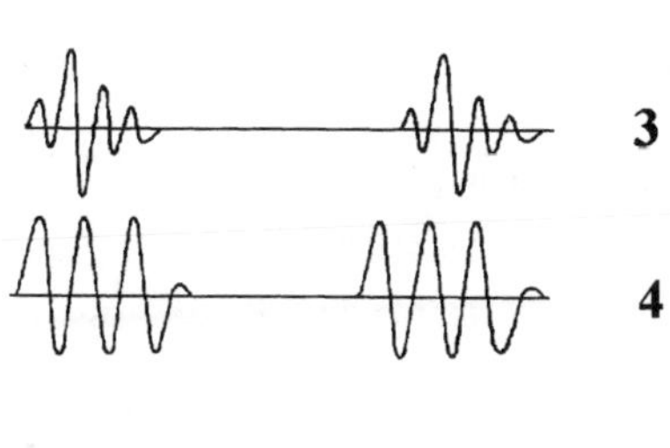

1 Normale Ruheatmung

2 KUSSMAUL Atmung

3 CHEYNE-STOKES-Atmung

4 BIOT-Atmung

Abb. 20 Pathologische Atmungsformen (Schema)

BRONCHIEKTASEN

Def.: sackförmige oder zylindrische irreversible Ausweitung der Bronchien

Ät.:

- angeboren: z. B. zystische Fibrose
- erworben durch: chronische Bronchitiden, Bronchusverengungen (Fremdkörper, Tumor), Lungentuberkulose und andere Lungenerkrankungen

Kl.:

- „maulvoller" Auswurf, produktiver Husten (besonders morgens)
- dreischichtiges Sputum (Schaum, Schleim, Eiter; süßlich-fade riechend)
- Kinder bleiben oft in ihrer Leistung und intellektuellen Entwicklung zurück (Retardierung)
- Auskultation: feuchte Rasselgeräusche (bzw. grobes Rasseln)

Kompl.:

Lungenblutungen, bronchopulmonale Infekte, Lungenabszesse mit Metastasengefahr (z. B. Hirnabszess), Amyloidose, respiratorische Insuffizienz mit Cor pulmonale

Dg.:

Anamnese, Klinik, Thoraxröntgenbild, CT, (evtl. Bronchografie), Sputumdiagnostik

Th.:

- chirurgisch: operative Entfernung von Lungensegmenten- oder Lungenlappen
- konservativ: morgendliches Abhusten in Knie-Ellenbogenlage, Atemgymnastik, Vibrationsmassage, Inhalationen, ggf. gezielte Antibiotika-Therapie

AKUTE BRONCHITIS

Def.: akute Entzündung der Bronchialschleimhaut

Ät.:

- Viren und Mykoplasmen (häufigste Ursachen), „Erkältung"
- sekundär bei anderen Krankheiten (Keuchhusten, Masern, Typhus)
- Pilze (Candida albicans, „Soorbronchitis")
- Reizstoffe (Gase, Staub)

Kl.: (virale Bronchitis)

- Hustenreiz, Schmerzen hinter dem Brustbein beim Husten
- zäher, spärlicher Auswurf (eitrig bei bakteriellen Superinfektionen)
- Fieber, Kopfschmerz, evtl. Muskel- und Gliederschmerzen
- Symptome einer gewöhnlichen Erkältung: Schnupfen, Niesen, Halsbrennen
- Auskultation: evtl. trockene Rasselgeräusche (bzw. kontinuierliche Nebengeräusche): Giemen, Pfeifen und Brummen

Kompl.:

- Bronchopneumonie, Auskultation: feinblasige klingende Rasselgeräusche (feines Rasseln)
- sekundäre bakterielle Infektionen
- Entwicklung eines überreagierenden (hyperreagiblen) Bronchialsystems
- selten (bei Säuglingen): lebensbedrohliche Bronchiolitis mit hohem Fieber, schneller Atmung, exspiratorischem Stridor (Atemgeräusch bei der Ausatmung)

Th.:

- auswurffördernde Medikamente (Expektoranzien)
- hustendämpfende Mittel (bei quälendem Husten zur Nacht, tagsüber soll abgehustet werden)
- Brustumschläge, Schwitzkuren
- bei hartnäckiger Bronchitis oder Gefahr einer Bronchopneumonie: Antibiotika

CHRONISCH-OBSTRUKTIVE ATEMWEGSERKRANKUNGEN

auch: chronisch obstruktive Lungenerkrankungen, COLD = chronic obstructive lung disease, COPD = chronic obstructive pulmonary disease

Unter diese Krankheitsgruppe werden drei Erkrankungen zusammengefasst:

1. Chronisch obstruktive Bronchitis
2. Asthma bronchiale
3. Obstruktives Lungenemphysem

Diese Erkrankungen sind die häufigsten Erkrankungen der Atmungsorgane und häufigste Ursache des Cor pulmonale (siehe S. 155) und der respiratorischen Insuffizienz.

CHRONISCHE BRONCHITIS

Def.:

WHO: Eine chronische Bronchitis ist dann anzunehmen, wenn bei einem Patienten in 2 aufeinanderfolgenden Jahren während mindestens 3 Monaten pro Jahr Husten und Auswurf (= produktiver Husten) bestanden. Häufigste chronische Lungenkrankheit, m:w = 3:1

Ät.:

- Zigarettenrauchen: Jeder zweite Raucher über 40 Jahre hat eine chronische Bronchitis. 90% aller Bronchitiker sind Raucher oder Exraucher.
- Luftverschmutzung (SO_2, Staub), Arbeitswelt-, Umweltverschmutzung, feucht-kaltes Klima
- rezidivierende bronchopulmonale Infekte
- Antikörpermangelsyndrom, Alpha-1-Proteaseinhibitor-Mangel, Defekt im Flimmerepithel

Path.:

- anfangs Lähmung, später Zerstörung des Flimmerepithels
- vermehrte und abnorme Schleimproduktion

- später Atrophie der Bronchialschleimhaut mit Bronchiolenkollaps bei der Ausatmung (dünne und schlaffe Bronchialwand), dadurch Obstruktion und Ventilationsstörung

Kl.:

Das Leiden entwickelt sich in drei Stufen:

1. chronische nichtobstruktive Bronchitis: Husten und Auswurf (reversibel)
2. chronisch obstruktive Bronchitis: Belastungsdyspnoe und Leistungsabfall
3. Spätkomplikationen: obstruktives Emphysem, respiratorische Insuffizienz, Cor pulmonale

Die Beschwerden werden im Herbst/Winter stärker. Vorsicht: Jeder zusätzliche Infekt der Atemwege kann den Patienten in Lebensgefahr bringen, weil dann die eingeschränkte Lungenfunktion zusammenbricht: ggf. Grippeschutzimpfung, frühzeitig Antibiotika!

Kompl.:

Bronchopneumonien, eitrige Bronchitis, Lungenabszess, Bronchiektasen, Peribronchitis

Dg.:

Anamnese (Rauchen, chronischer produktiver Husten), Klinik: Auskultation: trockene u./o. feuchte Rasselgeräusche (je nach Sekretmenge, entzündlichem Infiltrat, spastischer Komponente)

Labor: Sputumdiagnostik (meist Haemophilus influenzae, Pneumokokken) Auschluss eines Antikörpermangelsyndroms (Immunglobuline quantitativ) und eines Alpha-1-Proteaseinhibitor-Mangels; Bronchoskopie, Lungenfunktion

DD:

- Bronchialkarzinom! Keine Diagnose „chronische Bronchitis" ohne Röntgenbild der Lunge!
- Fremdkörper im Bronchialsystem (bei Verdacht Bronchoskopie)
- sinobronchiales Syndrom (chronische Sinusitis als Ursache einer rezidivierenden Bronchitis)
- Lungentuberkulose
- Brochiektasen
- Asthma bronchiale

Th.:

- konsequent und langfristig!
- Gifte ausschalten (Zigaretten!)
- Infektionsquellen sanieren (z. B. Nebenhöhlenentzündungen)
- Atemgymnastik, Klopfmassage, viel trinken, Sekretolytika (bei zähem Schleim), apparative Inhalationstherapie
- medikamentöse Stufentherapie (Deutsche Atemwegsliga 1995)
  - Stufe 1: kurzwirkende β_2-Sympathikomimetika evtl. Kombination mit Parasympathikolytika
  - Stufe 2: zusätzlich Theophyllin-Retardpräparat
  - Stufe 3: zusätzlich Therapieversuch mit oralen Glukokortikoiden (Besserung: Übergang auf inhalative Glukokortikoide, keine Besserung: absetzen)
- Antibiotikagabe bei eitrigem Sputum und bei Zustandsverschlechterung
- Grippeschutzimpfung im Herbst, Impfung gegen Pneumokokken
- Behandlung der Spätkomplikationen Cor pulmonale und Emphysem

ASTHMA BRONCHIALE

Anfallsweise Atemnot durch reversible Atemwegsverlegung (Obstruktion) auf dem Boden einer Entzündung und eines hyperreaktiven Bronchialsystems, ausgelöst durch exogene oder endogene Reize. Ca. 5% der Bevölkerung leiden unter Asthma bronchiale.

Ät.:

1. allergisches Asthma (extrinsic asthma): Durch allergenisierende Stoffe in Umwelt oder Arbeitswelt.
   Genetische Faktoren: Das allergische Asthma, bzw. die sog. atopischen Krankheiten Asthma bronchiale, allergische Rhinitis und Neurodermitis, kommen familiär gehäuft vor (autosomal-dominant vererbte Anlage zur überschießenden Immunglobulin E Bildung). Patienten mit diesen familiären Erkankungen werden Atopiker genannt.
2. nichtallergisches Asthma (intrinsic asthma)
   - Asthma durch Infektion
   - chemisch- oder physikalisch-irritatives Asthma (Staub, kalte Luft u. a.)
   - Asthma- und Hustenbeschwerden infolge gastroösophagealen Refluxes
   - Anstrengungsasthma (besonders bei Kindern und Jugendlichen)
   - pseudoallergisches Asthma (z. B. durch Acetylsalicylsäure = Aspirin®)
3. Mischformen aus 1. und 2.

Auslösende Ursachen eines akuten Asthmaanfalles können sein:

- Antigenexposition (z. B. Pollen, Hausstaubmilben), inhalative Reizstoffe
- körperliche Anstrengung, kalte Luft
- Virusinfekte der Atemwege
- Asthma auslösende Medikamente (Acetylsalicylsäure)

Pathogenese:

Bei Asthmatikern findet sich ein überempfindliches = hyperreaktives Bronchialsystem.

Beim allergischen Asthma führt eine Überreaktion des Immunsystems (Allergiereaktion vom Typ I, vermittelt durch Immunglobulin-E-Antikörper = IgE) zu

- Bronchospasmus
- Schleimhautödem
- Hypersekretion eines zähen Schleimes (Dyskrinie)

Kl.:

Asthma-Beschwerden können auf bestimmte Jahreszeiten beschränkt sein (z. B. saisonales Antigen bei Pollenallergie), ohne Zuordnung zu einer Jahreszeit oder ganzjährig auftreten.

- Leitsymptom: anfallsweise auftretende Atemnot unter dem Bild eines exspiratorischen Stridors (= während der Ausatmung auftretenden Atemgeräusches; merke: ein inspiratorischer Stridor deutet auf eine Verlegung der oberen Luftwege)
- quälender Hustenreiz
- Atemnot mit Orthopnoe (aufrechtes Sitzen mit Anspannung der Atemhilfsmuskulatur)
- verlängerte Ausatmung (Exspirium)

- Tachykardie (schnelle Herzfrequenz)
- Auswurf: Das Sputum ist zäh, spärlich, glasig.
- Perkussion: hypersonorer Klopfschall, Zwerchfelltiefstand; Auskultation: trockene Rasselgeräusche (bzw. kontinuierliche Nebengeräusche): Giemen, Pfeifen, Brummen; Vorsicht: im Endstadium, bei völliger Lungenüberblähung „trügerische Ruhe" über der Lunge, es sind dann kaum noch Lungengeräusche zu hören („silent chest")
- weitere typische Befunde im EKG, im Röntgen-Thoraxbild, bei der Lungenfunktionsprüfung und in der Blutgasanalyse

Kompl.:

- Status asthmaticus (schweres Asthma über Stunden oder Tage)
- obstruktives Lungenemphysem
- pulmonale Hypertonie mit Entwicklung eines Cor pulmonale
- respiratorische Insuffizienz

DD allergisches (extrinsic) und nichtallergisches (intrinsic) Asthma

	Extrinsic Asthma	**Intrinsic Asthma**
Atopiker in der Familie	häufig	
allergische Rhinitis/Konjunktivitis	sehr häufig	
Überempfindlichkeit gegen Analgetika		häufig
spezifisches IgE i. S. erhöht	ja	
positiver Haut- u./o. Provokationstest	ja	

Dg.:

Anamnese (Medikamentenanamnese: pseudoallergisches Asthma; Berufsanamnese: „Berufsasthma"), Klinik (Perkussion, Auskultation), Lungenfunktionsprüfungen, Provokationstests, Allergendiagnostik (Hauttestungen, immunologische Diagnostik),

Th.:

- Atemschulung: Pressatmen und Hyperventilation vermeiden, „Lippenbremse" (durch Spitzen der Lippen und Verkleinerung der Mundöffnung bei der Ausatmung herbeigeführte Erhöhung des intrapulmonalen Drucks zur Verhinderung des Bronchialkollapses), produktives Abhusten lernen, Abhusten durch Klopfmassage fördern; Patientenschulung: Therapieerfolgmessung mittels Peak-flow-Messgerät (Peak flow: maximale Atemstromstärke bei forcierter Ausatmung in Liter pro Sekunde)
- evtl. psychotherapeutische Maßnahmen, evtl. Klimabehandlung,
- evtl. Therapie eines gastrointestinalen Refluxes

- Medikamente: 3-Stufentherapie des Asthma bronchiale (Deutsche Atemwegsliga 1993)
  1. inhalative Glukokortikoide in mittlerer Dosis (entzündungshemmend)
  2. inhalative Glukokortikoide in höherer Dosis
     → bedarfsweise Inhalation kurzwirksamer Beta-2-Sympathomimetika (Bronchodilatation)
     → evtl. in Kombination mit Ipratropiumbromid (Parasympatholytikum; Bronchodilatation)
     zusätzlich:
     → orale, retardierte Theophyllinpräparate (Bronchodilatation)
     → langwirkende Beta-2-Sympathomimetika (inhalativ oder oral)
  3. zusätzliche Einnahme eines oralen Glukokortikoids

  weitere medikamentöse Therapiemaßnahmen: Leukotrien-Antagonisten ((entzündungshemmend, ab Stufe II), Antibiotikagabe bei Infektasthma, auswurffördernde Mittel (Expektoranzien)

Prophylaxe des Asthmaanfalls:

- Reizabschirmung: Rauchen einstellen, Allergenmeidung, Infektprophylaxe, Meidung inhalativer Schadstoffe (Kaltluft, Nebel, Staub usw.), Vermeidung starker körperlicher Anstrengung
- anfallsauslösende Medikamente meiden (z. B. Acetylsalicylsäure = Aspirin®)
- Immuntherapie: Hyposensibilisierung im asthmafreien Intervall (gute Erfolge bei Pollen- und Insektengiftallergie. Durch subkutane Zufuhr des auslösenden Allergens in subklinischen Dosen kann sich eine Toleranz gegenüber dem betreffenden Allergen bilden)
- Infektprophylaxe und Impfung (Influenza, Pneumokokken)
- Medikamente: Mastzellstabilisatoren und Antiallergika (z. B. Cromoglicinsäure)

Therapie des Asthmaanfalls:

Jeder Asthmaanfall ist ernst zu nehmen! Notarzt anfordern! Soforttherapie: keine oralen Medikamente, keine Medikamente i.m., sitzende Lagerung, Legen eines Venenverweilkatheters, Beruhigung des Patienten, Sauerstoffgabe. Die weitere Therapie obliegt dem Notarzt.

Prognose:

Kinder: Ausheilung > 50% der Fälle; Erwachsene: Ausheilung ca. 20%, Besserung ca. 40%

LUNGENEMPHYSEM

Def.:

WHO: Irreversible Erweiterung der Lufträume distal der Bronchioli terminales infolge Destruktion ihrer Wand

Klinische Einteilung:

1. Primär atrophisches Emphysem (das normale Altersemphysem)
2. Sekundäres Emphysem
   - bronchostenotisches (obstruktives) Emphysem: häufigste und klinisch wichtigste Form: meist Folge einer chronisch obstruktiven Bronchitis oder eines Asthma bronchiale.
   - Narbenemphysem (Überdehnung der Lunge durch schrumpfendes Narbengewebe)
   - Überdehnungsemphysem (nach Lungenoperation infolge Ausdehnung der verbliebenen Restlunge sowie bei starken Deformierungen des Brustkorbs, z. B. bei extremer Skoliose)

Pathogenese:

- Ungleichgewicht zwischen aus Granulozyten freigesetzten Proteasen und Proteaseinhibitoren (Alpha-1-Proteaseinhibitor = PI = Alpha-1-Antitrypsin); Eine verstärkte Proteasenaktivität (z. B. bei bronchopulmonalen Infekten, Pneumonie, chronischer Bronchitis) oder ein Alpha-1-Proteaseinhibitor-Mangel (angeboren oder Inaktivierung durch Zigarettenrauchen) führt zur Andauung der Lunge und damit zum Emphysem.
- Lungenfunktionsstörungen und Komplikationen: Obstruktive Ventilationsstörungen (Asthma bronchiale, chronische Bronchitis u. a.) führen zur Überblähung der Alveolen; dies führt zur respiratorischen Insuffizienz (aufgrund der Vergrößerung des funktionellen Totraums), zur pulmonalen Hypertonie (durch Verengung der Arteriolen in minderbelüfteten Lungenabschnitten = Euler-Liljestrand-Reflex und Kapillarverlust) und zum Cor pulmonale.

Kl.:

Zwei klinische Emphysemtypen (mit fließenden Übergängen):

- Typ A (PP = „pink puffer"): hagerer Typ (normal-untergewichtig), zeigt ausgeprägte Atemnot, keine Zyanose, respiratorische Partialinsuffizienz (Hypoxämie: zu wenig O_2), atmet schwer, „kämpft gegen sein Emphysem".
- Typ B (BB = „blue bloater"): übergewichtig, wenig Atemnot, zeigt ausgeprägte Zyanose mit Polyglobulie, respiratorische Globalinsuffizienz (Hypoxämie und Hyperkapnie: zu viel CO_2), Husten, Auswurf (chronische Bronchitis), Cor pulmonale mit Rechtsherzinsuffizienz, „hat sich seiner Atemnot ergeben".
- Inspektion: Fassthorax (horizontale Rippenstellung, geblähte Schlüsselbeingruben, verminderte Differenz zwischen In- und Expirationsstellung des Thorax)
- Perkussion: tief stehende, wenig verschiebliche Atemgrenzen, hypersonorer Klopfschall, Leberrand infolge Zwerchfelltiefstand unterhalb des Rippenbogens tastbar (Fehldiagnose: Lebervergrößerung), verkleinerte oder aufgehobene absolute Herzdämpfung
- Auskultation: leises, abgeschwächtes Atemgeräusch, leise Herztöne, evtl. trockene Rasselgeräusche (kontinuierliche Nebengeräusche): Giemen, Pfeifen, Brummen

Dg.:

Anamnese (Raucher, chronische Bronchitis, Asthma), Klinik, Lungenfunktion, Thoraxröntgenbild (Lungen vermehrt strahlentransparent, Zwerchfelltiefstand mit tiefen Lungengrenzen, weite Zwischenrippenräume und horizontaler Rippenverlauf), hochauflösendes Computertomogramm
Lab.: Ausschluss eines angeborenen Alpha-1-Proteaseinhibitor-Mangels (Fehlen der Alpha-1-Globulinfraktion in der Eiweiß-Elektrophorese, Bestimmung des Alpha-1-Proteaseinhibitor-Spiegels im Serum)

Th.:

- Verhinderung eines Fortschreitens der Emphysementwicklung
  - Meiden einwirkender Gifte (Zigarettenrauchen aufgeben, staubfreier Arbeitsplatz)
  - konsequente Antibiotikabehandlung bei bronchopulmonalen Infekten
  - Infektionsprophylaxe (Impfung gegen Influenza und Pneumokokken)
  - bei schwerem Alpha-1-Proteaseinhibitormangel: Alpha-1-PI-Substitution mit Konzentraten
- Symptomatische Behandlung
  - Atemgymnastik/Atemtechnik („Lippenbremse", siehe S. 134)

- medikamentöse Behandlung des obstruktiven Lungenemphysems (3-Stufenschema wie bei Asthma bronchiale)
- ggf. O_2-Langzeitbehandlung (lebensverlängernd; Vorsicht: keine unkontrollierte O_2-Gabe, da O_2-Mangel bei chronisch Lungenkranken einziger Atemantrieb sein kann)
- keine atemdepressiven Medikamente (Morphin, Tranquilizer, Barbiturate u. a.)
- Behandlung eines Cor pulmonale und einer Rechtsherzinsuffizienz

- Operation zur Lungenvolumenverminderung: Verminderung des emphysematösen Lungengewebes um ca. 20% führt oft zur Verbesserung der Lungenfunktion
- letztes Mittel (Ultima Ratio): Lungentransplantation

INTERSTITIELLE LUNGENERKRANKUNGEN UND LUNGENFIBROSEN

Def.:

Interstitielle Lungenerkrankungen sind chronisch verlaufende Entzündungen des Lungeninterstitiums mit Einbeziehung der alveolo-kapillären Membranen. Durch Zunahme des Bindegewebes kommt es zu einer Lungenfibrose. Endzustand ist die funktionslose Wabenlunge (honey comb lung).

(Interstitium = „Zwischenraum", der zwischen dem organtypischen Parenchym gelegene Raum, bestehend aus Bindegewebe, Gefäßen, Nerven; Fibrose = Vermehrung des Bindegewebes).

Ät.:

- unbekannte Ursachen (50% der Fälle, idiopathischen Lungenfibrosen)
- bekannte Ursachen: Infektionen, inhalative und nichtinhalative Gifte , kreislaufbedingte Lungenschäden (chronische Stauungslunge u. a.), bösartige Erkrankungen (Lymphangiosis carcinomatosa), Systemerkrankungen (Sarkoidose, rheumatoide Arthritis, Kollagenosen, Vaskulitiden, Mukoviszidose)

Kl.:

- anfangs Atemnot bei Belastung, später in Ruhe, schnelle Atmung (Tachypnoe)
- trockener Reizhusten
- in fortgeschrittenem Stadium: Zyanose, Trommelschlägelfinger, Uhrglasnägel, Cor pulmonale
- Inspektion: „Door-stop-Phänomen": bei tiefer Einatmung plötzlicher Atemstop ein
- Perkussion: hoch gestellte Lungengrenzen (DD zum Lungenemphysem)
- Auskultation: Knisterrasseln bei der Einatmung; bei fortgeschrittener Lungenfibrose evtl. Quietschen oder „Korkenreiben".

Dg.:

Anamnese, Klinik, Röntgen, Lungenfunktion, Labor (BSG, Rheumaserologie, Mikroorganismen usw.), allergologische Diagnostik, bronchoalveoläre Lavage (Spülung; mit Zytologie und Untersuchung auf Mikroorganismen), Lungenbiopsie

Th.:

- kausale Therapie bei bekannter Ursache
- symptomatische Therapie bei idiopathischer Lungenfibrose (Glukokortikoide, Immunsuppressiva)
- bei terminaler respiratorischer Globalinsuffizienz: Lungentransplantation

PNEUMOKONIOSEN (STAUBINHALATIONSKRANKHEITEN)

Def.:

Pneumokoniosen sind Lungenerkrankungen, die durch Inhalation von anorganischem Staub hervorgerufen werden.

Sie sind die häufigsten zur Invalidität führenden Berufskrankheiten der Lunge.

Berufskrankheiten gelten als Versicherungsfälle im Sinne der gesetzlichen Unfallversicherung (§9 SGBVII) und verpflichten den Unfallversicherungsträger zu medizinischen Behandlung sowie zu Rehabilitations- und Entschädigungsleistungen. Bei ärztlich begründetem Verdacht auf das Vorliegen einer Berufskrankheit besteht Anzeigepflicht beim Unfallversicherungsträger oder Gewerbearzt (§202 SGBVII)

- aktive Pneumokoniosen durch Inhalation von Quarzstaub (Silikose), Asbeststaub (Asbestose) und Berylliumstaub/-rauch (Berylliose)
- nicht-aktive (inerte) Pneumokoniosen (ohne wesentlichen Krankheitswert) durch Inhalation von Eisen- oder Aluminiumstaub u. a.

SILIKOSE

auch: Quarzstaublungenerkrankung (meldepflichtige Berufskrankheit)

Def.:

Lungenerkrankung (Pneumokoniose), die durch Inhalation von kristallinem Quarzstaub hervorgerufen wird; häufigste Pneumokoniose

Ätiologie und Pathogenese:

Kristalliner Quarz sowie SiO_2-Modifikationen mit einer alveolengängigen Korngröße (Feinstaub: < 7 μm) können durch die Makrophagen nicht abgebaut werden. Makrophagenzerfall führt über eine fibroblastische Reizwirkung zur Neubildung von Bindegewebe in Form von Knötchen und Schwielen mit Schrumpfungstendenz.

Kl.:

Die leichte Silikose ist i. d. R. symptomlos. Auffällig ist das Missverhältnis zwischen dem geringen klinischen und auskultatorischen Befund und den ausgeprägten Veränderungen im Röntgenbild der Lunge. Frühsymptom ist eine Atemnot bei Belastung. Später wird graues Sputum produziert.

Kompl.:

- Infektanfälligkeit der Lunge: bronchopulmonale Infekte und chronisch obstruktive Bronchitis
- Lungentuberkulose in 10% der Fälle („Siliko-Tbc": Rezidivneigung, langwierige Therapie)
- chronisch obstruktive Bronchitis, Lungenemphysem, Cor pulmonale

Dg.:

Anamnese (Beruf), Klinik, Röntgenbefund, Lungenfunktion

Th.:

Therapie der Infektionen (Antibiotika), ggf. Behandlung einer Obstruktion (siehe S. 132)

Prophylaxe:

Staubbekämpfung, Staubmasken, regelmäßige arbeitsmedizinische Untersuchungen

ASBESTOSE

meldepflichtige Berufskrankheit, hervorgerufen durch Asbest (Sammelbegriff für kristallisierte silikatische Mineralien). Asbest findet Verwendung als Asbestzement in der Bauindustrie, bei Isolationsarbeiten und in vielen anderen Industriezweigen.

Path.:

Eingeatmete Asbestfasern können von den Makrophagen nicht eliminiert werden. Sie wirken

- fibrinogen (bindegewebsbildend): Lungenfibrose, Pleuraplaquebildung, Pleurafibrose
- karzinogen (krebserzeugend): Bronchialkarzinom, Pleuramesotheliom, Larynxkarzinom

Kl.:

Trias: Atemnot, Knistern über der Lunge, Fibrose im Röntgenbild; außerdem Pleuraveränderungen: Pleuraplaques, diffuse Pleurafibrose, Asbestpleuritis, Pleuraergüsse

Kompl.:

- 50% sterben an Tumorleiden: Bronchialkarzinom, Pleuramesotheliom (Kl.: Brustschmerz, Luftnot, Husten, Pleuraerguss), Larynxkarzinom (Frühsymptom: Heiserkeit)
- 20% sterben an respiratorischer Insuffizienz und am Cor pulmonale.

Dg.:

Anamnese (Beruf), Klinik, Röntgenbild, bronchoalveoläre Lavage (Bronchiallavage) mit Nachweis von Asbestfasern und Alveolitis, Bronchoskopie mit Biopsie und Histologie bei Verdacht auf bösartigen Tumor

Th.:

keine kausale Therapie bekannt, Behandlung der Komplikationen

Prophylaxe! Verzicht auf asbesthaltige Arbeitsstoffe, Staubbekämpfung, Arbeitsschutzanzüge, Feinstaubfilter, arbeitsmedizinische Vorsorgeuntersuchungen

EXOGEN-ALLERGISCHE ALVEOLITIS

auch: hypersensitivity pneumonitis

meldepflichtige Berufserkrankung. Durch Inhalation verschiedener organischer Antigene kommt es zu einer Überempfindlichkeitsreaktion der Lunge (Alveolen, Interstitium).

Ät.:

meist berufliche Exposition gegen bestimmte Antigene, z. B:

- Farmerlunge (schimmliges Heu, bakterielles Antigen: Aktinomyzeten; häufigste Form)
- Taubenzüchter und Vogelhalterlunge (Vogelexkremente, Inhaltsstoffe der Exkremente)
- Käsewäscherlunge (schimmeliger Käse, Antigen: Penicillium)
- Holz- oder Sägearbeiterlunge (Sägemehl, Antigen: Extrakte des Sägemehls)

Path.:

gewebelokalisierte Immunreaktion (Typ III der Allergie, Arthus). Aus einer akuten Entzündung kann sich langfristig eine Lungenfibrose entwickeln.

Kl.:

- akute Verlaufsform (3-6 Stunden nach Antigenkontakt): Husten, Atemnot, Fieber, evtl. Schüttelfrost (ohne erneute Antigenexposition meist Abklingen innerhalb 24 Stunden)
- subakute und chronische Form: schleichender Beginn mit Husten, Luftnot, evtl. Zyanose

Auskultation: evtl. feuchte Rasselgeräusche (diskontinuierliche Nebengeräusche) über den Lungenunterlappen

Kompl.:

Cor pulmonale, Lungenfibrose

Dg.:

Anamnese (Beruf, Tierkontakte usw.), Klinik, Lab.: Leukozytose, BSG ↑, Antikörpernachweis, Röntgenbild, Lungenfunktionsprüfung (restriktive Ventilationsstörung), bronchoalveoläre Lavage, inhalativer Provokationstest, Lungenbiopsie

Th.:

Meiden des auslösenden Antigens, arbeitsmedizinische Vorsorgeuntersuchungen, Berufswechsel!

PNEUMONIEN (LUNGENENTZÜNDUNGEN)

Def.:

akute oder chronische Entzündungen des Lungenparenchyms unterschiedlicher Ursache (meist infektiös: Viren, Bakterien, Pilze und Protozoen)

Die Pneumonien sind die häufigste Todesursache unter allen Infektionskrankheiten. Sie stehen in der Todesursachenstatistik an 5. Stelle. Pneumonien werden aufgrund pathologisch-anatomischer, ätiologischer oder klinischer Gesichtspunkte eingeteilt:

1. pathologisch-anatomische Einteilung
   - nach der Lokalisation der Pneumonie:
     - alveoläre Pneumonie (oft bakteriell)
     - interstitielle Pneumonie (oft viral)
   - nach Ausdehnung der Pneumonie:
     - lobäre (Lappen-) Pneumonie
     - lobuläre (Herd-) Pneumonie

2. ätiologische Einteilung
   - Infektionen: Viren, Bakterien, Pilze, Parasiten
   - physikalische Schadstoffe: Strahlen, Fremdkörper im Bronchialsystem
   - chemische Schadstoffe: Reizgase, Aspiration von Magensaft
   - Kreislaufstörungen: z. B. Stauungspneumonie bei Linksherzinsuffizienz
3. klinische Einteilung

   Klinisch wichtig ist die Unterscheidung zwischen typischen Pneumonien, die meist bakteriell verursacht werden, und den atypischen Pneumonien, die meist durch Viren oder Mykoplasmen hervorgerufen werden. Nach dem Verlauf werden weiterhin akute von chronischen Pneumonien unterschieden. Es ist von Interesse, ob die Lungenentzündung zu Hause erworben wurde (ambulante Infektion), oder ob sich der Patient im Krankenhaus infiziert hat (nosokomiale Infektion: gefährlichere Erreger, schlechtere Prognose).

   Unter Berücksichtigung der evtl. auslösenden Vorerkrankungen werden unterschieden:
   - primäre Pneumonie
     Auftreten einer Pneumonie ohne kardiopulmonale Vorerkrankungen
   - sekundäre Pneumonie
     als Folge einer Erkrankung von Lungen oder Herz:
     - Zirkulationsstörungen: Stauungspneumonie bei Linksherzinsuffizienz, Infarktpneumonie nach Lungenembolie
     - Bronchusveränderungen: Bronchialkarzinom, Bronchusverengung, Fremdkörper, Bronchiektasen
     - nach Aspiration (Aspirationspneumonie): Aspiration = Eindringen flüssiger oder fester Stoffe (Mageninhalt, Blut, Fremdkörper) in die Atemwege während der Inspiration infolge fehlender Schutzreflexe (z. B. bei Bewusstlosen)
     - bakterielle Superinfektionen: nach Influenza („Grippe"), Keuchhusten usw.

Kl.:

1. Klinik der typischen bakteriellen Lobärpneumonie (z. B. Pneumokokken, heute selten!):
   - plötzlicher Beginn, schweres Krankheitsgefühl, hohes Fieber (Kontinua über ca. 1 Woche), Schüttelfrost
   - Husten, Atemnot, „Nasenflügeln" (bei Kindern), Herpes labialis (Abwehrschwäche)
   - rotbraunes Sputum („pflaumenkompottartig", ab dem 2. Tag)
   - Schmerzen im Brustkorb (nur bei Beteiligung der Pleura), evtl. fortgeleitet in den Oberbauch bzw. (bei Kindern!) sogar in den Unterbauch
   - „kritische Entfieberung" 7.-9. Tag mit evtl. lebensbedrohlicher Herz-Kreislaufbelastung
   - körperliche Untersuchung: Stimmfremitus verstärkt, Bronchialatmen, positive Bronchophonie, klingende feinblasige Rasselgeräusche (diskontinuierliche Nebengeräusche: feines Rasseln);

merke: Perkussion und Auskultation dringen nur ca. 5 cm in die Tiefe. Die klinische Untersuchung kann eine Pneumonie nicht ausschließen! Im Zweifelsfall: röntgen.

- Rö: Verschattung, Lab.: BSG ↑, CRP ↑,Leukozytose, Linksverschiebung, Eosino- und Lymphopenie

In vorantibiotischer Ära zeigte sich ein typischer stadienhafter pathologisch-anatomisch Verlauf:

1. Anschoppung (seröse Exsudation in die Alveolen, Auskultation: Crepitatio indux = inspiratorisches Knisterrasseln, Alveolen enthalten noch Luft, sistiert in Phase 2 und 3),
2. rote Hepatisation (Abscheidung von Fibrinnetzen, Erythrozytenübertritt),
3. grau-gelbe Hepatisation (Leukozyteneinwanderung, Crepitatio redux)
4. Lysis = Lösung (enzymatische Verflüssigung des Exsudats und Resorption, Auskultation: Crepitatio redux, erneutes Auftreten des Knisterrasselns, Alveolen wieder lufthaltig)

Bei Ausbleiben der „Lösung“ und Resorption erfolgt eine Organisation des Exsudats durch Granulationsgewebe (sog. Karnifikation oder chronisch karnifizierende Pneumonie)

2. Klinik der atypischen Pneumonien

Das klinische Bild weicht von der typischen Pneumokokkenpneumonie ab; Erreger: z. B. Chlamydien, Mykoplasmen, Legionellen, Viren)

- langsamer Beginn, Kopf- und Gliederschmerzen, nur leichtes Fieber (kein Schüttelfrost)
- trockener Reizhusten mit wenig oder fehlendem Auswurf
- Missverhältnis zwischen geringem Auskultationsbefund und deutlichen Veränderungen im Röntgenbild (Ursachen: 1. “zentrale Pneumonie“: perkutorisch und auskultatorisch nicht zu erfassen; 2. zwischen den einzelnen Pneumonieherden noch lufthaltiges Gewebe)
- Lab.: normale (oder erniedrigte) Leukozytenzahl, evtl. relative Lymphozytose

Komplikationen bei typischen und atypischen Pneumonien

- septische Streuung (Mittelohrentzündung, Hirnhautentzündung, Hirnabszess, Endokarditis)
- Pleuritis, Pleuraerguss, Pleuraempyem
- Lungenabszess, chronische oder rezidivierende Pneumonie
- toxisches Herz-Kreislaufversagen
- respiratorische Insuffizienz
- thromboembolische Komplikationen (infolge der Bettruhe)

Dg.:

1. Nachweis einer Lungeninfiltration
    - Anamnese, Klinik (Inspektion, Palpation, Perkussion, Auskultation)
    - Thorax-Röntgenbild in 2 Ebenen
2. Nachweis des Infektionserregers bei Verdacht auf Infektion
    - mikroskopischer, kultureller und serologischer Erreger (bzw. Antikörper-)nachweis aus:
        - Sputum; Bronchialsekret (Aspiration aus Trachea, bronchoskopische Lavage)
        - Lungengewebe (Nadelaspiration, Lungenbiopsie)
        - Blut, Pleuraflüssigkeit

Th.:

Allgemeinmaßnahmen

- körperliche Schonung, (bei Fieber evtl. Bettruhe und Thromboembolieprophylaxe: Kompressionsstrümpfe, Heparin)
- Atemgymnastik, Inhalationsbehandlung, Wickel, evtl. Sekretolytika
- ggf. Sauerstoff durch Nasensonde
- ausreichende Flüssigkeitszufuhr (hoher Flüssigkeitsverlust durch Fieber)

Antibiotika: Nach Abnahme von Blutkultur und Bronchialsekret zunächst ungezielte Sofortbehandlung. Später gezielte Behandlung entsprechend den Untersuchungsergebnissen (Antibiogramm).

Lerntext 10 Differentialdiagnose der Pneumonien

	Lobärpneumonie	Bronchopneumonie	Atypische Pneumonie
Erreger	vorwiegend bakteriell: Streptokokkus pneumoniae, Legionella, Hämophilus influenzae, Staphylococcus aureus, Klebsiella, Enterobacter sp. u. a.		vorwiegend durch pneumotrope Viren und Mycoplasma pneumoniae
Beginn	plötzlicher Beginn	allmählicher Beginn	allmählicher Beginn
Temperatur	hohes Fieber, Kontinua	leichtes Fieber	leichtes Fieber
Husten	produktiver Husten (Auswurf)	produktiver Husten (Auswurf)	trockener Reizhusten
Auswurf	rotbrauner Auswurf ab dem zweiten Tag, wie Pflaumenkompott; evtl. Blutbeimengung	grün-gelber Auswurf, schleimig-eitrig	Auswurf spärlich (schleimig) oder fehlend
Blutbild	Leukozytose, Eosinopenie, Lymphopenie	Leukozytose, Eosinopenie, Lymphopenie	Leukopenie, evtl. später relative Lymphozytose
BSG	Blutsenkung stark beschleunigt *	Blutsenkung mäßig bis stark beschleunigt	Blutsenkung nur mäßig beschleunigt
Körperliche Untersuchung (IPPAF)	typische Befunde entsprechend den Stadien	typische Befunde seltener (nur über größeren, konfluierenden Herden)	typische Befunde seltener (Herde oft zentral gelegen)

* Blutsenkung: mäßig erhöht: bis 50, stark erhöht: 50–100, sehr stark erhöht: > 100 nach der 1. Stunde

HINWEISE ZU EINIGEN AUSGEWÄHLTEN PNEUMONIEN

PNEUMOKOKKENPNEUMONIE

häufigste Ursache ambulant erworbener Pneumonien im Erwachsenenalter

Erreger:

Streptococcus pneumoniae (grampositive Kokken); Streptokokken finden sich zu 50% in der Mundhöhle gesunder Menschen!

Kl.:

typische bakterielle Pneumonie (siehe oben)

Dg.:

Anamnese, Klinik, Erregernachweis im Blut, Sputum oder Bronchialsekret, Antigen- und Antikörpernachweis (Blut, Sputum, Urin)

Th.: Antibiotikum

Prophylaxe:

Abwehrgeschwächte, chronisch Herz- und Lungenkranke, Patienten nach Milzentfernung (Splenektomie) und Patienten mit Sichelzellanämie haben ein deutlich erhöhtes Risiko und sollten deshalb mit Totimpfstoff gegen Pneumokokken immunisiert werden.

MYKOPLASMENPNEUMONIE

siehe S. 394

LEGIONELLOSE (LEGIONÄRSKRANKHEIT)

siehe S. 391

ORNITHOSE

siehe S. 322

Q-FIEBER

siehe S. 352

VIRUSPNEUMONIE

Häufige Erreger sind Influenza A und B (siehe S. 364), Parainfluenza und Adenoviren.

Der Krankheitsverlauf ist meist leicht, schwere Verläufe deuten auf bakterielle Superinfektion.

Todesfälle bei Influenza („Grippe-")Pneumonie sind meldepflichtig.

Adenovirusinfektionen: leichtes Fieber, Pharyngitis, Bindehautentzündung (Konjuntivitis), Schnupfen (Rhinitis), Schwellung der Halslymphknoten; in 10% als atypische Pneumonie.

Dg.:

Anamnese, Klinik (auf Antikörpernachweis oder Virusisolierung wird normalerweise verzichtet)

Th.:

symptomatisch

PNEUMONIEN BEI ABWEHRGESCHWÄCHTEN PATIENTEN

Bei abwehrgeschwächten Patienten (AIDS, Organtransplantierte, konsumierende Erkrankungen) kommt es zu Pneumonien durch Erreger, die normalerweise keine Pneumonien auslösen: Zytomegalievirus (CMV, siehe S. 335), Herpes simplex-Virus, Varicella-Zoster-Virus (siehe S. 406. AIDS-Patienten erkranken häufig an der gefürchteten Pneumocystis carinii-Pneumonie (siehe S. 396)

TUBERKULOSE

siehe S. 356

SARKOIDOSE

auch: M. Boeck (sprich: buhk), M. Besnier-Boeck-Schaumann
granulomatöse Systemerkrankung, die sich in 90% der Fälle an der Lunge manifestiert, aber auch andere Organe befallen kann, in Deutschland ca. 50 Patienten/100 000 Einwohner (Prävalenz), Häufigkeitsgipfel: 20-40 Lebensjahr

Ät.:

- unbekannt (Virus-Infektion?)
- genetische Disposition

Pathogenese

Störung der T-Zellfunktion (zelluläre Immunität), erhöhte B-Zell-Aktivität (humorale Immunität) mit Hypergammaglobulinämie (50% d. F.)

Kl.:

1. Akute Sarkoidose (Löfgren-Syndrom, 5% der Fälle)
   Bevorzugt erkranken junge Frauen mit der typische Trias:
   - Arthritis (meist im Sprunggelenk)
   - Erythema nodosum: rotblaue schmerzhafte Flecken an den unteren Extremitäten (auch bei: Sarkoidose, rheumatischem Fieber, Colitis ulcerosa, M. Crohn, Yersinieninfektion u. a.)
   - bihiläre (= an beiden Lungenhili gelegene) Lymphknotenschwellung (Adenopathie)
   - zusätzlich: Fieber, Husten, BSG-Erhöhung
2. Chronische Sarkoidose (95% der Fälle)
   - anfangs oft symptomlos (Zufallsbefund im Röntgenbild der Lunge)
   - später evtl. Reizhusten und Atemnot bei Belastung
   - Lab.: IgG und Gammaglobuline ↑, Hyperkalzämie und -urie (15% d. F.), ACE (Angiotensin-Converting-Enzym) ↑

Meist manifestiert sich die Sarkoidose an der Lunge, sie kann jedoch nahezu alle Organe befallen („extrapulmonale Manifestationen"):

- Haut: blaurote Knoten, Papeln, Erythema nodosum
- Auge: Iridozyklitis, Uveitis, Kalkablagerungen in Binde- und Hornhaut
- Parotitis
- Knochen: Ostitis multiplex cystoides (zystische Umwandlung der Fingerphalangen)
- Nervensystem: Fazialislähmung, Diabetes insipidus, Meningitis
- andere Organe: Lymphknoten, Leber, Milz, Myokard, Skelettmuskulatur u. a.

Dg.:

Anamnese, Klinik, Labor, Nachweis pulmonaler oder extrapulmonaler Herde, histologischer Nachweis durch transbronchiale Biopsie, bronchoalveoläre Lavage, CT usw.

Th.:

hohe Spontanheilungstendenz im Anfangsstadium (akute Form: > 95%, chronische 70%)! Glukokortikoide umstritten, werden trotzdem in späteren Krankheitsstadien und bei vielen extrapulmonalen Manifestationen eingesetzt. Bei chronischem Verlauf entwickeln ca. 10% eine Lungenfibrose mit ungünstiger Prognose (respiratorische Insuffizienz, Cor pulmonale). Letalität ca. 5%.

BÖSARTIGE LUNGENERKRANKUNGEN

BRONCHIALKARZINOM (LUNGENKREBS)

häufigster bösartiger Tumor beim Mann, zweithäufigster bei der Frau (nach Brustkrebs). 25% aller Karzinome sind Bronchialkarzinome, Häufigkeitsgipfel 55.-60. Lebensjahr (5% < 40 J)

Ät.:

Karzinogene (krebserzeugende Substanzen):

- Zigarettenrauchinhalation: Rauchen ist für 85% der Bronchialkarzinome verantwortlich!
- andere Karzinogene sollen für 10% der Bronchialkarzinome verantwortlich sein: Hauptsächlich Asbeststaub!
- umweltbedingte Luftverschmutzung, möglicherweise auch die Haltung von Hausvögeln
- andere Risikofaktoren: Lungennarben („Narbenkarzinom", „Kavernenkarzinom")
- genetische Disposition: Patienten, bei denen ein Elternteil an Lungenkrebs erkrankt ist, haben ein 2-3fach höheres Risiko.

Histologie:

Die Histologie entscheidet über Therapie und Prognose der Lungenkarzinome.

95% der Lungenkrebse sind 4 häufigen histologischen Typen zuzuordnen:

1. kleinzelliges Bronchialkarzinom (=SCLC= "small cell lung cancer; 25%):

vorwiegend hilumnah, zentral, schlechteste Prognose, in 80% bei Diagnosestellung bereits metastasiert, können Hormone sezernieren („paraneoplastische Endokrinopathie“)

2. nicht-kleinzelliges Bronchialkarzinom (=NSCLC = “non-small cell lung cancer, 75%)
   - Plattenepithelkarzinom (40%): vorwiegend hilumnah, zentral
   - Adenokarzinom (25%): oft peripher lokalisiert, häufigste Krebsform bei Nichtrauchern
   - großzelliges Bronchialkarzinom (10%)

Die karzinomatös entarteten Zellen können dem „Muttergewebe”, von dem sie einmal ausgingen, unterschiedlich stark ähneln. Vier Grade der Differenzierung (G) werden unterschieden:
G 1 (gut = ähnlich), G 2 (mäßig), G 3 (schlecht differenziert), G 4 (undifferenziert)

Pathologie:
(makroskopische Formen nach Lage und Ausbreitung)

1. zentrales (hilumnahes) Bronchialkarzinom (70%), Histologie: kleinzelliges oder Plattenepithelkarzinom
2. peripheres Bronchialkarzinom (25%): meist als Rundherd im Röntgenbild, Sonderform: Pancoast-Tumor: Lungenspitzenkarzinom, welches von der Pleurakuppe auf die Thoraxwand übergreift
3. diffus wachsendes Bronchialkarzinom (3%), z. B. Alveolarzellkarzinom (klinisch: „Krebspneumonie”)

Metastasierung:

- lymphogen (auf dem Lymphweg): frühzeitiger Befall regionärer Lymphknoten
- hämatogen (auf dem Blutweg) mit Fernmetastasen: beim kleinzelligen Karzinom häufig schon bei Diagnosestellung vorhanden! 4 Lokalisationen: Leber, Gehirn, Nebennieren, Skelett

Aufgrund von Tumorgröße (T), Lymphknotenbefall (N) und Fernmetastasierung (M) werden Tumore nach dem sog. TNM-Schema klassifiziert. Ist die Diagnose histologisch/pathologisch gesichert, also nicht nur klinisch gestellt, wird dies mit einem „p” angezeigt.

Auf die genaue Klassifizierung des Bronchialkarzinoms wird hier nicht näher eingegangen. Nur ein Beispiel: Die Diagnose Bronchialkarzinom Gl $pT_1N_2M_0$ würde nach der allgemein anerkannten Klassifizierung lauten: gut differenziertes, pathologisch/histologisch gesichertes, Bronchialkarzinom mit einer Tumorgröße < 3 cm (T_1), ipsilateralen hilären Lymphknoten (N_2) und ohne Nachweis von Fernmetastasen (M_0). Die endgültige Tumordiagnose ist also eine histologisch/pathologische Diagnose! Ein Tumor ist erst dann bösartig, wenn dies histologisch gesichert ist!

Kl.:

- keine typischen Symptome im Frühstadium, später: Husten, Atemnot, Schmerzen im Brustkorb! Asthma und Bronchitis mit einer kurzen Anamnese, rezidivierende Lungenentzündungen und therapieresistente „Erkältungskrankheiten” sind im Alter > 40 Jahre ebenso karzinomverdächtig wie jeder Husten, der trotz Therapie länger als 4 Wochen anhält.
- Spätsymptome: Bluthusten (Hämoptoe), Lähmung des N. recurrens und des N. phrenicus, Pleuraerguss (oft blutig), Einflussstauung

Besondere klinische Verläufe:

1. Pancoast-Tumor (peripheres Bronchialkarzinom der Lungenspitze): Armschmerzen (Plexusneuralgie), Brustschmerzen (Interkostalneuralgie), Armschwellung (Lymph- oder Venenstau), Knochenzerstörung; Horner-Symptomenkomplex: Miosis (enge Pupille), Ptosis (hängendes Augenlid), Enophthalmus (der Augapfel ist in die Augenhöhle zurückgesunken)
2. bronchioloalveoläres Adenokarzinom (selten):
   Reizhusten mit wässrig-schleimigem Auswurf; inoperabel, weil diffus lokalisiert (Röntgenbild: Vortäuschung einer chronischen Pneumonie)

3. paraneoplastische Syndrome (besonders beim kleinzelligen Karzinom):
   - paraneoplastische Endokrinopathie: Tumorzellen sezernieren Hormone oder hormonähnliche Substanzen, z. B. ACTH (klinisches Bild eines M. Cushing), parathormonähnliche Peptide (klinisches Bild: Hyperkalzämie), Kalzitonin u. a.
   - paraneoplastische Neuro- und Myopathie: Nerven- und Muskelerkrankungen
   - paraneoplastische Thromboseneigung

Dg.:

Anamnese, Klinik

- Lokalisationsdiagnostik: Röntgenbild, Spezialuntersuchungen (Tomografie, NMR, CT, Bronchoskopie, Positronenemissionstomografie, chirurgische Brustkorberöffnung = Thorakotomie)
- Artdiagnostik: Histologie und Zytologie (Sputum, Zellen und Gewebe aus bronchoskopischer Biopsie oder Thorakotomie)
- Fernmetastasen? Sonografie der Leber, CT des Gehirns, Knochenszintigrafie u. a.
- präoperative Lungenfunktionsdiagnostik:

Lab: Tumormarker (wichtig für Nachsorge, als Suchtest nicht geeignet): für das kleinzellige Bronchialkarzinom: NSE = neuronspezifische Enolase, für das nicht-kleinzellige: CYFRA 21-1

Th.:

- chirurgisch: z. B. Lappenresektion (Lobektomie), z. B. bei nichtkleinzelligen Karzinomen
- Strahlentherapie: kurativ oder palliativ
- Polychemotherapie (Zytostatikatherapie): beim kleinzelligen Bronchialkarzinom

Progn.:

schlecht, die 5-Jahres-Überlebensrate aller Patienten beträgt nur 5%. Die Frühdiagnose ist entscheidend! Vorher mit dem Rauchen aufhören (ohne Zigaretten gäbe es ca. 1/3 weniger Krebserkrankungen auf der Welt)! Prognostische Faktoren: histologischer Typ, Ausbreitung (Tumorstadium), Allgemeinzustand des Patienten u. a.

LUNGENMETASTASEN

Viele Karzinome und Sarkome metastasieren nach Einbruch in die Venen auf dem Blutweg (hämatogen) in die Lunge und bilden dort sog. Fernmetastasen. Dies gilt z. B. für Chorionepitheliome, Nierenkarzinome, Brust(Mamma-)karzinome, Karzinome der Hoden und der Vorsteherdrüse (Prostata) und für Magenkarzinome.

Direkt fortgeleitet können Tumoren von Pleura, Mediastinum, Speiseröhre und Brust ins Lungengewebe eindringen.

PLEURITIS (BRUSTFELLENTZÜNDUNG)

Def.:

entzündliche Veränderungen der Pleurablätter, die ohne Ergussbildung (Pleuritis sicca), häufiger jedoch mit Erguss (Pleuritis exsudativa) auftreten. (Die trockene Pleuritis ist oft Vorläufer einer Pleuritis exsudativa.)

Aufgrund von Gesamteiweiß, spezifischem Gewicht und LDH wird ein Pleuratranssudat von einem Pleuraexsudat unterschieden (wichtig für die Differentialdiagnose).

Ät. und Differentialdiagnose der Pleuritiden:

1. Maligne Pleuritis (mit Exsudat; 60% d. F.)
   Ein blutiger Pleuraerguss ist solange tumorverdächtig, bis das Gegenteil bewiesen ist!
   - Bronchialkarzinom
   - metastasierendes Mammakarzinom
   - Mesotheliom
   - seltene andere Malignome, z. B. maligne Lymphome
2. Infektiöse Pleuritis (mit Exsudat; 30% d. F.)
   - Tuberkulose
   - bronchopulmonale Infekte, Pneumonien
   - iatrogen (vom Arzt ausgelöst) nach Pleurapunktion
3. Kardiale Pleuritis (Stauungstranssudat; 5% d. F.)
   dekompensierter Linksherzinsuffizienz
4. Seltenere Ursachen (5% d. F.)
   - nach einem Unfall („posttraumatisch")
   - bei abdominellen Erkrankungen (z. B. Bauchspeicheldrusenentzündung)
   - bei rheumatischen Erkrankungen und Kollagenosen (rheumatoide Arthritis, Lupus erythematodes)
   - nach einem Herzinfarkt (Postmyokardinfarkt-Syndrom = Dressler-Syndrom), nach einer operativen Öffnung des Brustkorbs (Postkardiotomie-Syndrom)
   - Transsudat durch niedrigen kolloidosmotischen (onkotischen) Druck (Albuminverlust): z. B. nephrotisches Syndrom, Urämie, Leberzirrhose, Malassimilationssyndrom u. a.
   - Meigs-Syndrom: Aszites u./o. Pleuraerguss bei 75% gutartiger Ovarialgeschwülste

Kl.:

Leitsymptom der Pleuritis sicca: atemabhängiger Schmerz (bessert sich, wenn Erguss auftritt), bei ausgeprägtem Erguss: Atemnot, lokales Beklemmungsgefühl, Auskultation: atemsynchrones Reibegeräusche über den basalen Lungenabschnitten (sog. „Lederknarren")

Klinik des Pleuraergusses

- Inspektion: Nachschleppen der betroffenen Thoraxhälfte
- Palpation: Stimmfremitus abgeschwächt bis aufgehoben

- Perkussion: absolute Dämpfung, Begrenzung nach lateral ansteigend (Ellis-Damoiseau-Linie)
- Auskultation: abgeschwächtes bis aufgehobenes Atemgeräusch, oberhalb des Ergusses sog. „Kompressionsatmen" (= streifenförmige Zone mit Bronchialatmen)

Dg.:

Anamnese, Klinik, Sonografie (Ergussmengen ab 50 ml nachweisbar), Röntgen-Thorax, Pleurapunktion mit Untersuchung der Pleuraflüssigkeit (Exsudat/Transsudat, Zytologie, Bakteriologie), Thorakoskopie (endoskopische Untersuchung der Pleurahöhle), CT

Th.:

Therapie des Grundleidens, Pleurapunktion oder Pleuradrainage zur Verbesserung der Atemmechanik durch Ablassen des Ergusses (nicht zu häufig, da großer Eiweißverlust), Pleurodese (therapeutische Verklebung des Pleuraspalts), Antibiotika bei bakteriellen Pleuritiden

PNEUMOTHORAX

Def.:

Unter einem Pneumothorax („Gasbrust", Pneu) versteht man das totale oder teilweise Kollabieren eines Lungenflügels durch Eindringen von Luft in den Pleuraspalt nach Verletzung der Lunge u./o. der Brustwand.

- geschlossener Pneumothorax (Lufteintrittspforte wieder verschlossen, keine Verbindung zur Außenluft)
- offener Pneumothorax (Lufteintrittspforte noch offen, Verbindung zur Außenluft)
  - äußerer Pneumothorax: Luft gelangt durch ein Verletzung der parietalen Pleura von außen in den Pleuraspalt; Ursache: z. B. Messerstichverletzung.
  - innerer Pneumothorax: Luft gelangt durch eine Verletzung der viszeralen Pleura und Lungenwand von innen in den Pleuraspalt; Ursache: z. B. Platzen einer Emphysemblase.

Ät.:

- Traumatischer Pneumothorax: entsteht durch Unfälle mit Verletzungen des Brustkorbs.
- Spontanpneumothorax: keine äußere Ursache erkennbar.
  - symptomatischer Pneumothorax: spontanes Auftreten eines Pneumothorax bei vorbestehender Lungenerkrankung
  - idiopathischer Pneumothorax: spontanes Auftreten eines Pneumothorax ohne erkennbare vorbestehende Lungenerkrankung (z. B. Platzen einer Emphysemblase; am häufigsten)
- iatrogen (durch den Arzt verursacht): Pleurapunktion, Subclaviakathether u. a.

Kl.:

Der idiopathische Spontanpneumothorax findet sich häufig bei hoch gewachsenen schlanken jungen Männern (18 bis 40 Jahre). Der symptomatische Pneumothorax findet sich im höheren Lebensalter bei Patienten mit vorbestehenden Lungenerkrankungen. Der traumatische Pneumothorax ensteht durch Unfallverletzungen des Brustkorbs:

- Leitsymptom: akuter, stechender, einseitiger, atemabhängiger Thoraxschmerz
- Atemnot (unterschiedlich ausgeprägt)
- Beim nach außen offenen (traumatischen) Pneumothorax sind pfeifende („schlürfende") Atemgeräusche im Bereich der Verletzung hörbar (in- und exspiratorisch).
- Inspektion: vorgewölbte Thoraxhälfte; Perkussion: hypersonorer Klopfschall; Auskultation: abgeschwächtes oder fehlendes Atemgeräusch.

Komplikation (Sonderform):

Spannungs- oder Ventilpneumothorax:

Durch einen Ventilmechanismus kann bei der Atmung Luft in die Pleurahöhle eindringen, jedoch nicht mehr entweichen. Dies führt zu einem Überdruck in der Pleurahöhle der verletzten Thoraxseite. Aufgrund zunehmender Druckentwicklung in der Pleurahöhle wird das Mediastinum zur gesunden Lungenseite hin verdrängt und nun auch diese Lunge in ihrer Funktion behindert.

Klinik des Spannungs- oder Ventilpneumothorax:

- akutes lebensbedrohliches Krankheitsbild
- Leitsymptom: rasch zunehmende Atemnot (Dyspnoe) und schnelle Atmung (Tachypnoe)
- Todesangst, hochgradige Unruhe
- Blässe, Zyanose
- Halsvenenstauung (obere Einflussstauung vor dem rechten Herzen)
- Tachykardie, Hypotonie, Schock
- schlürfende Atemgeräusche (beim nach außen offenen Spannungspneumothorax)
- Inspektion: Halsvenenstauung, Zyanose, eingeschränkte Atemexkursionen; Perkussion: hypersonorer Klopfschall; Auskultation: abgeschwächtes oder fehlendes Atemgeräusch.

Th.:

- Spontanpneumothorax: ggf. Schmerzmittel, Sauerstoff, Klinikeinweisung mit Notarzt, Transport in Rückenlage mit angehobenem Oberkörper
- Traumatischer Pneumothorax: Abdecken der Wunde (steril; Fremdkörper belassen, kein luftdichter Verband), Schmerzmittel, Sauerstoff, Klinikeinweisung mit Notarzt, Transport in Rückenlage mit angehobenem Oberkörper
- Spannungs- oder Ventilpneumothorax: Druckentlastung durch Punktion. Technik: Einstechen einer großkalibrigen Kanüle von vorne in der Medioklavikularlinie (oder der vorderen Axillarlinie) im 2.-3. Zwischenrippenraum (Oberrand der Rippe, da die Interkostalarterien am Unterrand verlaufen) auf der betroffenen Seite. Dies führt zum hörbaren Entweichen der Luft durch die Kanüle. Klinikeinweisung mit dem Notarzt.

HYPERVENTILATIONSSYNDROM

Def.:

über die physiologischen Bedürfnisse des Körpers hinaus gesteigerte Atemtätigkeit, die zur vermehrten Abatmung von CO_2 (= Hypokapnie) und zur Verschiebung des pH-Wertes in den alkalischen Bereich (= Alkalose) führt, häufig, meist psychogene Ursachen

Ät.:

- psychogen: Angst, Aufregung, Panik, Aggression, Depression u. a.
- somatogen: hohes Fieber, Schädel-Hirn-Trauma, Hirnentzündung (Enzephalitis) u. a.

Kl.:

1. akuter Hyperventilationsanfall

   Hyperventilation mit Symptomen einer Tetanie: Pfötchenstellung, Muskelkrämpfe, Kribbeln, Ameisenlaufen, Gefühlsstörungen („Parästhesien")

   (Ät.: „Normokalzämische Tetanie": unphysiologisch starke Abatmung von CO_2 führt zur Alkalose und zur Veränderung in der Eiweißbindung des Kalziums. Trotz normalen Kalziumspiegels kommt es zu Hypokalzämie-Symptomen. Kalziumgabe ist also nicht indiziert!)
2. chronische Hyperventilation
   - neuromuskuläre Symptome: Parästhesien, Hypästhesien (verminderte Berührungsempfindung), Schwindel, Kopfschmerz, Zittern
   - kardiovaskuläre Symptome: Thoraxschmerz, Tachykardie, kalte Fingerspitzen (Akren)
   - respiratorische Symptome: Seufzen, Gähnen, Hüsteln, unregelmäßige Atmung, Luftnot
   - psychische Symptome: Nervosität, Aufregung, Angst, Depression, Schlafstörungen
   - gastrointestinale Symptome: Luftschlucken (Aerophagie) mit Meteorismus

Dg.:

Anamnese, Klinik, (Blutgasanalyse)

Th.:

der häufigen psychogenen, akuten Hyperventilation:

- Aufklärung und Beruhigung des Patienten
- bei Hyperventilationstetanie: „Tütenatmung"

  (Der Patient atmet in eine Plastiktüte: Das vermehrt ausgeatmete CO_2 wird aus der Plastiktüte rückgeatmet, der CO_2-Spiegel im Blut steigt an. Dadurch normalisieren sich Alkalose und Eiweißbindung des Kalziums.)
- Atemschule, autogenes Training, psychosomatische Therapie

SCHLAFAPNOE-SYNDROM (SAS)

Def.:

mindestens 10 mal pro Stunde anfallsweise auftretende Atemstillstände (≥ 10 /Sekunde) während des Schlafes; Schlafapnoe: Atempause von mindestens 10 Sekunden Dauer während des Schlafs; Schlafapnoeindex: Anzahl der Schlafapnoen pro Stunde Schlafzeit (pathologisch: ≥ 10 /h)

Ät.:

- SAS mit Obstruktion („Verstopfung") der oberen Atemwege = obstruktives Schlafapnoesyndrom = OSAS (> 90%): verminderter Tonus und Kollaps der Schlundmuskulatur im Schlaf. Atembewegungen bleiben jedoch erhalten. Begünstigend: Tonsillenhyperplasie, Nasenpolypen, Abweichungen der Nasenscheidewand (= Nasenseptumdeviation), Zungenvergrößerung (Makroglossie), Kieferfehlstellungen
- SAS ohne Obstruktion der oberen Atemwege (< 10%):
  - Zentrale Schlafapnoe und primäre alveoläre Hypoventilation (selten): zeitweilig aussetzende Innervation der Atemmuskulatur aufgrund verminderter Erregbarkeit der Chemorezeptoren führt zu vollständigem Ausfall der Atembewegungen.
  - Sekundäre alveoläre Hypoventilation (Lungen-, Skelett- und neuromuskuläre Krankheiten)

Pathogenese:

Kollaps der oberen Atemwege → Apnoe → Bradykardie, pO_2 ↓, CO_2 ↑ → verstärkte Atemarbeit führt zur Aufweckreaktion (arousal) → Öffnung der oberen Atemwege unter lautem Schnarchgeräusch mit reaktiver Hyperventilation und Anstieg der Herzfrequenz (Tachykardie)

Auswirkungen: rezidivierende Schlafunterbrechungen (Schlaffragmentation), Schlafdefizit, rezidivierende nächtliche Hypoxie (pO_2 ↓) und Hyperkapnie (CO_2 ↑), reaktive arterielle und pulmonale Hypertonie und Tachykardie, nächtliche Herzrhythmusstörungen

Kl.:

- Leitsymptom 1: lautes, unregelmäßiges Schnarchen mit Atemstillständen (Fremdanamnese)
- Leitsymptom 2: gesteigerte Tagesmüdigkeit mit Einschlafneigung bei monotonen Tätigkeiten (7fach erhöhtes Unfallrisiko!)
- Weitere Symptome: intellektuelle Leistungsminderung (z. B. Konzentrations- und Gedächtnisstörungen), depressive Verstimmung, morgendliche Kopfschmerzen, morgendliche Mundtrockenheit, Potenzstörungen
- Komplikationen: nächtliche Herzrhythmusstörungen, Auftreten bzw. Verschlechterung einer arteriellen Hypertonie, Verschlechterung einer vorbestehenden Herzinsuffizienz, Ateminsuffizienz, pulmonale Hypertonie, Cor pulmonale, Polyglobulie, erhöhtes Risiko für Herzinfarkt – und Schlaganfall (Apoplexie)

Dg.:

(Fremd-)Anamnese (Schnarchen mit Atemstillständen), Klinik (mit HNO-ärztlicher Untersuchung); Schlaflabor (oder ambulant): Überwachung und Registrierung von Atemfluss, Atemgeräusch, Pulsfrequenz, Sauerstoffsättigung des Blutes usw.

Th.:

Th.:

- Behandlung von Risikofaktoren: Übergewicht (80% der SAS-Patienten sind adipös), Nasenseptumdeviation, Tonsillenhypertrophie u. Ä. Schlafhygiene: keine schweren Mahlzeiten oder anstrengende Tätigkeiten vor der Nachtruhe, regelmäßiger Schlafrhythmus, ausreichende Schlafphasen, Seitenlage im Schlaf, Verzicht auf Alkohol, Nikotin und Apnoe verstärkende Medikamente (Schlafmittel, Beruhigungsmittel, Beta-Rezeptorenblocker)
- medikamentös: Theophyllin (wirkt nur bei leichter SAS)
- kontinuierliche nächtliche Überdruckbeatmung mittels Atemmaske
- chirurgisch (selten indiziert)

Prognose:

Schlafapnoeindex < 20 /h: keine erhöhte Sterblichkeit

Schlafapnoeindex > 20 /h: 8-Jahres-Sterblichkeit 40% (unbehandelt)

STÖRUNGEN DES LUNGENKREISLAUFES

LUNGENÖDEM

Def.:

massiver Austritt von Flüssigkeit aus den Lungenkapillaren ins Interstitium und den Alveolarraum

Ät.:

1. Kardiale Lungenödem (am häufigsten): Linksherzinsuffizienz mit Druckanstieg im Lungenkreislauf: z. B. bei Herzinfarkt, Herzmuskelentzündung, hypertone Krise, Herzrhythmusstörungen, dekompensierte Herzklappenfehler
2. Nichtkardiales Lungenödem
   - onkotischer Druck ↓: Überwässerung z. B. bei Niereninsuffizienz, Hypoproteinämie
   - Alveolardruck ↓: Höhenlungenödem (erniedrigter Alveolardruck und O_2-Mangel)
   - Permeabilitätssteigerung der Lungenkapillaren:
     - allergisch (anaphylaktischer Schock)
     - toxisch (Giftgase, Magensaftaspiration, Heroinintoxikation)
   - andere Ursachen: z. B. Lungenembolie, Schädel-Hirn-Trauma u. a.

Kl.:

Vier Stadien des Lungenödems:

1. Ödem des Lungengewebes (interstitielles Lungenödem, nur radiologisch nachweisbar)
2. Exsudation und Transsudation von seröser Flüssigkeit in Alveolen und Bronchiolen (alveoläres Lungenödem): schwere Atemnot, Angst, Zyanose, Blässe, Auskultation: (grobes „feuchtes" Rasseln und Kochen über der Brust, z. T. ohne Stethoskop hörbar), schaumiges Sputum
3. Schaumbildung
4. Asphyxie (Atemstillstand)

Dg.:

Anamnese, Klinik, Röntgenbild der Lunge

Th.:

- Notarzt anfordern
- Sofortmaßnahmen:
  - sitzende Lagerung mit herabhängenden Beinen
  - bei hypertoner Krise: Senkung des Blutdrucks (Nitrospray, Nifedipin-Zerbeißkapsel)
  - unblutiger Aderlass: Eine venöse Stauung an den Extremitäten vermindert den Blutrückfluss zum Herzen. Bei Polyglobulie evtl. blutiger Aderlass.
  - Beruhigung des Patienten (keine Medikamente i.m. oder s.c. oder oral)
  - Sauerstoff über Nasensonde, Sekretabsaugung
  - peripherer venöser Zugang (mit Ringer-Laktat-Infusion: langsam! Nur zum Offenhalten des Zugangs! Kein Volumen geben!)
  - weitere Behandlung durch Arzt, Notarzt oder Klinik: Nitroglycerin, Furosemid, Glukokortikoide (beim toxischen Lungenödem), Intubation und Überdruckbeatmung; Behandlung einer hypertonen Krise, einer Linksherzinsuffizienz oder einer Herzrhythmusstörung; bei Niereninsuffizienz mit Überwässerung: Dialyse

COR PULMONALE

Def.:

Hypertrophie u./o. Dilatation des rechten Ventrikels als Folge einer Struktur-, Funktions- oder Zirkulationsstörung der Lunge mit pulmonaler Hypertonie („Lungenhochdruck": > 20 mmHg in Ruhe). Durch eine Widerstandserhöhung im Lungenkreislauf („kleiner Kreislauf") kommt es zur Druckbelastung des Herzens. Die Stadieneinteilung entspricht der der Herzinsuffizienz (siehe S. 73).

Es werden unterschieden:

- akutes Cor pulmonale (meist Lungenembolie, auch: akuter Asthma bronchiale-Anfall)
- chronisches Cor pulmonale

LUNGENEMBOLIE

(als Beispiel eines akuten Cor pulmonale)

Def.:

Verschluss einer Lungenarterie durch einen Embolus (meist ein losgerissener Thrombus, selten: Fett-, Luft- oder Fremdkörperembolie).

In 90% der Fälle stammt der Embolus aus dem Einzugsgebiet der unteren Hohlvene (tiefe Beinvenenthrombose), seltener sind Embolien aus dem Gebiet der oberen Hohlvene oder aus dem rechten Herzen.

Ät.: vgl. Ursachen einer tiefen Beinvenenthrombose (siehe S. 107)

Kl.:

Merke: Nur 1/4 der zur Lungenembolie führenden tiefen Beinvenenthrombosen (siehe S. 107) zeigt klinische Symptome vor dem Auftreten der Lungenembolie. Plötzlich, meist nach dem morgendlichen Aufstehen, beim Stuhlgang (Druckerhöhung) oder bei plötzlicher Anstrengung:

- Atemnot/schnelle Atmung (Tachypnoe)
- Brustschmerzen
- schneller Puls (Tachykardie)
- Husten
- Angst, Beklemmungsgefühl
- Schweißausbruch
- Bewusstlosigkeit (Synkope) und Schock

Die Mehrzahl tödlicher Lungenembolien verläuft in Schüben! Typisch für rezidivierende Lungenembolien sind: Schwindelanfälle, kurze Bewusstlosigkeiten, unklares Fieber und Tachykardie.

Todesursache ist eine akute Rechtsherzinsuffizienz (Widerstandserhöhung im kleinen Kreislauf).

Kompl.:

Lungeninfarkt und blutiger Auswurf (Hämoptyse), Infarktpneumonie, Rechtsherzversagen, Pneumonie, Pleuritis und Pleuraerguss, weitere Embolien

Dg.:

Anamnese, Klinik, Perfusions- und Ventilationsszintigrafie, EKG, Blutgase: $O_2 \downarrow$, $CO_2 \uparrow$, Farbdoppler-Echokardiografie, Röntgenbild, Nachweis des Embolus durch angiografische Methoden, Rechtsherzkatheter, Nachweis der verursachenden Phlebothrombose u.v.a.

Th.:

- konservativ: Notarzt informieren, Beruhigung des Patienten, halbsitzende Lagerung, peripherer venöser Zugang mit 500 ml Ringer-Laktat-Infusion, Sauerstoffgabe, Schockbehandlung; in der Klinik: Heparin, Fibrinolyse (Auflösen des Gerinnsels, deshalb - wie immer im Notfall - keine i.m. Spritzen! Diese machen eine nachfolgende Fibrinolyse unmöglich!)
- Kathetermethoden: Ultraschall-Thrombolyse, lokale Fibrinolyse u. a.

- operativ: operative Entfernung des Embolus (pulmonale Embolektomie) mit Hilfe der Herz-Lungenmaschine (Letalität: 30-50%, in schwersten Fällen als letzter Ausweg)
- Behandlung des Grundleidens und Prophylaxe erneuter Embolien (hohe Rezidivgefahr!): Kompressionsstrümpfe, gerinnungshemmende Substanzen, frühe Mobilisation

Lerntext 11 Zur Differentialdiagnose von Lungenembolie und Myokardinfarkt

	Lungenembolie	Myokardinfarkt
Anamnese	längere Bettruhe	Angina pectoris
Beginn	schlagartig	über Stunden sich entwickelnd
Schmerz	inspiratorisch verstärkt, pleuritisch	atemunabhängig mit Ausstrahlung
Atemnot	schlagartig, intensiv	leicht
Röntgen	einseitiger Zwerchfellhochstand, Gefäßlücken	evtl. Stauungszeichen

CHRONISCHES COR PULMONALE

Def.: (siehe S. 155)

Pathophysiologische Ursachen der Widerstandserhöhung im Lungenkreislauf

1. Euler-Liljestrand-Mechanismus: Unterbelüftung der Lungenbläschen führt zu einer reflektorischen Gefäßverengung mit Druckanstieg im arteriellen Schenkel des Lungenkreislaufs
2. Parenchymverlust mit Untergang von Kapillaren: Aus dem verminderten Gesamtgefäßquerschnitt resultiert eine Widerstandserhöhung
3. Lungengefäßobstruktion: z. B. rezidivierende Lungenembolien
4. erhöhte Viskosität = „Zähigkeit" des Blutes (z. B. bei Polyglobulie)

Ät.:

1. Lungenkrankheiten
   - parenchymatöse Erkrankungen
     - restriktive Störungen: z. B. Lungenfibrosen
     - obstruktive Störungen (am häufigsten): chronische Bronchitis, Asthma bronchiale,
     - obstruktives Emphysem
   - Gefäßerkrankungen der Lunge
     - rezidivierende Lungenembolien (Symptomatik ähnlich wie Asthma bronchiale!)
     - Gefäßentzündungen (Vaskulitiden)
     - Appetitzügler (z. B. Fenfluramin, vermutlich auch Dexfenfluramin)
2. mechanische Belüftungsstörungen: z. B. Brustkorbdeformitäten, Übergewicht
3. alveoläre Hypoxie (Sauerstoffunterversorgung) bei Aufenthalt in großen Höhen

Kl.:

Im Anfangsstadium sehr diskret:

- leichte Atemnot bei Belastung, schneller Puls (Tachykardie), evtl. Herzrhythmusstörungen
- Schwindel (Ohnmacht nach Husten)
- diskrete Zyanose
- Brustschmerzen
- bei dekompensiertem Cor pulmonale: Zeichen der Rechtsherzinsuffizienz (siehe S. 73)
- Auskultation: lauter 2. Herzton, evtl. mit fixierter Spaltung

Dg.

Anamnese, Klinik, typische EKG-Veränderungen, Farbdoppler-Echokardiografie, Röntgen-Thorax, Radionuklidventrikulografie, Rechtsherzkatheter u. a.

Th.:

- Behandlung der Grundkrankheit (Antikoagulantien bei rezidivierenden Lungenembolien, konsequente Behandlung auslösender Lungenerkrankungen)
- Therapie der Rechtsherzinsuffizienz (siehe S. 74)
- sonstiges: medikamentöse Drucksenkung, O_2-Langzeittherapie (Heimtherapie), isovolämische Blutverdünnung (Hämodilution): Bei einem Hämatokrit > 60% Aderlass von 500 ml und gleichzeitige Infusion von 500 ml Ringer-Laktat, Ultima Ratio: Herz-Lungen-Transplantation

GASTROENTEROLOGIE

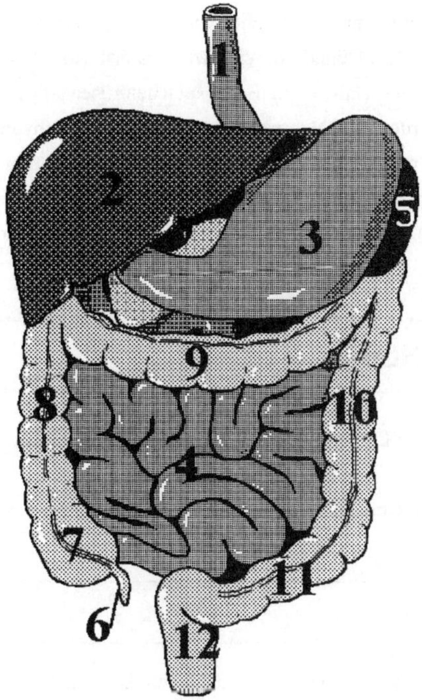

1 Speiseröhre (Ösophagus)
2 Leber (Hepar)
3 Magen (Venter)
4 Dünndarm (Intestinum tenue)
5 Milz (Splen)
6 Wurmfortsatz (Appendix)
7 Blinddarm (Caecum)
8 aufsteigendes Kolon (Colon ascendens)
9 querverlaufendes Kolon (Colon transversum)
10 absteigendes Kolon (Colon descendens)
11 S-förmiges Kolon (Colon sigmoideum, Sigma)
12 Mastdarm (Rektum)

Abb. 21 Magen-Darm-Trakt (Gastrointestinaltrakt)

ANATOMIE UND PHYSIOLOGIE DES MAGEN-DARM-TRAKTES (MIT LEBER, GALLE UND BAUCHSPEICHELDRÜSE)

Um den Stoffwechsel- und Energiebedarf des Organismus zu decken, muss die dem Körper zugeführte Nahrung geschluckt, im Magen-Darm-Trakt aufgespalten („verdaut") und anschließend aus dem Darmrohr ins Körperinnere aufgenommen (resorbiert) werden. Der Verdauungsprozess besteht in der Zerkleinerung, Verflüssigung und Aufspaltung der aufgenommenen Substanzen. Er

vollzieht sich schrittweise: Zuerst wird die Nahrung mechanisch zerkleinert, dann mit Hilfe von Sekreten und Enzymen der Verdauungsdrüsen in ihre Elementarbausteine zerlegt und schließlich resorbiert.
Feste Nahrungsmittel werden dazu mit den Zähnen zerkaut, der Bissen wird mit Speichel und Enzymen aus den Mundspeicheldrüsen vermengt und gelangt reflektorisch mit dem Schluckakt durch die Speiseröhre (Ösophagus) in den Magen (Ventriculus). Hier wird der Nahrungsbrei mit Magensaft versetzt und gelangt in den Dünndarm. Im Dünndarm wird der zunächst saure Speisebrei des Magens mit den alkalischen Sekreten des Galle- und Bauchspeicheldrüsensaftes vermischt. Durch die beigemischten Enzyme werden die Nahrungsbestandteile (Kohlenhydrate, Fette, Eiweiße) weiter aufgeschlüsselt und zusammen mit den Spurenelementen und Vitaminen resorbiert. Im Dickdarm erfolgt die Eindickung des Speisebreis durch Wasserentzug. Im Endabschnitt des Dickdarms (Sigmoid und Rektum) wird der Stuhl (Fäzes) bis zur nächsten willkürlichen Darmentleerung gespeichert.

MUNDVORHOF UND MUNDHÖHLE

Mundvorhof (Vestibulum oris): liegt zwischen den Lippen und den Zahnreihen. Der Mundvorhof dient zum Ergreifen der Nahrung.
Mundhöhle (Cavum oris): reicht von der Zahnreihe bis zu den Schlundbögen. Hier wird die Nahrung zerkleinert und mit Speichel vermischt.

ZÄHNE

Das vollständige Gebiss des Erwachsenen besteht aus 2x16 (4x8) = 32 Zähnen. Dies sind (auf eine Gebisshälfte bezogen): 2 Schneidezähne (Incisivi), 1 Eckzahn (Caninus), 2 Backenzähne (Praemolares), 3 Mahlzähne (Molares).
Die 4 Quadranten des Gebisses werden von 1-4 durchnummeriert: rechter Oberkiefer 1, linker Oberkiefer 2, linker Unterkiefer 3, rechter Unterkiefer 4.
Die Zähne in den einzelnen Quadranten werden durchnummeriert von 1 bis 8:

18 17 16 15 14 13 12 11	21 22 23 24 25 26 27 28
48 47 46 45 44 43 42 41	31 32 33 34 35 36 37 38

Zur genauen Definition eines Zahnes bedarf es also zweier Zahlen. Die erste Zahl bezeichnet den Quadranten des Kiefers, die zweite Zahl den Zahn.
Die Zahl 11 bedeutet: erster Schneidezahn im rechten Oberkiefer.
Die Zahl 46 bedeutet: erster Molar im rechten Unterkiefer.
Das Milchgebiss hat 20 Zähne. Sie kommen zwischen dem 7. Lebensmonat und dem 2. Lebensjahr zum Durchbruch. Ausfall der ersten Milchzähne im 6. Lebensjahr.

DRÜSENAPPARAT DER MUNDHÖHLE

Der Speichel wird hauptsächlich von drei großen, paarig angelegten Drüsen gebildet:

- Ohrspeicheldrüse (Glandula parotis): Sie ist die größte dieser Drüsen. Sie liegt zwischen dem aufsteigenden Unterkieferast und dem äußeren Gehörgang. Der Ausführgang der Ohrspeicheldrüse liegt im Mundvorhof gegenüber dem 2. oberen Backenzahn an der Wangeninnenfläche.
- Unterkieferdrüse (Glandula submandibularis): liegt unterhalb der Muskelplatte der Mundbodenmuskulatur. Sie besitzt einen langen Ausführgang, der vorne neben dem Zungenbändchen unter der Zunge mündet.
- Unterzungendrüse (Glandula sublingualis): besitzt zahlreiche Ausführgänge beidseits neben der Zunge.

Neben diesen drei großen Speicheldrüsen entleeren noch zahlreiche kleinere Speicheldrüsen (Lippen-, Wangen-, Gaumen-, Zungen- und Schlunddrüsen) ihre Sekrete in die Mundhöhle.

Speichelsekretion:

Zusammen bilden die Speicheldrüsen etwa 1,5 l Speichel pro Tag. Speichel besteht überwiegend aus Wasser. Der Speichel enthält als stärkespaltendes Enzym das Ptyalin (auch: α-Amylase). Die Verdauung von Kohlenhydraten beginnt also schon im Mund.

SCHLUND ODER RACHEN (PHARYNX)

siehe S. 118

SPEISERÖHRE (ÖSOPHAGUS)

Die Speiseröhre (Ösophagus) ist ein ca. 22-25 cm langer Muskelschlauch, der den Schlund mit dem Magen verbindet. Die Speiseröhre dient nur dem Zweck, den Speisebrei durch Kontraktionswellen der Muskulatur („Peristaltik") weiterzuleiten. Im oberen und unteren Abschnitt hat die Speiseröhre Verschlusseinrichtungen, die als oberer und unterer Ösophagussphinkter bezeichnet werden. Der untere Sphinktermechanismus verhindert den Rückfluss von (saurem) Speisebrei aus dem Magen.

Die Entfernung von der Zahnreihe bis zum Mageneingang beträgt beim Erwachsenen ca. 40-45 cm (wichtig z. B. beim Legen einer Magensonde).

MAGEN

MAKROSKOPISCHE ANATOMIE DES MAGENS

Der Magen (Ventriculus) hat die Aufgabe den Nahrungsbrei zu speichern und portionsweise an den Dünndarm weiterzuleiten. Durch Pepsinogen und Salzsäure aus den Magenschleimhautdrüsen wird im sauren Milieu des Magens die chemische Aufspaltung der Nahrungsstoffe (hauptsächlich der Eiweiße) weitergeführt. Es werden folgende Magenabschnitte unterschieden:

- Kardia (Magenmund): Mündungsgebiet der Speiseröhre
- Fundus (Magengrund): luftgefüllt, überragt als Kuppel die Kardia in Richtung Zwerchfell
- Korpus (Magenkörper): Hauptteil des Magens
- Antrum pyloricum (Magenausgangsteil): Erweiterung des Magens vor dem Magenausgang
- Pylorus (Pförtner): Magenausgang zum Anfangsteil des Duodenums (Bulbus duodeni)

Die kürzeste Verbindung zwischen Kardia und Pylorus wird als kleine Kurvatur, die längste Verbindung als große Kurvatur bezeichnet.

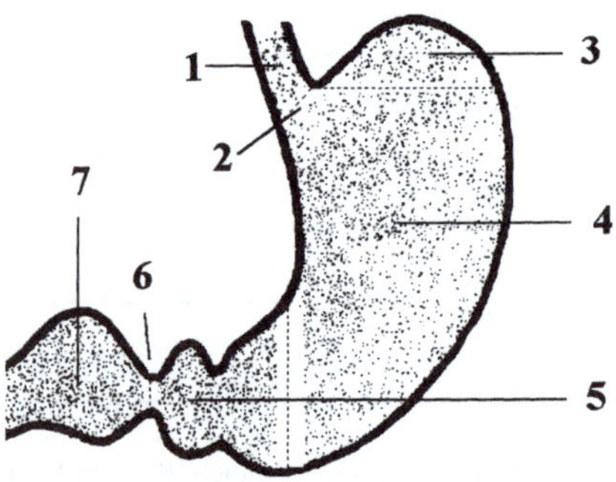

1 Speiseröhre (Ösophagus)
2 Magenmund (Kardia)
3 Magengrund (Fundus)
4 Magenkörper (Korpus)
5 Magenausgang (Antrum)
6 Magenpförtner (Pylorus)
7 Zwölffingerdarm (Duodenum)

Abb. 22 Anatomische Einteilung des Magens

MIKROSKOPISCHE ANATOMIE DES MAGENS

Histologischer Aufbau der Magenwand von innen nach außen:

- Schleimhaut (Tunica mucosa)
  - Schleimhautepithelschicht (Lamina epithelialis mucosae)
  - Schleimhautbindegewebe (Lamina propria mucosae)
  - Schleimhautmuskelschicht (Lamina muscularis mucosae)

- submuköses Bindegewebe (Tela submucosa)
- Muskelhaut (Tunica muscularis)
  - querverlaufende Muskelfasern (fibrae obliquae)
    Besonderheit: Der charakteristische Darmaufbau von der Speiseröhre bis zum Dickdarm kennt nur eine Ring- und eine Längsmuskelschicht. Im Bereich des Magenkorpus gibt es jedoch eine weitere Muskelschicht, die fibrae obliquae.
  - Ringmuskelschicht
  - Längsmuskelschicht
- Bauchfell (Tunica serosa, Peritoneum)

Das Schleimhautepithel des Magens besteht aus einreihigem Zylinderepithel. In Korpus und Fundus produzieren 3 magenspezifische Zellen unterschiedliche Sekrete:

- Belegzellen: Salzsäure und den „Intrinsic factor"
- Hauptzellen: Pepsinogen (eiweißspaltendes Enzym)
- Nebenzellen: alkalischer Magenschleim (schützt den Magen vor der Salzsäure)

Die Tela submucosa ist eine bindegewebige Verschiebeschicht. Die Tunica muscularis besteht aus den fibrae obliquae, einer inneren Ring- und einer äußeren Längsmuskelschicht.

PHYSIOLOGIE DES MAGENS

DER MAGENSAFT

Der Magensaft wird von den Drüsen der Magenschleimhaut produziert. Etwa 2-3 l Magensaft werden täglich produziert. Der Saft enthält neben dem eiweißspaltenden Verdauungsenzym (Pepsinogen) noch Schleim, Intrinsic factor und Salzsäurelösung.

Die Salzsäurelösung hat entscheidende Aufgaben bei der Eiweißverdauung: 1) fördert sie die Umwandlung der Enzymvorstufe Pepsinogen zum aktiven Pepsin, 2) erzeugt sie ein optimales Milieu für die Pepsinwirkung (pH-Wert 2-4), 3) führt sie zur Ausfällung und Quellung der Eiweißkörper in der Nahrung. Die Salzsäure verhindert außerdem die Ausbreitung von Bakterien im Magen und Dünndarm.

Das Gewebehormon Gastrin wird in den G-Zellen von Antrum und Duodenum gebildet und bei Vagusreiz, Dehnung im Bereich des Antrums, pH-Anstieg des Magensafts über 2,5 sowie bei Einwirkung von Proteinabbauprodukten, Alkohol und Koffein an das Blut abgegeben. Es regt im Magen die Sekretion von Salzsäure und Pepsinogen an, fördert die Antrumperistaltik und die Pankreas- und Gallensekretion. Die Gastrinproduktion wird gehemmt durch Sekretin, GIP (= gastric inhibitory polypeptid), VIP (= vasoactive intestinal polypeptide), Glukagon, Übersäuerung des Magens u. a.

Der Magenschleim schützt - zusammen mit einer intakten Schleimhaut - den Magen vor der Selbstverdauung durch die Pepsin- und Salzsäurewirkung.

Der Intrinsic factor ist lebenswichtig, da ohne ihn die Resorption von Vitamin B12 („Extrinsic factor") im Endstück des Dünndarms (terminales Ileum) nicht möglich ist. Vitamin B12 wird zur Bildung der Blutzellen benötigt. Ein Fehlen führt zu einer Vitamin-B12-Mangel-Anämie.

DÜNNDARM

MAKROSKOPISCHE ANATOMIE DES DÜNNDARMS

Aus dem Magen gelangt der Speisebrei portionsweise durch den Magenpförtner (Pylorus) in den ca. 3-5 m langen Dünndarm. Hier werden die Nahrungsbestandteile weiter in kleinste Bruchstücke (Moleküle) zerlegt, über das Epithel der Dünndarmschleimhaut resorbiert und im Organismus weiter verarbeitet. Der Dünndarm wird in drei Abschnitte gegliedert, die, ohne genaue Abgrenzung, im Bereich der Schleimhaut nahtlos ineinander übergehen:

- Duodenum = Zwölffingerdarm
- Jejunum = Leerdarm
- Ileum = Krummdarm

Das Duodenum ist der kürzeste, unmittelbar dem Magenausgang anschließende, Dünndarmabschnitt. Es ist ca. 30 cm lang und ähnelt in der Form einem nach rechts offenen Hufeisen (bzw. einem „C"). In der Biegung dieses „C" liegt der Kopf der Bauchspeicheldrüse. Hier mündet, in einer Schleimhauttasche, der Papilla Vateri, der gemeinsame Ausführgang der Bauchspeicheldrüse (Ductus pancreaticus) und der Gallenwege (Ductus choledochus) in den Dünndarm. Der restliche Dünndarm verteilt sich zu 2/5 auf das Jejunum und zu 3/5 auf das Ileum. Dabei liegt das Jejunum hauptsächlich im linken Oberbauch, das Ileum hauptsächlich im rechten Unterbauch. Das Ileum mündet in den als Blinddarm (Caecum) bezeichneten Abschnitt des Dickdarms. Der Rückfluss von Darminhalt vom bakterienbesiedelten Dickdarm in den nahezu sterilen Dünndarm wird durch eine Schleimhautklappe, die Ileocaecalklappe (auch: Bauhin-Klappe) verhindert.

MIKROSKOPISCHE ANATOMIE DES DÜNNDARMS

Der histologische Aufbau des Dünndarms von innen nach außen entspricht im Wesentlichen den Schichten der Magenwand (siehe S. 162, jedoch keine fibrae obliquae). Durch einige Besonderheiten der Dünndarmschleimhaut wird die Resorptionsfläche des Dünndarms von 0,33 qm auf 200 qm vergrößert. In den Dünndarm ragen ring- bis spiralförmig verlaufende Schleimhautfalten, die sog. Kerckring-Falten. Auf den Kerckring-Falten sitzen, dicht gereiht, ca. 1 mm hohe Zotten, welche die Dünndarmoberfläche nochmals um etwa das Zehnfache vergrößern. Eine weitere Vergrößerung der Resorptionsoberfläche wird durch die Mikrovilli (Stäbchensaum) der resorbierenden Epithelzellen erreicht.

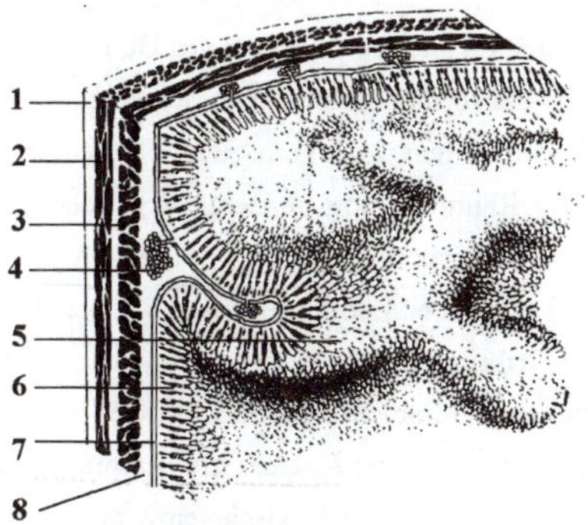

1 Bauchfell (Peritoneum)
2 Längsmuskelschicht (außen)
3 Ringmuskelschicht (innen)
4 Brunnersche Drüsen
5 Kerckringsche Falten
6 Krypten und Zotten
7 Basalmembran
8 Submukosa

Abb. 23 Dünndarmwand (Duodenum) mit Zotten und Kerckring-Falten

PHYSIOLOGIE DES DÜNNDARMS

Im Dünndarm werden die Nahrungsbestandteile nach ihrer enzymatischen Aufspaltung resorbiert. Die Resorption der meisten Nahrungsstoffe wird schon im Anfangsteil des Dünndarms abgeschlossen. Vitamin B12 und Gallensäuren werden dagegen erst im Endstück des Ileum (im terminalen Ileum) aufgenommen. Im Dickdarm werden noch Wasser und Elektrolyte resorbiert.

DICKDARM

MAKROSKOPISCHE ANATOMIE DES DICKDARMS

Der Dünndarm mündet in den Dickdarm. Durch Wasserentzug wird hier der Darminhalt eingedickt und der Kot (Fäzes) gebildet. Alle unverdaulichen Nahrungsbestandteile werden mit dem Kot ausgeschieden. Das Lumen des Dickdarms ist wesentlich weiter als das des Dünndarms. Seine Länge beträgt ca. 1,5 m. Im Gegensatz zum Dünndarm ist der Dickdarm mit Bakterien besiedelt. Er wird in 3 Abschnitte gegliedert:

- Caecum (auch: Coecum, Zaecum, Zoekum, Zökum, Blinddarm) mit Wurmfortsatz (Appendix vermiformis, fälschlich: „Blinddarm")
- Kolon (Grimmdarm)
  - Colon ascendens (aufsteigendes Kolon)
  - Colon transversum (querverlaufendes Kolon)
  - Colon descendens (absteigendes Kolon)
  - Colon sigmoideum (Sigma, S-förmig verlaufendes Kolon)

- Rektum (Mast- oder Enddarm)

Der Dickdarm umgibt den Dünndarm wie ein Rahmen. Nach dem Eintritt des Dünndarms in den Dickdarmanteil des Caecum schließt sich zunächst der rechte, aufsteigende Schenkel des Kolons, das Colon ascendens an. Die obere Kante des Kolonrahmens wird vom querverlaufenden Schenkel, dem Colon transversum, die linke Kante des Rahmens vom absteigenden Schenkel, dem Colon descendens, gebildet. Das sich anschließende Sigma oder Colon sigmoideum geht in das 15-20 cm lange Endstück des Dickdarms, in den Mast- oder Enddarm (Rektum) über. Der Anus (After) ist die von Schließmuskeln verschlossene Öffnung, durch die der Darm nach außen mündet. Unter der Schleimhaut des Rektums liegt die sog. Hämorrhoidalzone, ein Geflecht von Venen. Oberhalb der Schließmuskeln des Anus erweitert sich das Rektum zur Ampulle (Ampulla recti), in der sich der Kot sammelt. Kot ist der eingedickte, durch Bakterieneinwirkung zersetzte, unverdauliche Rest des Nahrungsbreies. Die bräunliche Farbe erhält der Kot durch den Farbstoff Sterkobilin, der im Darm aus dem Gallenfarbstoff Bilirubin gebildet wird.

MIKROSKOPISCHE ANATOMIE DES DICKDARMS

Der Aufbau des Dickdarms zeigt 3 Längsmuskelstreifen = Tänien und regelmäßige Ausbuchtungen = Haustren und entspricht im Schichtaufbau sonst im Wesentlichen dem des Dünndarms (jedoch keine Brunner-Drüsen und keine Kerckring-Falten).

Die Schleimhaut des gesamten Dickdarms ist frei von Zotten, da die einzige Resorptionsleistung des Dickdarms in der Aufnahme von Wasser und Elektrolyten besteht.

BAUCHSPEICHELDRÜSE (PANKREAS)

MAKROSKOPISCHE ANATOMIE DER BAUCHSPEICHELDRÜSE

Die Bauchspeicheldrüse (Pankreas) ist ein 15 bis 20 cm langes und 60 bis 100 g schweres Organ. Es liegt in Höhe des 1. bis 2. Lendenwirbels an der Rückseite des Bauchfells im Oberbauch. Es wird ein Kopf- von einem Körper- und einem Schwanzteil unterschieden. Der Kopf der Bauchspeicheldrüse liegt als breitester Anteil in dem vom Zwölffingerdarm gebildeten, hufeisen- oder C-förmigen Bogen. An ihn schließen sich Körper und Schwanzteil an. Der Schwanz der Bauchspeicheldrüse erreicht links die Milz. Die Vorderfläche der Bauchspeicheldrüse ist vom Bauchfell (Peritoneum) überzogen.

MIKROSKOPISCHE ANATOMIE DER BAUCHSPEICHELDRÜSE

Die Bauchspeicheldrüse besitzt eine Bindegewebskapsel und ein bindegewebiges Stützgerüst, das die azinösen (= beerenförmigen) Drüseneinheiten zu kleinen Drüsenläppchen zusammenschließt. Das Sekret dieser Drüsenläppchen fließt durch ein weit verzweigtes System von Ausführungsgängen in den großen Hauptausführgang (Ductus pancreaticus oder Wirsung-Gang).

Neben diesem exkretorischen Drüsenepithel, das sein Sekret ins Duodenum abgibt, enthält die Bauchspeicheldrüse, als zweites Funktionssystem, hormonbereitende Zellen, die in den sog. Langerhans Inseln zusammengelagert sind (inkretorischer Anteil der Bauchspeicheldrüse). Sie geben ihre Hormone direkt ins Blut ab. Die Langerhans Inseln (nach ihrem Entdecker benannt) haben einen Durchmesser von 75 bis 300 µm und liegen wie Inseln verstreut im exkretorischen Gewebe der Bauchspeicheldrüse. Ihre Anzahl schwankt zwischen 1 bis 2 mio.

Sie bestehen aus drei unterschiedlichen Zelltypen (A, B, D-Zellen), die Insulin, Glukagon und Somatostatin produzieren.

- A-Zellen, 25% der Inselzellen, produzieren Glukagon
- B-Zellen, 60% der Inselzellen, produzieren Insulin
- D-Zellen, 15% der Inselzellen, produzieren Somatostatin

PHYSIOLOGIE DER BAUCHSPEICHELDRÜSE

Drüsen, die ihre Sekrete ins Blut abgeben, werden endokrine Drüsen genannt. Sie werden von exokrinen Drüsen unterschieden, die ihre Sekrete nach außen oder in den Verdauungstrakt absondern (Schweißdrüsen, Speicheldrüsen u. a). Die Bauchspeicheldrüse hat sowohl exokrine, als auch endokrine Anteile.

- Als exokrine Drüse (exkretorischer Anteil) sondert sie ein Sekret in den Darmkanal ab, das reich an Verdauungsenzymen ist.
- Als endokrine Drüse (inkretorischer Anteil) produziert sie in den Langerhans Inselzellen (Inselorgan) drei Hormone, die von der Bauchspeicheldrüse ins Blut abgegeben werden: Insulin und Glukagon regulieren den Kohlenhydratstoffwechsel, Somatostatin bremst das hypophysäre Wachstumshormon (GH).

BAUCHSPEICHELDRÜSENSEKRET

Täglich werden von der Bauchspeicheldrüse ca. 1,5 l Sekret produziert. Durch einen hohen Anteil an Bikarbonat hat das Sekret einen pH-Wert von 8 bis 8,4 (alkalischer Bereich). Zusammen mit den alkalischen Sekreten der Galle und des Darmsaftes neutralisiert es den sauren Magensaft. Der Speisebrei hat nach Einmündung des Bauchspeicheldrüsensekrets einen pH-Wert von 7-8. Dieser pH-Wert ist optimal für die Wirkung der Verdauungsenzyme der Bauchspeicheldrüse.

DIE VERDAUUNGSENZYME DER BAUCHSPEICHELDRÜSE

Die Bauchspeicheldrüse stellt mehrere Enzyme her, die für die Spaltung der Nahrung (Eiweiße, Kohlenhydrate und Fette) notwendig sind. Hier eine Auswahl:

- Eiweiße: Trypsin, Chymotrypsin, Elastase, Carboxypeptidase A und B, Aminopeptidasen
- Kohlenhydrate: α-Amylase, Maltase

- Fette: Lipase, Phospholipase A
- Nukleinsäuren: Nuklease

Amylase, Lipase und Nuklease, die nicht in der Lage sind körpereigenes Gewebe anzugreifen, werden in aktiver Form sezerniert. Trypsin, Chymotrypsin, Elastase, Phospholipase A und Carboxypeptidase werden zum Schutz des Pankreasgewebes als inaktive Vorstufen (Proenzyme oder Zymogene) produziert und erst im Duodenum durch dort gebildete Enzyme (Enterokinasen: auch Enteropeptidasen) aktiviert.

Regulation der exokrinen Funktion der Bauchspeicheldrüse:

- nerval: Der N. vagus (Parasympathikus) stimuliert vorzugsweise die Enzymsekretion.
- hormonell: Der Reiz der Duodenalschleimhaut durch Salzsäure, Gallensäuren und Nahrungsmittel führt zur Sekretion von Hormonen der Duodenalschleimhaut:
  - Sekretin: stimuliert die Bauchspeicheldrüse zur Produktion von Wasser und Bikarbonationen (HCO_3^-)
  - Pankreozymin (auch: Cholezystokinin, CCK) stimuliert die Bauchspeicheldrüse zur Produktion von Enzymen

DIE HORMONE DER BAUCHSPEICHELDRÜSE

An Hormonen produziert die Bauchspeicheldrüse Insulin und Glukagon, die als Gegenspieler den Glukosestoffwechsel regulieren und Somatostatin.

Insulin

Das lebensnotwendige Insulin hat die Aufgabe, die Verwertung der Glukose in den Geweben des Körpers zu verbessern. Insulin

- steigert den Transport der Glukose durch die Zellmembran der Muskelfasern und
- fördert den Abbau der Glukose
- steigert die Glykogenbildung (Glykogen = Speicherform der Glukose) in Muskel und Leber
- steigert die Eiweiß- und Fettbildung aus Kohlenhydraten
- fördert im Fettstoffwechsel die Aufnahme freier Fettsäuren, die dann als Depotfett in Form von Triglyzeriden gespeichert werden

Glukagon

Glukagon ist der Gegenspieler (Antagonist) des Insulins. Er steigert den Glykogenabbau in der Leber und fördert die Neubildung von Glukose aus Laktat. Durch beide Vorgänge wird der Blutzuckerspiegel erhöht. Glukagon greift auch in den Fettstoffwechsel ein, indem es den Abbau von Fettsäuren in der Leber steigert.

Somatostatin (GHIH, Growth Hormone-Inhibiting Hormon)

Dieses Hormon bremst das hypophysäre Wachstumshormon (GH, Growth Hormone), die Sekretion von Insulin und Glukagon, die Motilität des Magen-Darm-Traktes und der Gallenblase und die Sekretion von Verdauungssäften. Insgesamt verlangsamt es die Verdauungsleistung des Darmes und wirkt Blutglukoseschwankungen entgegen.

LEBER (HEPAR)

MAKROSKOPISCHE ANATOMIE DER LEBER

Die Leber ist das größte Stoffwechselorgan des Menschen. Ihr Gewicht beim Erwachsenen beträgt ca. 1500 g. Sie liegt größtenteils im rechten Oberbauch unter der rechten Zwerchfellkuppe. Die Leber ist in zwei verschieden große Hauptlappen unterteilt: den größeren rechten und den kleineren linken Leberlappen.

An der Unterseite des rechten Leberlappens lassen sich noch 2 kleinere Lappen abtrennen, die nach ihrer Form quadratischer Lappen (Lobus quadratus) und geschwänzter Lappen (Lobus caudatus) genannt werden. Der vordere, scharfkantige Rand der Leber kann normalerweise in der Medioklavikularlinie (Linie durch die Mitte des Schlüsselbeins nach unten) direkt unter dem rechten Rippenbogen getastet werden. Die Leber folgt der Zwerchfellbewegung. Bei der Einatmung tritt sie nach unten, bei der Ausatmung tritt sie wieder nach oben. Auf der Unterseite der Leber befindet sich die sog. Leberpforte. Hier treten die Leberarterie (A. hepatica) und die Pfortader (V. portae) als zuführende Blutgefäße in die Leber ein, während die ableitenden Gallenwege als rechter und linker Lebergang (Ductus hepaticus dexter et sinister) aus dem Lebergewebe austreten. Der venöse Abfluss aus der Leber führt über die Lebervenen (Vv. hepaticae) in die untere Hohlvene (V. cava inferior).

Beim Pfortaderblut handelt es sich um venöses Blut aus dem Bereich des Magens, des Dünn- und Dickdarms, der Milz und der Bauchspeicheldrüse.

MIKROSKOPISCHE ANATOMIE DER LEBER

Die Leber ist aus ca. 50 000 bis 100 000 Leberläppchen aufgebaut.

Diese Leberläppchen (Lobuli hepatis) haben einen Durchmesser von ca. 1,5 mm. Unter dem Mikroskop sehen sie nahezu sechseckig aus.

An den Stellen, an denen die Kanten verschiedener Leberläppchen zusammenstoßen, finden sich dreieckige, bindegewebige Felder (Periportalfelder = Glisson-Dreiecke). In den Periportalfeldern laufen Leberarterien, Pfortaderäste und Gallengänge. In der Mitte des sechseckigen Läppchens läuft die Zentralvene.

A)
Leberläppchen

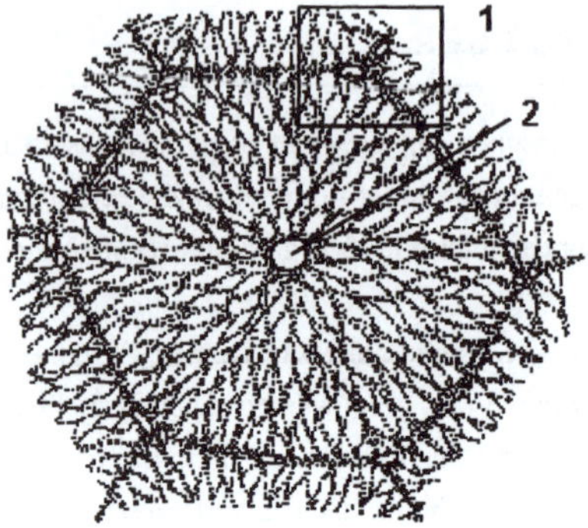

B)
Glisson-Trias oder periportales Feld
(Ausschnitt aus A)

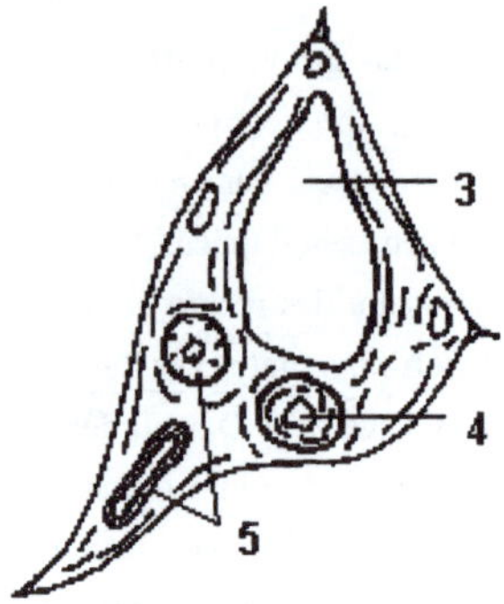

1) Glisson Trias
(periportales Feld)
2) Zentralvene

3) Vena portae
4) Arteria hepatica propria
5) Gallengang

Abb. 24 Histologie der Leber

PHYSIOLOGIE DER LEBER

Die Leber muss man sich als gigantisches chemisches Laboratorium vorstellen.
Sie hat zwei Hauptaufgaben:

1. Stoffwechsel- und Entgiftungsfunktion
2. Produktion von Galle

Die Aufgaben der Leber im Rahmen des Stoffwechsels sind vielfältig. Das Stoffgemisch, welches aus der Nahrung im Darm aufgenommen wird, entspricht oft nicht allen Erfordernissen des Organismus bzw. der Zellen. Einzelne Stoffe werden aus der Nahrung im Überfluss angeboten, andere sind in zu geringer Menge enthalten. Überschüssige Stoffe müssen in der Leber chemisch umgewandelt und in Speicherformen überführt werden. Stoffe, die im Körper in zu geringer Menge vorhanden sind, müssen aus anderen, körpereigenen Baustoffen synthetisiert werden. An diesen Vorgängen ist die Leber in besonderer Weise beteiligt.

LEBER UND FETTSTOFFWECHSEL

Die Leber ist ein wichtiger Bildungsort für die Fette. Bei verstärktem Fettabbau (Hungerzustand, Diabetes mellitus) werden in der Leber Ketonkörper gebildet (u. a. das Azeton, das über die Lunge abgeatmet wird).

LEBER UND EIWEIßSTOFFWECHSEL

Aminosäuren, die aus dem Pfortaderblut in die Leber gelangen, werden zum Teil zu komplexen Eiweißen (Proteinen) aufgebaut (z. B. Albumine, Globuline, Gerinnungsfaktoren). Der Aufbau neuer Aminosäuren, deren biochemischer Abbau und die gegenseitige Umwandlung finden ebenfalls größtenteils in der Leber statt. Aus dem beim Abbau von Eiweißen entstehenden Stickstoff wird in der Leber Harnstoff gebildet. Auch viele Enzyme (z. B. die Transaminasen GOT, GPT, alkalische Phosphatase u. a.) werden in der Leber gebildet. Sie werden in den Leberzellen zur biochemischen Umwandlung von Stoffwechselprodukten benötigt. Beim Zerfall von Leberzellen steigt ihre Plasmakonzentration an. (Die laborchemische Bestimmung dieser Enzyme im Plasma gibt deshalb wichtige differentialdiagnostische Hinweise auf das Vorliegen von Erkrankungen.)

LEBER UND KOHLENHYDRATSTOFFWECHSEL

Die Leber dient als Speicherorgan. Sie kann überschüssige Glukose in die Speicherform (Glykogen) umwandeln und bei Bedarf aus dem Glykogen wieder Glukose gewinnen. In der Leber kann außerdem Eiweiß in Zucker umgewandelt werden (Glukoneogenese = Neubildung von Zucker).

LEBER UND ENTGIFTUNG

An sehr vielen Entgiftungsvorgängen des Körpers ist die Leber beteiligt. Viele schädliche Stoffwechselprodukte, aber auch Medikamente und Giftstoffe werden in der Leber zu ungefährlichen Metaboliten umgewandelt oder in Formen überführt, die über die Galle oder die Niere den Körper verlassen können. Viele Hormone werden in der Leber abgebaut. Schwere Leberschäden führen aufgrund des verminderten Abbaus dieser Hormone zu Störungen des Organismus.

GALLE UND FETTSTOFFWECHSEL

Pro Tag produziert die Leber kontinuierlich 600 bis 800 ml Galle. Die gelb-braune Galle wird vor allem für die Fettverdauung benötigt. Der pH-Wert der Galle schwankt zwischen 7,4 und 8,5. Wesentliche Bestandteile der Galle sind:

- Gallensäuren
- Gallenfarbstoff (Bilirubin)
- Cholesterin
- Phospholipide
- Enzyme
- Zwischenprodukte des Stoffwechsels und Hormone
- Wasser und Elektrolyte

Die kontinuierlich in der Leber produzierte Galle wird nicht kontinuierlich in den Dünndarm abgegeben. Vielmehr sammelt sie sich (aufgrund der geschlossenen Papilla Vateri) in den Gallengängen und fließt retrograd in die Gallenblase. Hier wird sie konzentriert, eingedickt und über hormonelle (Cholezystokinin) und nervale Steuermechanismen bei der Nahrungsaufnahme ins Duodenum entleert.

DIE GALLENSÄUREN

Die Leber bildet aus Cholesterin Gallensäuren, die über die Gallengänge ins Duodenum gelangen. Die Gallensäuren werden zu 95% im unteren Dünndarm wieder resorbiert. Sie gelangen mit dem Pfortaderblut erneut in die Leber und werden nun wieder in die Galle abgegeben (enterohepatischer Kreislauf der Gallensäuren). Die Gallensäuren haben eine wichtige Aufgabe bei der Fettverdauung („Emulgierung der Fette" durch die Gallensäuren). Durch die Gallensäuren wird die Angriffsmöglichkeit der fettspaltenden Lipase deutlich verbessert.

DIE GALLENFARBSTOFFE

Beim Abbau des Blutfarbstoffes Hämoglobin (und des Muskelfarbstoffes Myoglobin) entstehen Substanzen, die von der Leber mit der Galle als Gallenfarbstoffe ausgeschieden werden. Aus dem Häm des Blutfarbstoffes entsteht zunächst (grünliches) Biliverdin. Aus Biliverdin entsteht das wasserunlösliche, an Albumin gebundene, indirekte (unkonjugierte) Bilirubin. In den Leberzellen wird dieses Bilirubin in wasserlösliches, direktes (konjugiertes) Bilirubin umgewandelt, welches dann über die Gallenwege in den Dünndarm ausgeschieden wird. Vorwiegend im Dickdarm wird ein Teil des Bilirubins zu Urobilinogen umgewandelt. Urobilinogen wird zum größten Teil rückresorbiert und in der Leber abgebaut. Ein anderer Teil des Bilirubins wird zu Sterkobilinogen umgewandelt. Daraus entsteht Sterkobilin, das dem Kot die gelb-braune Farbe gibt.

DAS CHOLESTERIN

Für das Cholesterin ist die Leber das zentrale Stoffwechselorgan. Sie bildet den größten Teil des Cholesterins im Organismus (nur ein kleiner Teil wird mit der Nahrung aufgenommen!), baut Cholesterin auch wieder ab und scheidet es mit der Galle aus.

GALLENBLASE UND GALLENWEGE

MAKROSKOPISCHE ANATOMIE

Nach dem Austritt aus der Leber (Leberpforte) beginnen die äußeren Gallenwege mit dem rechten (dexter) und dem linken (sinister) Lebergang (Ductus hepaticus dexter et sinister), die sich zum gemeinsamen Lebergang (Ductus hepaticus communis) vereinigen. Vom gemeinsamen Lebergang geht der Gallenblasengang (Ductus cysticus) ab, der zur Gallenblase führt. Nach dem Abgang des Gallenblasenganges nennt man den gemeinsamen Lebergang dann Gallengang (Ductus choledochus). Der Gallengang mündet (meist zusammen mit dem Ausführgang der Bauchspeicheldrüse) in der sogenannten Papille (Papilla Vateri) in den Zwölffingerdarm. Die Gallenblase (Vesica fellea), in die der Gallenblasengang mündet, ist ein etwa 10 cm langer, birnenförmiger Sack.

Abb. 25 Anatomie der ableitenden Gallenwege

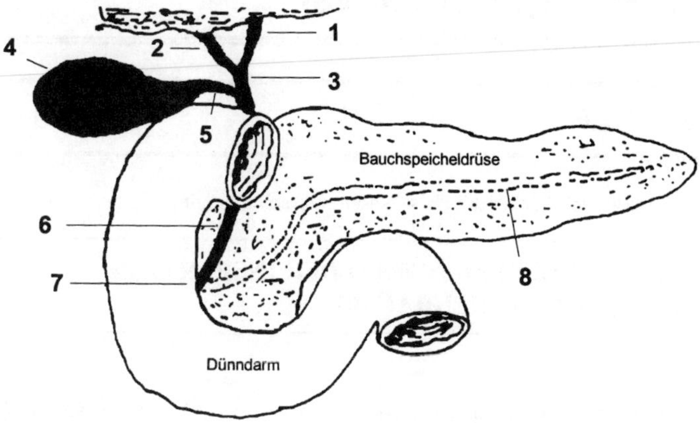

1 Linker Lebergang (Ductus hepaticus sinister)
2 Rechter Lebergang (Ductus hepaticus dexter)
3 Gemeinsamer Lebergang (Ductus hepaticus communis)
4 Gallenblase (Vesica fellea)
5 Gallenblasengang (Ductus cysticus)
6 Gallengang (Ductus choledochus)
7 Vatersche Papille (Papilla duodeni major)
8 Bauchspeichelgang (Ductus pancreaticus)

PATHOLOGIE DES MAGEN-DARM-TRAKTES (GASTROINTESTINALTRAKTES)

MUNDHÖHLE

siehe S. 160 (bzw. Lehrbücher der Hals- Nasen- Ohrenheilkunde)

PATHOLOGISCHE BEFUNDE BEI DER INSPEKTION DES MUND- UND RACHENRAUMS

LIPPEN

Zyanose (bei Herz-, Lungen- und Bluterkrankungen), strichförmige Lippen bei Sklerodermie, Pigmentpunkte bei Peutz-Jeghers-Polypose, Teleangiektasien („rote Punkte") bei M. Osler, Bläschen bei Herpes labialis, Mundwinkelrhagaden bei Vitaminmangel und Zahnstellungsanomalien

VESTIBULUM ORIS

Ausführgang des Ductus parotideus (Mündung gegenüber dem zweiten Backenzahn oben unter einer kleinen Schleimhauterhebung), Leukoplakie (weißliche Schleimhautwucherungen, Krebsvorstufe = Präkanzerose), Candida albicans (Pilzbefall bei Abwehrschwäche, z. B. AIDS oder Chemotherapie), Koplik-Flecken bei Masern (bläulich-weiße ca. 0,5 mm große Flecken jeweils im Mittelpunkt einer ca. 3 mm großen Rötung der Wangenschleimhaut)

ZAHNFLEISCH (GINGIVA)

Verfärbung (z. B. bräunlich bei Morbus Addison, blau-schwarz bei Bleivergiftung), Hyperplasie („Zahnfleischwucherung") bei Einnahme des Medikaments Hydantoin (bei Epilepsie) oder des Immunsuppressivums Cyclosporin A

ZÄHNE

Streuherd (Fokus) von Bakterien (z. B. Fieber unklarer Genese, Endokarditis usw.), „Tonnenform" bei angeborener Lues, allgemeine Hinweise auf Einstellung des Patienten zu sich und zu Krankheiten (Indolenz, Angst vor Arztbesuch usw.)

ZUNGE

Vergrößerung bei Myxödem und Akromegalie, Atrophie bei Hypoglossuslähmung und Vitaminmangel, Zungenbiss nach epileptischen Anfällen, Himbeerzunge bei Scharlach, Lackzunge bei Leberzirrhose, stark gerötete Zunge bei Eisenmangel oder Perniziosa, trockene Zunge bei Exsikkose („Austrocknung") des Patienten

TONSILLEN

eitrige Beläge bei bakteriellen Entzündungen (z. B. Angina tonsillaris), weißliche Beläge (Mononukleose, Diphtherie, Candida albicans u. a.), Geschwüre, Tumoren

Exkurs: Differentialdiagnose der Entzündungen der Tonsillen

- Angina tonsillaris
  (β-hämolysierende Streptokokken der Gruppe A)
- Scharlach
  (β-hämolysierende Streptokokken, die Scharlach-Toxin bilden)
- Diphtherie
  (Corynebacterium diphtheriae)
- Mononukleose
  (Epstein-Barr-Virusinfektion, auch: Pfeiffer-Drüsenfieber oder „Kissing disease")
- Angina Plaut-Vincenti
  (einseitige Tonsillitis, Erreger: Spirochäten in Kombination mit fusiformen Stäbchen)
- Soor
  (Pilzinfektion mit Candida albicans bei Abwehrgeschwächten, z. B. AIDS-Patienten)
- Syphilis
  (Infektion mit Treponema pallidum an untypischer Stelle)
- eine Vielzahl viraler Entzündungen im Rachenbereich

RACHENHINTERWAND

Schleim- oder Eiterstraßen sprechen für Nebenhöhlenvereiterungen, Asymmetrie des Gaumensegels spricht für Schädigungen im Bereich der Hirnnerven IX u./o. X.

SPEISERÖHRE (ÖSOPHAGUS)

ACHALASIE

Def.:

Öffnungsstörung des unteren Speiseröhrenverschlusses (mangelnde reflektorische Erschlaffung des unteren Speiseröhrensphinkters), hervorgerufen durch den Untergang parasympathischer Nervenfasern des Plexus myentericus (Auerbach-Plexus).

Ät.:

- primäre Achalasie (am häufigsten): unbekannt, (Varicella-Zoster-Virus?)
- sekundäre Achalasie: Kardiakarzinom, paraneoplastisch (z. B. Bronchialkarzinom) u. a.

Kl.:

- Krankheitsbeginn zwischen dem 3.-5. Lebensjahrzehnt
- Schluckbeschwerden (Dysphagie): tief hinter dem Brustbein lokalisierte Schmerzen beim Schlucken, Völlegefühl; Zwang etwas „hinterher zu trinken"
- Hervorwürgen („Regurgitation") unverdauter Speisen
- Komplikationen: Lungenprobleme durch Aspiration, Gewichtsabnahme, bei langem Verlauf: karzinomatöse Entartung

Dg.:
Anamnese, Klinik, typisches Röntgenbild mit Kontrastmittel („Ösophagusbreischluck": zeigt deutliche Weitstellung der Speiseröhre vor der Verengung im Gebiet des unteren Sphinkters: sog. „Sektglasform"), Ösophagoskopie (Speiseröhrenspiegelung) mit Gewebeentnahme (Biopsie), Druckmessung (Manometrie) im unteren Ösophagus
Th.:
evtl. medikamentöser Therapieversuch mit Nifedipin (senkt Speiseröhrendruck); erfolgreicher: Dehnungsbehandlung mittels Ballonkatheter (Ballondilatation), lokale endoskopische Injektion von Botulismustoxin (siehe S. 313) in den unteren Ösophagussphinkter; falls nicht erfolgreich: operative oder endoskopische Muskeldurchtrennung (Myotomie).
Erhöhte Gefahr eines Speiseröhrenkarzinoms erfordert regelmäßige endoskopische Kontrollen.

REFLUXKRANKHEIT UND REFLUXÖSOPHAGITIS

- physiologischer Reflux: seltener Rückfluss von Mageninhalt in die Speiseröhre beim Gesunden, z. B. nach fettreicher Nahrung, Wein, Süßigkeiten u. a.
- gastroösophagealer Reflux: Rückfluss von Mageninhalt in die Speiseröhre durch Versagen des Verschlussmechanismus des unteren Ösophagussphinkters
- Refluxkrankheit: gehäufter Reflux mit Beschwerden
- Refluxösophagitis: Refluxkrankheit mit makroskopisch erkennbaren Epitheldefekten oder histologisch nachweisbaren entzündlichen Veränderungen der Speiseröhrenschleimhaut

5-10% der Bevölkerung haben Beschwerden einer Refluxkrankheit, davon entwickeln 10% eine Refluxösophagitis.
Ät.:
- primär (häufigere Form): gestörter Mechanismus des unteren Speiseröhrenverschlusses unbekannter Ursache mit Rückfluss aggressiven Magensaftes in die Speiseröhre
- sekundär (bekannte Ursachen): z. B. Schwangerschaft, nach operativer Behandlung einer Achalasie, bei Magenausgangsverengung, Sklerodermie, Hiatushernie u. a.

Kl.:
- Sodbrennen = brennende Schmerzen hinter dem Brustbein (Differentialdiagnose: KHK)
- Luftaufstoßen (mit salzigem oder seifigen Nachgeschmack)
- Schluckbeschwerden
- Heraufwürgen (Regurgitation) von Nahrungsresten
- Brennen und Schmerzen im Oberbauch
- Übelkeit, Erbrechen
- typischerweise verstärken sich die Beschwerden in Rückenlage, beim Bücken, Pressen durch bestimmte Nahrungsmittel, Arzneimittel, Anstrengung und Stress
- Komplikationen: Speiseröhrengeschwür, Blutung (selten), nächtliches Eindringen von Mageninhalt („Aspiration") mit rezidivierendem Husten, evtl. Heiserkeit (Laryngitis), evtl. Auslösen

oder Verstärken eines Asthma bronchiale, Stenosierung der Speiseröhre, Epithelumwandlung in der Speiseröhre (sog. Barrett-Syndrom: Gefahr der Entartung endoskopische Kontrollen)

Dg.:

Anamnese, Klinik, Endoskopie (Spiegelung) mit Biopsie u. a.

Th.:

Konservativ:

- Allgemeinmaßnahmen: Gewichtsnormalisierung, kleine fettarme Mahlzeiten, keine Mahlzeiten am späten Abend, auslösende Nahrungs- und Genussmittel meiden (süße Speisen, Zigaretten, Alkoholika u. a.), nach dem Essen nicht sofort hinlegen, Kopfende im Bett hochstellen
- Medikamente: Medikamente zur Säureunterdrückung (Protonenpumpenblocker, H_2-Blocker), Medikamente, die die Motorik steigern, Medikamente zur Säureneutralisation (Antazida) u. a.

Chirurgie:

bei Komplikationen (Geschwüre, Verengungen, Blutungen) und nach Versagen der konservativen Therapie (Operationsverfahren: Fundoplicatio)

ZWERCHFELLHERNIEN (HIATUSHERNIEN)

Def.:

Verlagerung von Magenanteilen durch den Hiatus oesophageus des Zwerchfells (= Öffnung im Zwerchfell für den Durchtritt der Speiseröhre) in den Brustkorb:

- Gleitbruch (axiale Gleithernie): häufigste Hiatushernie (90%). Verlagerung der Kardia und des Magenfundus durch die Zwerchfellöffnung in den Brustkorbraum (unter Mitnahme des Bauchfells = Peritoneum). Die Kardia ist oberhalb des Zwerchfells.
- paraösophageale Hiatushernie: Hier ist die Lage der Kardia und des unteren Ösophagussphinkters normal. Ein Teil des Magens schiebt sich mit dem von Bauchfell überzogenen Bruchsack neben die Speiseröhre in den Brustkorb. (Extreme Variante Thoraxmagen oder „Upside-down-stomach": Verlagerung des ganzen Magens in den Brustkorb.)

Kl.:

- Gleithernie: 90% der Betroffenen sind beschwerdefrei (symptomlose Gleithernie ohne Krankheitswert), 10% leiden an einer Refluxkrankheit (siehe unten)
- paraösophageale Hernie: kann zunächst ohne Krankheitssymptome verlaufen. Im unkomplizierten Stadium Aufstoßen, Völlegefühl, Druckgefühl in der Herzgegend (besonders nach Nahrungsaufnahme). Als Komplikationen treten auf: Passagestörungen, Einklemmung (Inkarzeration = Notfall!), Geschwüre am Schnürring, Anämie durch chronische Blutung.

Dg.:

Anamnese, Klinik, Röntgenbreischluck in Kopftieflage, Endoskopie (Spiegelung)

Th.:

Die axiale Gleithernie ist nur bei Refluxösophagitis behandlungsbedürftig (konservativ).

Die paraösophageale Hernie muss operiert werden (wegen der Gefahr von Komplikationen).

DIVERTIKEL DER SPEISERÖHRE

Def.:

Ein Divertikel ist eine umschriebene Ausstülpung im Verdauungstrakt, die entweder aus der gesamten Wand besteht (echtes Divertikel) oder nur eine Ausstülpung der Schleimhaut (Mukosa) durch Muskellücken darstellt (Pseudodivertikel).

Divertikel werden im Ösophagus, im Ileum (Meckel-Divertikel) und im Kolon gefunden (selten: Magen, Dünndarm), am häufigsten sind sie im Kolon.

Kl.: Große Divertikel können Beschwerden verursachen:

- Schluckstörungen (Dysphagie)
- Heraufwürgen unverdauter Speisereste aus dem Divertikel (Regurgitation)
- Hustenreiz bei Nahrungsaufnahme
- Mundgeruch
- Komplikationen: Ösophagitis, Fistelbildung, Lungenentzündung durch Speisereste (Aspirationspneumonie)

Dg.:

Anamnese, Klinik, Röntgen mit wasserlöslichem Kontrastmittel, Endoskopie (Spiegelung)

Th.:

operative Entfernung (Resektion)

SPEISERÖHRENENTZÜNDUNG (ÖSOPHAGITIS)

Ät.:

- infektiös: Soorösophagitis durch Candida albicans (Pilz), bei Immunabwehrschwäche (z. B. AIDS) auch Herpesviren und Zytomegalieviren
- chemisch: Verätzungen, Reflux von Magensaft, Alkoholismus, Medikamente
- physikalisch: Magensonde, Bestrahlungsfolgen
- Verengungen (Stenosen): z B. Achalasie, Speiseröhrenkarzinom

Kl.:

- Schluckbeschwerden (Dysphagie)
- Mundsoor. Soor im Mund deutet auf eine schwere konsumierende Erkrankung bzw. auf eine Abwehrschwäche hin. Gefahren drohen durch eine Generalisierung: Hirnhautentzündung (Meningitis), Herzklappenentzündung (Endokarditis), Sepsis.

Dg.:

Anamnese, Klinik, Spiegelung (Endoskopie) evtl. mit Biopsie und Pilzkultur

Th.:

kausal: Therapie der Grundkrankheit

symptomatisch: Medikamente (z. B. Protonenpumpenhemmer bei Refluxösophagitis)

SPEISERÖHRENKARZINOM (ÖSOPHAGUSKARZINOM)

ca. 5% aller Tumoren des Verdauungstraktes, 5x häufiger bei Männern als bei Frauen, Altersgipfel im 6. Lebensjahrzehnt

Ät.:

konzentrierter Alkohol, heiße Getränke, Rauchen, Aflatoxine, Nitrosamine, Narbenverengungen nach Laugenverätzungen, Achalasie, Bestrahlung, Papillomaviren u. a.

Lokalisation:

15% im oberen Drittel, 50% im mittleren Drittel, 35% im unteren Drittel, vorwiegend im Bereich der drei physiologischen Speiseröhrenengen:

- Speiseröhreneingang
- Anlagerung des Aortenbogens (Arcus aortae)
- Zwerchfellenge (beim Durchtritt durch das Zwerchfell)

Histologie:

meist Plattenepithelkarzinome (85%, 15% Adenokarzinome) mit frühzeitiger Infiltration in benachbarte Strukturen und mit submuköser Ausbreitung; frühe Metastasierung auf dem Lymphweg; späte Metastasierung auf dem Blutweg (= hämatogen) in Leber, Lunge, Knochen.

Kl.:

- anfangs symptomlos
- Schluckbeschwerden (Dysphagie)
- später: Gewichtsverlust, Schmerzen hinter dem Brustbein und im Rücken

Merke:

Bei Schluckbeschwerden ab dem 40. Lebensjahr stets ein Karzinom ausschließen! Endoskopie ist Pflicht! Das Karzinom ist in diesem Alter die häufigste Ursache für Speiseröhrenverengungen!

Dg.:

Anamnese, Klinik, Speiseröhrenspiegelung (Ösophagoskopie) mit Gewebeentnahme (Biopsie), Endosonografie, Röntgenkontrastuntersuchung; zur Metastasensuche: Sonografie der Leber, Röntgen der Lunge, Skelettszintigrafie, CT u. a.

Th.:

- operativ: Bei Diagnosestellung können nur ca. 1/3 der Patienten mit kurativer (Heilung angestrebt) Zielsetzung operiert werden. 5-Jahresüberlebensrate der Operierten: bis 40%, Operationsletalität: 5%
- kombinierte Strahlen- und Chemotherapie (Therapieerfolge bisher nicht überzeugend belegt)
- photodynamische Therapie (in Erprobung): nach Injektion einer photosensibilisierenden Substanz erfolgt einer Lichttherapie mit Laser, die den Tumor zerstört.
- Palliativtherapie (= lindernde Mittel, die gegen einzelne Symptome, nicht gegen die Ursache einer Krankheit wirken): endoskopisches Einlegen eines Kunststofftubus zur Aufrechterhaltung der Passage, Beseitigung der Stenose durch Lasertherapie, Ernährung über PEG-

Sonde (= perkutane endoskopisch kontrollierte Gastrostomie: endoskopisches Legen eines Ernährungsschlauches durch Magen und Bauchhaut nach außen), operatives Anlegen einer Magen-Haut-Fistel (Witzel-Fistel) zur Ernährung

MAGEN (VENTER, GASTER)

GASTRITIS (MAGENSCHLEIMHAUTENTZÜNDUNG

AKUTE GASTRITIS

Ät.:

von außen zugeführte Schadstoffe (exogene Noxen): Nahrungsmittelexzess (Fresserei), Alkohol (Sauferei), Lebensmittelvergiftung (giftbildende Staphylokokken, Salmonellen u. a. Bakterien), Medikamente (Acetylsalicylsäure, entzündungshemmende Mittel = Antiphlogistika, Glukokortikoide, Zytostatika); Stress: Traumata, postoperativ, Verbrennungen, Schock, Leistungssport u. Ä.

Kl.:

Appetitlosigkeit, Übelkeit, Erbrechen, Aufstoßen, Druckgefühl im Oberbauch, Oberbauchschmerz, unangenehmer Geschmack im Mund; Komplikation: Magenblutung

Dg.:

Anamnese, Klinik, Magenspiegelung (Gastroskopie) mit Gewebeentnahme (Biopsie)

Th.:

medikamentöse Behandlung meist nicht erforderlich, Weglassen der auslösenden Substanzen, kurzfristigen Nahrungsverzicht (24 Std.)

CHRONISCHE GASTRITIS

ABC-Klassifikation: A= autoimmun, B = bakteriell, C = chemisch-toxisch:

- Typ A = Korpusgastritis = Autoimmungastritis (5%)
  Autoimmunkrankheit: Bildung von Autoantikörpern gegen Belegzellen (90%) und Intrinsic factor (70%) führt zu Belegzellenuntergang und Einstellen der Säureproduktion (Anazidität).
- Typ B = Antrumgastritis = Helicobacter pylori-(HP-) Gastritis (85%)
  Infektion der Magenschleimhaut mit dem Bakterium Helicobacter pylori (Infektionsweg: oral-oral, oral-fäkal); Belegzellenschwund, verminderte Salzsäureproduktion (Hypochlorhydrie)
- Typ C = chemisch-toxisch induzierte Gastritis (10%)
  meist Medikamente (Antirheumatika); seltener Gallereflux (nach Magenresektion)

Kl.:

In der Mehrzahl d. F. bestehen keine Symptome. Bei der häufigen Typ-B-Gastritis mit bakterieller Besiedlung des Magens kann es zu unspezifischen Oberbauchbeschwerden kommen: Völlegefühl nach dem Essen, Blähungen u.a

Komplikationen

- Typ-A-Gastritis: perniziöse Anämie (Mangel an Intrinsic factor führt zum Vitamin-B12-Mangel (siehe S. 25), erhöhtes Magenkarzinomrisiko
- Typ-B-Gastritis: Magengeschwür, Magenkarzinom, Magenlymphom

Dg.:

Anamnese, Klinik, Magenspiegelung (Gastroskopie) und Gewebeentnahme (Biopsie) zur Histologie, Diagnostik auf Anwesenheit von Helicobacter pylori, Diagnostik auf Typ-A-Gastritis: Bestimmung der Autoantikörper gegen Belegzellen und Intrinsic factor sowie des Vitamin-B12-Spiegels im Serum.

Th.:

- Typ-A-Gastritis: Bei perniziöse Anämie wird Vitamin B12 substituiert. Es sollte eine jährliche endoskopische Kontrolle des Magens erfolgen (erhöhtes Karzinomrisiko).
- Typ-B-Gastritis: Die Typ-B-Gastritis mit Helicobacter-pylori-Besiedlung der Magenschleimhaut ist mit zunehmendem Alter sehr häufig (50% aller Menschen > 50 J.) und hat bei Beschwerdefreiheit keinen Krankheitswert, muss also auch nicht therapiert werden. (Helicobacter-pylori-Besiedelung gilt jedoch als Kokarzinogen für die Auslösung von Magenkarzinomen: einzelne Autoren fordern deshalb eine „prophylaktische" Therapie auch bei Beschwerdefreiheit.) Bei Beschwerden Versuch einer dauerhaften Beseitigung von Helicobacter pylori durch eine Kombinationstherapie: Zwei Antibiotika (Clarithromycin, Amoxicillin), ein Protonenpumpenhemmer (Omeprazol) für 7 Tage. An einer Impfung wird gearbeitet.
- Typ-C-Gastritis: Medikamente zur Förderung der Magenmotilität (z. B. Metoclopramid) bzw. gallensäurebindende Medikamente (Antazida, Cholestyramin)

GASTRODUODENALE ULKUSKRANKHEIT

Def.:

- Ulkus: umschriebener Substanzdefekt, der über die Schleimhaut hinausreicht und mindestens auch die Muscularis mucosae (vgl. S. 162) betrifft
- Erosion: umschriebener Substanzdefekt, der auf die Schleimhaut begrenzt ist und die Muscularis mucosae nicht durchdringt

Ca. 5% der Männer erkranken im Laufe des Lebens an einem Ulkus (Männer erkranken ca. 3x häufiger am Zwölffingerdarmgeschwür als Frauen; beim Magengeschwür sind die Geschlechtsunterschiede nicht so ausgeprägt). Bei jüngeren Patienten überwiegt das Zwölffingerdarmgeschwür (Ulcus duodeni) mit starker Säureproduktion des Magens (Hyperazidität). Bei älteren Patienten überwiegt das Magengeschwür (Ulcus ventriculi) mit verminderter Säureproduktion des Magens (Subazidität). Zwölffingerdarmgeschwüre:Magengeschwüre = 3:1

Ät.:

- genetische Faktoren: Menschen mit Blutgruppe 0 haben häufiger Duodenalgeschwüre, gehäuftes Vorkommen der Histokompatibilitätsantigene HLA-B5 bei Ulcus duodeni
- Ulkuskrankheit durch Helicobacter-pylori-(HP-)Infektion als chronisch-rezidivierendes Leiden: Eine HP-Besiedlung der Magenschleimhaut findet sich bei 95% der Patienten mit Ulcus duodeni, 70% der Patienten mit Ulcus ventriculi und bei 50% Gesunder > 50 Jahre.
  merke: Aus dem Grundleiden Helicobacter-pylori-Gastritis kann sich bei genetischer Disposition und durch von außen einwirkende (exogene) Faktoren ein Ulkus entwickeln (nur ca. 25% der mit HP infizierten entwickeln ein Duodenal- oder Magengeschwür)..
- Sonderform: akutes Stressulkus als einmaliges Ereignis: z. B. nach schweren Verletzungen (Polytrauma), nach Verbrennungen, Operationen, Hirnverletzungen, Langzeitbeatmung u. Ä.
- seltenere Ursachen (HP-negativ): Medikamente (nichtsteroidale Antirheumatika = NSAR vor allem in Kombination mit Glukokortikoiden), Rauchen (begünstigt Geschwürentwicklung), Gastrin-produzierender Tumor (Zollinger-Ellison-Syndrom), Hyperparathyreoidismus

Pathogenese der Ulkuskrankheit: Grundprinzip: Störung im Gleichgewicht zwischen aggressiven Faktoren und Schutzmechanismen der Schleimhaut:

- aggressive Faktoren
  - endogen (von innen): Salzsäure und Pepsin (⇒ „peptische Erkrankung"), Galle
  - exogen (von außen): Helicobacter pylori (wichtigster Faktor), Stress, Rauchen, entzündungshemmende Medikamente (= nichtsteroidale Antiphlogistika), Glukokortikoide
- schützende (protektive) Faktoren
  - Schleim-Bikarbonatsekretion
  - Regeneration des Schleimhautepithels
  - Blutversorgung (Mikrozirkulation)

Kl.:

Eine Differentialdiagnose zwischen Ulcus ventriculi und Ulcus duodeni ist aufgrund der Klinik meist nicht möglich. Im Einzelfall können die folgenden Hinweise charakteristisch sein:

- Ulcus duodeni:
  - Spät-, Nacht- und Nüchternschmerzen im mittleren Oberbauch (Epigastrium)
  - Besserung der Beschwerden nach Nahrungsaufnahme
  - typische periodische Neigung zu Rezidiven (Frühjahr/Herbst)
- Ulcus ventriculi
  - Sofortschmerz nach Nahrungsaufnahme oder nahrungsunabhängige Schmerzen

Komplikationen:

Akut und oft ohne Vorboten (bei 1/3 der Patienten Komplikation = erstes Symptom):

- Blutung: (20% aller Ulkuspatienten)
- Perforation (5%): „Durchbruch" z. B. in die Bauchhöhle: (akuter Bauch = akutes Abdomen)
- Penetration: „Durchdringung" in ein anderes Organ (z. B. Bauchspeicheldrüse)

Spätkomplikationen:

- Magenausgangsverengung durch Narbenbildung (Erbrechen, Gewichtsabnahme)
- karzinomatöse Entartung beim chronischen Ulcus ventriculi in 3% d. F.

Dg.:

Anamnese, Klinik, Spiegelung (ÖGD = Ösophagogastroduodenoskopie) mit Gewebeentnahme zur Histologie und Untersuchung auf Helicobacter pylori. Merke: Jedes Magengeschwür muss endoskopisch (durch Spiegelung) mit Biopsie abgeklärt werden, um ein Magenkarzinom nicht zu übersehen.

Th.:

Bei der Beurteilung einer Therapie ist zu berücksichtigen, dass die Ulkuskrankheit eine sehr hohe Selbstheilungsrate hat!

Konservative Therapie

- Allgemeinmaßnahmen
  - Regulierung der Lebensweise (Stressabbau, Rauchen aufgeben, Alkohol ↓)
  - Diät (leichte gemischte Kost, häufige kleine Mahlzeiten, keine späte Abendmahlzeit)
  - Sanierung des Gebisses (Kauen)
- Beseitigung aggressiver Faktoren
  - Helicobacter pylori entfernen („Eradikation"). Merke: eine HP-Eradikation führt in der Regel zur Ausheilung der Ulkuskrankheit!
  - Weglassen auslösender Medikamente (Glukokortikoide, Antiphlogistika u. a.)
  - Rauchen aufgeben
  - Säure blocken: (Antazida, H_2-Blocker, Protonenpumpenhemmer)
  - Galle blocken: (Antazida, Peristaltik fördernde Mittel)
- Schleimhautprotektion
  - Medikamente wie Sucralfat und Prostaglandine

Operative Therapie bei: 1. Versagen der konservativen Therapie, 2. Komplikationen (arterielle Blutung, Perforation, Magenausgangsverengung) und 3. Karzinomverdacht.

- Ulcus ventriculi: 2/3-Entfernung (Resektion) des Magens unter Mitnahme des Geschwürs und Passagewiederherstellung nach Billroth I (Gastroduodenostomie: Restmagen wird wieder mit dem Duodenum verbunden)
- Ulcus duodeni: Therapie der Wahl ist die selektive proximale Vagotomie (SPV, bestimmte Äste des Parasympathikus = N. vagus werden operativ durchtrennt, dadurch Verminderung der Säureproduktion um ca. 50%)

MAGENKARZINOM

In Westeuropa und USA wird das Magenkarzinom z. Zt. seltener (Deutschland: 20 pro 100 000 Einwohner pro Jahr). Häufigkeitsgipfel ab 50. Lebensjahr (10% zwischen 30.-40. Lebensjahr).

Ät.:

- genetische Faktoren: nationale Herkunft, (hohes Risiko: Japan, China, Finnland, Chile; z. T. ernährungsbedingt), Blutgruppe A bevorzugt, erhöhtes Risiko bei positiver Familienanamnese
- Ernährung: hoher Nitratgehalt der Nahrung (z. B. geräucherte und gesalzene Speisen), Schutzwirkung soll eine Ernährung mit Obst, Gemüse und Zwiebel haben
- Krankheiten mit erhöhtem Karzinomrisiko:
  - Helicobacter-pylori-Gastritis (90% aller Patienten mit einem Magenfrühkarzinom haben eine Helicobacter-pylori-Gastritis)
  - Magenpolypen (Karzinom in bis zu 20% d.F.)
  - chronisch atrophische Gastritis Typ A (Verlust der Magensäure = Anazidität)
  - Zustand nach Magen(teil)entfernung (nach 15-20 Jahren)
  - M. Ménétrier (sog. „Riesenfaltengastritis"; Karzinom in bis zu 10% d.F.)

Kl.:

- Anamnese: kurz bzw. fehlend (oft keine Frühsymptome)
- Gewichtsabnahme, Leistungsknick, Widerwille gegen Fleisch, subfebrile Temperaturen
- Brechreiz, Druckgefühl im Oberbauch
- tastbarer Oberbauchtumor im fortgeschrittenen Stadium
- Zeichen der Metastasierung:
  - hämatogen (auf dem Blutweg) in die Leber: Lebervergrößerung (Hepatomegalie), Aszites (Bauchwassersucht), in die Lunge, in die Knochen und das Hirn
  - lymphogen (auf dem Lymphweg) z. B. über den Ductus thoracicus in den Virchow-Lymphknoten links supraklavikulär
  - per continuitatem (durch räumliche Ausbreitung): Ösophagus, Duodenum, Kolon, Pankreas
  - per contiguitatem (durch Berührung): Bauchfellkarzinose mit Aszites
- akute Magenblutung bzw. chronische Blutung mit Eisenmangelanämie
- Magenausgangsverengung, Tumorkachexie (Gewichtsabnahme, körperlicher Verfall)
- Blutnachweis im Stuhl (fehlt beim infiltrativen Typ des Magenkarzinoms!)

Dg.:

Anamnese, Klinik, Magenspiegelung mit Gewebsentnahmen, Endosonografie, Röntgen-Doppelkontrastdarstellung des Magens, Diagnostik zum Ausschluss von Metastasen: Sonografie der Leber, Lungenröntgenbild, Skelettszintigramm, Computertomogramm des Schädels u. a.

Th.:

Chirurgie: Tumorentfernung weit im Gesunden (Magenentfernung = Gastrektomie)

Palliativ: je nach Verlauf z. B. Bestrahlung und Chemotherapie (evtl. leichte Lebensverlängerung?), Beseitigung einer durch den Tumor hervorgerufenen Enge durch Lasertherapie, Einlegen eines Kunststofftubus, Ernährungsfisteln (Witzel-Fistel oder PEG-Sonde, siehe S. 179)

Prognose:

5-Jahres-Heilung aller Fälle ca. 10%, nach Radikaloperationen ca. 25%, 5-Jahresheilung des Magenfrühkarzinoms (operiert) 90%! Das Frühkarzinom infiltriert nur das Schleimhautepithel und die Schleimhautbindegewebsschicht, es ist noch nicht durch die Schleimhautmuskelschicht in die Submukosa vorgedrungen (zur Histologie siehe S. 162).

Es kommt also alles auf eine Frühdiagnose an! Niemals einen „Reizmagen" länger als 3 Wochen ohne endoskopische Kontrolle (Magenspiegelung = Gastroskopie = ÖGD = Ösophago-Gastro-Duodenoskopie) behandeln.

Prophylaxe: Vitamin C-reiche Ernährung (Gemüse, Obst, Zwiebeln) soll schützend wirken.

DÜNN- UND DICKDARM

DIVERTIKEL DES DÜNNDARMS

(siehe auch S. 178). Ca. 3% der Bevölkerung haben Divertikel, meist als Zufallsbefund ohne Symptomatik, evtl. nahrungsunabhängige Dauerschmerzen, Dg.: Anamnese, Klinik, Spiegelung (Duodenoskopie), Röntgen, Th.: bei Komplikationen oder Beschwerden: Operation

MECKEL-DIVERTIKEL

bei 1-3% aller Menschen vorkommende, meist handschuhförmige, 6 bis 10 cm lange Ausstülpung des Ileum, etwa 1 m vor der Einmündung in den Blinddarm (Caecum)

Ät.:

fortbestehender Rest des embryonalen Ductus omphaloentericus (Dottergang; embryonale Verbindung zwischen Ileum und Nabel, verläuft in der Nabelschnur)

Kl.:

Entzündung und Komplikationen (durch versprengte Magenschleimhautinseln evtl. Ulkus mit Blutung) spielen sich in der Regel nur im Kleinkindesalter ab; häufigste Ursache einer Blutung im Kleinkindesalter.

Die Symptome der akuten Entzündung (Divertikulitis) lassen sich kaum von einer Wurmfortsatzentzündung (Appendizitis) unterscheiden.

Th.:

operative Entfernung (Resektion)

GASTROINTESTINALE BLUTUNG (GI)

Ät.:

- Obere GI-Blutung (80-90%; Blutungsquelle: Ösophagus, Magen, Duodenum)
  - Geschwüre oder Erosionen: Duodenum, Magen, Ösophagus
  - Varizen: Ösophagus, Magenfundus
  - Mallory-Weiss-Syndrom (Schleimhauteinrisse im Ösophagus/Kardia-Übergangsbereich bei heftigem Erbrechen)
  - Magenkarzinom
  - seltene Ursachen (z. B. M. Osler u. a.)
- Untere GI-Blutung (Blutungsquelle: Jejunum, Ileum, selten; Kolon, Rektum, 20%)
  - Dünndarmtumoren (sehr selten), ischämische Enteritis, Meckel-Divertikel
  - Colitis ulcerosa, Morbus Crohn
  - Polypen
  - Dickdarm-Divertikel
  - Gefäßfehlbildungen (Angiodysplasien)
  - Dickdarmkarzinom
  - Hämorrhoidalblutung
  - seltene Ursachen (z. B. M. Osler u. a.)

Kl.:

- Symptome der (Blutungs-)Anämie (z. B. Blässe, Tachykardie, vgl. S. 22)
- evtl. Symptome eines hypovolämischen Schocks (Schockindex > 1, vgl. S. 27)
- sichtbare Zeichen einer GI-Blutung:
  - Obere GI-Blutung
    - → Bluterbrechen (Hämatemesis): Erbrechen von kaffeesatzartigem oder hellrotem Blut (Kaffeesatz: Hämatinbildung durch Einwirkung von Salzsäure auf Hämoglobin); ohne Salzsäure im Magen (Achlorhydrie) oder bei massiver Blutung (Ausspülen der Salzsäure) fehlt der kaffeesatzartige Aspekt. Da Blut auch aus dem Nasen-Rachenraum, evtl. auch aus der Lunge stammen kann, muss Bluterbrechen nicht zwangsläufig auf eine GI-Blutung hindeuten.
    - → Teerstuhl : teerartiger, schwarzer, klebriger, glänzender Stuhl bei Blutungen > 100 ml aus dem Magen oder aus oberen Darmabschnitten und langsamer Darmpassage (Hämatinbildung); (merke: auch Blutungen aus tieferen Darmabschnitten können bei einer trägen Darmpassage durch bakteriellen Abbau eine Schwarzfärbung des Stuhls bewirken, ebenso Eisentabletten.)
    - → bei massiver Blutung auch roter Blutstuhl (Hämatochezie): roter Blutstuhl ist typisch für eine untere GI-Blutung, tritt aber auch bei massiver oberer GI-Blutung mit schneller Darmpassage und Ausspülen der Salzsäure (keine Hämatinbildung) auf.

- Untere GI-Blutung
  → roter Blutstuhl (Hämatochezie): Kolonblutungen zeigen homogene dunkelrote Blutbeimischungen zum Stuhl oder dunkelrote, geleeartige Blutspuren, bei Rektumblutungen sind Streifen hellroten Blutes dem Stuhl aufgelagert.

Th.:

Eine GI-Blutung ist immer ein Notfall. Sofortige Klinikeinweisung! Sofortmaßnahmen: Notarzt informieren, Flachlagerung in Kopftieflage evtl. Anheben der Beine, venöser Verweilzugang, Volumensubstitution mit Ringer-Laktat-Infusion, beim Legen des Zugangs evtl. schon Blutabnahme zur Blutgruppenbestimmung (Vorbereitung einer Bluttransfusion), Sauerstoff über Nasensonde (3-4 l min), Nulldiät (da evtl. Operation), Magensonde. Klinik: Intensivmedizin, endoskopische bzw. operative Blutstillung.

DURCHFALL (DIARRHOE)

Def.:

- Stuhlentleerung zu häufig (> 3x täglich)
- Stuhlkonsistenz vermindert oder flüssig (Wassergehalt > 75%)
- Stuhlmenge vermehrt (> 250 g täglich)

Sonderformen:

- paradoxe Diarrhoe („Verstopfungsdurchfall"): Bei Verengungen im Endstück des Kolons (meist durch Karzinome) kommt es - im Wechsel mit Verstopfung - zur bakteriellen Verflüssigung des Stuhles, der dann in kleinen Portionen ausgeschieden wird und übel riecht (auch als Gemisch von festem Kot und dünnflüssigen Massen).
- Reizdarmsyndrom: Wechsel von Obstipation und Diarrhoe, oft nur erhöhte Stuhlfrequenz bei noch geformter Konsistenz, evtl. Abgang spritzender Stühle

Ät.:

- Infektionen
  - Viren: z. B. Rotaviren: häufigste Ursache viraler Schleimhautentzündungen von Magen und Dünndarm (Gastroenteritiden) bei Säuglingen und Kleinkindern, saisonal gehäuft in den Wintermonaten, Übertragung: oral-fäkal, Inkubationszeit 24-72 Stunden
  - Bakterien: E. coli, Staphylokokken, Salmonellen, Shigellen, Vibrio cholerae u. a.
  - Protozoen: Amöben (Entamoeba histolytica), Lamblien (Giardia lamblia) u. a.
- Lebensmittelvergiftungen durch bakterielle Gifte
- Vergiftungen (z. B. mit Arsen, Quecksilber, Giftpilze)
- Medikamente: Abführmittel (= Laxanzien) u. a.
- Nahrungsmittelallergie
- Erkrankungen, die zur Maldigestion (Störung der Verdauung) führen, z. B. Entfernung des Magens, Gallensäureverlustsyndrom, Bauchspeicheldrüsenminderfunktion (exokriner Anteil)

- Erkrankungen, die zur Malabsorption (Störung des Nahrungstransportes vom Darm ins Blut) führen, z. B. Sprue, Zöliakie, Strahlenenteritis, M. Whipple, Laktasemangel u.a.
- chronisch entzündliche Darmerkrankungen: Colitis ulcerosa, M. Crohn
- Adenome (Polypen) und Karzinome des Kolons
- hormonelle Ursachen: Hyperthyreose u. a.
- autonome diabetische Neuropathie (ADN)
- Reizdarmsyndrom (funktionelle Störung)

Dg.:

Anamnese, Klinik, Labor (Stuhluntersuchungen), evtl. Spiegelung (Sigmoidoskopie, Koloskopie), evtl. Röntgen-Kolonkontrasteinlauf bzw. spezielle Diagnostik bei Verdacht auf Maldigestion oder Malabsorption

Th.: je nach Ursache

- kausal (die Ursache bekämpfend): Antibiotika (je nach Erreger), Weglassen Durchfall auslösender Mittel, gezielte Behandlung nichtinfektiöser Darmerkrankungen
- symptomatisch: Flüssigkeits- und Elektrolytsubstitution (bei akutem Durchfall wichtigste - und vor allem bei Kindern - lebensrettende Maßnahme), Absorbenzien (Kohle) sollen Gifte binden (Erfolg zweifelhaft; Spötter meinen: „Kohle färbt den Durchfall schwarz"), Quellmittel (erhöhen die Stuhlkonsistenz; Erfolg zweifelhaft), verstopfende Medikamente (z. B. Loperamid) hemmen die Darmperistaltik, verzögern jedoch die Ausscheidung der Infektionserreger (allenfalls kurzfristig auf Reisen indiziert), krampflösende Mittel (Spasmolytika) bei krampfartigen Bauchschmerzen

VERSTOPFUNG (OBSTIPATION)

weniger als 3 Stuhlentleerungen pro Woche! Oft verbunden mit Schwierigkeiten bei der Stuhlentleerung (harter Stuhl). Merke: Die normale Stuhlfrequenz variiert stark, normal sind Stuhlfrequenzen von 3x pro Woche bis 3x pro Tag!

Ät.:

- chronische Verstopfung als funktionelle Störung (5-10% der Bevölkerung, 20-30% der über 60-Jährigen). Ursachen sind faserarme Kost, mangelnde Flüssigkeitsaufnahme, mangelnde Bewegung, Unterdrückung des Defäkationsreizes, chronischer Missbrauch von Abführmitteln
- Verstopfung bei Reizdarmsyndrom
- vorübergehende Verstopfung bei Bettlägrigkeit, Ernährungsumstellung (auf Reisen), fieberhaften Erkrankungen
- Verstopfung bei organischen Darmerkrankungen
  - Verschluss oder Verengung: Adenom (Polyp), Karzinom, verengende Divertikulitis, Hernie (Bauchwandbruch), Verwachsungen, Fremdkörper
  - entzündliche Darmerkrankungen: Divertikulitis, M. Crohn
  - Analerkrankungen: Einriß (= Fissur), Abszess, Hämorrhoiden

- neurogene Störungen: z. B. diabetische Neuropathie, M. Parkinson, Multiple Sklerose u. a.
- endokrine Ursachen: Hypothyreose, Schwangerschaft
- Elektrolytstörungen: Hypokaliämie (oft Missbrauch von Abführmitteln!), Hyperkalzämie
- Medikamente: Antidepressiva, Opiate

Dg.:

Anamnese, Klinik (Austastung des Rektums!), Labor (Routine mit Elektrolyten und Schilddrüsenhormonen), kolorektale Diagnostik: Spiegelung (Koloskopie), Sonografie, evtl. Röntgen des Kolon und Abdomenübersicht (bei Verdacht auf Darmverschluss)

Obstipation

Akute schmerzhafte Zustände
- Appendizitis
- Peritonitis
- Koliken

Organische Dickdarm-Erkrankungen
- Kolon-,Rektum-Ca
- Sigmadivertikulose
- Megakolon
- Darm-Tbc
- Adhäsionen
- Strikturen
- chron. Enteritis
- Hämorrhoiden
- Analfissur

Gynäkologische Ursachen
- Uterusmyom
- Descensus uteri
- Gravidität

Metabolische Ursachen
- Hyperkalzämie
- Hypokaliämie
- Porphyrie
- Tetanie
- Myxödem
- Sheehan-Syndrom
- M. Addison
- Thalliumvergiftung
- Diabetes insipidus

Spastische Obstipation
- Laxanzien
- Vagusübererregb.

Läsion im ZNS
- Querschnittlähmung
- multiple Sklerose
- Tabes dorsalis
- autonome Neurop. (Diabetes mellitus)

Weitere Ursachen
- Herzinsuffizienz
- Hirnatherosklerose
- Depression
- M. Parkinson
- Aszites
- mechan. Behind. (von außen)
  --- Lymphome
  --- Zysten
  --- Genitaltumoren

Medikamente
- Opiate
- Sedativa
- Antazida
- Eisen
- Kodein
- Antidepressiva
- u. a.

Funktionelle Obstipation
- Ballaststoffmangel
- Dehydratation
- Anorexia nervosa
- Bettlägrigkeit
- Reizdarm

Abb. 26 Ursachen für eine Obstipation

Th.:

kausal: Behandlung ursächlicher Erkrankungen (z. B. Hypothyreose), Weglassen verstopfender Medikamente und Nahrungsmittel (Weißbrot, Schokolade, Kakao, schwarzer Tee, Rotwein u. a.)

Allgemeinmaßnahmen bei chronisch funktioneller Verstopfung

- ballaststoff-/faserreiche Kost (Früchte, Gemüse, Salat, Vollkornprodukte, Datteln, Feigen)
- reichliche Flüssigkeitszufuhr (1,5-2 Liter; Kontraindikation: Darmstenosen, Subileus, Ileus)
- körperliche Bewegung und regelmäßiger, pünktlicher Gang zur Toilette
- ein Glas kaltes Wasser vor dem Frühstück
- Kolonmassage: Bauchdeckenmassage im Kolonverlauf (10 min lang; vor dem Aufstehen)

Medikamente (Laxanzien)

Falls Allgemeinmaßnahmen nicht ausreichen, sind abführende Medikamente (Laxanzien) indiziert (nur kurzzeitig, keine Dauerlösung!).

- Füll- und Quellmittel: Leinsamen, Weizenkleie, Plantago ovata-Samen (reichlich trinken!)
- Laktulose: nichtresorbierbare Zuckerverbindung
- salinische Abführmittel: Glaubersalz (Natriumsulfat), Bittersalz (Magnesiumsulfat)
- lokale Abführmittel: Zäpfchen und Klysmen (evtl. manuelle Entfernung von Kotballen)

Nachteil: Der Patient gewöhnt sich an den Gebrauch von Abführmitteln, anstatt seine Lebensweise (Allgemeinmaßnahmen) zu ändern. Laxanzien führen zu einer Hypokaliämie, die ihrerseits wieder die Verstopfung verstärkt. Dies führt über eine Dosissteigerung der Laxanzien zur Verstärkung der Hypokaliämie ... (Teufelskreis). Merke: Viele Verstopfungen werden durch Laxanzienmißbrauch hervorgerufen (Anamnese!!) und beruhen auf der falschen Vorstellung vieler Patienten, dass der tägliche Stuhlgang zur Bürgerpflicht gehört (Aufklärung!).

Die weit verbreiteten anthranoidhaltigen „pflanzlichen" Abführmittel (Sennes-Blätter, -Früchte, Faulbaumrinde, Rhabarberwurzel, Aloe) stehen zudem im Verdacht Krebs erregende und Erbgut verändernde Wirkung zu haben.

MALASSIMILATIONSSYNDROM (MAS)

Unter dem Begriff Malassimilation (MAS) werden Krankheitsbilder zusammengefasst, bei denen es, aufgrund verschiedenster Ursachen, zum Verlust der zugeführten Nahrungsstoffe mit dem Stuhl kommt. Leitsymptome sind chronischer Durchfall, hohe Fettausscheidung mit dem Stuhl (Steatorrhoe, Gewichtsverlust und vielfältige Mangelsymptome (siehe unten).Ät.:

- Maldigestion: Störung der Vorverdauung im Magen, der Aufspaltung der Nahrungsbestandteile durch Bauchspeicheldrüsenenzyme oder der Emulgierung der Fette durch die Galle
  - Zustand nach Magenresektion (es fehlen Salzsäure und Pepsin)
  - exokrine Pankreasinsuffizienz: Chronische Pankreatitis, Mukoviszidose u. a. (es fehlen die exokrinen Pankreasenzyme)
  - Gallensäuremangel: Gallestau = Cholestase, Gallensäureverlustsyndrom, z. B. bei Ileumresektion oder M. Crohn (Gallensäuren werden im Endstück des Ileum rückresorbiert)

- <u>Malabsorption</u>: Störung der <u>Resorption</u> der Spaltprodukte der Nahrung aus dem Darmlumen u./o. des Abtransportes über die Blut- und Lymphbahnen
- Dünndarmkrankheiten: Verstopfung bei Reizdarmsyndrom
  - Zöliakie, Sprue, M. Crohn, M. Whipple, Laktasemangel, Strahlenschäden, Amyloidose, intestinale maligne Lymphome und Lymphknotenmetastasen
  - Dünndarmteilentfernungen: Kurzdarmsyndrom
  - Störung der Darmdurchblutung: Angina abdominalis (Atherosklerose der Darmarterien), schwere Rechtsherzinsuffizienz oder konstriktive Herzbeutelentzündung
  - Störung des Lymphabflusses
  - selten sind hormonal aktive Tumoren (Gastrinom, Vipom, Karzinoid)

Kl.:

- chronischer Durchfall: oft voluminöse Stühle > 300 g pro Tag, evtl. grau-glänzende Fettstühle (Steatorrhoe)
- Gewichtsverlust
- Mangelsymptome infolge verminderter Aufnahme:
  - Eiweiße: Abmagerung, Eiweißmangelödeme (Absinken des albuminabhängigen kolloid-osmotischen Drucks)
  - Kohlenhydrate: Blähungen (Flatulenz)
  - fettlösliche Vitamine (K, A, D, E)
    - → Vit. A: Nachtblindheit, Tränensekretion ↓, trockene Haut u. a.
    - → Vit. D: Rachitis bei Säuglingen und Kleinkindern, Osteomalazie beim Erwachsenen
    - → Vit. K: Blutungsneigung infolge ↓ Vit. K-abhängiger Gerinnungsfaktoren
  - Vitamin B12, Folsäure, Eisen: Blutarmut (Anämie) als Folge einer Malabsorption
  - Kalzium: sekundärer Hyperparathyreoidismus, evtl. Tetanie
  - Kalium: Schwäche
- evtl. sekundäre Hormonstörungen: z. B. Amenorrhoe (Ausbleiben der Regelblutung)
- Symptome der ursächlichen Erkrankung: chronische Bauchspeicheldrüsenentzündung, Gallestau (Cholestase), M. Crohn u. a.

Dg.:

Anamnese, Klinik, Labor, Fettbestimmung im Stuhl (> 7 g/24 Stunden), Sonderuntersuchungen (Xylose-Toleranztest, Vitamin-B12-Resorptionstest u. a.), weitere Untersuchungen zur Abklärung der Ätiologie (Labor, Sonografie, ERCP, Endoskopie und Biopsie, Bakteriologie u. a.)

Th.:

kausal: z. B.

- Bauchspeicheldrüsenunterfunktion: Enzymsubstitution
- Therapie entzündlicher oder neoplastischer Dünndarmerkrankungen
- glutenfreie Diät bei glutensensitiver Enteropathie
- milchfreie Diät bei Laktasemangel

symptomatisch: z. B.

- Regulierung des Wasser- und Elektrolythaushaltes
- parenterale Ernährung (= Ernährung unter Umgehung des Magen-Darm-Traktes: z. B. Injektion, Infusion) bei kritischem Ernährungszustand
- parenterale Substitution der Stoffe, die mangelhaft resorbiert werden: fettlösliche Vitamine, Vitamin B12, Eisen

NAHRUNGSMITTELALLERGIE

Def.:
Nahrungsmittelallergien sind durch Immunglobulin E (IgE) vermittelte überschießende Immunreaktionen gegen Nahrungsbestandteile, -zusatzstoffe oder unerwünschte Beimengungen bei genetisch dazu veranlagten Patienten.

Ät.:

- Äpfel und Haselnüsse (häufigste Nahrungsmittelallergene)
- Kuhmilch (häufigstes Allergen bei Kleinkindern)
- andere: Hühnerei, Fisch, Schalentiere, Soja, Nüsse (besonders Erdnüsse), Sellerie, Obst, Gewürze, Hefen, Schimmelpilze. Im Einzelfall kann jedes Nahrungsmittel als Allergen wirken („es gibt nichts, was es nicht gibt").

Kl.:

- Allgemeines: Bis 4% der Bevölkerung, w:m = 2:1, Häufigkeitsgipfel im Kleinkindesalter. Bis zu 90% aller Patienten haben zuerst eine Pollenallergie, 2/3 der Patienten leiden an atopischen Erkrankungen (allergische Rhinitis, Asthma bronchiale, atopische Dermatitis). Die Mehrzahl der Pollenallergiker hat Kreuzallergien zu Nahrungsmitteln und die meisten Frischobst-Allergiker haben eine Pollenallergie:
  - Birkenpollen → Äpfel, Haselnuss
  - Gras- und Getreidepollen → Hülsenfrüchte (Erdnuss, Soja)
  - Beifußpollen → Sellerie, Karotte, Gewürze
- Organmanifestationen der Nahrungsmittelallergien:
  - Haut (50%): Nesselsucht (Urtikaria), Quincke-Ödem, Juckreiz, Exanthem
  - Atemwege (20%): Schnupfen (Rhinitis), Asthma, Kehlkopfödem (= Larynxödem)
  - Magen-Darm-Trakt (20%): Juckreiz und pelziges Gefühl an Lippen und Gaumen; selten: Bauchkrämpfe, Diarrhoe, Erbrechen
  - Kreislauf 10%): Pulsbeschleunigung (Tachykardie), Blutdruckabfall, anaphylaktischer Schock (am gefährlichsten: Nüsse, Fisch, Schalentiere)
  - andere (selten): Fieber, Gelenkbeschwerden, Ohrspeicheldrüsenschwellung u. a.

Dg.:

- Anamnese (am wichtigsten): Eingrenzung verdächtiger Nahrungsmittel
- Ausschluss anderer gastrointestinaler Erkrankungen
- Eliminations- und Provokationsdiät: 7 Tage allergenarme Basiskost (z. B. Reis-Kartoffel-Wasser-Diät). Tritt Beschwerdefreiheit ein, werden schrittweise einzelne Nahrungsmittel hinzugefügt bis erneut Beschwerden auftreten; tritt keine Beschwerdefreiheit ein, ist eine Nahrungsmittelallergie unwahrscheinlich (Ausnahme: Reis- oder Kartoffelallergie; diese kann mit einer Hauttestung ausgeschlossen werden). Danach Provokationsdiät: erneutes Auftreten der Beschwerden bei Zufuhr des verdächtigen Nahrungsmittels.
- Hauttestung und Radio-Allergo-Sorbent-Test (RAST): Nachweis spezifischer Antikörper (hilfreich aber nicht zuverlässig); Provokationstest beweist klinische Bedeutung des ausgetesteten Allergens.
- evtl. Spezialdiagnostik: z. B. koloskopischer Allergen-Provokationstest (COLAP): Testung verdächtiger Allergene an der Darmmukosa unter koloskopischer Sicht.

Th.:

- Meidung des Allergens. Falls eine Allergenidentifikation nicht gelingt:
  - Vermeidung unbewiesener Empfehlungen und unsinniger Diäten
  - keine Fertigprodukte, sondern eigene Zubereitungen
  - Positivliste erlaubter Speisen ist besser als Negativliste verbotener
  - Verwendung saisonaler, heimischer Lebensmittel
  - Vermeidung exotischer Früchte und „bunter" Obstsalate
  - keine Rohkost (erhitzen Inaktiviert manche Allergene), keine Vollwertkost
  - keine Gewürzmischungen
  - keine alkoholischen Getränke, keine Fruchtsäfte
  - keine kalten und voluminösen Mahlzeiten
- bei Anaphylaxiereaktionen auf Nahrungsmittel: Diätschulung und Verordnung eines Notfallsets durch den Arzt (Adrenalin-Spray, Kortikoid, Antihistaminikum)
- evtl. Hyposensibilisierung (bei Kuhmilchallergie und Kreuzallergie mit Pollen; Allergologe)
- Versuch einer medikamentösen Prophylaxe: Antihistaminika, Mastzellstabilisatoren

Prophylaxe:

bei Neugeborenen mit positiver Familienanamnese (Atopikerfamilien): keine Haustiere, Verzicht auf Rauchen, Muttermilchernährung in den ersten 6 Monaten (bei Verzicht der Mutter auf Kuhmilch, Hühnerei, Fisch, Erdnüsse), evtl. Einsatz hypoallergener Hydrolysatnahrung für das Kind.

Prognose:

Nach jahrelanger Allergenkarenz kann die Allergie verschwinden: Kinder 50%, Erwachsene 30%

GLUTENSENSITIVE ENTEROPATHIE (SPRUE)

auch: nicht-tropische Sprue, einheimische Sprue, Zöliakie (bei Manifestation im Kindesalter)

Def. und Ät.:

Erkrankung der Dünndarmschleimhaut aufgrund einer Unverträglichkeitsreaktion gegenüber der Gliadinfraktion des Glutens, eines Getreideproteins bei genetisch veranlagten Patienten. Ursache ist wahrscheinlich ein Enzymdefekt der Dünndarmschleimhaut.

Kl.:

Diarrhoe, Steatorrhoe im Kindes- oder Erwachsenenalter (vgl. Klinik der Malassimilation S. 190)

Dg.:

Anamnese, Klinik, Nachweis von Auto-Antikörpern (u. a. gegen Gliadin), Gewebeentnahme aus dem Dünndarm mit Histologie, klinische Besserung unter glutenfreier Diät

Th.:

glutenfreie Diät (Kartoffel, Mais, Reis, Hirse, Sojabohnen u. a.); keine Milchprodukte, keine Produkte aus Weizen, Hafer, Gerste, Roggen

LAKTASEMANGEL

Ät.:

- primärer Laktasemangel: angeboren (10% der Erwachsenen in Europa, bis 95% der schwarzen Bevölkerung der USA)
- sekundärer Laktasemangel: erworben (bei Sprue oder anderen Dünndarmerkrankungen)

Pathogenese:

Laktose ist eine Zuckerverbindung (Disaccharid aus Glukose und Galaktose), die sich in der Milch findet. Laktase ist das Enzym, welches im Dünndarm diese Zuckerverbindung in ihre Einzelteile Glukose und Galaktose zerlegt. Ist dies nicht möglich, so kommt Laktose in den Dickdarm, wird dort bakteriell gespalten und führt zu klinischen Symptomen.

Kl.:

Diarrhoe, schmerzhafter Stuhldrang (Tenesmen) und Blähungen nach Milchgenuss

Dg.:

Anamnese, Klinik, sauer Stuhl-pH, Laktose-Toleranztest, H_2-Atemtest, Dünndarmbiopsie

Th.:

milch(produkt)freie Diät

AKUTE WURMFORTSATZENTZÜNDUNG (APPENDIZITIS)

(fälschlich „Blinddarmentzündung"), häufigste Darmerkrankung mit Häufigkeitsmaximum im Kindes- und Jugendalter

Die typische Appendizitis ist klinisch zu diagnostizieren. Bei untypischen Verläufen (häufig!) ist die Diagnose schwierig, beweisende Untersuchungsverfahren (z. B. Labor oder Röntgen) fehlen.

Def.:

Entzündung des Wurmfortsatzes

Ät.:

meist verursacht durch Infektionen: begünstigt werden diese Infektionen durch Stauung des Wurmfortsatzinhalts (Verengung oder Verlegung des Wurmfortsatzlumens durch Abknickung, Narbenstränge, entzündliche Schleimhautschwellung, Kotsteine, Würmer, Fremdkörper u. a.)

Kl.:

- Bauchschmerzen (im typischen Fall beginnen die Schmerzen in der Nabelgegend oder im Oberbauch und wandern nach Stunden in den rechten Unterbauch). Typisch ist ein Nachlassen des Schmerzes beim Anziehen des rechten Beines.
- Psoas-Zeichen: Anheben des rechten Beines gegen Widerstand führt zu Schmerzen
- Druckschmerz und Abwehrspannung über dem McBurney- u./o. Lanz-Punkt
- Loslassschmerzrektale Untersuchung: Schmerzen im rechten Douglasraum bei Stoßpalpation im Rektum

Vorsicht: atypische Schmerzlokalisation bei Schwangeren, evtl. wenig Symptomatik bei älteren Patienten

Dg.:

Anamnese, Klinik

Labor: häufig (aber bei weitem nicht immer!) Leukozytose

(Zum differentialdiagnostischen Ausschluss einer Erkrankung im Urogenitaltrakt sollte immer eine Urinuntersuchung durchgeführt werden: Leukozyten und Erythrozyten im Urin schließen eine Appendizitis zwar nicht aus, sollten aber immer an eine Blasen- oder Nierenentzündung bzw. einen tiefsitzenden Harnleiterstein denken lassen.)

Th.:

operative Entfernung des Wurmfortsatzes (Appendektomie)

CHRONISCH ENTZÜNDLICHE DARMERKRANKUNGEN (CED)

Zu den chronisch entzündlichen Darmerkrankungen zählen Morbus Crohn und Colitis ulcerosa. In ca. 10% d. F. ist eine sichere Differenzierung zwischen beiden Erkrankungen nicht möglich. Jährlich 2-8 Neuerkrankungen pro 100 000 Einwohner, Häufigkeitsgipfel zwischen dem 20.-40. Lebensjahr, familiäre Häufung (insbesondere M. Crohn; spricht für genetische Veranlagung).

Ät. und Pathogenese:

Ursache unbekannt, genetische Veranlagung, Autoimmunerkrankung (?), Störung der Immunregulation der Darmschleimhaut (?), Auslösung durch Infektionen (?) (bei M. Crohn werden Mycobacterium paratuberculosis und Masernviren als Auslöser diskutiert)

ENTEROCOLITIS REGIONALIS (M. CROHN)

auch: Enteritis regionalis Crohn, Ileitis terminalis Crohn

Def.:

Entzündung aller (auch der tiefen) Wandschichten des gesamten Magen-Darm-Traktes (vom Mund bis zum Anus). Am häufigsten finden sich die entzündeten Darmareale am Ende des Dünndarms (terminales Ileum) und am Beginn des Kolons. Im Gegensatz zur Colitis ulcerosa, die meist vom Rektum aus kontinuierlich fortschreitet, zeigt der M. Crohn einen segmentalen diskontinuierlichen Befall mit zwischengeschalteten unveränderten Darmstücken.

Kl.:

- Bauchschmerzen und Durchfälle (meist ohne Blut), Blähungen
- Symptome wie bei einer Appendizitis
- schubweiser chronischer Verlauf mit einer Rezidivhäufigkeit von 30% nach 1 Jahr
- Labor: evtl. Anämie, Leukozytose, BSG-Erhöhung

Komplikationen:

- außerhalb des Magen-Darm-Traktes gelegene („extraintestinale“) Symptome:
  - Haut: z. B. Erythema nodosum
  - Augen: Uveitis (Entzündung der mittleren Augenhaut = Uvea), Episkleritis (Entzündung des lockeren Bindegewebes zwischen Sklera = Lederhaut und Bindehaut)
  - Gelenke: Arthritis, ankylosierende Spondylitis (M. Bechterew)
  - Leber: z. B. sklerosierende Cholangitis
- Wachstumsstörungen im Kindesalter
- Malabsorptionssyndrom mit Gewichtsverlust; bei ausgedehntem Befall des terminalen Ileums evtl. Resorptionsstörung von Vitamin B12 (→ megaloblastäre Anämie) oder Gallensäuren (→ Gallensäure-Durchfall, Cholesterin-Gallensteine, Oxalat-Nierensteine)
- Darmverengungen (Stenosen) mit Darmverschluss (Ileus)
- Fisteln (40-50%) und anorektale Abszesse: Analfisteln sind in 40% d. F. das erste Symptom eines M. Crohn, sie erfordern eine entsprechende Diagnostik!
- Spätkomplikationen: kolorektales Karzinom (regelmäßige Koloskopien!), Amyloidose

Dg.:

- Anamnese, Klinik, Röntgen (Dünndarmeinlauf und Doppelkontrastdarstellung des Kolons), Spiegelung: Kolo-Ileoskopie mit Gewebeentnahme, evtl.: Sonografie, Leukozytenszintigrafie, bakteriologische Stuhldiagnostik (Ausschluss einer infektiösen Darmerkrankung)

Th.:

konservativ

- Diät: bei Laktoseintoleranz (30% der Patienten) milchfreie Diät. Bewusstes Meiden aller Speisen, die der Patient nicht verträgt (Eliminationsdiät). Bei Malassimilation Substitution der nicht resorbierten Nahrungsbestandteile (vgl. 190). Bei schwerem Schub ballastfreie Flüssignahrung oder intravenöse Ernährung über Infusionen.
- Medikamente (Sulfasalazin, 5-Aminosalizylsäure,Glukokortikoide bei Dünndarmbefall, Metronidazol, Immunsuppressiva u.a.)
- psychosomatische Hilfe, Selbsthilfegruppen

chirurgisch

nur bei Komplikationen ("Niemand operiert einen Crohn-Patienten gerne") wie Blutung, Perforation und Darmverschluss oder rezidivierenden Fisteln, hohe Komplikationsrate! Dennoch zwingen Komplikationen früher oder später in ca. 90% der M. Crohn-Fälle zu(r) Operation(en).

COLITIS ULCEROSA

Def.:

chronisch entzündliche Dickdarmerkrankung mit kontinuierlicher Ausbreitung und mit Ausbildung von Ulzerationen der oberflächlichen Schleimhautschichten

Die Erkrankung beginnt meist im Rektum und breitet sich in Richtung Dünndarm im Kolon aus. Das Rektum ist stets befallen, ein Befall des ganzen Kolons findet sich in 20-50% d. F.

Kl.:

- Leitsymptom: blutig-schleimige Durchfälle
- Bauchschmerzen, evtl. krampfartig, schmerzhafter Stuhldrang (Tenesmen)
- evtl. subfebrile Temperaturen
- Labor: evtl. Anämie, Leukozytose, BSG-Erhöhung, evtl. Thrombozytose (Merke: eine Thrombozytose kann auch auf Prozesse im Magen-Darm-Trakt hindeuten)

Komplikationen:

- Wachstumsstörungen im Kindesalter
- außerhalb des Magen-Darm-Traktes gelegene Symptome (seltener als bei M. Crohn):
  - Haut: z. B. Erythema nodosum
  - Augen: Uveitis (Entzündung der mittleren Augenhaut = Uvea), Episkleritis (Entzündung des lockeren Bindegewebes zwischen Sklera = Lederhaut und Bindehaut)
  - Gelenke: Arthritis, ankylosierende Spondylitis (M. Bechterew)
  - Leber: z. B. sklerosierende Cholangitis
- Malabsorptionssyndrom mit Gewichtsverlust

- massive Blutung
- toxische Dickdarmerweiterung (= Kolondilatation) mit septischen Temperaturen, Bauchfellentzündung (Peritonitis), Perforationsgefahr!
- Karzinomrisiko (korreliert mit der Dauer und dem Ausmaß der Kolonerkrankung, nach 15 Krankheitsjahren ca. 3faches Krebsrisiko, häufiger als bei M. Crohn)

Verlauf:

- chronisch-rezidivierender Verlauf (85%): Auftreten der Symptome wechselt mit beschwerdefreien Intervallen (Remission). 5-10% der Patienten bleiben nach einer Krankheitsattacke viele Jahre beschwerdefrei.
- chronisch-kontinuierlicher Verlauf (10%): keine kompletten Remissionen, unterschiedlich starke Beschwerden, nie beschwerdefrei
- akuter schwerer (fulminanter) Verlauf (5%): plötzlicher Krankheitsbeginn mit krampfartigen Schmerzen und starken Durchfällen, septischen Temperaturen, Schock, Letalität 30%

Dg.:

Anamnese, Klinik, Inspektion und Austastung des Rektums, Spiegelung des Rektums (Rektoskopie) und des Kolons (Koloskopie) mit Gewebeentnahme zur histologischen Untersuchung, Labor (Anämie?, Entzündungszeichen u. a.), Sonografie (Wandverdickungen des Kolons, evtl. Röntgen (Kolonkontrasteinlauf), Leukozytenszintigrafie (Nachweis entzündlicher Dickdarmbereiche), bakteriologische Stuhluntersuchung (Ausschluss einer infektiösen Kolitis)

Th.:

<u>konservativ</u>

- Diät (wie bei M. Crohn, siehe oben)
- Medikamente (Sulfasalazin, Mesalazin, Olsalazin, Glukokortikoide)
- psychosomatische Hilfe und Selbsthilfegruppen

<u>chirurgisch</u>

- bei Versagen der konservativen Therapie, bei lokalen oder systemischen Komplikationen wird der gesamte Dickdarm entfernt (Proktokolektomie). Damit wird das Organ der Erkrankung beseitigt, der Patient ist „geheilt". (Auch hier unterscheidet sich der M. Crohn von der Colitis ulcerosa). Nicht warten, bis der Patient in einen immer schlechteren Allgemeinzustand rutscht!
- akute Operationsindikation bei fulminantem Verlauf (Sepsis, toxisches Megakolon, Perforation, schwere Blutung)

REIZDARMSYNDROM

auch: irritables Kolon, Colon irritable, Reizkolon, spastisches Kolon, Reizkolon, Kolonneurose

Def.:

funktionelle (nicht organisch bedingte) abdominelle Störung, die durch Bauchschmerzen, das Gefühl des Aufgeblähtseins (Flatulenz) und Stuhlunregelmäßigkeiten (Wechsel von Obstipation und Diarrhoe) gekennzeichnet ist. Es geht häufig mit anderen Beschwerden (z. B. Migräne, Herzrasen) einher und wird zu den psychosomatischen Erkrankungen gerechnet.

Sehr häufiges Krankheitsbild! Nahezu 50% aller Patienten mit Magen-Darmbeschwerden haben ein Reizdarmsyndrom, Frauen doppelt so häufig wie Männer. In den Industrieländern leiden 10-20% an der Erkrankung (eine der häufigsten Ursachen krankheitsbedingter Arbeitsausfälle).

Ät.:

ungeklärt (intestinale Aufnahme für Reize verändert? Intestinale Schmerzschwelle vermindert?) Emotionale und psychosoziale Stress-Situationen verstärken die Symptomatik („der Darm als psychosomatisches Projektionsfeld"), gelten jedoch nicht als Ursache des Reizdarmsyndroms.

Kl.: Trias

- Bauchschmerzen: chronische oder rezidivierende abdominelle Schmerzen oder Missempfindungen, die nach dem Stuhlgang abnehmen u./o. begleitet sind von einer Änderung der Stuhlfrequenz u./o. der Stuhlkonsistenz; krampfartig, stechend oder brennend; Druckgefühl im Unterbauch (aber auch im Bereich der rechten oder linken Kolonflexur); Sigma als schmerzhafter, kontrahierter Strang tastbar
- Stuhlunregelmäßigkeiten:
  - Verstopfung im Wechsel mit Durchfall
  - veränderte Stuhlfrequenz (unter drei pro Woche, über drei pro Tag)
  - veränderte Stuhlkonsistenz (hart, wässrig-breiig, „schafkotartig")
  - veränderte Stuhlpassage (erschwerte, dranghafte oder inkomplette Entleerungen)
  - Schleimbeimengungen
- Blähungen (Flatulenz): abdominelles Bläh- und Spannungsgefühl

Dg.:

Anamnese, Klinik („gesunde" Patienten ohne Gewichtsverlust; Beschwerden oft nicht nachts), Labor: unauffällig (BSG, Leukozyten und Blutbild normal, kein Blut im Stuhl)), Sonografie, Kolondiagnostik: Austastung des Rektums! Stuhluntersuchung auf okkultes Blut, evtl. auf pathogene Keime und Würmer. (In Zweifelsfällen Rektosigmoidoskopie/Koloskopie zum Ausschluss entzündlicher oder tumoröser Darmerkrankungen).

Th.:

Eine wirksame Therapie ist nicht bekannt!

- Diät kann im Einzelfall helfen (faserreiche Kost, Meiden unverträglicher Nahrung)
- ausführliches Gespräch mit Aufklärung über die Harmlosigkeit des Befundes („kleine Psychotherapie", evtl. verhaltenstherapeutische Methoden), Entspannungsübungen, Biofeedback-Verfahren, autogenes Training
- Medikamente (evtl. vorübergehend krampflösende Medikamente: Spasmolytika), oft gutes Ansprechen auf Plazebogabe (bis 84% d. F.)
- lokale Entleerungshilfen bei harten Kotballen im Rektum (Klysma, Zäpfchen)

DIVERTIKULOSE UND DIVERTIKULITIS DES KOLONS

(siehe S. 178). Divertikel werden im gesamten Magen-Darm-Trakt, am häufigsten im Kolon gefunden, ca. 70% der über 70-jährigen haben Divertikel.

Die symptomlose Divertikulose wird zur krankhaften Divertikulitis, wenn es zum Stuhlstau und zur Entzündung der Darmwand im Bereich der Divertikel kommt.

Kl.:

1. symptomlose Divertikulose (80%)
2. symptomatische Divertikulitis (20%)

- Sigmadivertikulitis (2/3 d. F.):
  - Schmerzen im linken Unterbauch („Linksappendizitis", „Appendizitis des alten Mannes")
  - Verstopfung, Blähungen
  - evtl. druckschmerzhafte Walze im linken Unterbauch tastbar
  - evt. subfebrile Temperaturen
  - Labor: BSG ↑, Leukozytose
- Caecumdivertikulitis (seltener; oft angeborene Divertikel)
  - Schmerzen im rechten Mittel-/Unterbauch („Appendizitis trotz Appendektomie")

Komplikationen:

gedeckte Perforation (Durchbruch) mit Abszessbildung, freie Perforation mit Bauchfellentzündung (Peritonitis), Verengung (Stenose), evtl. Darmverschluss (Ileus), Blutungen, Fisteln

Dg.:

Anamnese, Klinik, Sonografie (Divertikeldarstellung, Abszessbildung u.a.), Röntgen (Kolonkontrasteinlauf, Abdomenübersicht bei V. a. Perforation, CT), Spiegelung (Rektosigmoidoskopie/Koloskopie: nicht im akuten Stadium einer Divertikulitis, Perforationsgefahr); merke: nicht mit der Diagnose Divertikulitis zufrieden geben: ein Karzinom muss ausgeschlossen werden.

Th.:

Divertikulose: Stuhlregulierung, faserreiche Kost, reichlich Flüssigkeit

Divertikulitis

- konservativ
  - hochakut: stationär: Eis, Nahrungskarenz, intravenöse Ernährung, Antibiotikum
  - leicht: evtl. ambulante Behandlung, schlackenarme Kost, Antibiotikum, nach Beschwerdefreiheit und Normalisierung von BSG und Leukozyten wieder faserreiche Diät
- chirurgisch: konservative Behandlung n. 48 Std. erfolglos oder zunehmende Symptomatik

POLYPEN DES KOLONS

Def.:

Als Kolonpolyp wird jede Geschwulst bezeichnet, die ins Darmlumen vorragt. Über die Hälfte der Kolonpolypen sitzt im Rektum (und sind bei rektaler Untersuchung evtl. tastbar!).
Histologisch werden Adenome, hyperplastische Polypen, entzündliche Polypen und Hamartome unterschieden.
Von besonderer Wichtigkeit sind die Adenome: Adenome bauen sich aus Schleimhautepithel auf. Aus ihnen entwickelt sich die Mehrzahl aller Kolonkarzinome: Adenom-Karzinom-Sequenz. Adenome können also karzinomatös entarten. Je mehr Adenome im Kolon vorliegen, umso größer ist dieses Risiko.

Kl.:

meist symptomlos. Zufallsbefund bei einer Kolondiagnostik oder bei der rektalen Untersuchung

Komplikationen:

Blutungen, Verlegung des Darms (Obstruktion), karzinomatöse Entartung

Dg.:

Anamnese, Klinik, rektale Untersuchung, Rekto-/Sigmoido-/Koloskopie (Spiegelung des Dickdarms). Merke: Viele Adenome sitzen im Rektum und sind mit dem Finger tastbar (rektale Untersuchung!). Polypen im Darm sind potentiell bösartig! Bei der Feststellung eines Polypen im Darm muss das gesamte Kolon auf weitere Adenome abgesucht werden!

Th.:

koloskopische Adenomentfernung (Adenektomie) und histologische Aufarbeitung des Adenoms, Kontrollkoloskopien

KOLOREKTALES KARZINOM

zweithäufigstes Karzinom des Mannes (nach Bronchialkarzinom) und der Frau (nach Mammakarzinom), 30 pro 100000 Einwohner pro Jahr, 90% der Karzinome manifestieren sich nach dem 50. Lebensjahr

Ät.:

- Vererbung: Patienten mit einer erblichen Polypose des Dickdarms (familiäre Adenomatose) entwickeln alle kolorektale Karzinome (Adenom-Karzinom-Sequenz!). Es gibt auch sog. Krebsfamilien, bei denen sich gehäuft kolorektale Karzinome finden.
- Ernährung: Neuere Studien (1999) zeigen keinen (oder nur einen sehr schwachen) Zusammenhang zwischen Darmkrebs und Ernährung (im Gegensatz zur bisherigen Annahme)
- Risikoerkrankungen: Kolonadenome, langjährige Colitis ulcerosa, M. Crohn u. a.
- andere Risikofaktoren: Alter > 40, langjähriges Zigarettenrauchen, Alkoholkonsum

Histologie:

Adenokarzinom

Metastasierung:

auf dem Blutweg in Leber und Lunge (erst danach in andere Organe)

Lokalisation:

Rektum (60% ⇒ rektale Untersuchung!), Sigma 20%, Caecum und Colon ascendens 10%, übriges Kolon 10%

Kl.:

Symptome anfangs uncharakteristisch, keine zuverlässigen Frühsymptome!

- Blutbeimischung im Stuhl ist solange ein Karzinom, bis das Gegenteil bewiesen ist! Niemals mit der Diagnose Hämorrhoiden zufrieden sein! Jeder 2. hat Hämorrhoiden (d. h.: jeder zweite, der ein Dickdarmkarzinom hat, hat auch Hämorrhoiden)
- jede Änderung der Stuhlgewohnheiten im Alter > 40 Jahre, z. B. Symptom des „falschen Freundes" = Abgang eines Windes (Flatus) mit Stuhl oder konstant üble Gerüche

Ferner:

- Leistungsknick, Müdigkeit
- Gewichtsverlust
- chronische Blutungsanämie
- Schmerzen, Fieber
- Ileuserscheinungen und tastbarer Tumor als Spätsymptome

Dg.:

Anamnese (Blut im Stuhl), Klinik (rektale Austastung: ca. 10% der kolorektalen Karzinome sind tastbar), Darmspiegelung (Koloskopie) und Gewebeentnahme; zur Beurteilung der Tumorausdehnung: transrektale Sonografie, Computertomografie des Bauchraums, Röntgenuntersuchung

der ableitenden Harnwege; ergänzende Diagnostik zur Metastasenabklärung: Sonografie (Leber), Thoraxröntgenbild (Lunge) u. a.
Lab.: Anämieabklärung, evtl. CEA (Tumormarker, vor allem in der Nachsorge wichtig)
Th.:
Operation (je nach Tumorgröße und Tumorlokalisation finden unterschiedliche Operationstechniken Anwendung), evtl. präoperative Bestrahlung und Chemotherapie, postoperative Chemotherapie verbessert die 5-Jahresüberlebensrate; in klinischer Erprobung: monoklonale Antikörper gegen Tumoroberflächenantigene u. a.

ANALKARZINOM

1-2% der kolorektalen Tumoren
Ät.:
Viren? HPV (humanes Papillomavirus) findet sich in ca. 90% der Analkarzinome
Histologie:
Plattenepithelkarzinome oder Basalzellkarzinome.
Metastasierung:
- auf dem Lymphweg (lymphogen): je nach Tumorlage in die Becken- und Mesenteriallymphknoten oder in die Leistenlymphknoten
- auf dem Blutweg (hämatogen): Leber, Nieren, Knochen
- direkte Tumorinvasion: Scheide, Blase, Vorsteherdrüse, Schließmuskel

Kl.:
Juckreiz, Schmerzen, Blutung
Dg.:
Anamnese, Klinik (Inspektion und digitale Untersuchung), Spiegelung des Rektums (Rektoskopie) mit Gewebeentnahme zur Histologie, rektale Sonografie (Ausdehnung)
Th.:
zunächst kombinierte Radio- und Chemotherapie (führt meist zur Heilung); evtl. Operation

DARMVERSCHLUSS (ILEUS)

Def.:
Ein Ileus ist ein inkompletter oder kompletter Stopp der Darmpassage infolge eines mechanischen Verschlusses (mechanischer Ileus) oder aufgrund einer funktionellen Störung der Dynamik, einer Darmlähmung (paralytischer Ileus).
Stuhl- und Windverhalt gehören zur Definition des Ileus. Krampfartige Bauchschmerzen sind typisch für die mechanische Form des Ileus. Bei beiden Formen kommt es durch Rückstau von Nahrungsbrei und Stuhl zum Erbrechen. Zunächst wird Mageninhalt, Galle usw. erbrochen, später, im Endstadium, Stuhl („Miserere").

MECHANISCHER ILEUS

Ein mechanischer Ileus (Darmverschluss) ist ein inkompletter oder kompletter Stopp der Darmpassage infolge eines mechanischen Verschlusses der Darmlichtung.

Ät.:

Einengung der Darmlichtung von innen oder außen, z. B. durch

- Verwachsungen (oft nach Operationen), Abknickung
- Bauchwandbrüche (Hernien)
- Tumoren
- Gallensteine (Durchwanderung eines Steins in den Dünndarm während einer Entzündung)
- Volvulus (Darmdrehung), Invagination (Einstülpung eines Darmabschnittes in einen anderen), Fremdkörper, Kotsteine, Polypen

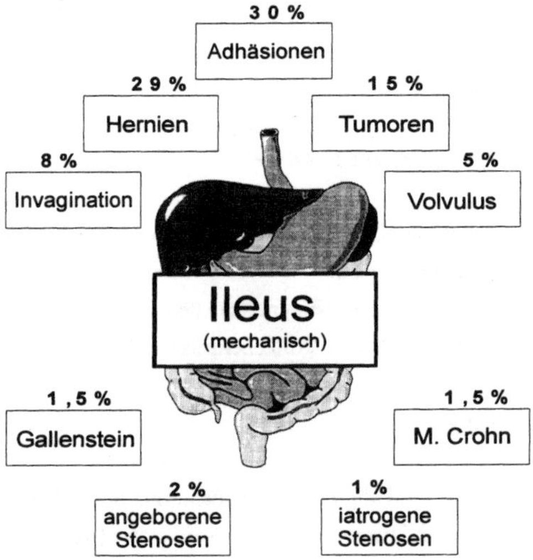

Abb. 27 Ursachen für einen mechanischen Ileus

Kl.:

- allmählich zunehmender Schmerz oder plötzlich auftretende peristaltiksynchrone Kolik (krampfartig an- und abschwellender Schmerz) mit basalem Dauerschmerz
- Leitsymptome: Stuhl- und Windverhalt, Hyperperistaltik (Auskultation; siehe unten)
- Aufstoßen, Erbrechen
- Pulsanstieg (Tachykardie)
- evtl. reflektorische Abwehrspannung
- Meteorismus
- Überlauferbrechen („Miserere")

Merke: Ein Dünndarmileus hat immer eine kurze Anamnese. Beim Dickdarmileus ist bis zum Vollbild auch eine tage- bis wochenlange Entwicklung möglich.

Dg.:

- Anamnese, Klinik (Inspektion: Operationsnarben, Hernien)
  - Auskultation: auskultierbare Hyper- und Widerstandsperistaltik (Pressstrahlgeräusch), Geräusche „hoch gestellt", spritzend, metallisch klingend

Exkurs: Auskultation des Abdomens:

- Darmgeräusche: Bei der Auskultation des Bauchraumes hört man zunächst die physiologischen Darmgeräusche (5-10 pro Minute).
  - mechanischer Ileus: Die Darmgeräusche sind häufiger pro Minute („Hyperperistaltik"), spritzend, „hoch gestellt" und metallisch klingend
  - paralytischer Ileus. Es sind keine Darmgeräusche mehr zu hören („Totenstille über dem Abdomen"), eventuell ist das Pulsieren der Hauptschlagader (Aorta) im Hintergrund zu hören: („Ticken der Totenuhr")
- Gefäßgeräusche: Eine Nierenarterienstenose, eine der Ursachen des renal bedingten Bluthochdrucks, kann zu einem über dem Abdomen auskultierbaren, hohen systolischen Geräusch führen. Gefäßgeräusche finden sich auch über einem Aneurysma (Gefäßaussackung) der Hauptschlagader (Aortenaneurysma) bzw. über atherosklerotisch veränderten Beckenarterien.
- Kratzauskultation der Leber: Untersuchungstechnik zur Größenbestimmung der Leber (siehe S. 213).

- Labor: Leukozytose, Hämatokrit ↑ (Hämokonzentration), Kalium ↓ („Wasser- und Elektrolytentgleisung")
- Röntgenbild: „klassisches" Röntgenbild mit geblähten Darmschlingen und typischen „Spiegelbildungen" im Dünn- u./o. Dickdarmbereich
- evtl. Röntgenkontrasteinlauf u./o. Koloskopie zur Lokalisation des Hindernisses

Th.:

- konservativ: intensivmedizinisch zur Operationsvorbereitung
- chirurgisch: „Über einem (Dünndarm)Ileus darf die Sonne weder auf- noch untergehen"! Vor allem ein Dünndarmileus ist ein absoluter Notfall (Letalität 10-12%) und bedarf sofortiger Operation. Operationstechnik je nach Ursache und Befund.

PARALYTISCHER ILEUS

Def.:

Der paralytische Ileus entspricht einer neuroreflektorischen, einer neurotoxischen oder einer durch Elektrolytverschiebung bedingten Muskellähmung des Dünn- u./o. Dickdarms.

Ät.:

- toxisch-infektiös: Peritonitis, Pneumonie, Urämie, Diabetes mellitus, Morphin
- reflektorisch: postoperativer Stress, Gallen- oder Nierenkolik, Pankreatitis, Herzinfarkt u. a.
- neurogen: Syringomyelie, Tabes dorsalis (Neurolues), Herpes Zoster, Rückenmarktrauma
- myogen: durch Vitaminmangel, Hypoproteinämie, Hypokaliämie, Hypomagnesiämie
- vaskulär: portale Hypertension, kardiale Stauung, lokale Ischämie infolge Mesenterialinfarkt oder -thrombose

Intraabdominelle Ursachen

Peritoneale Reizung

- Trauma
- penetr. Wunden
- bakteriell
- Peritonitis
- chemisch
- Ulkusperforation
- akute Pankreatitis
- gallige Peritonitis
- Ulkusblutung
- Mesenterialinfarkt
- Peritonealkarzinose

Extraperitoneale Reizung (reflektorisch)

- Nierenkolik
- Gallenkolik
- nach Laparotomie
- Hämatome
- Ovarialtorsion
- Hodentorsion
- überfüllte Blase

Extraabdominelle Ursachen

Toxisch

- Sepsis
- Pneumonie
- Urämie
- Empyem
- Morphinvergiftung
- Coma diabeticum

Neurogen

Medikamente
Rückenmark
- Verletzung
- Tumor
- Entzündung

Bleivergiftung
ZNS-Krankheiten
- Hirntumor
- Apoplexie

Verschiedenes

- Hypokaliämie
- Azidose
- Myxödem
- Porphyrie
- Hypoproteinämie
- Avitaminose
- Hypochlorämie
- Hyperparathyreoid.

Abb. 28 Ursachen für einen paralytischen Ileus

Kl.:

- Leitsymptom: Stuhl- und Windverhalt (evtl. mit Überlauferbrechen)
- Meteorismus, Schluckauf (Singultus)
- aufgetriebene, aber weiche Bauchdecken (keine Abwehrspannung)
- schneller Puls und Blutdruckabfall ⇒ (Schock)

Dg.:

- Anamnese, Klinik (Auskultation: „Totenstille über dem Abdomen, Ticken der Totenuhr").
- Labor: Leukozytose, Hämatokrit ↑ (Hämokonzentration), Kalium ↓ („Wasser- u. Elektrolytentgleisung")
- Röntgenbild: „klassisches" Röntgenbild mit geblähten Darmschlingen und typischen „Spiegelbildungen" im Dünn- u./o. Dickdarmbereich

Th.:

<u>konservativ</u>

- Behandlung der ursächlichen Krankheit
- Ableitung von Darminhalt über Sonden
- Nahrungskarenz und Ernährung über Infusionen
- Flüssigkeits- und Elektrolytsubstitution
- peristaltikanregende Medikamente

BAUCHFELLENTZÜNDUNG (PERITONITIS)

Def.:

Peritonitis (Bauchfellentzündung) ist eine Sammelbezeichnung für eine lokalisierte oder generalisierte (diffuse) Entzündung des Bauchfells.

Ät.:

- infektiös (bakteriell): 95% d. F., nach Durchbruch (Perforation) eines Hohlorgans, entzündlicher Durchwanderung der Darmwand, intraoperative Infektion u. a.
- chemisch-toxisch: Galle (gallige Peritonitis), Bauchspeicheldrüsensekret, Urin, Fremdkörper, Blutgerinnsel, Zysteninhalt u. a.
- strahlenbedingt (Strahlensyndrom)

Kl.: Bild eines akuten Abdomens

- heftige bewegungsabhängige Bauchschmerzen
- Übelkeit, Erbrechen, Schluckauf (Singultus)
- Obstipation, Blähungen (Meteorismus), aufgetriebener Bauch
- <u>Leitsymptom: Abwehrspannung</u> („bretteharte Bauchdecken")
- im weiteren Verlauf: reflektorische Darmlähmung mit paralytischem Ileus
- Austrocknung (Exsikkose) durch Flüssigkeitsverlust in die Bauchhöhle ⇒ Urin ↓
- Hypotonie, Tachykardie ⇒ Schock
- evtl. Fieber und septischer Schock

Dg.:

- Anamnese, Klinik
  - Palpation: lokaler oder generalisierter abdomineller Druckschmerz, Abwehrspannung
  - Auskultation: klingende oder fehlende Darmgeräusche
- Labor (umfangreich, auch zur Operationsvorbereitung, Blutkultur)
- Röntgen: Abdomenleeraufnahme (freie Luft in der Bauchhöhle infolge Perforation? Darmspiegel bei Ileus?), Thorax: (Pleuraerguss? Pneumonie?), Sonografie (bei V. a. Gallenblasenentzündung), Computertomografie, Angiografie u. a.

Th.:

in der Regel operativ, in seltenen Fällen konservativ (Antibiotika), Letalität 5-30%

BAUCHSPEICHELDRÜSE (PANKREAS)

BAUCHSPEICHELDRÜSENENTZÜNDUNG (PANKREATITIS)

AKUTE BAUCHSPEICHELDRÜSENENTZÜNDUNG

Ät.:

- Gallenwegserkrankungen = akute biliäre Pankreatitis (45%): Gallengangsteine (Choledochussteine), Verengung der Papilla Vateri
- Alkoholabusus (35%)
- keine erkennbare Ursache: idiopathisch (15% d. F.)
- seltenere Ursachen: Bauchverletzung, nach Operationen, (nach ERCP; vgl. S.209), Virusinfektionen (Mumps, HIV, Virushepatitis), Medikamente (Östrogene, Glukokortikoide u.v.a.), penetrierendes Zwölffingerdarmgeschwür, Hypertriglyzeridämie, Hyperkalzämie, Würmer im Pankreasgang oder den Gallenwegen u. a.

Kl.:

- akuter Beginn mit heftigem Dauerschmerzen im Oberbauch, die gürtelförmig im Oberbauch oder in den Rücken oder Brustkorb (DD: Herzinfarkt!) ausstrahlen können
- Anstieg von Amylase, Lipase und Elastase im Serum (Amylase auch im Urin)
- Übelkeit, Erbrechen, Gesichtsrötung (trotz drohendem Schock)
- Blähungen, Darmlähmung (bis zum paralytischen Ileus)
- schneller Puls, Blutdruckabfall
- EKG-Veränderungen (Fehldiagnose: Herzinfarkt, Angina pectoris)
- Fieber, Peritoneal- und Pleuraergüsse, Aszites
- Ikterus (bei Verlegung des D. choledochus)
- weitere Komplikationen: hypovolämischer Schock (Kreislaufschock mit Nierenversagen und Schocklunge), Pankreasabszess, bakterielle Infektion von Nekrosen, Sepsis, Milz und Pfortaderthrombose

Dg.:

- Anamnese, Klinik
- Labor: Lipase und Elastase im Serum ↑, Amylase im Serum und Urin ↑, evtl. Kalzium ↓

  1. Bei Niereninsuffizienz finden sich erhöhte Amylase- und Lipasewerte, da beide Enzyme über die Niere ausgeschieden werden. 2. Die Gesamtamylase ist nicht pankreasspezifisch: sie ist z. B. auch bei Ohrspeicheldrüsenentzündung, Alkoholvergiftung, akutes Abdomen, Coma diabeticum u.a erhöht. Pankreasspezifisch ist nur die Pankreas*iso*amylase. 3. Die Höhe der Amylase und Lipase gibt keinen Hinweis auf Schwere und Prognose der Erkrankung, wohl aber die Erniedrigung des Kalziums im Serum. Eine Hypokalzämie ist prognostisch ungünstig.

- bildgebende Verfahren: Sonografie des Oberbauches (aussagekräftig), Röntgen-Thorax (Rippenfellergüsse) und Röntgen-Abdomen (Pankreasverkalkungen, Gallensteinschatten), Computertomogramm, ERCP (bei V. a. Verschluss des Ductus choledochus)

Exkurs: ERCP = endoskopische retrograde Cholangio-Pankreatographie: Röntgenkontrastdarstellung der Gallenblase, der Gallengänge und des Pankreasgangsystems, bei der das Kontrastmittel, unter Röntgenkontrolle, „von hinten" = retrograd endoskopisch im Rahmen einer Zwölffingerdarmspiegelung (Duodenoskopie) über die Papilla Vateri ins Gangsystem eingebracht wird.

Th.:

- konservativ (stationär):
  - intensivmedizinische Überwachung des Patienten: Puls, Blutdruck, zentraler Venendruck, Flüssigkeitsbilanzierung, Elektrolytkontrolle, umfangreiche Laborkontrollen
  - Nulldiät und Dauerabsaugung des Magens mittels Magensonde
  - Volumen- und Elektrolytsubstitution über Infusionen
  - frühzeitige prophylaktische antibiotische Therapie bei nekrotisierender Pankreatitis
  - Schmerzmittel (Analgetika) bei Bedarf
  - vorsichtiger (!!) Kostaufbau (kein Fett, kein Kaffee, kein Alkohol) unter Zugabe von Pankreasenzymen, wenn der Patient beschwerdefrei ist und sich die Laborwerte normalisiert haben. Gefahr des Rezidivs bei zu schnellem Kostaufbau!
  - Beseitigung der Ursachen: z. B. Sanierung der Gallenwege, Alkoholentwöhnung usw.
- chirurgisch: bei Versagen der konservativen Therapie (akutes Abdomen, Sepsis, Multiorganversagen), Abtragen der Nekrosen, Spülungen und Drainagen

Die Prognose ist abhängig vom Schweregrad und einer sofortigen konsequenten Therapie. Letalität aller Pankreatitisfälle 15% (davon 5% Schockfolgen!)

CHRONISCHE BAUCHSPEICHELDRÜSENENTZÜNDUNG

Ät.:

- chronischer Alkoholabusus (80%)
- keine erkennbare Ursache = idiopathisch (15%)
- seltenere Ursachen: Medikamente, Hyperparathyreoidismus, Hyperlipidämie u. a. (Gallenwegserkrankungen sind zwar die häufigste Ursache akuter Pankreatitiden, es ist aber zweifelhaft, ob sie auch eine chronische Pankreatitis verursachen können)

Kl.:

- Leitsymptom: rezidivierender, starker, nicht kolikartiger Schmerz tief im Oberbauch, gürtelförmige Ausstrahlung nach beiden Seiten; (im Spätstadium: oft Schmerzfreiheit)
- Nahrungsunverträglichkeit: Fett löst Übelkeit, Erbrechen und Schmerz aus
- Maldigestion: Gewichtsabnahme, Fettstühle, Blähungen, Durchfall, diabetische Stoffwechsellage (sog. pankreopriver Diabetes durch ↓ der Insulinausschüttung), tritt erst auf, wenn die Pankreasfunktion auf 10% der Norm abgefallen ist
- evtl. rezidivierender Ikterus (Verengung von Pankreas- und Gallengang)
- Komplikationen: Pseudozyste, Abszess, Stenose von Pankreas- oder Gallengang, Duodenalstenose, Milz- und Pfortaderthrombose, Fistelbildung

Dg.:

Anamnese, Klinik, Labor (Lipase, Elastase), Pankreasfunktionstests (z. B. Elastase-1 bzw. Chymotrypsinbestimmung im Stuhl), bildgebende Verfahren: Oberbauchsonografie, ERCP u. a.

Th.:

- kausal z. B. Alkoholentwöhnung, Alkoholabstinenz
- symptomatisch
  - häufig kleine Mahlzeiten
  - konsequente und frühzeitige Therapie entzündlicher Schübe (siehe akute Pankreatitis)
  - Pankreasenzym-Substitution (wichtig: effektive Lipasesubstitution)
  - kleine Insulindosen bei pankreatogenem Diabetes mellitus
  - Analgetika (Schmerzmittel) möglichst meiden (Abhängigkeit, Nierenschäden); endoskopische oder operative Beseitigung von Drainagehindernissen im Pankreasgangsystem vermindert in 50% d. F. die Schmerzen.
- endoskopisch
  - endoskopische Behandlung von Pankreasgangsteinen und von Pseudozystenbildungen u. a.
- chirurgisch
  - Drainage-Operationen (bei Pankreaspseudozysten, bei isolierter Choledochusenge u. a.)
  - Pankreasteilresektionen (z. B. bei Pankreasgangverengung)

ZYSTISCHE FIBROSE

(Mukoviszidose) engl.: cystic fibrosis, gängige Abkürzung: CF

Ätiologie, Epidemiologie und Pathogenese:

häufigste angeborene Stoffwechselkrankheit (1:2 000), autosomal-rezessive vererbt (Defekt auf Chromosom 7). In Deutschland sind ca. 5% der Bevölkerung heterozygote Träger des CF-Gens. Der Gendefekt führt zu einer mangelhaften Chlorid- und Wassersekretion. Dies führt zur vermehrten Produktion eines zähen Schleims, der die Darmschleimhaut überzieht und unter anderem die Bauchspeicheldrüsengänge und die Bronchiolen verstopft. Dadurch kommt es zu schweren Komplikationen im Bereich der Atemwege und zu intestinaler Maldigestion und Malabsorption. Der erhöhte Elektrolytgehalt des Sekrets von (Schweiß-) Drüsen führt zu Flüssigkeits- und Elektrolytverlusten und zu einem typischen salziger Hautgeschmack.

Kl.:

- Darm: Anal- und Rektumvorfall, chronische Durchfälle, Mekoniumileus bei der Geburt (10%) (Mekonium: während der Entwicklung in der Gebärmutter gebildeter Stuhl des Kindes, wird normalerweise nach der Geburt abgesetzt).
- Atemwege: chronischer, keuchhustenähnlicher Husten, rezidivierende Infekte der oberen Luftwege, Bronchiektasen, Entwicklung eines Emphysems, Lungenhochdruck (Rechtsherzinsuffizienz), respiratorische Insuffizienz, Pneumothorax (10% d. F.), Bluthusten

- Bauchspeicheldrüse: exokrine Pankreasinsuffizienz mit Malabsorptionssyndrom; endokrine Pankreasinsuffizienz mit Diabetes mellitus
- Leber- und Gallenwege: biliäre Leberzirrhose (10% der erwachsenen Patienten)
- Fertilitätsstörungen: bei Frauen verminderte Fertilität, bei Männern Infertilität
- Entwicklungsstörungen und mangelhafte Gewichtszunahme des Kindes

Dg.:

Anamnese, Klinik, Schweißtest der Haut: Salzgehalt des Schweißes ist erhöht (Pilokarpin-Iontophorese-Schweißtest); genetisches Screening nach heterozygoten Merkmalträgern ist möglich.

Th.:

Eine kausale Therapie ist nicht bekannt.

symptomatisch

- Schleimlösung und Drainage des zähen Bronchialsekretes (spezielle Physiotherapie)
- Inhalationen
- frühzeitige antibiotische Behandlung der Bronchialinfekte, Pankreasenzym-Substitution
- Sauerstoff-Langzeittherapie, evtl. Lungentransplantation
- Gentherapie (Übertragung gesunder Gene; Versuchsstadium).

Prognose:

mittlere Lebenserwartung (ohne Gentherapie): Frauen 25 Jahre, Männer 30 Jahre

PANKREASKARZINOM

nach Kolon- und Magenkarzinom dritthäufigster Tumor des Verdauungstraktes, Häufigkeitsgipfel im 6. Lebensjahrzehnt, 10 Patienten pro 100 000 Einwohner pro Jahr

Das Pankreaskarzinom zeichnet sich aus durch:

- schwierige Diagnose
- schwierige Therapie
- schlechte Prognose

Ät.:

- unbekannt; Zigarettenrauchen, Alkoholmissbrauch, chronische Pankreatitis gelten als Risiko
- angeboren: sehr seltene familiäre Form mit Keimbahnmutationen

Kl.:

- Symptome wie bei chronischer Pankreatitis (schwierige Differentialdiagnose)
  - Schmerzen im Oberbauch und im Rücken
  - Appetitverlust, Übelkeit, Erbrechen, Gewichtsverlust
  - Begleitpankreatitis (Lipaseerhöhung wie bei Pankreatitis)
- evtl. Ikterus („Gelbsucht"): kann beim Pankreaskopfkarzinom ein Frühsymptom sein (Verlegung des Ductus choledochus). Im Spätstadium ist meistens ein Ikterus vorhanden.
  - Courvoisier-Zeichen: prallelastisch tastbare, schmerzlose Gallenblase mit Ikterus durch tumorbedingten Verschluss des Ductus choledochus

- seltenere Symptome:
  - Thrombose, Thrombophlebitiden (oberflächliche Venenentzündung)
    Merke: bei unerklärlichen rezidivierenden Thrombosen auch an Karzinome der Bauchspeicheldrüse und des Verdauungstraktes denken
  - pathologische Glukosetoleranz oder Diabetes mellitus

Dg.:

Anamnese, Klinik, Sonografie, Computertomografie, ERCP (endoskopisch retrograde Cholangio-Pankreatikographie), MDP (Röntgen: Magen-Darm-Passage) und Endoskopie (lässt Spätsymptome wie Magenausgangs- und Duodenalverengung erkennen)

Zusatzuntersuchungen: Tumormarker CA 19-9 und CA 50 (nicht zur Frühdiagnose, sondern zur Verlaufskontrolle), Zytologie des Pankreassekretes. Wenn alle Diagnostik keine sichere Diagnose liefert: operative Eröffnung des Bauchraums („Probelaparotomie").

Th.:

- chirurgisch: Radikaloperation mit Entfernung der Lymphknoten (Lymphadenektomie), sog. Whipple-Operation, Operation nur noch bei 10-20% der Patienten möglich
- palliativ: endoskopisches Einbringen einer Überbrückung zum Offenhalten des Ductus choledochus bei Ikterus, operative Verbindung von Dünndarm und Gallengängen (biliodigestive Anastomose); bei Tumorschmerzen: Bestrahlung/Blockade des Ganglion coeliacum

Prognose:

5-Jahresüberlebensrate: 0% bei palliativer Therapie, 5% bei Resektion (Durchschnitt aller operierten Patienten), 30% bei Resektion im Frühstadium ohne Lymphknoten- oder Fernmetastasen

LEBER

Exkurs: Die körperliche Untersuchung der Leber: Technik und wichtige Befunde

1) Inspektion der Leber: Die Leberhautzeichen
   - glatte, rote Lackzunge, Lacklippen
   - Palmar- und Plantarerythem (Handinnenfläche und Fußsohle gerötet)
   - Gefäßspinnen (Spider naevi)
   - Juckreiz (Pruritus) mit Kratzeffekten (Einlagerung von Gallensäuren in die Haut)
   - Weißnägel, Caput medusae (Venenhautzeichnung über Abdomen), Dupuytren-Kontrakturen (Beugekontraktur der Finger infolge bindegewebig-derber Verhärtung und Schrumpfung der Palmaraponeurose) u. a.
2) Palpation der Leber
   Die Leber wird mit beiden Händen unterhalb des rechten Rippenbogens in der Medioklavikularlinie. Bei leichtem Druck der flachen Finger lässt man den Patienten tief einatmen. Der daruntergleitende Leberrand hebt die Finger leicht an, u./o.:
   Bei der Gleitpalpation bewegen sich die tief palpierenden Finger, die die Bauchhaut mitnehmen, der inspiratorisch tiefertretenden Leber entgegen.
3) Perkussion der Leber
   Man perkutiert in der rechten Medioklavikularlinie von oben nach unten (kranial nach kaudal) den oberen und unteren Leberrand. Dabei unterscheidet sich der gedämpfte Leberschall vom sonoren Lungenschall und vom tympanitischen Klopfschall über den luftgefüllten Darmschlingen.

4) Kratzauskultation der Leber

Das Stethoskop wird in den epigastrischen Winkel gelegt und dann wird mit dem Fingernagel von oben nach unten in der rechten Medioklavikularlinie auf den Leberrand zugekratzt.

Eine veränderte Geräuschqualität durch den kratzenden Finger am Unterrand des rechten Rippenbogens spricht für eine Änderung des Gewebes, über dem man kratzt (= unterer Leberrand). Nun legt man das Stethoskop auf eine Stelle sicherer Leberdämpfung und kratzt von oben auf den oberen Leberrand zu. Auch dieser wird durch eine hörbare Änderung der Geräuschqualität markiert.

Eine vergrößerte Leber (Hepatomegalie) findet sich bei:

Fettleber (Alkoholabusus, Adipositas), Stauungsleber (z. B. Rechtsherzinsuffizienz, Budd-Chiari-Syndrom), Leberzellkarzinom oder Metastasenleber, bei bestimmten Formen der Leberzirrhose, bei Leberinfektionen (z. B. Hepatitis), bei Stoffwechselkrankheiten (Diabetes mellitus), Blutkrankheiten (z. B. M. Hodgkin, Leukosen), bei Speicherkrankheiten (M. Gaucher, Amyloidose, Hämochromatose, Glykogenspeicherkrankheit).

Bei der Palpation der Leber stellt man fest:

- den unteren Leberrand (zur Größenbestimmung)
- die Beschaffenheit des unteren Leberrandes
  - scharfer Leberrand bei Amyloidose und Zirrhose
  - abgerundet bei Herzinsuffizienz, akuter Hepatitis und Fettleber
  - knotig verändert bei grobhöckerige Zirrhose und Lebermetastasen
    grobe Höcker bei Narbenleber, Leberzirrhose, Metastasen, Echinokokkuszysten
    kleinere Höcker bei posthepatische Zirrhose
- die Konsistenz der Leber
  - weich bei Hepatitis
  - fest bei chronischer Hepatitis
  - hart bei Zirrhose
  - teigig bei Fettleber
  - steinhart bei Metastasen
- Pulsationen als Zeichen einer Trikuspidalinsuffizienz
- Schmerzhaftigkeit: Eine schmerzhafte Palpation der Leber findet sich z. B. bei akuter Hepatitis, bei Rechtsherzinsuffizienz (Kapselspannung durch akuten Blutstau), bei Leberabszessen und bei auf die Leber übergreifenden Gallenblasenentzündungen.

IKTERUS („GELBSUCHT")

Def.:

Ikterus: Gelbfärbung von Haut, Schleimhäuten und Skleren durch Ablagerung von Bilirubin (Gallenfarbstoff).

Bilirubin ist ein Abbauprodukt des Hämoglobins (Blutfarbstoff der roten Blutkörperchen), fällt also beim Untergang von Erythrozyten an. Hämoglobin wird zunächst zerlegt in Häm und Globin (Eiweiß). Das Häm wird weiter abgebaut: ⇒ Biliverdin ⇒ indirektes, nicht wasserlösliches, an Albumin gebundenes, unkonjugiertes Bilirubin ⇒ wird in der Leber in direktes, wasserlösliches, konjugiertes Bilirubin umgewandelt und ⇒ mit der Galle in den Dünndarm ausgeschüttet. Eine Gelbsucht wird an den Konjunktiven (Bindehaut) und Skleren (Sklera = Lederhaut des Auges) erkennbar, wenn das Gesamtbilirubin im Serum einen Wert von 2 mg/dl überschreitet (Norm bis 1,2 mg/dl).

Cholestase (Gallestau): Abflussbehinderung von Bilirubin, Gallensäuren und anderen Gallenbestandteilen durch zu geringen oder fehlenden Abfluss von Galle in den Darm; geht mit Erhöhung der sog. Cholestaseenzyme einher (AP = alkalische Phosphatase, LAP = Leucinaminopeptidase, Gamma-GT = Gammaglutamyltransferase)

Ein Ikterus kann demnach unterschiedlichste Ursachen haben:

- hämatologische Erkrankungen mit verstärktem Erythrozytenabbau (Hämolysen)
- Leberschädigungen (Umwandlung oder Weitertransport des Bilirubins wird behindert)
- Verschluss der Gallenwege mit Gallestau

Die für die Gelbfärbung verantwortliche Störung liegt also entweder

- vor der Leber (prähepatischer Ikterus, z. B. Hämolyse)
- in der Leber (intrahepatischer, hepatischer, hepatozellulärer oder Parenchymikterus)
- hinter der Leber (posthepatischer, cholestatischer oder Verschlussikterus)

Einteilung und Ursachen eines Ikterus

- Physiologischer Neugeborenenikterus
  Ursache: verkürzte Lebensdauer fetaler Erythrozyten, noch unreife Leber, noch unzureichende enzymatische Umwandlung des unkonjugierten Bilirubins u. a.
- Hämolytischer Ikterus (prähepatischer Ikterus)
  - korpuskuläre Anämien, z. B. Sphärozytose (Kugelzellanämie), Sichelzellanämie, Thalassämie, paroxysmale nächtliche Hämoglobinurie u. a.
  - extrakorpuskuläre Anämien, z. B. Wärme- oder Kälteantikörper-Anämie, Hämolyse bei Infektionskrankheiten (Malaria), arzneimittelinduzierte Anämie, durch physikalische oder chemische Noxen hervorgerufene Anämie u. a.
- Hepatozellulärer Ikterus (intrahepatischer Ikterus)
  - familiäre Hyperbilirubinämiesyndrome
    → mit erhöhtem indirektem (unkonjugiertem) Bilirubin
    > Icterus intermittens juvenilis (Meulengracht oder Gilbert)
    > Crigler-Najjar-Syndrom
    → mit erhöhtem direktem (konjugiertem) Bilirubin
    > Dubin-Johnson-Syndrom
    > Rotor-Syndrom
    > idiopathische rezidivierende Cholestase
  - infektiöse Hepatitis (Viren, Bakterien, Protozoen)
  - chronische Hepatitis und Leberzirrhose
  - toxische Hepatitis (Alkohol, Knollenblätterpilz u. a.)
  - medikamentös bedingte Hepatitis
  - Stauungsleber (z. B. bei Rechtsherzinsuffizienz)
- Gallenstein- oder Verschlussikterus = cholestatischer Ikterus (Ikterus mit Gallestau): auch als „chirurgischer Ikterus" bezeichnet (nur hier ist chirurgisches Eingreifen indiziert).

Lerntext 12 Diagnose und Differentialdiagnose des Ikterus

	prähepatisch (Hämolyse)	intrahepatisch Parenchymikterus	posthepatisch Verschlussikterus
Serum - indirektes Bilirubin - direktes Bilirubin	 ++ -	 + +	 (+) ++
Urin - Bilirubin - Urobilinogen	 - ++	 + +	 ++ -
Stuhl	dunkel	hell	hell
Zusätzliche Untersuchungsergebnisse	LDH↑, Haptoglobin ↓, Retikulozytose	GPT ↑↑, GOT ↑	γ-GT↑↑, AP↑↑, LAP ↑↑
evtl. Virusserologie (Hepatitisviren), Sonografie, ERCP, Computertomogramm, evtl. Laparoskopie (Bauchspiegelung) mit Gewebeentnahme			

AKUTE VIRUSHEPATITIS

Def.

diffuse, virale (nichteitrige) Leberentzündung

Ät. (Erreger):

5 verschiedene Viren, die mit den Großbuchstaben (A-E; z. B. HAV = Hepatitis-A-Virus) bezeichnet werden, verursachen ca. 95% aller virusbedingten Hepatitiden.

Übertragungsweg:

- HAV und HEV: faekal-oral (infizierte Nahrungsmittel und Trinkwasser)
- HBV, HCV, HDV: Blut, Blutprodukte, sexuell, perinatal

Meldepflicht:

Erkrankung und Tod

Inkubationszeit:

Hepatitis	A	B und D	C	E
Tage	ca. 15-45	ca. 30-180	ca. 15-180	ca. 15-60

Kl.:

Die Symptomatik der Virushepatitiden ist trotz der unterschiedlichen Erreger grundsätzlich ähnlich: 2/3 der Infektionen verlaufen ohne Symptome (insbesondere im Kindesalter).

Symptomatische Virushepatitiden zeigen im typischen Falle folgenden Verlauf:

Prodromalstadium (dauert ca. 2-7 Tage)

- grippale Symptome: subfebrile Temperaturen, Abgeschlagenheit
- gastrointestinale Symptome: Appetitlosigkeit, Übelkeit, Druckschmerz im rechten Oberbauch (Lebervergrößerung mit Kapselspannung), evtl. Durchfall
- evtl. Gelenkschmerzen (Arthralgien), flüchtiger Hautausschlag (Exanthem)

Stadium der Organmanifestation an der Leber (nur bei 1/3 d. F., Dauer ca. 4-8 Wo)

- Verlauf ohne Ikterus (2/3 d.F.)
- Verlauf mit Ikterus (1/3 d.F.)
  - Dunkelfärbung des Urins, Entfärbung des Stuhls
  - Ikterus (Gelbfärbung der Skleren und der Haut)
  - Juckreiz (durch Anstieg der Gallensäuren im Blut, nicht durch die Bilirubinablagerung)
- häufig Lebervergrößerung (Hepatomegalie), evtl. Milzvergrößerung (Splenomegalie), evtl. Lymphknotenschwellung

Komplikationen

- schwere, oft tödliche nekrotisierende Hepatitis (fulminanter Verlauf = Tod innerhalb von Wochen, subakuter Verlauf = Tod innerhalb weniger Monate): bei HA sehr selten, bei HB < 1%, bei HC ≈ 1%, HD > 2%, HE bei Schwangeren bis 20%
- cholestatische Verlaufsform: Hepatitis mit intrahepatischem Verschlusssyndrom; starker Anstieg von Bilirubin und Cholestaseenzymen: AP, LAP, Gamma-GT
- Fortbestehen der Infektiosität nach der Erkrankung (Viruspersistenz): bei HB, HC, HD; 2 Verlaufsformen: 1. asymptomatischer gesunder Virusträger, 2. chronische Hepatitis
- chronische Hepatitis
  - CPH = chronisch persistierende Hepatitis (relativ günstige Prognose)
  - CAH = chronisch aktive (aggressive) Hepatitis: Gefahr einer Leberzirrhose, Häufigkeit bei HA 0%, bei HB 20-30%, bei HC > 50%, bei HD-Infektion eines HB-Kranken 90%
- extrahepatische Manifestationen: Gelenkentzündungen (Arthritiden), Panarteriitis nodosa, Glomerulonephritis, (sehr selten: Herzmuskelentzündung, aplastische Anämie)
- verzögert heilende (> 3 Monate) oder rezidivierende Hepatitis
- primäres Leberzellkarzinom: Spätkomplikation einer Viruspersistenz von HBV u./o. HCV

Dg.:

Anamnese, Klinik, Labor:

- Transaminasen (GOT, GPT) ↑, Hepatitis-Serologie (IgM-Antikörper gegen jeweilige Viren beweisen frische Infektion, IgG-Antikörper bei früherer Infektion, Nachweis von Virusantigenen und Virusnukleinsäuren mittels PCR)
- bei Ikterus: Bilirubin im Serum↑, Urobilinogen und Bilirubin im Urin ↑, evtl. γ-GT und AP ↑
- bei schwerem Verlauf: Syntheseleistung der Leber ↓ (Quick-Wert ↓, Albumin i. S. ↓)

Th.:

kausal: nicht bekannt

symptomatisch

- Bettruhe
- Alkoholverbot
- Meiden aller nicht lebensnotwendigen Medikamente
- Interferontherapie bei HCV (senkt die hohe Chronifizierungsrate)

Schutzmaßnahmen

- HAV und HEV: Nahrungsmittel und Trinkwasserhygiene, Sauberkeit (Händedesinfektion)
- HBV, HCV, HDV: Einmalhandschuhe beim Umgang mit Blut, Desinfektion, Kondome, serologische Untersuchung von Blut und Blutprodukten vor ihrem therapeutischen Einsatz. Um Ansteckungen in der Familie eines Infizierten zu vermeiden: Zahnbürsten, Nagelscheren, Rasierapparat u. Ä. nicht gemeinsam nutzen, Kontakt mit Wunden vermeiden.
- Isolierung nur bei Hepatitis A von Kleinkindern und bei stuhlinkontinenten Patienten

Impfungen

- aktiv: Hepatitis A (Vaqta®, Havrix®), Hepatitis B (Engerix®, Gen-HB-Vax®; schützt auch vor HDV); ein kombinierter Impfstoff gegen Hepatitis A und B/D steht zur Verfügung*Kontrolle* (Twinrix®). Die Hepatitis-B-Impfung ist 1995 ins empfohlene Impfprogramm für Säuglinge, Kinder und Jugendliche aufgenommen worden.
- passiv: Immunglobulin (relativer Schutz gegen Hepatitis A für ca. 3 Monate) bzw. Hepatitis-B-Immunglobulin (sinnvoll nur innerhalb 48 Std. nach Infektion, z. B. nach einer versehentlichen Nadelstichverletzungen)

HEPATITIS A (HA)

Erreger:

Hepatitis-A-Virus (HAV, RNS-Virus aus der Picorna-Gruppe)

Epidemiologie:

In Deutschland sind ca 20% der Virushepatitiden durch HAV verursacht. Die meisten Erkrankten sind Urlaubsrückkehrer aus südlichen Ländern mit mangelhaften Hygieneverhältnissen.

Übertragungsweg:

fäkal-oral (verunreinigtes Wasser, Nahrungsmittel, rohe Meeresfrüchte u. Ä.), sexuell (selten)

Inkubationszeit:

15-45 Tage

Infektiosität:

entspricht der HAV-Ausscheidung im Stuhl (ca. 2 Wo. vor bis 2 Wo. nach Krankheitsbeginn)

Kl.: siehe S. 215, Klinik der Virushepatitiden

- regelmäßige Ausheilung
- keine Virusträger (Viruspersistenz)
- keine chronischen Verläufe
- lebenslange Immunität

Dg.:

Anamnese, Klinik, Labor (Serologie: IgM-Antikörper)

HEPATITIS B (HB)

Erreger:

Hepatitis-B-Virus, ein DNA-Virus

Epidemiologie:

Nach Schätzungen der WHO tragen weltweit mehr als 300 Millionen Menschen das Hepatitis-B-Virus. Jährlich sterben 1,5 Millionen an den Folgen der Infektion. In Deutschland wird jährlich mit 50 000 Neuinfektionen gerechnet. Ca. 55% aller Virushepatitiden sind durch HBV verursacht. Risikogruppen: medizinisches Personal, Empfänger von Blut bzw. Blutprodukten, Dialysepatienten, Fixer, Tätowierte, Homosexuelle, promiskuitive Heterosexuelle, geistig Behinderte in Heimen u. a.

Übertragungsweg:

Das Virus wird in Deutschland hauptsächlich durch Sexualkontakt übertragen (30%-50%). Andere Übertragungswege sind der Kontakt mit Blut oder Blutprodukten oder während der Geburt von der infizierten Mutter auf das Kind.

Inkubationszeit:

30-180 Tage

Infektiosität:

lässt sich aufgrund der Hepatitis-Serologie (Antigene, Antikörper) und der Bestimmung der Hepatitis-DNA abklären

Dg.:

Anamnese (Risikogruppe?), Klinik, Labor (Serologie: Antigen-Antikörperbestimmung)

Kl.: siehe S. 215, Klinik der Virushepatitiden.

Verlaufsmöglichkeiten der HBV-Infektion

- asymptomatische Infektion mit Viruselimination (65%)
- akute Hepatitis mit Heilung und Viruselimination (25%)
- Tod an fulminanter Hepatitis (0,1-1%)
- Viruspersistenz (= Virusträger und infektiös) (10%)

Personen mit Viruspersistenz können klinisch gesund sein (70-90%) oder eine chronische Hepatitis entwickeln (10-30%): Von einer chronischen Hepatitis wird gesprochen, wenn die akute Hepatitis nach 6 Monaten nicht ausgeheilt ist. Bei der chronischen Hepatitis werden 2 Verläufe unterschieden (siehe auch S. 220):

- CPH = chronisch persistierende Hepatitis
- CAH = chronisch aktive (aggressive) Hepatitis

HEPATITIS D (HD)

Erreger:

Das Hepatitis-Delta-Virus (HDV) ist ein inkomplettes RNS-Virus („Viroid"), welches für seine Vermehrung das Hepatitis-B-Virus benötigt.

Epidemiologie:

Die Verbreitung von HDV ist an das Vorhandensein von HBV gebunden; ca. 5% der HBV-Infizierten sind auch HDV infiziert.

Übertragungsweg:

Blut, Blutprodukte u. Ä. (wie HBV), sexuell, unter der Geburt von der Mutter auf das Kind

Inkubationszeit:

30-180 Tage (wie HBV)

Dg.:

Anamnese, Klinik, Labor (Serologie)

Kl.: siehe S. 215, Klinik der Virushepatitiden

- Simultaninfektionen HBV und HDV: 90% Heilung, jedoch tödliche Verläufe (2%)
- Superinfektion eines HBV-Trägers mit HDV: bis zu 20% fulminante Verläufe. Die übrigen Fälle verlaufen chronisch, oft mit Übergang in eine Leberzirrhose.

HEPATITIS C (HC)

früher: parenteral (unter Umgehung des Magen-Darm-Traktes) übertragene Non-A-non-B-Hepatitis (NANB)

Erreger:

Hepatitis-C-Virus (HCV), ein RNS-Virus

Epidemiologie:

weltweites Vorkommen, in Deutschland verantwortlich für 20-25% aller Virushepatitiden

90% der nach Bluttransfusionen auftretenden Hepatitiden waren durch HCV verursacht (durch Blutspender-Screening ist die transfusionsbedingte Hepatitis C heute stark zurückgegangen.)

Übertragungsweg:

meist parenteral durch „needle-sharing" (= Benutzen derselben Nadel) bei Fixern; ferner: Tätowierungen, Dialyse, Kontakt mit Blut oder Blutprodukten, sexuell (selten)

Inkubationszeit:

15-180 Tage

Dg.:

Anamnese (Risikogruppe?), Klinik, Labor (Serologie)

Kl.: siehe S. 215, Klinik der Virushepatitiden

- Viruspersistenz (HCV-Träger)
- > 50% der Patienten entwickeln eine chronische Hepatitis mit der Gefahr einer Leberzirrhose (20%) und der Entwicklung eines primären Leberzellkarzinoms (5% der Zirrhosepatienten).
- tödlicher, fulminanter Verlauf in 1% d. F.

HEPATITIS E (HE)

Erreger:

Hepatitis-E-Virus (HEV), ein RNS-Virus

Epidemiologie:

kommt epidemisch außerhalb Europas (Indien, Pakistan, Sudan, Somalia u. a.) vor

Übertragungsweg:

fäkal-oral (verschmutze Hände, Nahrungsmittel, Trinkwasser)

Inkubationszeit:

10-60 Tage

Dg.:

Anamnese (Auslandsaufenthalte), Klinik, Labor (Serologie)

Kl.: siehe S. 215, Klinik der Virushepatitiden

- Heilungsraten: 98% (Schwangere nur 80%)
- fulminanter Verlauf: 10% (Schwangere bis 20%), meist tödlich
- keine chronischen Verläufe

CHRONISCHE HEPATITIS (CH)

jede Hepatitis, die nach 6 Monaten nicht ausgeheilt ist.

Ät.:

- virusinduzierte CH, 60% d. F. (HBV, HCV, HDV)
- durch Autoimmunmechanismen hervorgerufene CH
- Krankheiten, die unter dem Bild einer chronischen Hepatitis verlaufen können:
  - Leberschäden durch Alkohol, Medikamente oder Chemikalien
  - primäre biliäre Zirrhose
  - erbliche Stoffwechselkrankheiten: Hämochromatose (siehe S. 224), M. Wilson (siehe S. 224), Alpha-1-Proteinasen-Inhibitor-Mangel (siehe S. 225)

Kl.: 2 Formen

Chronisch persistierende Hepatitis (CPH)

- meist Beschwerdefreiheit, Leber normal groß
- evtl. Leistungsknick, Müdigkeit („Müdigkeit ist der Schmerz der Leber"), uncharakteristische Bauchbeschwerden

Chronisch aktive (aggressive) Hepatitis (CAH)

- Leistungsknick, Müdigkeit
- Appetitlosigkeit
- Druckschmerz in der Lebergegend
- evtl. Gelenkschmerzen (Arthralgien)
- Ikterus (im entzündlichen Schub)

- Leber meist vergrößert (Hepatomegalie), Milz in 1/3 d. F. vergrößert (evtl. Hypersplenismus mit Leuko- und Thrombozyten ↓)
- Leberhautzeichen
  - glatte, rote Lackzunge, Lacklippen
  - Palmar- und Plantarerythem (Handinnenfläche und Fußsohle gerötet)
  - Gefäßspinnen (Spider naevi)
  - Juckreiz (Pruritus) mit Kratzeffekten (Einlagerung von Gallensäuren in die Haut)
  - Weißnägel, Dupuytren-Kontrakturen, Caput medusae (sog. Medusenhaupt: Venenerweiterung in der Bauchdecke als Zeichen eines Umgehungskreislaufs von der Pfortader zur V. cava inferior bei Pfortaderstauung z. B. im Rahmen einer Leberzirrhose)
- bei Frauen Regelstörung mit sekundärer Amenorrhoe (Ausbleiben der Regelblutung)
- bei Männern Verlust der männlichen Sexualbehaarung, Hodenatrophie und evtl. Gynäkomastie (Entwicklung einer weiblichen Brust, da Testosteron ↓ und Östrogene ↑)

Komplikationen:
- Leberzirrhose
- primäres Leberzellkarzinom

Dg.:

Anamnese (Medikamente? Blut?), Klinik, Labor (Virusserologie, Autoantikörper), Sonografie, CT, Kernspin (NMR), Bauchspiegelung (Laparoskopie) mit Gewebeentnahme aus der Leber

Th.:
- Weglassen aller lebertoxischen Stoffe (Alkohol, Medikamente usw.)
- körperliche Schonung im entzündlichen Schub
- Alpha-Interferon bei Virus-verursachter CH (HBV, HCV, HDV)
- Glukokortikoide und andere Immunsuppressiva (Abwehr schwächende Medikamente) bei autoimmun verursachter chronisch aktiver Hepatitis

FETTLEBER

diffuse Ablagerung von Fetttropfen (Triglyzeride) in mindestens der Hälfte aller Leberzellen (sind weniger Zellen betroffen, wird von Leberzellverfettung gesprochen).

Ät.:
- Gifte (toxische Stoffe)
  - Alkohol
  - Medikamente
  - Gefahrstoffe (chlorierte Kohlenwasserstoffe, Phosphor u. a.)
- Ernährung
  - Übergewicht (Adipositas)
  - Mangelernährung (z. B. Eiweißmangel = Kwashiorkor)
  - parenterale Ernährung (Umgehung des Magen-Darm-Traktes: z. B. Infusionen)

- Hormon- und Stoffwechselstörungen
  - Diabetes mellitus
  - Hyperlipoproteinämie
  - Schwangerschaft
  - Frühstadium des M. Wilson

ALKOHOLTOXISCHE LEBERSCHÄDEN

Ca. 30-50% aller Lebererkrankungen sind bei uns durch Alkoholkonsum verursacht. Die krankheitsauslösende Alkoholmenge ist individuell sehr verschieden und bei Frauen deutlich geringer als bei Männern: Ab 60 g Äthylalkoholkonsum pro Tag (Männer) bzw. 20 g pro Tag (Frauen) entwickeln ca. 30% der Betroffenen eine Fettleberhepatitis. (60 g Alkohol: 2 l Exportbier oder 0,75 l Wein oder 0,5 l Sherry oder 0,2 l Whisky.) Die Schädigung der Leber läuft in 3 Stadien ab:

1) reine Fettleber
2) Fettleberhepatitis (mit entzündlicher Reaktion)
3) Leberzirrhose („Fettzirrhose")

Kl.:

- Fettleber: deutlich tastbare Lebervergrößerung, beschwerdefreier Patient
- Fettleberhepatitis: Die Hälfte der Patienten sind im Anfangsstadium beschwerdefrei.
  - Lebervergrößerung (90%), Milzvergrößerung (30%)
  - Appetitlosigkeit, Übelkeit, Gewichtsverlust
  - Schmerzen im rechten Oberbauch
  - Ikterus (50%)
  - Fieber (45%)

Komplikationen:

- Leberzirrhose
- Zieve-Syndrom mit der klassische Trias:
  - alkoholtoxischer Leberschaden
  - hämolytische Anämie
  - Hyperlipidämie
- fulminante Hepatitis (selten)
- außerhalb der Leber gelegene Alkoholschäden (z. B. Magengeschwür, Pankreatitis)

Dg.:

Anamnese, Klinik, Sonografie, Leberhistologie

Labor: Fettleber γ-GT ↑ und IgA ↑, bei Fettleberhepatitis zusätzlich: GOT ↑, GPT ↑, bei Leberinsuffizienz: Cholinesterase ↓, Albumin ↓ und Quickwert ↓; CDT (Carbohydrate-Deficient-Transferrin)-Erhöhung gilt als Marker für chronischen Alkoholmissbrauch.

Th.:

Alkoholabstinenz! Es gibt keine wirksame medikamentöse Therapie!

MEDIKAMENTÖSE UND TOXISCHE LEBERSCHÄDEN

Merke:

Das gesamte Spektrum möglicher Leberschäden kann durch Medikamente ausgelöst werden (z. B. akute und chronische Hepatitis, Fettleber, Leberzirrhose, Lebertumoren usw.)!

Dg.:

Medikamentenanamnese! Klinik, Labor, Histologie

PRIMÄRE BILIÄRE ZIRRHOSE

Def.:

zirrhotisches Spätstadium einer chronischen nichteitrigen zerstörenden Gallengangsentzündung (Cholangitis) unbekannter Ursache; (im Gegensatz zur sekundären biliären Zirrhose, die Folge chronischer Obstruktion und eitriger Infektion der Gallenwege ist). Ca. 1% aller Zirrhosefälle, in > 90% d. F. Frauen > 40 J.

Ät.:

unbekannt

Kl.:

Die Erkrankung verläuft in der Regel über viele Jahre ohne wesentliche Krankheitszeichen („asymptomatische" Phase: Hepatomegalie, alkalische Phosphatase ↑).

- Frühsymptom ist ein quälender Juckreiz (Pruritus). Erst viel später:
- cholestatischer Ikterus, Xanthelasmen
- Maldigestion: als Folge verminderter Gallensäurensekretion
- Pfortaderhochdruck
- extrahepatische Begleiterkrankungen: Gelenkbeschwerden (Arthritiden), Sjögren-Syndrom, Autoimmunthyreoiditis (Hashimoto) u. a.
- typische Kombinationen mit anderen Erkrankungen: z . B. chronisch-aktive Hepatitis (10%), Kollagenosen (3%)

Dg.:

Anamnese (Juckreiz), Klinik, Leberhistologie

Labor: AMA = antimitochondriale Antikörper in 95% d. F., Antikörper gegen Gallengänge, IgM-Erhöhung, Cholestase-Zeichen: AP ↑, Gamma-GT ↑, Bilirubin ↑, Cholesterin ↑

Th.:

<u>kausal</u>: keine bekannt

<u>symptomatisch</u>: gallensäurebindende Medikamente gegen den <u>Juckreiz</u> (Colestyramin, Colestipol), fettlösliche Vitamine substituieren, <u>Maldigestion</u>: fettarme Diät, Lipasegabe zu den Mahlzeiten, mittelkettige Triglyzeride, in verzweifelten Fällen: <u>Lebertransplantation</u>

ERBLICHE STOFFWECHSELERKRANKUNGEN DER LEBER

SIDEROSEN UND HÄMOCHROMATOSE (EISENSPEICHERKRANKHEITEN)

Wenn der normale Eisengehalt des Körpers um mehr als das 5fache überschritten wird, zeigen sich Krankheitserscheinungen an Organen.
Klassifizierung und Ätiologie:

- Primäre (erbliche) Hämochromatose
  - seltene, schon während der Schwangerschaft auftretende Form mit tödlichem Ausgang (Leberzirrhose)
  - Erwachsenenform: seltene Erkrankung mit autosomal rezessivem Erbgang (meist ältere Männer, m:w = 10:1). Ät.: gesteigerte Eisenresorption, unbekannter Enzymdefekt
- Sekundäre Siderosen
  - erythropoetische Form: Bluterkrankungen mit defekter Hämoglobinsynthese, die zu einer ineffektiven Blutbildung führen (z. B. Thalassämie, sideroachrestische Anämie)
  - von außen verursachte Formen: 1. Nach Transfusionen: jahrelange Transfusionsbehandlung (z. B. bei Thalassämie) führt zur Eisenüberladung (pro 500 ml Blut werden 250 mg Eisen zugeführt); 2. Eisenablagerungen bei Alkoholikern: übermäßiger Alkoholgenuss kann bei Prädisponierten zu einer Eisenablagerung führen

Kl.:

- Leberzirrhose (75%), Lebervergrößerung (90%), Milzvergrößerung (15% d. F.)
- dunkle Hautpigmentierung (Melanin, 75% d. F.)
- Diabetes mellitus (70%) (sog. „Bronzediabetes": wegen der dunklen Hautpigmentierung)
- sekundäre Kardiomyopathie (durch Eisenablagerung in den Herzmuskel)
- endokrine Störungen: Schädigung der Keimdrüsen (Gonaden), der Nebennierenrinde und der Hypophyse
- schmerzhafte Gelenkerkrankungen (30% d. F.)

Dg.:
Anamnese, Klinik („Klassische Trias": Lebererkrankung, dunkle Hautpigmentierung, Diabetes mellitus), Nachweis einer Eisenüberladung der Leber durch Kernspinresonanz-Tomografie (NMR = nuclear magnetic resonance) und durch Leberbiopsie mit Histologie und Eisenanalyse, Lebersonografie bei Leberzirrhose (Früherkennung Karzinom)
Lab.: Eisen ↑, Ferritin ↑, Transferrinsättigung ↑ u. a.
Th.:
eisenarme Diät, Aderlässe, Medikamente wenig effektiv

M. WILSON

auch: hepatolentikuläre Degeneration
Def.:
autosomale, rezessiv vererbte Kupferstoffwechselstörung mit verminderter Ausscheidung von Kupfer und pathologischer Kupferspeicherung in der Leber und in den Stammganglien des Gehirns, Häufigkeit 4:100 000 Geburten.
Die Erkrankung zeigt sich im Kindesalter als Lebererkrankung, später zusätzlich als neurologische Erkrankung.
Merke: bei Jugendlichen mit Leberzirrhose M. Wilson ausschließen!
Kl.:

- Leber (45%): Im Frühstadium Fettleber, später Übergang in chronische Hepatitis, schließlich Leberzirrhose
- Zentrales Nervensystem (45%): parkinsonähnliches Syndrom mit Rigor (Steifigkeit der Muskulatur infolge Erhöhung des Muskeltonus), Tremor (Zittern) und Dysarthrie (Sprechstörung), psychiatrische Störungen
- Augensymptome: typisch ist der Kayser-Fleischer-Kornealring, eine goldbraun-grüne Verfärbung des Kornealrandes (wenn neurologische Störungen auftreten ist er immer vorhanden).
- seltener: Nierenfunktionsstörung, hämolytische Anämie, Kardiomyopathie

Dg.:

- Anamnese, Klinik
- Nachweis eines erhöhten Kupfergehalts der Leber (Kernspin, Leberbiopsie), Radiokupfertest
- Lab.: Zaeruloplasmin ↓ (Eiweiß, welches das Serumkupfer bindet), Kupfer ↓, Kupferausscheidung im Urin ↑

Th.:
kupferarme Diät, D-Penicillamin (Medikament), Lebertransplantation; Zukunftsaussicht: Gentherapie
Prognose:
bei früh einsetzender Therapie gut, unbehandelt tödlich

ALPHA-1-PROTEASEINHIBITOR-MANGEL

auch: Alpha-1-Antitrypsin-Mangel

Alpha-1-Proteaseinhibitor (Alpha-1-PI) wird in der Leber gebildet. Bei schwerem Alpha-1-PI-Mangel kommt es zu:

- prolongiertem Ikterus des Neugeborenen
- Entwicklung eines Lungenemphysems im Kindesalter
- Leberzirrhose (selten)

Dg.:

Anamnese, Klinik

Lab.: Verminderung der Alpha-1-Zacke in der Elektrophorese, Alpha-1-Proteaseinhibitor-Spiegel ↓

Th.:

Substitution von Alpha-1-Proteaseinhibitor; Zukunftsaussicht: Gentherapie

LEBERZIRRHOSE

Def.:

chronische Lebererkrankung mit Zerstörung der Läppchen- und Gefäßstruktur der Leber mit entzündlicher Fibrose. Es kommt zu einer fortschreitenden irreversiblen narbig-bindegewebig-knotigen Umwandlung der Leber. Das Funktionsgewebe der Leber (= Parenchym) wird durch minderwertiges Bindegewebe ersetzt.

Ät.:

Die Leberzirrhose ist eine Spätfolge verschiedener Lebererkrankungen.

- Alkoholabusus (bei uns ca. 50% d. F.)
- Virushepatitis (40%): Hepatitis B, C und D
- seltenere Ursachen
  - autoimmune chronisch-aktive Hepatitis und primäre biliäre Zirrhose
  - medikamenteninduziert, Leberschädigung durch Giftstoffe
  - Stoffwechselkrankheiten: Hämochromatose, M. Wilson, Alpha-1-Proteaseinhibitor-Mangel
  - herzbedingte Zirrhose: chronische Stauungsleber bei chronischer Rechtsherzinsuffizienz
  - Verschluss der Lebervenen (Budd-Chiari-Syndrom)
  - Tropenerkrankungen (Leberegel, Bilharziose)

Kl.:

- Allgemeinsymptome
  - Leistungsknick, Abgeschlagenheit
  - Druck- und Völlegefühl im Oberbauch
  - evtl. Übelkeit, Gewichtsabnahme
- Leberhautzeichen (siehe S. 221)
- hormonelle Störungen
  - Mann: Hodenatrophie, Potenzstörungen (Ät.: Testosteron ↓, Östrogen ↑), evtl. Gynäkomastie (weibliche Brust), Verlust der männlichen Sekundärbehaarung
  - Frau: Menstruationsstörungen, evtl. Ausbleiben der Regelblutung (Amenorrhoe)
- Tastbefund der Leber bei der klinischen Untersuchung: Anfangs vergrößert und verhärtet, evtl. mit höckriger Oberfläche, später schrumpft die Leber und wird kleiner.

Komplikationen:

- portale Hypertension und deren Folgen (Blutungen aus Speiseröhrenkrampfadern = Ösophagusvarizenblutung, Aszites = “Bauchwasser”, Hypersplenismus = Überfunktion der meist vergrößerten Milz mit erhöhtem Abbau der Blutkörperchen)
- hepatische Enzephalopathic und Leberausfallkoma
- primäres Leberzellkarzinom als Spätfolge

Dg.

Anamnese, Klinik, Sonografie, CT , Bauchspiegelung (= Laparoskopie), Leberbiopsie, Histologie

Lab.:

- Hinweise für ↓ Syntheseleistung der Leber:
  - Cholinesterase (CHE)↓
  - Quick-Wert ↓ (Gerinnungsfaktoren II, VII, IX, X werden in der Leber gebildet)
  - Antithrombin III (AT III) ↓
  - Albumin i. Serum ↓
- bei entzündlichen Schüben Anstieg der Enzyme, die eine Leberschädigung anzeigen:
  - Transaminasen (GPT, GOT), GLDH, Gamma-GT
- bei Gallestau (Cholestase) und biliärer Zirrhose Anstieg der cholestaseanzeigenden Enzyme:
  - AP, LAP, Gamma-GT und evtl. Bilirubin
- virusbedingte Leberzirrhose:
  immunologische und serologisch-virologische Diagnostik („Hepatitis-Serologie”)
- bei hepatischer Enzephalopathie:
  - Ammoniak ↑

Th.:

- Alkoholverbot, Weglassen leberschädlicher Medikamente, bei Bedarf Vitaminsubstitution
- Behandlung der Grundkrankheit, z. B.
  - Weglassen der schädigenden Substanz bei toxischer Leberzirrhose
  - Unterdrückung der Immunantwort bei autoimmuner chronisch-aktiver Hepatitis
  - Versuch der Virusentfernung bei chronischer Virushepatitis (Alpha-Interferon-Therapie)
  - Eisenentfernung bei Hämochromatose (Aderlässe)
  - Kupferentfernung bei M. Wilson
- Behandlung von Komplikationen, z. B. Ösophagusvarizenblutung, Aszites, hepatischer Enzephalopathie; sonografische Kontrollen zur Früherkennung eines primären Leberzellkarzinoms
- Lebertransplantation

Die häufigste Todesursache der Leberzirrhose ist das Leberversagen u./o. die Ösophagusvarizenblutung, seltener ein Leberzellkarzinom (am häufigsten bei Hepatitis-B-Infektion).

PORTALE HYPERTENSION (PFORTADERHOCHDRUCK)

Def.:

Druckerhöhung in der Pfortader > 12 mmHg (Quecksilbersäule)

Ät.:

- Block liegt vor der Leber (prähepatischer Block)
  (Ät.: Thrombose der Milzvene oder der Pfortader, z. B. Pfortaderkompression durch Zysten, Tumoren oder Lymphknoten, Kl.: Hyperspleniesyndrom bei normaler Leberfunktion)
- Block liegt in der Leber (intrahepatischer Block, > 75% d. F.)
  (Ät.: z. B. biliäre Zirrhose, M. Wilson, chronisch aktive Hepatitis, Leberzirrhose)
- Block liegt hinter der Leber (posthepatischer Block)
  Verschluss der Lebervenen = Budd-Chiari-Syndrom (Ät.: Thrombose, Tumorkompression)

Die Widerstandserhöhung im Abflussgebiet der Pfortader führt zum Pfortaderhochdruck. Als Folge entwickeln sich sog. Kollateral- oder Umgehungskreisläufe von der Pfortader zur oberen oder unteren Hohlvene (unter Umgehung der Leber).

Kl.:

- Kollateralkreislauf: „Umgehungsvenen"
  - unter der Bauchhaut, im Gebiet um den Nabel (evtl. als „Caput medusae", vgl. S. 221)
  - Speiseröhren- und Funduskrampfadern, evtl. mit (tödlichen!) Blutungskomplikationen
- Milzvergrößerung (Splenomegalie), evtl. mit Hypersplenismus: Anämie, Thrombopenie und Leukozytopenie (siehe S. 33)
- Aszites („Bauchwasser"): vorgewölbter Bauch, im Liegen ausladende Flanken, verstrichener Nabel, Nachweis: palpatorisch (Fluktuationswelle), perkutorisch (1. Flankendämpfung mit Dämpfungsveränderung bei Lagewechsel, 2. in Knie-Ellenbogen-Lage) und mittels Sonografie

Dg.:

Anamnese, Klinik (Palpation, Perkussion), Sonografie, Punktion (Untersuchung des Punktats)

Th.:

- Behandlung der ursächlichen Erkrankung
- Behandlung der Ösophagus- u./o. Fundusvarizenblutung (50% tödlich , Notarzt!)
- Behandlung des Aszites

LEBERTUMOREN

GUTARTIGE TUMOREN

Leberhämangiom, Leberzelladenom, fokale noduläre Hyperplasie (FNH), Gallengangadenom (selten), intrahepatisches Gallengangzystadenom, intrahepatische Gallengangpapillomatose

Kl.:

meist symptomlos (Zufallsbefunde bei der Sonografie)

Dg.:

bildgebende Verfahren (Sonografie, NMR, CT, Angiografie), Biopsie mit Histologie (zum Ausschluss eines bösartigen Lebertumors)

Th.:

Bei Leberzelladenomen und FNH sind Östrogene und Anabolika kontraindiziert, falls keine spontane Rückbildung erfolgt evtl. operative Entfernung.

BÖSARTIGE TUMOREN

PRIMÄRES HEPATOZELLULÄRES KARZINOM (PHCC)

auch: primäres Leberzellkarzinom

In Europa und USA selten, in den Tropen dagegen z. T. häufigstes Karzinom bei Männern.

Ät.:

- Leberzirrhose (80% d. F.)
- chronische Hepatitis B u./o. Hepatitis C
- Aflatoxine (Toxin des Pilzes Aspergillus flavus)
- Langzeitbehandlung mit Androgenen (?)

Kl.:

- Druckschmerz im rechten Oberbauch, evtl. tastbarer Tumor
- Gewichtsverlust
- evtl. Aszites u. /o. Dekompensation einer vorbestehenden Leberzirrhose
- evtl. paraneoplastische Syndrome (Fieber, Polyglobulie u. a.)

Dg.:

Anamnese (Leberzirrhose, chronische Hepatitis B/C), Klinik, Lab.: Alpha-Fetoprotein (AFP) im Serum ↑, Sonografie, CT, NMR, Angiografie, Feinnadelpunktion mit Histologie

Th.:

Leberteilresektion, beim Fehlen von Metastasen evtl. Lebertransplantation, bei Metastasen (Mehrzahl der Fälle): Zytostatika, Bestrahlung (Heilung nicht möglich)

Prognose:

schlecht: mittlere Überlebenszeit nach Diagnosestellung ca. 6 Monate

ERKRANKUNGEN DER GALLENBLASE UND GALLENWEGE (CHOLEPATHIEN)

GALLENSTEINE UND ENTZÜNDUNGEN DER GALLENBLASE UND DER GALLENWEGE

Allgemeines:

Ursache der akuten Cholezystitis sind häufig (nicht immer) Gallensteine (Cholezystolithiasis), 10-15% der Bevölkerung haben Gallensteine, Frauen etwa 3x häufiger als Männer.

Steinarten:

- Cholesterinsteine und gemischte Steine (80%; enthalten > 70% Cholesterin)
- Bilirubin- (Pigment-)Steine (20%; vor allem bei Hämolyse und Leberzirrhose)

Bei Personen mit den folgenden Eigenschaften sind Gallensteine besonders häufig (5-F-Regel):

- female (weiblich)
- fair (blond)
- fourty (Alter über 40)
- fecund (fruchtbar = mehrere Kinder)
- fat (übergewichtig)

Alter, Geschlecht, erbliche Disposition und Ernährung spielen eine Rolle bei der Entstehung von Gallensteinen.

Kl.:

70-80% aller Gallensteinträger bleiben symptomlos (= stumme Gallensteine)!

20-30% sind Gallensteinkranke mit Beschwerden (= symptomatische Gallensteine):

- zunächst funktionelle Beschwerden
  - Druck- und Völlegefühl im rechten Oberbauch
  - Blähungen nach fetten und gebratenen Speisen, nach Kaffee, kalten Getränken usw.
  - Abneigung gegen Fett
- durch Steineinklemmung in den ableitenden Gallenwegen (Ductus cysticus, Ductus choledochus) Bild der akuten Cholezystitis (Gallenblasenentzündung):
  - akute kolikartige Schmerzen im rechten und mittleren Oberbauch, in die rechte Schulter und in den Rücken ausstrahlend
  - positives Murphy-Zeichen bei der klinischen Untersuchung (Untersucher palpiert bei maximaler Exspiration des Patienten mit beiden Daumen ins Gebiet des Gallenblasenbettes. Bei nun folgender Inspiration plötzliches, schmerzbedingtes Stoppen der Atembewegung durch Tiefertreten und Anstoßen der entzündeten Gallenblase)

- verschließt der Stein den Ductus choledochus, kommt es zum Verschlussikterus mit zusätzlichen klassischen Symptomen:
  - Ikterus
  - dunkler Urin
  - heller Stuhl (acholisch)
  - Juckreiz

Komplikationen des Gallensteinleidens:

- Gallenblasenhydrops (riesige, flüssigkeitsgefüllte Gallenblase)
- bakterielle Infektion der Gallenblase (akute Cholezystitis)
- chronisch-rezidivierende Cholezystitis: Schrumpfgallenblase, „Porzellangallenblase" (= durch schollige Verkalkung verhärtete Gallenblasenwand; Spätkomplikation: Gallenblasenkarzinom
- Gallenblasenempyem (Eiteransammlung in der Gallenblase), evtl. mit Sepsis
- Gallensteinperforation (in den Darm, in die freie Bauchhöhle)
- Bauchspeicheldrüsenentzündung (Pankreatitis)

Dg.:

Anamnese, Klinik, Sonografie, ERCP, Röntgen (intravenöse oder orale Cholezystografie)

Lab.: BSG ↑, Leukozytose, bei Verschlussikterus zusätzlich: Anstieg der Cholestase-Enzyme Gamma-GT, AP, LAP und des direkten Bilirubins, Urobilinogen und Bilirubin im Urin ↑

Th.:

Bei „stummen Gallensteinen" ohne Klinik besteht keine Behandlungsindikation. (Ausnahme: Porzellangallenblase: hier besteht ein erhöhtes Karzinomrisiko)

Sind die Steine jedoch symptomatisch geworden, drohen immer Rezidive. Eine abwartende Haltung ist dann nicht mehr anzuraten.

- chirurgisch: laparoskopische (Methode der 1. Wahl) oder operative Cholezystektomie (Entfernung der Gallenblase) und Sanierung der Gallenwege
- konservativ bei Cholesterinsteinen ohne Verkalkungen und kontraktionsfähiger Gallenblase ohne Verschluss des Ductus cysticus
  - medikamentöse Steinauflösung (nur bei Cholesterinsteinen < 10 mm)
  - Stoßwellenzertrümmerung (ESWL = extrakorporale Stoßwellenlithotripsie)
  - invasive lokale Steinauflösung
  - Steinzertrümmerung mit Zugang durch Haut und Leber (PTCL = perkutane, transhepatische Cholezystolithotripsie)

Die konservativen Methoden zeigen häufig Rezidive.

TUMOREN DER GALLENBLASE UND DER GALLENWEGE

GALLENBLASENKARZINOM

Ät.:

Als Risikofaktoren gelten Gallensteinleiden und chronische Gallenblasenentzündungen (bei den meisten Gallenblasentumoren finden sich gleichzeitig Gallensteine).

Frauen sind häufiger betroffen als Männer, Häufigkeitsgipfel nach dem 60. Lebensjahr

Kl.:

- wie bei Gallensteinleiden und bei Gallenblasenentzündung
- evtl. tastbarer Tumor im Gallenblasenlager (Spätsymptom)
- evtl. Verschlussikterus (Spätsymptom)

Dg.:

Anamnese, Klinik, Sonografie, ERCP, CT

Th.

bei Frühdiagnose (leider selten): Operation mit Heilungschance, sonst Maßnahmen zur Linderung (z. B. endoskopische Drainage für den Gallenabfluss usw).

Prognose: ungünstig

GALLENGANGSKARZINOM

Kl.:

Courvoisier-Zeichen: schmerzloser Ikterus und tastbar vergrößerte Gallenblase

Dg.:

Anamnese, Klinik, Sonografie, ERCP, CT

Therapie und Prognose: wie beim Gallenblasenkarzinom

NIERE (REN)

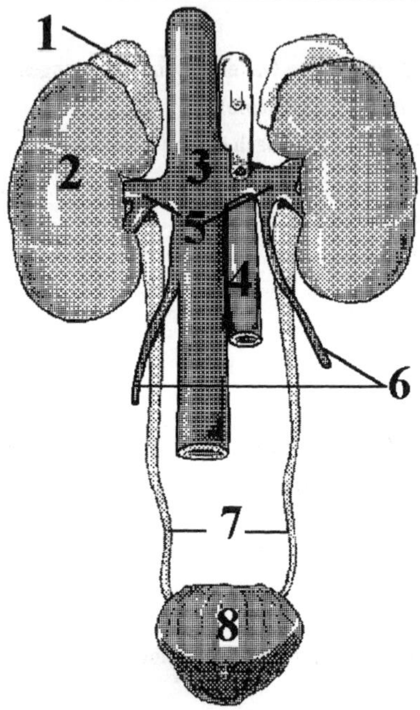

1 **Nebenniere** (Glandula suprarenalis)

2 **Niere** (Ren)

3 **Untere Hohlvene** (V. cava inferior)

4 **Aorta**

5 **Nierenvenen** (Vv. renales)

6 **Vv. testiculares**

7 **Harnleiter** (Ureter)

8 **Harnblase** (Vesica urinaria)

Abb. 29 Niere und ableitende Harnwege

Das Harnsystem besteht aus der rechten und der linken Niere, den beiden Harnleitern, der Harnblase und der Harnröhre. Die Nieren scheiden pro Tag etwa $1^1/_2$ l Harn aus, der aus dem Blut abfiltriert wird. Pro Tag fließen etwa 1 500 l Blut durch die Nieren, aus denen der Harn gebildet wird. Das Blut wird in den Nieren ständig kontrolliert und von den Stoffwechselendprodukten gereinigt. Der in der Niere gebildete Harn fließt durch den Harnleiter (Ureter) in die Harnblase und von dort durch die Harnröhre (Urethra) nach außen. Die ableitenden Harnwege - Harnleiter, Harnblase und Harnröhre - dienen ausschließlich dem Harntransport. (Zu Anatomie, Physiologie und Krankheitslehre der ableitenden Harnwege vgl. Lehrbücher der Urologie.)

Die Niere erfüllt 4 Aufgaben

- Ausscheidung von wasserlöslichen Stoffwechselprodukten und körperfremden Substanzen
- Regulation des Elektrolyt- und Wasserhaushaltes
- Regulation des Säure-Basen-Gleichgewichtes
- Bildung von Hormonen, Vitaminen, Enzymen (Erythropoetin, aktives Vitamin D_3, Renin)

ANATOMIE UND PHYSIOLOGIE

LAGE, FORM UND GRÖßE

Die Nieren liegen links und rechts der Wirbelsäule unter dem Zwerchfell im Retroperitonealraum (= Raum hinter dem Bauchfell = Peritoneum). Aufgrund der Ausdehnung des rechten Leberlappens liegt die rechte Niere häufig etwas tiefer als die linke. Die äußere Form der Niere ähnelt einer Bohne. In der Mitte des inneren Randes befindet sich die Nierenpforte (Nierenhilum). An dieser Stelle treten die Nierenarterie, die Nierenvene, Nerven und Lymphgefäße ein bzw. aus. Hier liegt auch das Nierenbecken, das den aus den Nieren kommenden Harn sammelt und über den Harnleiter zur Harnblase leitet.

Die Niere ist 10 bis 13 cm lang, 5-6 cm breit und 120 bis 200 g schwer.

Die Niere ist in zwei Schichten gegliedert: Innen liegt das Nierenmark, das in Form von Pyramiden angeordnet ist. Die Spitzen der Markpyramiden werden Nierenpapillen genannt. Nach außen hin werden die Markpyramiden von der Nierenrinde umgeben. Über die Nierenpapillen stülpen sich schlauchartig die Nierenkelche. Hier wird der fertige Harn aufgefangen und in den Sammel raum des Nierenbeckens weitergeleitet. Nierenkelche und Nierenbecken gehören schon zu den ableitenden Harnwegen.

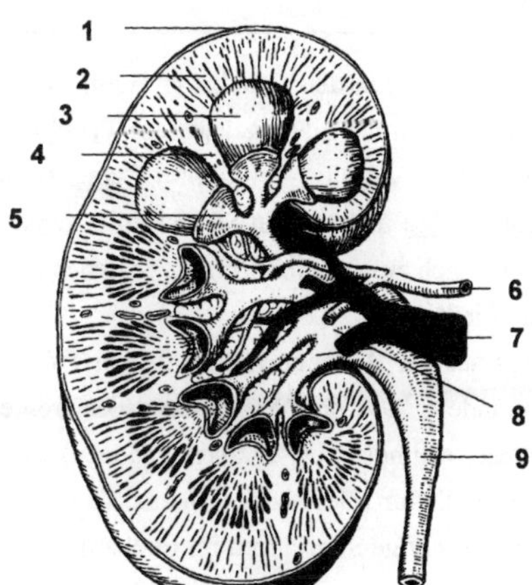

1 Nierenkapsel (Capsula fibrosa)
2 Nierenrinde mit Markstrahlen
3 Nierenpyramide (Pyramis renalis)
4 Nierensäule (Columna renalis)
5 Nierenkelch (Calix renalis)
6 Nierenarterie (A. renalis)
7 Nierenvene (V. renalis)
8 Nierenbecken (Pelvis renalis)
9 Harnleiter (Ureter)

Abb. 30 Längsschnitt durch die Niere

HISTOLOGISCHER AUFBAU UND FUNKTION DER NIEREN

NIERENKÖRPERCHEN (GLOMERULUS)

Die Harnbildung erfolgt im Nephron. Jede Niere enthält etwa 1 Million Nephronen. Jedes Nephron besteht aus einem Nierenkörperchen und dem dazugehörigen Harnkanälchen (= Tubulusapparat). Nierenkörperchen kommen nur im Rindenbereich vor.
Jedes Nierenkörperchen enthält ein Kapillarknäuel (Glomerulus), das von einer aus zwei Hüllen bestehenden Kapsel (= Bowman-Kapsel) umgeben ist. Das innere Blatt der Bowman-Kapsel umhüllt das Kapillarknäuel. Ein zuleitendes Gefäß (Vas afferens) versorgt das Kapillarknäuel (Glomerulus) mit Blut. Aus dem durch die Glomerulusschlingen fließenden Blutplasma wird ein Filtrat - der Primärharn - in die Bowman-Kapsel hineingepresst. Während das Blut über ein ableitendes Gefäß (Vas efferens) am Gefäßpol aus dem Glomerulus herausfließt, läuft der Primärharn am gegenüberliegenden Harnpol in das Harnkanälchen (Tubulus).
Durch die Porenöffnungen im Glomerulus können Wasser und kleinmolekulare Plasmabestandteile frei hindurchtreten. Die Blutkörperchen und die großen Moleküle (z. B. Eiweißmoleküle) können durch das Filter des Glomerulus praktisch nicht hindurchtreten. Der Primärharn ist daher ein nahezu eiweißfreies Ultrafiltrat, welches kleine Moleküle in der gleichen Konzentration enthält, wie sie auch im Blutplasma vorkommen.

HARNKANÄLCHEN (TUBULUSAPPARAT)

Das äußere Blatt der Bowman-Kapsel geht am Harnpol in den Tubulus (= Harnkanälchen) über. Der Tubulusapparat beginnt mit dem proximalen (= in der Nähe gelegenen) Tubulus. Ihm folgt das sog. Überleitungsstück (Henle-Schleife) und der distale (= entfernte) Tubulus. Der distale Tubulus des Nephrons geht dann in die Sammelrohre über. In ein Sammelrohr münden jeweils mehrere Nephrone. Die Sammelrohre vereinigen sich zu größeren Rohren, in denen der Harn zur Nierenpapille der betreffenden Markpyramide fließt.
Der Primärharn (etwa 150 l pro Tag!) gelangt aus der Bowman-Kapsel in den Tubulusapparat. Hier wird er in seiner Zusammensetzung verändert: 99% des Wassers und der größte Teil der darin gelösten Stoffe (z. B. Elektrolyte, Glukose, Aminosäuren, Wasserstoffionen) werden rückresorbiert und gelangen wieder in den Blutkreislauf. Nur 1% des Primärharns, also ca. $1^1/_2$ l, werden täglich als Endharn ausgeschieden. Klinisch wichtige Substanzen im Endharn:

- Harnstoff: wird in der Leber gebildet (Stoffwechselendprodukt des Eiweißstoffwechsels)
- Harnsäure: stammt aus dem Purinstoffwechsel (Nukleinsäure der Zellkerne)
- Kreatinin: stammt aus dem Muskelstoffwechsel

Bei einem Nierenversagen (Urämie) steigen diese Substanzen im Blut an.

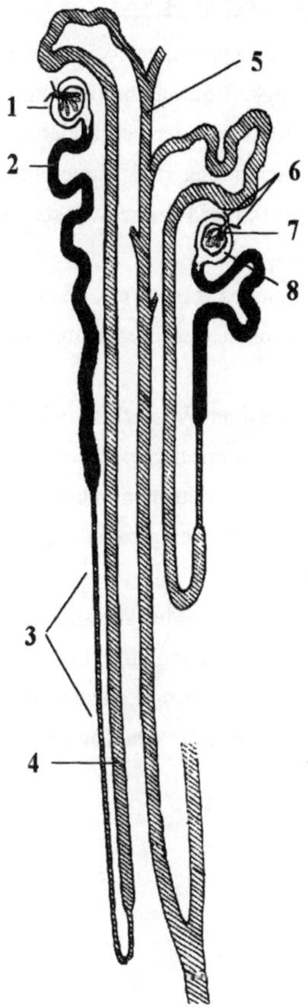

1 Nierenkörperchen
2 vorderes Harnkanälchen (proximaler Tubulus)
3 Henle-Schleife
4 hinteres Harnkanälchen (distaler Tubulus)
5 Sammelrohr
6 zu- und ableitendes Blutgefäß (Vas afferens und Vas efferens)
7 Kapillarknäuel (Glomerulus)
8 Bowman-Kapsel

Abb. 31 Nephron (Nierenkörperchen, Harnkanälchen und Sammelrohre)

REGULATIONSLEISTUNG DER NIERE

Die Niere ist an der Regulierung des Wasser- und Elektrolythaushaltes maßgeblich beteiligt. Auch in das Säure-Basen-Gleichgewicht des Organismus greift sie regulierend ein. Dies geschieht über eine Vielzahl von Regelkreisen. Um das Prinzip zu verdeutlichen, wird auf die Regelkreise zur Steuerung der osmotischen Konzentration und der Wasserbilanz im Folgenden näher eingegangen.

OSMOTISCHE KONZENTRATION UND WASSERBILANZ

Um die osmotische Konzentration (= Menge der gelösten Teilchen pro Liter Lösung) konstant zu halten, muss die Wasserbilanz ausgeglichen sein. Starke Flüssigkeitsaufnahme führt zu vermehrter Harnausscheidung (Diurese). Kommt es durch starkes Schwitzen oder verminderter Flüssigkeitsaufnahme zu einem Wassermangel, so wird die Harnausscheidung stark eingeschränkt. Die Harnausscheidung kann deshalb beim Erwachsenen zwischen 0,5 und 4 l schwanken, während die normale Harnmenge bei 1,5-2 l pro Tag liegt.

Diese Anpassung der Nierenfunktion erfolgt über einen hormonalen Regelkreis, dessen Zentrum sich im Zwischenhirn (Hypothalamus) befindet. Hier überwachen Osmorezeptoren die osmotische Konzentration im Organismus.

Nimmt die osmotische Konzentration zu (= mehr Teilchen, weniger Wasser), so wird aus dem Hypophysenhinterlappen das Hormon ADH freigesetzt und zur Niere transportiert. Dort erhöht es die Wasserdurchlässigkeit im distalen Teil des Nephrons und in den Sammelrohren: Wasser wird vermehrt rückresorbiert. Durch Anstieg der Osmolarität kommt es gleichzeitig zur Durstempfindung und damit zur vermehrten Flüssigkeitsaufnahme.

Bei Verminderung der osmotischen Konzentration (= wenig Teilchen, viel Wasser) durch Wasserüberschuss wird weniger ADH ausgeschüttet und die Harnausscheidung nimmt zu.

Die Wassermenge im Körper wird zudem entscheidend durch die Natriumkonzentration mitbestimmt (Natrium bindet Wasser). Die Natriumausscheidung erfolgt unter der Kontrolle des Hormons Aldosteron in einem Regelkreis (siehe S. 279).

PATHOLOGIE

ALLGEMEINES

DIAGNOSTISCHES VORGEHEN BEI NIERENERKRANKUNGEN

ANAMNESEDATEN

- Störungen beim Wasserlassen (Miktion) und der Harnausscheidung (Diurese)
  - Polyurie: > 2000 ml Harn pro Tag
  - Oligurie: < 500 ml Harn pro Tag
  - Anurie: < 100 ml Harn pro Tag
  - Pollakisurie: häufiger Harndrang, geringe Harnmenge („Träufeln", z. B. bei Blasenentzündung oder Prostataadenom)
  - Algurie: schmerzhaftes Wasserlassen bei Blasen- und Harnleiterentzündung
  - Dysurie: erschwertes Wasserlassen, schwacher Harnstrahl bei Blasenentleerungsstörungen (z. B. Prostataadenom)
- Schmerzen im Nierenlager
  - akut als Kolik (z. B. bei Harnleiterstein, im typischen Fall Ausstrahlung ins Genitale)
  - chronische dumpfe Schmerzen im Nierenlager und im Kreuz (z. B. Pyelonephritis)
- Wassereinlagerungen im Gewebe (= Ödeme, z. B. Glomerulonephritis, nephrotisches Syndrom, Niereninsuffizienz)
- Kopfschmerzen (z. B. bei Hypertonie, Pyelonephritis, Niereninsuffizienz)
- Fieber (z. B. bei akuter Pyelonephritis)
- frühere Erkrankungen (z. B. Angina tonsillaris mit nachfolgender Glomerulonephritis)

KLINISCHER UNTERSUCHUNGSBEFUND

- Inspektion
  - Blässe (renale Anämie u. a. durch Erythropoetinmangel)
  - Café au lait-Hautverfärbung (Anämie und Ablagerung von Stoffwechselprodukten bei Urämie = terminale Niereninsuffizienz)
  - Geruch der terminalen Niereninsuffizienz (urämischer Foetor)
  - Ödeme
  - schnelle Atmung (Tachypnoe) als Hinweis auf eine Überwässerung der Lungen
- Palpation
  - tastbarer Nierentumor (selten: Wilms-Tumor, Zystennieren, Nierenzysten)

- Perkussion
  - Bildung eines Muskelwulstes beim Beklopfen der Muskulatur (als Hinweis auf eine Hypokaliämie)
  - Klopfschmerz im Nierenlager
- Auskultation
  - evtl. Fließgeräusch über der A. renalis (um die Nabelgegend) bei Nierenarterienverengung
  - Herzbeutelreiben (perikarditisches Reiben) bei terminaler Niereninsuffizienz
  - arterieller Bluthochdruck (häufig vor allem diastolische Werte!)
  - leise Herztöne (Herzbeutelerguss bei Niereninsuffizienz; Überwässerung)
  - feuchte Rasselgeräusche über der Lunge (Überwässerung, Lungenödem)

LABORBEFUNDE

URIN

Harnanalyse mit Teststreifen

Der Harn- oder Urinstatus (Harnanalyse mit Trockenchemie-Teststreifen) gibt Auskunft über das Vorkommen von Nitrit, pH, Eiweiß, Glukose, Keton, Urobilinogen, Bilirubin, Erythrozyten, Hämoglobin und Leukozyten im Urin. Daraus lassen sich differentialdiagnostische Überlegungen zu Erkrankungen verschiedener Organsysteme ableiten:

- bei Erkrankungen der Niere und des Urogenitaltraktes finden sich Nitrit, Leukozyten und eventuell Eiweiß und eine Verschiebung des pH-Wertes im Urin
- bei Diabetes mellitus finden sich Glukose (ab einem Blutglukosewert von etwa 170 mg/dl = Nierenschwelle) und eventuell Keton im Urin (ketoazidotisches Koma)
- bei Erkrankungen der Leber sind Urobilinogen und Bilirubin nachweisbar
- Erythrozyten und Hämoglobin finden sich bei Blutungen im Urogenitaltrakt

Harnsediment

Im Harnsediment kann man unter dem Mikroskop Zellen, Zellformationen, Bakterien, Trichomonaden und Kristalle (Salze) differenzieren. Aufgrund der großen Fortschritte in der Trockenchemie (Urinstix) gerät das Harnsediment mehr und mehr ins Hintertreffen.

BLUT

Wichtige harnpflichtige Stoffe, die zu diagnostischen Zwecken laborchemisch bestimmt werden:

- Kreatinin: entsteht im Muskel durch Abbau von Kreatinphosphat, weitgehend nahrungsunabhängig, korreliert am besten mit der Nierenfunktion. Der Kreatininwert im Blut steigt jedoch erst an, wenn etwa 50% der Nierenleistung ausgefallen sind!
- Harnstoff: Endprodukt des Eiweißstoffwechsels. Eiweißzufuhr (Nahrung) erhöht die Harnstoffwerte. Erst wenn 75% der Nierenfunktion ausgefallen sind, steigt der Harnstoffwert an.
- Harnsäure: Erhöhte Harnsäurewerte finden sich bei Zellzerfall und Gicht (Hyperurikämie). Für die Nierenfunktion ist der Harnsäurewert im Allgemeinen wenig aussagekräftig.

Auch bei nur leichtem Anstieg von Kreatinin u./o. Harnstoff sind mindestens 50% der Nierenfunktion ausgefallen! Leichtere Einschränkungen der Nierenfunktion werden erfasst mit der

- Kreatinin-Clearance. Zur Errechnung der Kreatinin-Clearance benötigt man
  - die Kreatinin-Konzentration in einer bestimmten Menge Sammelurin
  - die Sammelzeit
  - den Kreatininwert im Blut
  - die Körperoberfläche des Patienten.

Die Kreatinin-Clearance errechnet sich dann wie folgt:
Harnmenge in einer bestimmten Sammelperiode mal Kreatininkonzentration im Harn mal 1,73, dividiert durch Kreatinin im Blut mal Sammelzeit in Minuten mal Körperoberfläche des Patienten. Ist die Kreatinin-Clearance erniedrigt ist eine eingeschränkte Nierentätigkeit nachgewiesen (Kreatinin und Harnstoffwerte im Blut können durchaus noch normal sein).

WEITERFÜHRENDE UNTERSUCHUNGSMETHODEN

- immunologische Untersuchungen: Antikörperbestimmungen
- Sonografie der Nieren (Lage, Größe, Formveränderungen: Zysten, Steine, Tumoren, gestautes Nierenbecken bei Harnsperre)
- Röntgenuntersuchungen: Leeraufnahme (verkalkte Steine?), intravenöse Urografie (Nierengröße und -kontur; anatomische Fehlanlagen, Steine, seitengleiche Ausscheidung u. a.), Miktionszystourethrografie (Restharn, Reflux?); Arteriografie (Gefäßdarstellung der Nieren), CT, Isotopenuntersuchung (seitengetrennte Funktionsdiagnostik), NMR
- Nierenbiopsie

GLOMERULÄRE ERKRANKUNGEN (GLOMERULOPATHIEN, GP)

Def.:
Sammelbezeichnung für eine Vielzahl von Nierenerkrankungen unterschiedlicher Ursache mit Veränderungen in Glomerulus und Bowman-Kapsel sowie sekundär in anderen Teilen des Nephrons und des Niereninterstitiums. Glomerulopathien (GP) sind im Vergleich zu Nierenbeckenentzündungen (Pyelonephritiden) und Harnwegsinfektionen (HWI) relativ selten, jedoch in 20% der Fälle Ursache einer chronischen Niereninsuffizienz.
Aus der verwirrenden Vielfalt von Einteilungskriterien und Klassifizierungen der Glomerulopathien haben wir Folgende gewählt:

- entzündliche/nicht-entzündlich
- primär-idiopathische/sekundär-systemisch.
  - primär-idiopathisch: Erkrankungen die sich primär an den Glomeruli abspielen ohne Zeichen einer Systemerkrankung.
  - sekundär-systemisch: renale Beteiligung bei verschiedenen Systemerkrankungen

Entzündliche Glomerulopathien werden als Glomerulonephritiden (GN) bezeichnet.

Aus der Vielzahl der in der folgenden Übersicht aufgeführten Krankheitsbilder werden im Text – aufgrund der für den Heilpraktiker geringen praktischen und klinischen Bedeutung - nur einige wenige exemplarisch besprochen.

	primär-idiopathisch	sekundär –systemisch
entzündlich (Glomerulonephritiden)	• Poststreptokokken-GN • idiopath.rapid-progressive GN • IgA-Nephropathie • membranoproliferative GN • mesangioproliferative GN • u. a.	• Lupus-erythematodes-Nephritis • Goodpasture-Syndrom • Purpura Schoenlein-Henoch • Wegener-Granulomatose • Panarteriitis nodosa • Churg-Strauss-Syndrom • Sharp-Syndrom
nicht-entzündlich	• minimal-changes-GP • segmentale Glomerulosklerose • membranöse GP • Syndrom der dünnen Basalmembran	• diabetische Glomerulopathie • paraproteinämische GP • GP bei Amyloidose • GP bei Kryoglobulinämie • Alport-Syndrom • Cystinose • u. a.

GLOMERULONEPHRITIS (GN)

Def.:

Entzündliche Unterform der Glomerulopathie bei der Autoimmunreaktionen zu entzündlichen Reaktionen an den Nierenglomeruli führen.

Ätiologie und Pathogenese:

Die Glomerulonephritiden sind Folge von 2 unterschiedlichen Autoimmunreaktion:

- Immunkomplexbildung (Immunkomplexnephritis; 85-90% der GN): Im Glomerulus der Niere abgelagerte Antigen-Antikörperkomplexe verursachen über Entzündungsvorgänge eine Glomerulonephritis. Bsp.: Poststreptokokken-Glomerulonephritis
- Autoantikörper gegen die Basalmembran: Hier lassen sich im Serum und an den Glomeruli Autoantikörper gegen die glomeruläre Basalmembran nachweisen. (Antibasalmembran-GN haben unbehandelt eine schlechte Prognose).

Klassifikation:

Auf die komplizierte wissenschaftliche Klassifikationen der verschiedenen Glomerulonephritiden wird hier nicht näher eingegangen.

Kl.:

Bei allen Glomerulonephritiden finden sich Erythrozyten, meist auch Protein im Urin. Aufgrund weiterer Leitsymptome lassen sich drei Glomerulonephritis-Gruppen unterscheiden:

I. Leitsymptom: Hämaturie und meist milde Proteinurie
II. Leitsymptom: nephrotisches Syndrom (siehe unten)
III. Leitsymptom: schnell fortschreitender Verlauf in Richtung Niereninsuffizienz

Entsprechend dieser Einteilung lassen sich 3 Glomerulonephritis-Syndrome unterscheiden:

- Mono- oder oligosymptomatisches GN-Syndrom
  Erythrozyturie mit geringer oder fehlender Proteinurie, oft Zufallsbefund bei beschwerdelosen Patienten mit normaler Nierenfunktion, i.d.R. keine Hypertonie; Prognose auch ohne Therapie günstig, jedoch regelmäßige Verlaufskontrollen!
- Akutes GN-Syndrom (3 verschiedene Verläufe)
  - mit Hämaturie und leichter Proteinurie (unkomplizierter Verlauf)
  - mit nephrotischem Syndrom (Bluthochdruck, Ödeme, Hämaturie)
  - mit Oligurie und akuter Niereninsuffizienz (sehr selten)
- Chronisch progredientes GN-Syndrom
  Bei geringen subjektiven Beschwerden finden sich Erythrozyturie, Proteinurie und meist auch arterielle Hypertonie in Verbindung mit zumeist langsam unaufhaltsam fortschreitender Niereninsuffizienz.

Aus der Vielzahl unterschiedlicher Glomerulonephritiden – mit dem oben skizzierten klinischen Verlauf – sei beispielhaft die akute postinfektiöse Glomerulonephritis herausgegriffen:

AKUTE POSTINFEKTIÖSE GLOMERULONEPHRITIS

Def. und Ät.:

Immunkomplexnephritis, vorzugsweise nach Infektion mit beta-hämolysierenden Streptokokken der Gruppe A, selten auch nach anderen Infekten.

Kl.:

1-2 Wochen nach einem meist unkomplizierten Streptokokkeninfekt (Mandel- oder Halsentzündung, Scharlach, Erysipel), fühlt sich der Patient plötzlich erneut krank (50% d. F. verlaufen asymptomatisch und werden nur zufällig oder nicht diagnostiziert).

Leitsymptome:

- obligat
  - Mikrohämaturie
  - Proteinurie (< 3 g/24 Std.)
- eventuell (fakultativ)
  - Ödeme
  - Hypertonie
- andere mögliche Symptome
  - Makrohämaturie (sichtbare Rotfärbung des Urins)
  - Lidödem, Gesichtsödem
  - Kopf- und Gliederschmerzen
  - Flankenschmerzen (Nierenkapselspannung)
  - epileptische Anfälle, Schläfrigkeit (Hirnödem)
  - hypertone Krise mit Atemnot und Lungenödem

Dg.:

Anamnese, Klinik, Labor, Sonografie (evtl. Nierenbiopsie zum Ausschluss anderer GN-Formen)

Lab.: Urin: Erythrozyturie, Erythrozytenzylinder, Proteinurie (< 3 g/24 Std.); Blut: BSG oft leicht erhöht, evtl. leichter Anstieg von Harnstoff und Kreatinin, Kreatinin-Clearance oft leicht erniedrigt, Antistreptolysin-Titer (Hinweis auf Streptokokkeninfektion) in 50% d. F. erhöht (Anti-DNAse-B = ADB-Titer bei Streptokokkenhautinfektionen in 90% erhöht)

Die bei Scharlach und anderen (Streptokokken-)Infektionen während der Akutphase zu beobachtende intrainfektiöse Hämaturie ist harmlos und verschwindet spontan; dagegen zeigt die 1-2 Wochen nach der (Streptokokken-) Infektion auftretende postinfektiöse Hämaturie die ernste Glomerulonephritis an. Deshalb auch bei beschwerdefreien Patienten: Urinkontrolle 1-2 Wochen nach Streptokokkeninfekt.

Th.:

- Bettruhe, körperliche Schonung, salz- und eiweißarme Diät
- Gewichts- (Hinweis auf Ödembildung) und und Laborkontrollen
- Therapie eines Streptokokkeninfekts mit Penizillin
- evtl. intensivmedizinische Behandlung von Komplikationen (z. B. Gewichtszunahme, Ödeme, Lungenstauung, Hirnödem, Hypertonie, Oligurie; im Vollbild mit Komplikationen ist die postinfektiöse Glomerulonephritis ein lebensgefährliches Krankheitsbild!)
- Nachuntersuchung des Patienten über mehrere Jahre (chronische Verlaufsform?)

Prognose:

- Heilung: Bei Kindern in ca. 90% d. F., bei Erwachsenen nur bei 50% d. F.
- Fortbestehen pathologischer Urinwerte (z. B. Mikrohämaturie, Proteinurie): dann Verlaufsbeobachtung der Nierenfunktion (Übergang in ein chronisches Stadium?)
- Tod (selten) an akuten Komplikationen: Hirnödem, Linksherzversagen bei hypertoner Krise

NEPHROTISCHES SYNDROM

Def.: Sammelbegriff für einen bei vielen primären und sekundären Nierenerkrankungen auftretenden Symptomenkomplex aus:

- große Proteinurie (> 3,5 g pro Tag)
- Hypoproteinämie
- hypalbuminämische Ödeme (wenn Serumalbumin < 2,5 g/l)
- Hyperlipoproteinämie mit Erhöhung von Cholesterin und Triglyzeriden

Pathophysiologisches Prinzip des Symptomenkomplexes:
(Proteinurie ⇒ Hypalbuminämie ⇒ ↓ kolloidosmotischer Druck ⇒ Ödem ⇒ Verminderung des Plasmavolumens ⇒ ↑ Renin-Angiotensin-Aldosteron ⇒ ↑ Natrium-und Wasserresorption ⇒ Verstärkung des Ödems; der pathophysiologische Mechanismus der Hyperlipoproteinämie ist noch nicht eindeutig geklärt)

Ät.:

- Glomerulonephritis (80% d. F.)
- Diabetes mellitus
- Plasmozytom, Kollagenosen, Amyloidose, Nierenvenenstauung (z. B. Nierenvenenstenose), toxische Schädigung der Nieren (Schwermetalle, Medikamente u. a.)

Kl.:

4 Leitsymptome siehe oben unter Def.:

zusätzlich Klinik

- Klinik der ursächlichen Erkrankung (vgl. Ät.:)
- evtl. Immunglobulin-G-Mangel (durch starken Eiweißverlust) mit Infektanfälligkeit
- Symptome des Nierenversagens (im fortgeschrittenen Stadium)
- Thrombosen und Embolien (durch renalen Verlust von Antithrombin III)

Dg.:

Anamnese, Klinik, Sonografie der Nieren, Nierenbiopsie

Lab.: Blut: Serumeiweißelektrophorese (Albumine ↓, γ-Globuline ↓, alpha 2- und beta-Globuline ↑), Cholesterin und Triglyzeride ↑, Nierenversagen: Harnstoff, Kreatinin, Kreatinin-Clearance; Urin: spezifisches Gewicht ↑ (durch Eiweißgehalt)

Th.:

- Therapie der Grundkrankheit bzw. Beseitigung der schädigenden Ursache
- symptomatische Therapie
  - körperliche Schonung
  - Diät: eiweiß- und kochsalzarm
  - Medikamente (je nach Ursache): Diuretika („wassertreibende Mittel"), Glukokortikoide (bei bestimmten Glomerulonephritiden mit nephrotischem Syndrom), Thromboseprophylaxe, Therapie einer Hypercholesterinämie bzw. einer Hypertonie

INTERSTITIELLE NIERENBECKENENTZÜNDUNGEN UND HARNWEGSINFEKTIONEN (HWI)

HARNWEGSINFEKTIONEN

Def.:

Als Harnwegsinfektion wird die Anwesenheit von Bakterien im Harntrakt oberhalb des Blasensphinkters bezeichnet. (Eine isolierte Infektion unterhalb des Blasensphinkters wird dagegen als Harnröhrenentzündung oder Urethritis bezeichnet.)

Häufiges Problem in der Allgemeinmedizin! 4 Manifestationsformen:

- asymptomatische Bakteriurie
- akute Blasenentzündung (Zystitis)
- akute Nierenbeckenentzündung (Pyelonephritis)
- chronische Nierenbeckenentzündung

Epidemiologie:

Bei Frauen begünstigt die kurze Harnröhre und ihre unmittelbare Nähe zur keimreichen Analregion das Auftreten von Harnwegsinfektionen. Etwa 5% der Frauen haben eine asymptomatische Bakteriurie (Bakterien im Urin ohne Krankheitssymptome). 30% der Schwangeren mit asymptomatischer Bakteriurie erkranken während der Schwangerschaft an einer akuten Pyelonephritis. Jede 2. Frau erkrankt einmal im Leben an einer Blasenentzündung (Zystitis). Blasenentzündungen und Nierenbeckenentzündungen finden sich vor allem bei:

- Säuglingen und Kleinkindern: Bei unklarem Fieber und unklarer Anämie im Kleinkindesalter immer auch an eine Pyelonephritis denken!
- Frauen während der Schwangerschaft und nach der Geburt Männern erst in höherem Alter durch Obstruktion (= Verlegung) der ableitenden Harnröhre vor allem durch Prostataerkrankungen

Ät.:

- Harnabflussstörungen
  - anatomische Anomalien der Nieren und ableitenden Harnwege (häufig)
  - Verlegung (Steine, Tumoren, Prostataerkrankungen, Harnröhrenverengungen)
  - Blasenfunktionsstörungen (z. B. Querschnittslähmung, multiple Sklerose)
  - Rückfluss des Urins von der Blase in die Harnleiter (= vesiko-uretero-renaler Reflux) durch Versagen des Ventilmechanismus: 40% der Kinder mit rezidivierenden Harnwegsinfekten
- Schmerzmittelmißbrauch (= Analgetikaabusus)
- Stoffwechselstörungen (Diabetes mellitus, Gicht, Hyperkalzämie, Hypokaliämie)
- Instrumentelle Manipulation an den Harnwegen (z. B. Blasenkatheter)
- Abwehrschwäche, immununterdrückende Therapie
- Schwangerschaft (Gravidität)
- zusätzlich wirksame Faktoren:
  - Durchnässung und Unterkühlung
  - sexuelle Aktivität („honeymoon cystitis" = Flitterwochen-Zystitis der Frauen)
  - geringe Harnbildung (wenig Flüssigkeitszufuhr, Schwitzen)

Pathogenese:

Die Harnblase beim Gesunden ist keimfrei. Die vordere Harnröhre ist mit Keimen besiedelt. (Eine Verschmutzung des Urins während der Harngewinnung täuscht deshalb häufig eine Infektion vor und muss differentialdiagnostisch abgegrenzt werden!)

In 98% d. F. ist der Infektionsweg aufsteigend (kanalikulär) von der Harnröhre über die Blase in die Niere. Die Keime stammen meist aus der Darmflora. Nur selten, bei vorgeschädigter Niere, Infektion über den Blutweg (hämatogen).

Kl.:

Harnwegsinfektionen können sich klinisch unterschiedlich äußern:

- asymptomatische Bakteriurie: zufällig nachgewiesene Bakterien im Urin bei normalem Harnsedimentbefund und beschwerdefreien Personen. Nur behandlungsbedürftig bei schwangeren Frauen, im Kindesalter und bei anatomischen Veränderungen im Harnabflussgebiet.
- Blasenentzündung (Zystitis)

  Ät.: bakterielle Harnwegsinfektion (50% d.F.) überwiegend bei (sexuell aktiven) Frauen, seltener Infektionen (Trichomonaden, Candida albicans)

  Kl.: Schmerzen beim Wasserlassen, Pollakisurie, Schmerzen im mittleren Unterbauch (= suprapubisch), keine Schmerzen im Nierenlager! Kein Fieber! Fieber und Schmerzen im Nierenlager sprechen für eine
- Nierenbeckenentzündung (Pyelonephritis)
  - Akute Pyelonephritis

    Kl.:

    bakteriell bedingte akute interstitielle Nephritis mit der klinischen Trias:

    → Fieber, evtl. Schüttelfrost

    → Schmerzen beim Wasserlassen (Algurie)

    → (Klopf-)Schmerz im Nierenlager
  - Chronische Pyelonephritis (CPN)

    chronische Nierenbeckenentzündung auf dem Boden einer Harnabflussstörung oder eines Harnrefluxes mit sekundärer bakterieller Infektion der Harnwege. Die meisten dieser schwerwiegenden Erkrankungen nehmen ihren Ausgang schon im frühkindlichen Alter, meist von einem vesiko-uretero-renalen Reflux ausgehend! (Konsequente Abklärung rezidivierender kindlicher Harnwegsinfekte!)

    Kl.:

    Symptome oft uncharakteristisch:

    → Kopfschmerzen

    → Abgeschlagenheit

    → Brechreiz

    → Gewichtsabnahme

    → dumpfe Rückenschmerzen

    → daran denken bei: Fieberzuständen, ↑ BSG, Anämie, Hypertonie

    Komplikationen:

    → eitrige Nierenbeckenentzündung, Abszess

    → Urosepsis (lebensbedrohlich!)

    → Hydronephrose (Harnstauungsniere) und Pyonephrose (eitrige Einschmelzung von Nierengewebe), pyelonephritische Schrumpfniere

    → Entwicklung einer Niereninsuffizienz

→ Partialfunktionstörungen: Natriumverlust, Kaliumverlust, eingeschränkte Konzentrationsfähigkeit mit Polyurie (gesteigerte Harnausscheidung) und Polydipsie (gesteigertes Durstempfinden u. a.

→ Entwicklung einer Hypertonie (30-50% d. F.)

→ Entwicklungsverzögerung beim Kleinkind

Dg.:

→ Anamnese, Klinik

→ Urinuntersuchung: Leukozyturie, Leukozytenzylinder, Bakteriurie, evtl. Erythrozyturie

Bakterien im Urin werden, bei Keimzahlen ab 100.000 /ml (10^5 /ml), als signifikante (oder pathologische) Bakteriurie bezeichnet. Bei niedrigeren Keimzahlen handelt es sich meist um eine Verunreinigung des Urins, die aus der Harnröhre und - besonders bei Frauen - aus dem äußeren Genitale stammt. Zur Uringewinnung sollte i. d. R. Mittelstrahlurin genommen werden. (Katheterurin oder Blasenpunktionsurin bleibt Ausnahmefällen vorbehalten).

→ Blutuntersuchung: BSG ↑, CRP ↑, Harnstoff/Kreatinin (sog. „Retentionswerte") ↑, evtl. Kreatinin-Clearance; Blutbild (Anämie bei chronischer Pyelonephritis), Blutkultur bei Verdacht auf Urosepsis (Klinik!)

→ Sonografie der Nieren: Lage, Form, Größe, Nachweis eines Staus im Nierenbecken oder in den ableitenden Harnwegen, Nachweis von Konkrementen, Nachweis eines Parenchymschwunds bei pyelonephritischer Schrumpfniere

→ Urografie: Nachweis anatomischer Anomalien, Obstruktionen, Harnsteinen

→ Diagnose des akuten Harnwegsinfektes: Anamnese, Klinik, Bakteriurie, Leukozyturie

→ Diagnose der chronischen Pyelonephritis: Anamnese, Klinik, Bakteriurie und Leukozyturie, Nierenfunktionsstörung, morphologische Nierenveränderungen

→ Diagnose eines vesiko-uretero-renalen Refluxes: Röntgendiagnostik (häufige Ursache einer chronischen Pyelonephritis bzw. einer späteren Niereninsuffizienz)

Th.:

Therapie der akuten Harnwegsinfektion

kausal: Beseitigung einer Abflussstörung

symptomatisch:

- Allgemeinmaßnahmen
  - Bettruhe bei akuter Pyelonephritis, evtl. lokale Wärmeanwendung
  - reichlich Flüssigkeitszufuhr, häufige Blasenentleerung
  - Regulierung der Darmtätigkeit
  - krampflösende Mittel bei Bedarf
  - Meiden nierenschädigender Schmerzmittel
- Antibiotika

  nach Abnahme des Urins für die bakteriologische Untersuchung und Austestung ihrer Wirksamkeit im Antibiogramm (bakteriologische Untersuchungsmethode zur Resistenzbestimmung von Bakterien). Eine zu kurze, unzureichend dosierte bzw. nicht durchgeführte Antibiotikatherapie ist eine häufige Ursache für den Übergang einer akuten in eine chronische

Pyelonephritis (bei chronischer Pyelonephritis ist eine Ausheilung nicht mehr zu erwarten!). Bei Rezidiven unbedingt urologische Untersuchung!

Therapie der asymptomatischen Bakteriurie

nur Therapiebedarf bei Schwangeren, Kindern, Diabetikerinnen, transplantierten Patientinnen und Harnabflusshindernissen

Therapie der chronischen Pyelonephritis

Antibiotika nach Austestung ihrer Wirksamkeit im Antibiogramm; falls erfolglos: stationäre Aufnahme in einer Klinik! Prognose: keine Ausheilung zu erwarten, Niereninsuffizienz droht!

HARNRÖHRENENTZÜNDUNG (URETHRITIS)

Def.:

Entzündung der Harnröhrenschleimhaut

- nichtgonorrhoische Urethritis (NGU)
  - Bakterien:
    - → Chlamydien (40-80%)
    - → Ureaplasmen (20%)
    - → Mykoplasmen
  - Protozoen (tierische Einzeller): Trichomonaden (4%)
  - Viren: Herpesviren
- Gonorrhoe: (siehe S.)

Kli.:

- evtl. Harnröhrenausfluss
- evtl. Schmerzen, Jucken oder Brennen beim Wasserlassen
- Komplikationen:
  - Männer: Entzündung von Prostata und Samenblase, Sterilität, reaktive Arthritis u. a.
  - Frauen: Entzündung von Gebärmutter, Eileiter, Eierstock, Sterilität, reaktive Arthritis u. a.

Dg.:

Anamnese, Klinik, Leukozyturie im Morgenurin, Erreger- oder Antigennachweis (Kultur frischer Urethral- bzw. Zervix-Abstriche; DNA-Bestimmung bei Chlamydien und Gonokokken u. a.)

Morgenurin: Für die meisten Untersuchungszwecke hat sich der Morgenurin bewährt, der im Allgemeinen durch die lange Verweildauer eine Zusammensetzung besitzt, die nicht durch tageszeitliche Schwankungen, Ernährung, Flüssigkeitsaufnahme oder körperlichen Belastung (und somit Schwitzen) verändert ist. (Für die Untersuchung auf eine Glukosurie z. B. bei Verdacht auf Diabetes mellitus ist allerdings am besten ein Urin geeignet, der etwa 2 Stunden nach einer kohlenhydratreichen Mahlzeit gelassen wurde.)

Th.:

- Allgemeinmaßnahmen: Partner mitbehandeln, viel trinken, häufig Wasser lassen (Spüleffekt), sexuelle Betätigung kurzzeitig einstellen, Kondome, nach dem Geschlechtsverkehr Wasser lassen, keine Seifen im Genitalbereich, keine nassen Badeanzüge, für warme Füße sorgen u. a.
- Antibiotika

MEDIKAMENTÖS BEDINGTE NIERENSCHÄDEN

ANALGETIKANEPHROPATHIE

Def.:

abakterielle interstitielle Nephritis durch Missbrauch phenazetin- (bzw. paracetamol-) haltiger Analgetika. Wurden mehr als etwa 500-1000 g dieser Substanz eingenommen, so kann es zu Durchblutungsstörungen und Papillennekrosen der Nieren kommen.

5% aller Patienten mit chronischer Niereninsuffizienz leiden an einer Analgetika-Nephropathie

Kl.:

- anamnestisch: Arzneimittelmissbrauch
- Im Frühstadium oft keine Symptome; evtl. Kopfschmerz, Müdigkeit, leichte Anämie, schmutzigbraune Hautfarbe

Komplikationen:

- Papillennekrose: Flankenschmerz, Hämaturie, oft Fieber
- Tubulusschädigung mit vermindertem Konzentrationsvermögen der Niere
- bakterielle Infekte
- Niereninsuffizienz
- Spätkomplikation: gehäuft bösartige Tumoren der Harnwege und Mammakarzinome (10%)

Dg.:

Anamnese (Medikamente chronische Schmerzen), Klinik, Urin (Leukozyturie ohne Bakteriurie. evtl. Erythrozyturie und geringe Proteinurie), Sonografie, Urografie (= Röntgenkontrastdarstellung der Nierenkelche, des Nierenbeckens, der Harnleiter und der Blase); besteht der Verdacht, dass der Patient einen Schmerzmittelmissbrauch verschweigt, kann man Abbauprodukte des Paracetamols im Urin bestimmen lassen.

Th.:

Weglassen der auslösenden Medikamente. (Wird die schädigende Medikation vor Einsetzen der Niereninsuffizienz beendet, kommt es zum Stillstand der Erkrankung.)

AKUTES NIERENVERSAGEN (ANV)

Def.:

akut auftretende, i. d. R. reversible Niereninsuffizienz mit den Leitsymptomen: Versiegen der Harnsekretion mit Oligo-/Anurie und Anstieg der Retentionswerte (Harnstoff und Kreatinin). Ohne Einsatz der Dialyse („Blutwäsche") führt das akute Nierenversagen meist über eine Urämie zum Tod.

Merke: 15% der ANV verlaufen normo- oder sogar polyurisch, hierbei ist dann das einzige Symptom der Anstieg der harnpflichtigen Substanzen (Harnstoff, Kreatinin) im Serum.

Ät.:

- prärenales (= vor der Niere gelegenes) akutes Nierenversagen (70-80%)
  - zirkulatorisch-ischämische Nierenschädigung: Blutdruckabfall, Hypovolämie, Schock
  - toxische Nierenschädigung: Hämolyse, Myolyse, Arzneimittel, Chemikalien
- renales Nierenversagen durch Nierenerkrankungen unterschiedlicher Genese
  - entzündlich: Goodpasture-Syndrom, akute Nephritis, Medikamente, Infektion
  - vaskulär: Verschluss von Nierenarterien oder –venen, Vaskulitis u. a.
  - hämolytisch-urämisches Syndrom (HUS, Gasser-Syndrom): häufigste Ursache des ANV bei Kindern. 2 Formen:
    - → enteropathisches HUS: Infektion mit EHEC = enterohämorrhagische E. coli
    - → nicht-enteropathisches HUS: verursacht durch bestimmte Pneumokokken u. a.
  - tubulär: Verstopfung durch Leichtketten beim multiplen Myelom (siehe S. 41), Urate bei Hyperurikämie u. a.
- postrenales Nierenversagen
  - Abflusshindernis der ableitenden Harnwege (lokalisiert vom Nierenbecken bis zur Harnröhre, sog. Harnsperre oder Harnverhaltung): Prostatahyperplasie oder –karzinom, Kompression durch Tumormetastasen im kleinen Becken u. Ä.

Kl.:

Zu Beginn keine wesentlichen Symptome! Später: rasche Ermüdbarkeit, Übelkeit, Schläfrigkeit, evtl. psychische Auffälligkeit.

Vier Stadien des Nierenversagens werden unterschieden:

1) Schädigung der Niere (z. B. Schock)
2) Oligo- bzw. Anurie mit der Gefahr:
   - Überwässerung (Linksherzinsuffizienz, Lungenödem, Hirnödem, Hypertonie)
   - Hyperkaliämie (metabolische Azidose, Urämie)
3) Polyurie mit der Gefahr der Wasser- Elektrolytentgleisung (= -verlust)
4) Wiederherstellung der normalen Funktion

Dg.:

Anamnese, Klinik, Harnmenge/Tag, Labor (Kreatinin, Harnstoff, Kalium, Urin u. a.), Sonografie

Th.:

- intensivmedizinische Überwachung! (Letalität 60-70%)
- Behandlung der zum ANV führenden Grundkrankheit: z. B. schnelle und ausreichende Schockbehandlung mit Volumensubstitution
- wassertreibende Medikamente in hohen Dosen
- Flüssigkeits- und Elektrolytbilanz
- ggf. Dialysebehandlung

CHRONISCHE NIERENINSUFFIZIENZ UND URÄMIE

Def.:

Eine irreversible Abnahme des Glomerulusfiltrats bei fortschreitendem Untergang von Nierenfunktionsgewebe führt zu eingeschränkter Fähigkeit der Nieren, harnpflichtige Substanzen auszuscheiden. In fortgeschrittenen Stadien geht auch die Regulationsfähigkeit des Elektrolyt-, Wasser- und Säure-Basen-Haushaltes verloren.

Ät.:

- Diabetische Nephropathie (40%; siehe S. 260)
- Nierenschäden bei arterieller Hypertonie (> 20%)
- chronische Glomerulonephritiden (< 20% d. F.)
- chronische Pyelonephritis (ca. 10% d. F.)
- Analgetikanephropathie (ca. 5%)
- Zystennieren (ca 5%)
- andere Ursachen

Kl.:

Vier Stadien der Niereninsuffizienz

I. Kompensiertes Dauerstadium: leichte Einschränkung der Kreatinin-Clearance und der Konzentrationsfähigkeit bei noch normalen Retentionswerten (Harnstoff und Kreatinin normal)

II. Stadium der kompensierten Retention (Azotämie): Erhöhung der Retentionswerte (Kreatinin bis 6 mg/dl) ohne klinische Urämiesymptome

III. Präterminale Niereninsuffizienz: Kreatininerhöhung > 6 mg/dl; bei Kreatininwerten > 8 mg/dl treten urämische Symptome auf: es wird dann von einer dekompensierten Retention gesprochen

IV. Terminale Niereninsuffizienz (Urämie): Kreatininwerte > 10 mg/dl. Fortschreiten der urämischen Erscheinungen: Behandlung durch Dialyse und Nierentransplantation

Die chronische Niereninsuffizienz führt zu:

- Versagen der exkretorischen Nierenfunktion
- Störungen im Wasser-, Elektrolyt- und Säure-Basenhaushalt
- toxischen Organschäden durch die nicht ausgeschiedenen harnpflichtigen Substanzen
- Störungen der inkretorischen Nierenfunktion (Erythropoetin)
- Allgemeinsymptome:
  - urämischer Geruch, Schwäche, Juckreiz, Kopfschmerzen, Café au lait-Farbe der Haut
  - Rückgang der Wassermenge, Ödeme
- ZNS: Konzentrationsschwäche, Schläfrigkeit bis Koma, Psychosen, Polyneuropathie, Krampfanfälle (Hypertoniefolge), gesteigerte Reflexe

- Lunge: Lungenödem, Lungenentzündung, Pleuritis, „Wasserlunge" (fluid lung)
- Herz-Kreislauf: arterielle Hypertonie mit Linksherzbelastung, Herzbeutelentzündung (Perikarditis), Rhythmusstörungen
- Magen-Darm-Trakt: urämische Gastroenteritis (Erbrechen, Durchfälle), Blutungen
- Blut: Blutbildungsstörung durch Erythropoetinmangel, Urämiegifte und Hämolyse führen zu renaler (normochromer) Anämie, Thrombozytopenie, Thrombozytopathie und immunologischen Funktionsstörungen.
- Skelett: renale Osteopathie: Kombination aus Osteomalazie durch Vitamin D_3 = Calcitriol-Mangel und Parathormonüberschuss durch sekundärem Hyperparathyreoidismus (siehe S. 295)

Dg.:

Anamnese, Klinik, Sonografie

Lab.: Harnstoff ↑, Kreatinin ↑, Kreatinin-Clearance ↓, Elektrolytstörungen

Th.:

- konservativ
  - Behandlung der zugrunde liegenden Nierenerkrankung (Merke: viele Arzneimittel müssen bei Niereninsuffizienz niedriger dosiert werden! Vorsicht!)
  - Diät: eiweißarm (↓ Harnstoffanfall); evtl. salzarm (bei Hypertonie und Ödemen)
  - reichliche Flüssigkeitszufuhr: 2-,5 l/Tag (zur ↑ der Eiweißausscheidung), ggf. wassertreibende Medikamente (Diuretika)
  - Kontrolle von Wasser-, Elektrolyt- und Säure-Basenhaushalt (Kochsalzmangel ist die häufigste Ursache verminderter Wasserausscheidung)
  - Behandlung von Komplikationen: Hypertonie, Herzinsuffizienz, nephrotisches Syndrom, renale Osteopathie, renale Anämie
- Dialyse und Hämofiltration
- Nierentransplantation (merke: Die Spenderniere wird in die linke oder rechte Fossa iliaca, also im Unterbauch implantiert, nicht im Nierenlager. Es wird nur eine Niere transplantiert.)

NIERENTUMOREN

NEPHROBLASTOM (WILMS-TUMOR)

Def.:

bösartiger Nierentumor im Kindesalter

75% der Patienten sind unter 5 Jahren, 7,5% aller bösartigen Erkrankungen im Kindesalter, 1:9000 Kindern, Altersgipfel 3-4 Jahre

Ät.:

unbekannt; z.T. autosomal-dominant vererbt

Kl.:

- Tumormasse im Bauch (50-60%), von Müttern oft als „gutes Gedeihen" verkannt!
- Mikrohämaturie (10-25%)
- Bauchschmerzen mit und ohne Fieber (20-25%)
- Gewichtsverlust (10-15%)
- Appetitlosigkeit, Erbrechen, Durchfall (5-25%)

Dg.:

Anamnese, Klinik (tastbarer Bauchtumor), Sonografie, CT, NMR, Angiografie

Th:

Operation, Chemotherapie, Radiotherapie (je nach Stadium), Prognose: trotz hoher Bösartigkeit überwiegend heilbar, 5-Jahres-Überlebensrate ca. 90%

NIERENZELLKARZINOM

auch: Hypernephrom, hypernephroides Nierenkarzinom, Grawitz-Tumor

Def.:

bösartiges Karzinom der Niere, das mit einem Häufigkeitsgipfel zwischen dem 45.-75. Lebensjahr vor allem bei Männern auftritt (m:w = 2:1)

Ät.:

unbekannt (Zigarettenrauchen und Cadmiumexposition gelten als Risikofaktoren)

Kl.:

keine Frühsymptome (60% der Nierenzellkarzinome sind asymptomatische diagnostische Zufallsbefunde bei der Nierensonografie), die folgenden Symptome treten nicht immer auf und sind oft schon Spätsymptome:

- Flankenschmerzen, BSG-Erhöhung, Anämie, unklares Fieber
- Hämaturie: nach Einbruch des Tumors ins Nierenbecken
- tastbare Tumormassen
- hämatogene (= auf dem Blutweg) Metastasierung nach Tumoreinbruch in die V. renalis, 25% der Patienten haben bei Diagnosestellung Fernmetastasen: Lunge, Knochen, Leber, Hirn
- paraneoplastische Syndrome infolge von Hormon- und Enzymproduktion durch den Tumor: Hyperkalzämie (Parathormon), Hypertonie (Renin), Polyglobulie (Erythropoetin)
- starke Erhöhung der Blutsenkung (über 100 mm in der ersten Stunde)
- Varikozele („Krampfaderbruch") des linken Hodensacks bei Tumoreinbruch in die linke V. renalis (die V. testicularis/V. ovarica drainiert auf der linken Seite in die V. renalis, auf der rechten in die V. cava inferior)

Merke: Ein gemeinsames Merkmal der Geschwülste der Niere und des oberen Harntraktes ist die Harnblutung (Hämaturie). Jede Hämaturie ist ein schwerwiegendes Symptom und bedarf konsequenter diagnostischer Abklärung! Bei akuter Blutung sofortige Zystoskopie (Blasenspiegelung zur Klärung der Seitenlokalisation).

Dg.:

Anamnese, Klinik, Sonografie, intravenöses Pyelogramm, CT, NMR, Spezialverfahren: Arteriografie/Venografie (Nachweis des Tumoreinbruchs in die V. renalis und V. cava inferior), Metastasensuche: Röntgen-Thorax, Röntgen-Skelett, Skelettszintigrafie, Sonografie und CT der Leber und des Gehirns (Hirnmetastasen)

Th.:

operativ: Nephrektomie (Entfernung der Niere) und Ausräumung der Lymphknoten, Entfernung einzelner (solitärer) Fernmetastasen in Leber und Lunge, evtl. präoperative und postoperative Bestrahlung, Immuntherapie mit Interleukin 2 (Remission in ca. 20% der Fälle)

Prognose: 5-Jahre-Überlebensrate aller Fälle ca. 50%

NIERENZYSTEN UND ZYSTENNIEREN

NIERENZYSTEN

mit Epithel ausgekleidete, sackartige, gutartige Geschwulst der Niere, einzeln oder multipel, ein- oder beidseitig auftretend. Meist sind sie ein symptomloser Zufallsbefund (Sonografie) ohne therapeutische Konsequenzen.

Th.:

Symptomlose Zysten bedürfen keiner Behandlung. Bei großen Zysten mit Komplikationen (Schmerzen im Rücken, Hypertonie) evtl. Abpunktion der Zystenflüssigkeit und Verödungsbehandlung oder Zystenresektion.

ZYSTENNIEREN

autosomal rezessiv bzw. autosomal dominant vererbte polyzystische Nierenerkrankungen. Funktionstüchtiges Nierengewebe wird durch Zysten ersetzt. Verschiedene Formen werden unterschieden, z. B:

AUTOSOMAL DOMINANTE POLYZYSTISCHE NEPHROPATHIE (ADPN)

häufig: 1:1000 Geburten

Kl.:

- manifestiert sich zwischen dem 30.-50. Lebensjahr
- evtl. Flankenschmerzen, evtl. Makrohämaturie
- pathologisches Harnsediment (Proteinurie, Erythrozyturie)
- häufig gleichzeitig Leberzysten (40-50%) und Hirnbasisarterienaneurysmen (bis zu 50%)
- Todesursachen: Niereninsuffizienz und Aneurysmablutung

Dg.:

Anamnese (Familienanamnese!), Klinik, Sonografie, Urografie

Th.:

symptomatisch: Behandlung von Niereninsuffizienz, Hypertonie, Harnwegsinfekten usw.

HARNSTEINE (UROLITHIASIS)

Def.:

Harnsteine können in der Niere (als sog. Nephrolithiasis) und in den ableitenden Harnwegen (Harnleiter, Harnblase, Harnröhre) lokalisiert sein.

Etwa 5% der Bevölkerung sind betroffen, m:w = 2:1, Häufigkeitsgipfel 30-60. Lj.; heiße geografische Regionen und eiweißreiche Kost begünstigen die Steinbildung.

Harnsteinarten

- Kalziumoxalat und Kalziumphosphat (80%)
- Harnsäuresteine = Uratsteine (15%)
- Magnesium-Ammonium-Phosphat (= Struvit) (< 5%)
- seltene Steine: z. B. Zystinsteine bei Zystinurie

Ät.:

Viele verschiedene Ursachen (= multifaktorielle Genese) verändern Stoffwechselfaktoren und führen zur Übersättigung des Harns an steinbildenden Substanzen:

- vermehrte Ausscheidung steinbildender Substanzen im Urin
  - Kalzium (Hyperkalziurie)
  - Oxalat (Hyperoxalurie)
  - Phosphat (Phosphaturie)
  - Harnsäure (Hyperurikosurie bei Hyperurikämie)
  - Zystin (Zystinurie)
- verminderte Ausscheidung steinverhindernder Substanzen im Urin
  - Magnesium (Hypomagnesiurie)
  - Salze der Zitronensäure (Hypozitraturie)

- kritischer Urin-pH ≤ 5,5 und > 7
- zu hohe Harnkonzentration (spezifisches Gewicht ≥ 1015 g/l)
- unterstützende Faktoren:
  - Harnstauung (anatomische oder funktionelle Veränderungen)
  - Harnwegsinfektionen (Nierensteine und Harnwegsinfekte begünstigen sich gegenseitig)
  - Immobilisation
  - Ernährungsfaktoren (eiweißreiche Ernährung, Dürsten, Gewichtsreduktion)

Kl.:

Harnleiterkolik (Leitsymptom): Durch Steineinklemmung in den Nierenkelchen, Nierenbecken oder Harnleiter bedingt. Je nach Sitz der Steineinklemmung lokalisieren sich die starken Schmerzen im Rücken u-/o. im seitlichen Unterbauch. Zusätzliche Symptome:

- Schmerzausstrahlung ins Genitale (bei tiefsitzenden Harnleitersteinen)
- Brechreiz, Stuhl- und Windverhalt (reflektorischer paralytischer Ileus)
- Blasenkrämpfe
- Hämaturie (Mikrohämaturie nahezu immer, Makrohämaturie 1/3 d. Fälle)

Komplikationen:

Häufigste und wichtigste Komplikation ist die Harnwegsinfektion, die sich zur lebensbedrohlichen Urosepsis fortentwickeln kann.

Dg.:

Anamnese; Klinik, Urinuntersuchungen: Urinstix (Erythrozyturie), Urinbilanzierung und Bestimmung von Kalzium, Harnsäure, Oxalat und Zystin im Urin, Blutuntersuchungen: Kalzium, Harnsäure, Kreatinin, Steinanalyse abgegangener oder entfernter Steine, Sonografie, Urografie u. a.

Th.:

- konservativ:
  - akute Kolik: krampflösende Medikamente (Spasmolytika) in Kombination mit Schmerzmitteln (Analgetika)
  - Litholyse (Steinauflösung): nur bei Harnsäuresteinen: Harnneutralisierung (Uralyt U®) auf Urin-pH von 6,5 bis 7, viel trinken, purinarme Diät, evtl. Allopurinol
  - Steinprophylaxe: viel trinken! (Rezidivquote ohne Prophylaxe 50-70%, mit P. < 5%)

  Weiteres Vorgehen je nach Steinanalyse:
  - kalziumhaltige Steine: Ausschluss eines Hyperparathyreoidismus; evtl. kann der Kalziumgehalt des Urins medikamentös gesenkt werden (Thiazide). (Entgegen früheren Empfehlungen schützt das Meiden von Milch- und Milchprodukten oder kalziumreichen Mineralwässern nicht vor der Entwicklung von Nierensteinen.)
  - Harnsäuresteine (= Uratsteine): Litholyse (siehe oben)
  - Oxalatsteine: Oxalatarme Diät (kein Spinat, kein Rhabarber) hilft nur wenig, Magnesium- und Zitratkombinationen sollen Oxalatsteinbildung mindern.
  - Phosphatsteine: Hyperparathyreoidismus ausschließen!

- Infektsteine: stets Steinentfernung anstreben! Gezielte Antibiotikatherapie nach Antibiogramm, Ansäuern des Harns (z. B. ansäuernde Mineralwasser)
- extrakorporale Stoßwellenlithotripsie (ESWL = nichtoperative Zertrümmerung von Harnsteinen durch Stoßwellen), Erfolgsrate > 90%
- perkutane Nephroskopie (= Nierenbeckenspiegelung) mit Steinzertrümmerung
- operative Steinentfernung (heute nur noch in < 5% d. F. erforderlich)

Therapiemöglichkeiten bei Harnleitersteinen

- Spontanabgang abwarten (bis erbsgroße Konkremente können spontan abgehen, Urin sieben, damit der Stein abgefangen und analysiert werden kann). Merke: Die häufigste Frühkomplikation bei Harnleitersteinen ist die Pyelonephritis mit der Gefahr der lebensbedrohlichen Urosepsis. Daher engmaschige Harn- und Temperaturkontrollen und unverzügliche Steinentfernung. Falls der Spontanabgang nicht erfolgt:
- bei entsprechender Größe (< 0,5 cm) des Konkrementes (Urografie, Sonografie) konservativer Versuch einer Steinaustreibung: krampflösende Mittel (Spasmolytika), viel trinken, Wärmeanwendung, Bewegung („Seilspringen, Treppenhüpfen")
- ESWL (siehe oben)
- endourologische Verfahren Harnleiter-Nierenbecken-Spiegelungen) wie
  - URS (Ureterorenoskopie = Harnleiter-Nierenbecken-Spiegelung) mit Entfernung des Steines mittels Fasszange oder Schlinge
  - USL (Ultraschall-Lithotripsie = Steinzertrümmerung mittels Ultraschall)
  - LISL (Laser-induzierte Stoßwellenlithotripsie)
  - PCN (perkutane Nephrostomie = durch die Haut geführter Katheter zum Nierenbecken)
- operative Steinentfernung (< 1% d. F.)

Prophylaxe:

Harnsteine rezidivieren! Konsequente Steinprophylaxe (siehe auch oben) senkt die Rezidivquote von ca. 60% auf < 5%: Viel trinken! Das spezifische Gewicht des Harns sollte 1010 g/l nicht überschreiten (Selbstkontrolle mittels Teststreifen (z. B. MD Spezial®). Eiweißkonsum reduzieren, Apfel- und Grapefruitsaft meiden.

STOFFWECHSELKRANKHEITEN

DIABETES MELLITUS („ZUCKERKRANKHEIT")

Diabetes = hindurchgehen, mellitus = mit Honig gesüßt: „honigsüßer Durchfluss"

Def.:
Krankheitsbegriff für verschiedene Formen der Glukose-Stoffwechselstörung mit unterschiedlicher Ätiologie und Symptomatik. Gemeinsames Kennzeichen: absoluter oder relativer Mangel an Insulin. Im Nüchternzustand oder nach dem Essen (postprandial) steigt der Blutzucker pathologisch an (Hyperglykämie).
Epidemiologie:
In den westlichen Industrieländern beträgt die Zahl der Diabetiker ca. 2,5-7% (davon ca. 85-90% Typ-2-Diabetiker, 5-8% Typ-1-Diabetiker). Männer und Frauen sind gleich häufig betroffen.

Klassifikation des Diabetes mellitus (WHO und American Diabetes Association, 1997):

1. Typ-1-Diabetes (frühere Bezeichnung: juveniler Diabetes oder insulinabhängiger Diabetes mellitus = IDDM): Eine Autoimmunreaktion führt zu einer irreversiblen Zerstörung der β-Zellen des Pankreas. Dies verursacht einen absoluten Insulinmangel.
   A. immunologisch bedingt
   B. idiopathisch
2. Typ-2-Diabetes (frühere Bezeichnung: „Altersdiabetes oder nicht insulinabhängiger Diabetes mellitus (NIDDM): Pathogenetisch umfasst der Typ-2-Diabetes sowohl Formen mit vorwiegender Insulinresistenz am peripheren (Post-)Rezeptor und relativem Insulinmangel als auch Formen mit schwerem pankreatischem Insulinsekretionsdefekt mit milder Insulinresistenz.
3. Andere spezifische Formen:
   A. Genetische Defekte in der B-Zellfunktion
      1. Chromosom 12, HNF-1α (frühere Bezeichnung: MODY 3), 2. Chromosom 7, Glukokinase (früher: MODY 2), 3. Chromosom 20, HNF-4a ((früher: MODY 1), 4. mitochondrale DNA, 5. andere.
   B. Seltene genetische Defekte der Insulinwirkung
   C. Krankheiten des exokrinen Pankreas (z. B. Pankreatitis, Trauma, Pankreaskarzinom, zystische Fibrose, Hämatochromatose u. a.)
   D. Endokrinopathien (Vermehrung von Hormonen, die als Gegenspieler des Insulin wirken z. B. bei Akromegalie, Cushing-Syndrom, Phäochromozytom, Hyperthyreose, Somatostatinom, Glukagonom, Conn-Syndrom)
   E. Medikamenten- und chemikalieninduziert (z. B. Glukokortikoide, Schilddrüsenhormone)
   F. Infektionen (z. B. kongenitale Röteln, Zytomegalie),

G. Seltene immunologisch bedingte Formen (z. B. Anti-Insulin-Rezeptor-Antikörper)
H. Andere genetische Syndrome, die manchmal mit Diabetes vergesellschaftet sind (Down-, Klinefelter-, Turner-Syndrom, Chorea Huntington, Friedreich-Ataxie)

4. Gestationsdiabetes (GDM) (Schwangerschaftsdiabetes)

Ätiologie und Pathogenese:

- Typ-1-Diabetes (10% d. F.)

  Die Insulin-produzierenden B-Zellen der Bauchspeicheldrüse werden wahrscheinlich durch eine chronische, irreversible Autoimmunerkrankung zerstört. Erbanlagen (genetische Faktoren) spielen prädisponierend eine Rolle (jedoch weniger als beim Typ-2-Diabetes).

  Für eine Autoimmuninsulitis sprechen folgende Befunde:
  - Infiltration der Langerhans-Inseln im Pankreas mit autoreaktiven T-Lymphozyten
  - Nachweis von Autoantikörpern (in 70-90% d. F.): Inselzellantikörper (ICA), Insulinautoantikörper (IAA) u. a.
  - Remission unter immunsuppressiver Behandlung

  ICA und IAA sind bereits Jahre vor Manifestation des Typ-1-Diabetes nachweisbar

- Typ-2-Diabetes (90% d. F.)

  Beim Typ-2-Diabetes spielen genetische Faktoren eine noch größere Rolle als beim Typ-1-Diabetes. (Hat ein Elternteil Diabetes-Typ-2 beträgt das Risiko des Kindes an dieser Krankheit zu erkranken 50%, eineiige Zwillinge haben bei Erkrankung ein Risiko von 100%.)

  Die Entwicklung des Typ-2-Diabetes wird durch Überernährung und Übergewicht begünstigt. Auch Stressfaktoren (Infektionen, Operationen, Herzinfarkt, Apoplexie u. a.) können zur Entwicklung eines Typ-2-Diabetes beitragen.

  Die Mehrzahl der Erkrankten zeigt das Krankheitsbild des sog. Metabolischen Syndroms („Wohlstandssyndrom"). Man versteht darunter das gehäufte Zusammentreffen von
  - Hyperglykämie und Insulinresistenz. Der aus der Insulinresistenz resultierende Anstieg des Insulinspiegels im Blut (Hyperinsulinämie) führt zu Übergewicht und begünstigt die Entwicklung einer Atherosklerose.
  - Übergewicht (stammbetont)
  - Fettstoffwechselstörung (Triglyzeride erhöht, HDL-Cholesterin erniedrigt)
  - Hyperurikämie (Harnsäureerhöhung) bzw. Gicht
  - essentielle Hypertonie
  - gesteigerte Aktivität der Blutplättchen und des Fibrinogens

  Pathogenetisch werden zwei Formen des Typ-2-Diabetes unterschieden:
  1. Gestörte Insulinsekretion („Sekretionsstarre")
  2. Herabgesetzte Insulinwirkung (Insulinresistenz) durch einen Rezeptordefekt und gestörte Glukoseverwertung in der Zelle (Postrezeptordefekt).

  Hohe Insulinspiegel vermindern die Zahl der peripheren Rezeptoren („Downregulation") und damit die Insulinwirkung. Dies führt über Regelkreise zu einer noch stärkeren Insulinausschüttung („Teufelskreis"). Wenn die Rezeptorzahl weiter abnimmt, kommt es durch die zunehmende Insulinresistenz zu einer Erschöpfung der Kapazität der insulinproduzierenden B-Zellen im Pankreas, es manifestiert sich ein Typ-2-Diabetes. (Werden Überernährung und Übergewicht beseitigt, so erhöhen sich die peripheren Insulinrezeptoren bei gleichzeitig abnehmendem Insulinspiegel).

- Gestationsdiabetes: Jede während der Schwangerschaft erstmals erkannte Störung des Kohlenhydratstoffwechsels wird als Gestationsdiabetes bezeichnet (ca. 3% aller Schwangeren). In der Regel normalisieren sich die Störungen nach der Schwangerschaft, es bleibt aber ein erhöhtes Risiko für die Entwicklung eines Diabetes mellitus.

Kl.:

- familiäre Belastung („erbliche Disposition", Anamnese!)
- Schwangerschaftskomplikationen
- starker Durst und vermehrte Wasseraufnahme (Polydipsie), vermehrte Harnausscheidung (Polyurie)
- Übergewicht; bei Manifestation eines Diabetes anfangs aber auch Gewichtsabnahme (!)
- Leistungsminderung, Müdigkeit
- Kopfschmerz, Schwindel
- Sehstörungen, nächtliche Wadenkrämpfe (Störungen im Wasser-/Elektrolythaushalt)
- kurzfristige Unterzuckerung (= Hypoglykämien) mit Heißhunger und Schwitzen (vorübergehender Hyperinsulinismus im Anfangsstadium eines Diabetes)
- Fettstoffwechselstörungen: Fettleber, Hypertriglyzeridämie (Typ I und IV n. Fredrickson)
- Gallenblasenentzündungen
- Dupuytren-Kontraktur
- Resistenzschwäche (Anfälligkeit gegenüber Infektionen)
- Hauterscheinungen
  - Juckreiz (Pruritus)
  - Hautinfektionen (Candidamykose, Furunkulose, Abszess, Erysipel u. a.)
  - Rötung des Gesichtes (Rubeosis diabetica), Necrobiosis lipoidica (zur Nekrose führende granulomatöse Entzündung der Haut)
- Potenzstörungen, Amenorrhoe
- Sehverschlechterung (Retinopathie)
- Sonderform Gestationsdiabetes (Schwangerschaftsdiabetes): Die Mutter ist gefährdet durch ein erhöhtes Risiko für Harnwegsinfektionen, Notwendigkeit einer operativen Entbindung, Hydramnion (Fruchtwasservermehrung) und Blutdrucksteigerungen (Gestose). Das Kind ist gefährdet durch eine Embryofetopathia diabetica (mit Geburtsgewicht größer als 4500g), Großwuchs (Makrosomie), Atemnotsyndrom, Unterzucker (Hypoglykämie) nach der Geburt, Ikterus u. a.

Die Entwicklung eines Typ-1-Diabetes verläuft in der Regel rasch. Der Typ-2-Diabetes entwikkelt sich meist schleichend, anfangs ohne gravierende Symptome. Nur Routinekontrollen von Blutzucker bzw. Urinzucker ermöglichen deshalb eine frühe Diagnose.
Während die Diabetiker vor dem therapeutischen Einsatz von Insulin zu > 60% im Coma diabeticum verstarben, ist ihr heutiges Schicksal durch das Ausmaß der Komplikationen – meist Gefäßschäden - bestimmt (gefäßbedingte Todesursachen beim Diabetes mellitus ca. 80%).

Komplikationen eines Diabetes mellitus:

1. Gefäßschäden durch Mikro- und Makroangiopathie (siehe unten)
2. Resistenzminderung (bakterielle Haut- und Harnwegsinfektionen)
3. Hypertriglyzeridämie und Fettleber
4. Hyper- bzw. hypoglykämisches Koma
5. Verminderte Reninausschüttung mit Hypoaldosteronismus (Hyperkaliämie, Hyponatriämie, metabolische Azidose und evtl. Hypotonie)

Unterteilung der diabetischen Gefäßschäden (häufigste Komplikation):

- Makroangiopathie (unspezifische Schäden) mit Frühatherosklerose
  - Koronare Herzkrankheit (KHK) : 55% der Diabetiker sterben am Herzinfarkt.
  - Apoplexie (Hirnschlag)
  - Periphere arterielle Verschlusskrankheit

  Aufgrund einer begleitenden Nervenschädigung (Neuropathie, siehe unten) fehlt beim Diabetiker oft der Schmerz als Warnsymptom (z. B. Angina pectoris, Claudicatio intermittens)!
- Mikroangiopathie (diabetesspezifisch) mit 4 typischen Verlaufsformen:
  - Diabetische Nierenerkrankung (Nephropathie; Glomerulosklerose)
  - Diabetische Netzhauterkrankung (Retinopathie)
  - Diabetische Nervenerkrankung (Neuropathie)
  - Diabetisches Fußsyndrom

Die vier Verlaufsformen der diabetischen Mikroangiopathie:

1. Diabetische Nierenerkrankung (Nephropathie; Glomerulosklerose Kimmelstiel-Wilson): 30% der Dialyse-Patienten sind Diabetiker. Frühsymptom: Nachweis von Mikroalbuminen im Urin (Mikroalbuminurie). Frühzeitige Behandlung eines Bluthochdrucks mit ACE-Hemmern verbessert die Prognose. Andere Nierenschäden bei Diabetes mellitus:
   - Arterio-Arteriolosklerose der Nierengefäße
   - begleitende interstitielle Nephritis und Neigung zu Harnwegsinfekten
2. Diabetische Netzhauterkrankung (Retinopathie):

   30% aller Erblindungen in Europa (Netzhautablösungen, Glaskörperblutungen, Gefäßneubildungen, Mikroaneurysmen, Netzhautödeme, Exsudate). Retinopathie bei Typ-1-Diabetes: 90% nach 15 Jahren, Typ-2-Diabetes 25% nach 15 Jahren.
3. Diabetische Nervenerkrankung (Polyneuropathie):

   Nach 10-jähriger Krankheitsdauer haben ca. 50% der Patienten eine Polyneuropathie.
   - Periphere sensomotorische Neuropathie (am häufigsten). Frühsymptom: Vibrationsempfindungsstörung (Messung mittels Stimmgabel), später distal betonte, symmetrische Parästhesien („burning feet"), Arreflexie (Achillessehnenreflexe nicht auslösbar), gestörtes Kalt/Warm-Empfinden, Schmerzempfindungsstörungen. Im weiteren Verlauf evtl. motorische Störungen. Die Nervenleitgeschwindigkeit ist vermindert.

- Autonome diabetische Neuropathie (ADN): Hier handelt es sich um eine Neuropathie des vegetativen sympathischen und parasympathischen Nervensystems)
  → Kardiovaskuläre ADN: ventrikuläre Arrhythmien, Kammerflimmern, Ruhetachykardie, Herzfrequenzstarre, Hypotonie u. a.
  → ADN des Magen-Darm-Traktes (parasympathische Schädigung): Speiseröhrenmotilitätsstörung, evtl. Schluckbeschwerden, Magenlähmung (Gastroparese) mit Völlegefühl und Druck im Oberbauch, Durchfall im Wechsel mit Verstopfung, Verdauungsstörungen
  → ADN des Urogenitalsystems (parasympathische Schädigung): Blasenlähmung mit Blasenentleerungsstörungen (Restharnbildung, Harnwegsinfekte), Impotenz
  → ADN des neuroendokrinen Systems: Verminderung/Fehlen der hormonellen Gegenregulation bei Hypoglykämie (nur eingeschränkte Wahrnehmung der Notfallsituation!); verminderte Adrenalinausschüttung bei körperlicher Belastung.
  → ADN der Thermoregulation: verminderte Schweißsekretion, Vasodilatation (warmer diabetischer Fuß)
  → ADN der Pupillen: gestörter Pupillenreflex

4. Diabetisches Fußsyndrom (in der Praxis sehr wichtig!):

   15% der Diabetiker entwickeln ein diabetisches Fußsyndrom. Gangrän und Amputationen sind beim Diabetiker 30-50mal häufiger als bei Nichtdiabetikern. 25% aller Aufwendungen für Diabetiker werden durch diabetische Fußprobleme verursacht, 50% aller Krankenhaustage bei Diabetikern entfallen auf die Behandlung des diabetischen Fußsyndroms!

   Jede Verletzung am Fuß eines Diabetikers ist eine Notfallsituation und bedarf einer optimalen Therapie! Keine instrumentellen Manipulationen an Diabetikerfüßen (Fußpflege)!

   3 Typen:

   - Neuropathischer diabetischer Fuß (70%): warmer Fuß, rosiges Aussehen, tastbare (!) Fußpulse (Mikroangiopathie!), vermindertes Vibrationsempfinden (gestörte Tiefensensibilität; Stimmgabelversuch). Ausgelöst durch falsche Fußpflege, enges Schuhwerk oder kleinste Traumen, bildet sich ein schmerzloses neuropathisches Geschwür (sog. Malum perforans) an druckbelasteten Regionen (Fußballen, Ferse).
   - Ischämischer Fuß: peripherer arterielle Verschlusskrankheit (Makroangiopathie; pAVK; siehe auch dort): Fußpulse nicht tastbar, erhaltene Tiefensensibilität (Stimmgabel), kühler Fuß, Nekrosen bzw. Gangrän der Zehen. Sind die Füße warm und die Fußpulse tastbar, so besteht keine AVK.
   - Kombinierte Form aus neuropathischen und ischämischen diabetischem Fuß (ungünstigste Prognose)

Dg.:

Anamnese (Familienanamnese, Schwangerschaftsanamnese usw.), Klinik, Labor

Laborwerte im Blut:

- Nüchternblutzucker nach 8-stündiger Nahrungskarenz: Er ist der entscheidende Wert für die Diagnose Diabetes mellitus („einfach, ausreichend, kostengünstig!"). Bei einer leichten Erhöhung (≥ 110 < 116 mg/dl) spricht man von einer gestörten Glukose-Homöostase oder IFG (impaired fasting glucose). Diese stellt einen Risikofaktor für die zukünftige Entwicklung eines Diabetes mellitus und für Herz-Kreislauferkrankungen dar.
- HbA_{1c}: zeigt als „Blutzucker-Langzeitgedächtnis" die Blutzuckerstoffwechsellage in den letzten 3 Monaten an (dient zur Kontrolle der Blutzuckereinstellung)
- Oraler Glukosetoleranztest (OGTT): Er wird nur noch in Ausnahmefällen durchgeführt. Es werden 75g Glukose nach einer Nüchternblutentnahme zugeführt, erneute Blutzuckerbestimmung 120 min nach der Zuckeraufnahme.
- Fruktosamin (kein Routineparameter): zeigt als „Blutzucker-Kurzzeitgedächtnis" die Blutzuckereinstellung in den letzten 2 Wochen an

Laborwerte im Urin:

- Urinzuckerbestimmung. (Die normale „Nierenschwelle" für Glukose liegt bei 150-180 mg/dl Glukose im Blut. Erst bei dieser Blutkonzentration tritt Glukose in den Urin über).
- Bestimmung des Mikroalbumins im Urin als Zeichen einer Nierenschädigung.

Diagnostische Richtwerte zur Feststellung eines Diabetes mellitus

Stadium	Nüchtern-Plasma-Glukose	Gelegenheits-blutzucker	Oraler-Glukose-Toleranztest (OGTT)
Diabetes mellitus	≥ 126 mg/dl (≥ 7,0 mmol/l)	≥ 200 mg/dl (≥ 11,1 mmol/l) u. Diabetes-Symptome	2-h-Wert ≥ 200 mg/dl (≥ 11,1 mmol/l)
Gestörte Glukose-Homöostase IFG (impaired fasting glucose)	≥ 120 < 126 mg/dl (≥ 6,1 < 7,0 mmol/l)		Pathol. Glukose-toleranz: 2-h-Wert: ≥ 140 < 200 mg/dl (≥ 7,8 < 11,0 mmol/l)
Normal	< 110 mg/dl (< 6,1 mmol/l)		2-h-Wert < 140 mg/dl (< 7,8 mmol/l)

Th.:

- Diät: Reduktionskost zur Gewichtsnormalisierung (oft normalisiert sich beim Typ-2-Diabetes allein dadurch der erhöhte Blutzucker), keine großen Mahlzeiten, sondern mehrere kleine.

  Zusammensetzung der Nahrung:

  - Eiweiß 10-15% der Gesamtkalorien (fettarmes Fleisch, Fisch, pflanzliche Eiweiße), bei diabetischer Nephropathie eiweißarme Diät
  - Fett 30% der Gesamtkalorien (hohen Anteil ungesättigter Fettsäuren anstreben). Bei zusätzlichen Fettstoffwechselstörungen (häufig) Fettanteil auf < 25% senken.
  - Kohlenhydrat: 50-60%, Berechnung nach Kohlenhydratportionen (bzw. Broteinheiten = BE = 12g Kohlenhydratäquivalent = 25g Brot) oder nach Äquivalenzwerten (Austauschtabellen), keine schnell resorbierbaren Zucker (Mono- oder Disaccaride).
- körperliche Aktivität
- Medikamente
  - orale Sulfonylharnstoffe: z. B. Glibenclamid (Euglucon®), Glimepirid (Amaryl®), Indikation: Typ-2-Diabetes mit ausreichender Insulinbildung (sofern eine Diätbehandlung und Sport alleine nicht genügen!)
  - Biguanide: Metformin (Glucophage ret.®), Indikation: übergwichtige Typ-2-Diabetiker, evtl. in Kombination mit Sulfonylharnstoffen bzw. Acarbose (additiver Effekt, Kontraindikationen: Niereninsuffizienz, erhebliche Leberfunktionsstörung, schwere Herzinsuffizienz.).
  - Medikamentöse Verzögerung der Kohlenhydratresorption

    → Füll- und Quellstoffe: z. B. Guar (Glukotard®, unverdauliches Polysaccarid der indischen Büschelbohne)

    → Glukosidasehemmer: z. B. Acarbose (Glucobay®), Miglitol (Diastabol®)
  - Insulin: Indikationen: Typ-1-Diabetes (insulinabhängig), Typ-2-Diabetes, wenn Diät und orale Antidiabetika nicht ausreichen, Schwangerschaft (wenn Diät nicht ausreicht), diabetische Komplikationen (Mikroangiopathie, Coma diabeticum u. a.), unter Sonderbelastungen: z. B. Operationen

    → gefährlichste Komplikation bei Insulintherapie: Hypoglykämie (Notfall!), bei insulinpflichtigen Diabetikern immer daran denken!
  - Angiotensin-Converting-Enzyme-Hemmer: Eine frühzeitige Therapie mit ACE-Hemmern zögert bei Typ-2-Diabetikern den Zeitpunkt einer dialysepflichtigen Niereninsuffizienz (um mehrere Jahre?) hinaus.
- Patientenschulung- und überwachung (Zuckermessung, Augenbefund, Hochdruck usw.)
- Prophylaxe und Therapie von Komplikationen: Regelmäßige Untersuchungen: Kontrolle auf (Mikro-) Albuminurie, Harnstoff, Kreatinin, Inspektion der Füße (diabetischer Fuß), Puls- und neurologischer Status, augenärztliche Untersuchungen u. a.
- Therapie des Typ-1-Diabetes durch Immunsuppression, kombinierte Pankreas und Nierentransplantation, Inselzelltransplantation u. a.
- In klinischer Erprobung: Inhalative Insulinpräparate und andere neue Medikamente, Entwicklung eines künstlichen Pankreas (Glukosesensor, Mikrocomputer, Insulinpumpe) u. a.

Merke: Das Behandlungsziel beim Diabetiker ist eine normale (normoglykämische) Stoffwechsellage. Dabei bilden die Gewichtsnormalisierung und die körperliche Aktivität die unverzichtbare Basis der Therapie. Denken Sie an die Spätfolgen des Diabetes: Herzinfarkt, Nierenversagen, Erblindung!

DIABETISCHES KOMA (COMA DIABETICUM)

Def.:

Das diabetische Koma ist eine Bewusstlosigkeit im Rahmen einer ausgeprägten Hyperglykämie durch absoluten oder relativen Insulinmangel

Ät.:

- Fehlende oder ungenügende Insulinzufuhr beim Diabetiker
  - Erstmanifestation eines bisher unerkannten Diabetes mellitus (25% d. Fälle)
  - unterlassene Insulin-Injektion, ungenügende Insulindosis
  - Tabletten statt Insulin (Typ-1-Diabetes = insulinbedürftig)
  - technische Fehler bei Abmessung in Injektion (z. B. Sehverlust durch Retinopathie)
- Erhöhter Insulinbedarf: Diätfehler, Operation, Unfall, Schwangerschaft, Hyperthyreose, Herzinfarkt u. Ä. Häufigste Ursache: Infektionen (ca. 40%).

Prinzipiell werden bei Hyperglykämie zwei Komaformen unterschieden:

1. Ketoazidotisches Koma (typisch für Typ-1-Diabetes): Bildung von Ketonkörpern (Azeton, Azetessigsäure, β-Hydroxibuttersäure) durch gesteigerte Lipolyse, metabolische Azidose (Übersäuerung), respiratorischen Kompensation der metabolischen Azidose (vermehrte Abatmung von CO_2: Kussmaul-Atmung mit Azetongeruch nach frischem Obst, Äpfeln)
2. Hyperosmolares Koma (typisch für Typ-2-Diabetes): keine gesteigerte Lipolyse (= Fettabbau), keine Ketonkörperbildung, kein Azetongeruch (geringe Insulinmengen verhindern hier die Lipolyse im Fettgewebe. Deshalb kommt es nicht zu Ketonkörperbildung und Azidose).

Kl.:

- Koma mit drei unterschiedlichen Manifestationsformen
  - kardivaskulär (Volumenmangel, Schock)
  - renal (Nierenversagen)
  - pseudoperitonitisch: peritoneale Reizerscheinung, Magen-Darm-Atonie mit Magenüberblähung (DD: Akutes Abdomen; Blutzuckerteststreifen)

Dg.:

Anamnese, Klinik, Blutzuckerteststreifen (bei jedem Koma!)

Th.:

Notfall! Vitalfunktionen sichern, Notarzt benachrichtigen, peripherer Zugang und Blutzuckerstix, Sauerstoffgabe. Die Therapie des hyperglykämischen Komas findet in der Klinik statt! (Keine Insulingabe am Notfallort - allenfalls durch den Notarzt.) Probleme:

- Austrocknung (Dehydratation) und Hyperosmolarität (in den ersten 8 Std. beträgt der Flüssigkeitsbedarf 5-10 l).
- Insulinmangel: stets nur Normalinsulin = Altinsulin (keine Verzögerungsinsuline) in kleinen Dosen (der Blutzuckerspiegel sollte nicht schneller als 100 mg/dl pro Stunde und zunächst nicht < 250 mg/dl gesenkt werden).
- Ketoazidose: Insulin hemmt die Lipolyse, die für die Ketoazidose verantwortlich ist.
- Elektrolytmangel: Kaliummangel. evtl. Phosphatmangel
- Sonstiges: Blasenkatheter zur genauen Flüssigkeitsbilanzierung, Magensonde, Thromboembolieprophylaxe, Intensivüberwachung.

UNTERZUCKER (HYPOGLYKÄMIE)

Def.:

Verminderung des Blutzuckers unter 40 mg/dl (2,2 mmol/l)

Ät.:

- Nüchternhypoglykämie
  - Insulinome, Inselzellhyperplasie oder -tumor
  - schwere Lebererkrankungen (↓ Glukosebildung = Glukoneogenese und Glukoseabgabe)
  - Urämie
  - Insuffizienz von Nebennierenrinde oder Hypophysenvorderlappen (Ausfall der Hormongegenspieler des Insulins)
  - Glykogenosen
  - renale Hypoglykämie (renaler Diabetes mellitus)
  - Neugeborenenhypoglykämie bei diabetischer Mutter
- Reaktive Hypoglykämie nach dem Essen (postprandial)
  - Anfangsstadium eines Diabetes mellitus
  - Magenentleerungsstörung infolge autonomer Neuropathie (siehe oben) beim Diabetiker
  - Dumping-Spätsyndrom nach Magenresektion
  - reaktive Hypoglykämie bei vegetativer Labilität
  - seltene erbliche Defekte
- Exogene Hypoglykämie
  - Überdosierung von Sulfonylharnstoffen oder Insulin (am häufigsten!)
  - Wechselwirkung mit blutzuckersenkenden Medikamenten
  - absolute Überdosierung von Insulin (Selbstmord, kriminell, versehentlich)
  - Alkoholexzess (hemmt die Glukosebildung = Glukoneogenese) mit Nahrungskarenz
  - andere Medikamente: Sulfonamide, Salizylate, Betablocker u. a.

Kl.:

- parasympathikotone Reaktion: Heißhunger, Übelkeit, Erbrechen, Schwäche
- sympathikotone Reaktion: Unruhe, Schwitzen, Tachykardie, Zittern, Hypertonus, Pupillenerweiterung (Mydriasis)
- zentralnervöse Störung: Kopfschmerzen, Psychosyndrom (Verstimmung, Reizbarkeit, Konzentrationsschwäche, Verwirrtheit), primitive Automatismen (Grimassieren, Schmatzen, Greifen), Krämpfe, neurologische Ausfälle (Halbseitenlähmung, Sprachstörungen, Doppelbildersehen), Schläfrigkeit, Koma, zentrale Atem- und Kreislaufstörungen

Dg.:

Anamnese (Diabetiker), Klinik, ggf. weitere umfassende Abklärung (siehe Ät.:)

Lab.: Blutzuckerbestimmung durch Blutzuckerteststreifen

Th.:

Merke: Glukose ist die einzige Energiequelle für den Hirnstoffwechsel! Das Gehirn ist ausgesprochen empfindlich gegenüber einer Unterzuckerung = Hypoglykämie. Während man bei der Therapie der Hyperglykämie auch beim Koma Zeit hat, ist bei der Therapie des hypoglykämischen Komas jede Sekunde kostbar!

- Bei schwerer Hypoglykämie und Bewusstlosigkeit Gabe von 25-100 ml einer 40% Glukoselösung intravenös bis der Patient aufwacht, anschließend 5% Glukoselösung intravenös bis der Blutzuckerspiegel ca. 200 mg/dl erreicht hat.
- Bei leichter Hypoglykämie, vorhandenem Bewusstsein und Ansprechbarkeit 5-20 g Glukose in Flüssigkeit (z. B. Zuckertee, gesüßter Fruchtsaft), Gefahr: Patient wird bewusstlos, erbricht und das Erbrochene gelangt in die Lunge (Aspiration)! Im Zweifelsfall: intravenöse Therapie gemäß dem Grundsatz: Im Notfall nichts oral verabreichen.
- Diagnostik und Therapie der auslösenden Ursache.

Lerntext 13 Differentialdiagnose Hyperglykämie/Hypoglykämie

KOMA	HYPERGLYKÄMISCH	HYPOGLYKÄMISCH
Entwicklung	langsam, Tage	plötzlich, Minuten
Hunger		+++
Durst	+++	
Muskulatur	hypoton, nie Krämpfe	hyperton, Tremor
Haut	trocken!!	feucht, Kaltschweiß
Atmung	Azetongeruch, tief, „Kussmaul-Atmung"	normal
Augenbulbi	weich	normal
Sonstiges	Fieber, Bauchschmerz	delirante Vorstadien (Fehldiagnose: Alkoholiker) (Fehldiagnose: Apoplexie)

HYPERURIKÄMIE UND GICHT (ARTHRITIS URICA)

Def.:

Harnsäure ist beim Menschen das Endprodukt des Purinstoffwechsels.

Als Hyperurikämie wird die Vermehrung der Harnsäure im Blut (> 6,4 mg/dl bzw. > 380 µmol/l) ohne sonstige klinische Symptome bezeichnet. Führt die Hyperurikämie zu klinischen Symptomen wird von Gicht (auch: Arthritis urica oder Urikopathie) gesprochen. Die Gicht ist eine z. T. in Schüben, z. T. primär chronisch verlaufende Störung im Purinstoffwechsel. Es kommt zur Abscheidung von harnsauren Salzen an verschiedenen Körperstellen, besonders in den Gelenken und in der Gelenkumgebung.

Epidemiologie:

Etwa 3% der Frauen und 20% der Männer haben einen erhöhten Harnsäurespiegel (> 7 mg/dl). Das Risiko eines Gichtanfalles steigt mit zunehmender Höhe der Hyperurikämie. Das Krankheitsbild Gicht ist häufig mit den Krankheitsbildern Typ-2-Diabetes, Übergewicht, essentielle Hypertonie und Fettstoffwechselstörungen („Metabolisches Syndrom") vergesellschaftet.

Ät.:

Primäre Gicht (2 Formen):

Eine dominant erbliche Störung des Harnsäurestoffwechsels führt zur renalen Ausscheidungsstörung für Harnsäure und damit zur Hyperurikämie. Harnsaure Salze (Uraten) werden in Gelenkknorpel, Synovialis, Nieren, Ohrknorpel, Schleimbeutel und Sehnenscheiden abgelagert. Formen:

- Störung der tubulären Harnsäuresekretion in der Niere (> 99% d. F). Hier erfolgt aufgrund einer polygen vererbten Stoffwechselstörung die Ausscheidung normaler Harnsäuremengen erst bei einem erhöhten Plasmaharnsäurespiegel. Das Krankheitsbild manifestiert sich bei purinreicher Ernährung und Übergewicht („Wohlstandserkrankung")
- Überproduktion von Harnsäure (< 1% d. F). Mangel oder Defekt des Enzyms Hypoxanthin-Guanin-Phosporibosyltransferase (HG-PRT).

  Sonderform: Lesch-Nyhan-Syndrom: X-chromosomal rezessiv vererbte Erkrankung, bei der das Enzym HG-PRT fehlt. Trias: Hyperurikämie, progressive Niereninsuffizienz, neurologische Symptome mit Selbstverstümmelung.

Sekundäre Gicht (zwei Formen):

- Vermehrte Harnsäurebildung: z. B. bei vermehrtem Zellumsatz bei Leukämie, Polyzythämie, Tumoren unter Therapie mit Zytostatika/Strahlen, bei hämolytischen Anämien
- Verminderte renale Harnsäureausscheidung: z. B. Nierenerkrankungen, Fasten, Diabetes mellitus, Medikamente

Kl.: Vier Stadien der Gicht:

I. Asymptomatische Harnsäureerhöhung im Blut (Hyperurikämie; viel häufiger als Gicht)
II. Akuter Gichtanfall
III. Interkritisches Stadium (symptomloses Intervall zwischen zwei Gichtanfällen)
IV. Chronische Gicht mit irreversiblen Gelenkveränderungen

- Akuter Gichtanfall
  Ausgelöst durch „Fress und Trinkexzesse" bzw. durch Stress kommt es plötzlich aus voller Gesundheit zu starke Gelenkschmerzen (oft nachts). Meist ist das Großzehengrundgelenk betroffen („Podagra"): Hautrötung, Überwärmung und Schwellung des Gelenkes (auch: Sprung-, Knie- und Daumengrundgelenk). Anstieg allgemeiner Entzündungszeichen (Fieber, Leukozytose, ↑ BSG). Merke: Eine Hyperurikämie ist im Gichtanfall nicht unbedingt vorhanden. Nach einigen Tagen (bis drei Wochen) klingt der Anfall ab.
- Chronische Gicht
  Durch die zur Verfügung stehenden wirksamen Therapiemaßnahmen wird sie heute nur noch selten gesehen.
  - Harnsäureablagerungen (Tophi)
    → Weichteiltophi (z. B. Ohrmuschel, Großzehe, Ferse, Olekranon)
    → Knochentophi (Knochendefekte durch Harnsäureablagerungen)
  - Nierenbeteiligung bei Hyperurikämie und Gicht
    → Harnsäurenierensteine (im Röntgenbild nicht schattengebend)
    → Harnsäurenephropathie (selten): Harnsäureablagerung im Nierengewebe führt zur interstitiellen Nephritis; Frühsymptom: Albuminurie

Dg.:
Anamnese, Klinik, Röntgen
Lab.: Harnsäure im Serum ↑, Harnsäureausscheidung im 24-h-Urin.
Th.:

- Diät
  - Normalisierung des Körpergewichts
  - Vorsicht bei Fasten und Zytostatikatherapie (Harnsäurespiegel steigt an), viel trinken, evtl. medikamentöse Therapie (Allopurinol)
  - purinarme Diät: fleischarme Kost,Verzicht auf Innereien (Leber, Niere, Bries), Sardinen, Fleischextrakt u. a.
  - kein Alkohol
  - Vorsicht bei Gabe wassertreibender Mittel (einige „Diuretika" vermindern die Harnsäureausscheidung)
- Medikamente
  - akuter Gichtanfall: Colchicin (Colchicum-Dispert®) wirkt ganz spezifisch beim Gichtanfall (in Zweifelsfällen deshalb auch zu diagnostischen Zwecken verwendbar), oft gastrointestinale Nebenwirkungen (starke Durchfälle)
  - Dauerbehandlung der Hyperurikämie/Gicht: Patienten mit asymptomatischer Hyperurikämie (< 9 mg/dl) werden diätetisch behandelt, Indikation für eine medikamentöse Therapie ist eine manifeste Gicht oder Harnsäurewerte > 9 mg/dl, Mittel der Wahl: Allopurinol.

FETTSTOFFWECHSELSTÖRUNGEN (HYPERLIPOPROTEINÄMIEN)

Def.:

Hyperlipoproteinämien sind Fettstoffwechselstörungen mit erhöhter Konzentration bzw. prozentualer Verschiebung von Lipoproteinen im Serum. Die Lipoproteine des Plasmas bestehen aus Lipiden (Triglyzeride, Cholesterin, Phospholipide) und Apoproteinen. Fettstoffwechselstörungen führen u. a. zur Atherosklerose (= Arteriosklerose, „Gefäßverkalkung").

Einteilung:

- Aufgrund von Triglyzeriden und Cholesterin werden 3 Hyperlipidämien unterschieden:
  - Hypertriglyzeridämie (> 180-200 mg/dl)
  - Hypercholesterinämie (> 200 mg/dl)
  - kombinierte Hyperlipidämie (Erhöhung von Triglyzeriden und Cholesterin)
- Nach Fredrickson: aufgrund der Lipoproteinkonzentrationen in der Lipoproteinelekrophorese. Die exakte Typisierung nach Fredrickson ist aufwendig und für die Praxis ungeeignet, auf sie wird nicht näher eingegangen.

Epidemiologie:

Im Alter > 40 Jahre haben mehr als 50% der Bevölkerung in Deutschland behandlungsbedürftige Cholesterinwerte (> 200 mg/dl). Auch falsche Ernährung führt häufig zu Hypertriglyzeridämien.

Ät.:

Hyperlipidämien und Hyperlipoproteinämien sind nur Symptome, keine definierten Krankheiten. Aufgrund der auslösenden Ursachen werden drei Formen unterschieden:

- Reaktive-physiologische Form
- Primäre (erbliche bzw. familiäre) Formen
- Sekundäre Formen

Reaktive-physiologische Form:
leichte, durch Nahrungsaufnahme hervorgerufene Erhöhung der Triglyzeride u./o. des Cholesterins:
- Hypertriglyzeridämie: z. B. nach starkem Alkoholgenuss und großen Mahlzeiten
- Hypercholesterinämie: bei fettreicher Ernährung (tierische Fette, Eier usw.)

Primäre (erbliche bzw. familiäre) Formen:
- Polygene Hypercholesterinämie (weitaus am häufigsten): Das Zusammenwirken verschiedener Erbanlagen mit äußeren Faktoren (Ernährung, Übergewicht, Alkohol) führt zur häufigsten Form der Hypercholesterinämie mit Cholesterinwerten zwischen 200-300 mg/dl und mehrfach erhöhtem Risiko, an einer koronaren Herzkrankheit (KHK) zu erkranken.
- Monogene Hypercholesterinämie (ca. 5%), 3 erbliche Stoffwechseldefekte:
  → Familiäre Hypercholesterinämie: Cholesterinspiegel: Heterozygote zwischen 300-600 mg/dl (Herzinfarkte in mittlerem Alter), Homozygote zwischen 600-1000 mg/dl (Herzinfarkte bereits im Kindes- bzw. Jugendalter).
  → Familiär defektes Apolipoprotein B 100: Häufigkeit 1:750, LDL-Cholesterin 250-550 mg/dl.
  → Apolipoprotein E: Patienten mit einem besonderen Allel des Apolipoproteins E weisen eine verminderte LDL-Rezeptoraktivität auf. Die mäßige Erhöhung des LDL-Cholesterins führt zu erhöhtem KHK-Risiko.
- Familiäre kombinierte Hyperlipidämie (Cholesterin und Triglyzeride erhöht), 10% der Patienten mit Hypercholesterinämie: Häufigkeit 1:400, autosomal-dominant, Cholesterin 250-350 mg/dl, Triglyzeride 250-500 mg/dl.
- Familiäre Hypertriglyzeridämie: Häufigkeit 1:500, autosomal-dominant vererbt, Triglyzeride hoch, HDL niedrig, Gefahr bei Hypertriglyzeridämie: lebensbedrohliche Pankreatitis.
- Familiäre Dysbetalipoproteinämie (auch Remnant- oder Hyperlipoproteinämie Typ III): Selten (1:5000); Triglyzeride und Cholesterin zwischen 300-1000 mg/dl, gelbe Handlinienexanthome, Atherosklerose

- Chylomikronämie: Gelegentlich bei Hypertriglyzeridämie oder bei einigen sehr seltenen Stoffwechseldefekten.
- Lipoprotein-(a)-Hyperlipoproteinämie = Lp(a)-Erhöhung: Lp(a)-Erhöhungen > 30 mg/dl gelten als Risikofaktor der Atherosklerose (besonders bei gleichzeitiger LDL-Cholesterinerhöhung.
- Familiäre Hypoalphalipoproteinämie = HDL-Erniedrigung (< 35 mg/dl): 5% der Bevölkerung, jeder 2. KHK-Patient! Autosomal-dominanter Erbgang.

Sekundäre Formen

(Begleiterscheinungen anderer Grundkrankheiten bzw. Medikamentennebenwirkung):
- Hypertriglyzeridämie: Übergewicht, Alkoholkonsum, schlecht eingestellter Diabetes mellitus u. a.
- Hypercholesterinämie: Gallestau (Cholestase), nephrotisches Syndrom, Schilddrüsenunterfunktion u. a.

Kl.:

- Atherosklerose mit Folgeerkrankungen:
  - koronare Herzkrankheit (KHK, „Herzkranzgefäßverengung") und Herzinfarkt
  - periphere arterielle Verschlusskrankheit (pAVK)
  - arterielle Verschlusskrankheit der Hirnarterien und Schlaganfall (Apoplexie, Hirninfarkt)
- Xanthome (= gelbe Knoten an der Haut durch lokale Lipideinlagerungen): Sehnenxanthome: Achilles- und Fingerstrecksehnen, palmare Xanthome (Zwischenfingerfalten), eruptive Xanthome (Gesäß und Unterarmstreckseiten), Handlinienxanthome
- Xanthelasmen = hellgelbe Platten im Bereich der Augenlider (Cholesterinablagerungen)
- Fettleber (bei Hypertriglyzeridämie)
- Pankreatitis (bei ausgeprägter Hypertriglyzeridämie)

Dg.:

- Anamnese (Ernährungs-, Lebenstil-, Alkohol- und Medikamenten-, Familienanamnese), Klinik (Xanthome, Xanthelasmen, pAVK)
- Lab.: Triglyzeride, Gesamtcholesterin, HDL-Cholesterin, LDL-Cholesterin (evtl. Lipoproteinelektrophorese u. a. Sonderuntersuchungen bei Verdacht auf familiäre Lipidstoffwechselstörungen). Merke: Zur Triglyzeridbestimmung mindestens 12-stündige Nahrungskarenz!
- Abgrenzung sekundärer Fettstoffwechselstörungen: z. B. Diabetes mellitus, Leber- und Gallenwegserkrankungen, Pankreatitis, Hypothyreose, nephrotisches Syndrom, Alkoholkrankheit, Adipositas (Bodymass-Index, Körperfettverteilungsmuster: Taillenumfang/Hüftumfang)
- Ermittlung weiterer Gefäßrisikofaktoren: Rauchen, Hypertonie, Diabetes mellitus, Herzinfarkt in der Familienanamnese
- Familienscreening bei familiärer Hypercholesterinämie (DNA-Test auf Genträger)

Th.:

Die Indikation zur cholesterinsenkenden Behandlung sollte vom Gesamtrisiko des einzelnen Patienten abhängig gemacht werden (Gefäßrisikofaktoren, siehe oben).

Therapieziele (in Abhängigkeit vom Atherosklerose-Risiko):

		Primärprävention		Sekundärprävention
		ohne Atherosklerose-Risikofaktoren	mit Atherosklerose-Risikofaktoren*	bei manifester Atherosklerose
Triglyzeride	mg/dl mmol/l	< 200 < 2,5	< 200 < 2,5	< 200 < 2,5
Cholesterin	mg/dl mmol/l	< 250 < 6,5	< 200 < 5,0	< 180 < 4,5
LDL-Cholesterin	mg/dl mmol/l	< 160 < 4	< 130 < 3,5	< 100 < 2,5
HDL-Cholesterin**	mg/dl mmol/l	> 40 > 1,0	> 40 > 1,0	> 40 >1,0
LDL/HDL-Cholesterin		< 4	< 3	< 2

* Riskofaktoren der Atherosklerose z. B: Hypertonus, Zigarettenrauchen, Diabetes mellitus, niedriges HDL-Cholesterin, hohes Lipoprotein (a), hohes Fibrinogen, Familienanamnese für KHK oder AVK, männliches Geschlecht, jugendliches Alter, familiäre Hypercholesterinämie

** Je niedriger das HDL-Cholesterin u./o. je höher das Lp(a), desto niedriger sollte das LDL-Cholesterin gesenkt werden.

Diese Therapieziele versucht man zu erreichen durch:

- Veränderung der Ernährungsgewohnheiten und des Lebensstils
- Beseitigung auslösender Ursachen bei sekundären Formen: z. B. Einstellung eines Diabetes, Behandlung einer Hypothyreose, Gewichtsnormalisierung (Diätberatung), Alkoholkarenz
- Beseitigung evtl. zusätzlicher Risikofaktoren: z. B. Rauchen, Bluthochdruck
- Diät: Eine konsequente Diät senkt den Triglyzerid- und Cholesterinwert im Serum.
  - Cholesterinsenkende Diät (senkt Cholesterinspiegel um 20-60 mg/dl)
    - → Fettverminderung (< 30% der Gesamtkalorien)
    - → Fettaustausch (keine tierischen, sondern pflanzliche öl- und linolhaltigen Fette)
    - → Cholesterineinschränkung < 300 mg/Tag (1 Eidotter = 270 mg)
    - → Zufuhr von Ballaststoffen
    - → Fisch (regelmäßig) mit hohem Gehalt an Omega-3-Fettsäuren (Makrele, Lachs u. a.)
    - → Körpergewicht normalisieren
    - → regelmäßiges Ausdauertraining (senkt LDL, erhöht HDL-Cholesterin)
  - Triglyzeridsenkende Diät
    - → kein Alkohol
    - → Gewichtsnormalisierung
    - → Fettverminderung: 30-35% der Gesamtkalorien (bei ↑ Chylomikronen: maximale Fetteinschränkung)

→ Fettaustausch (siehe oben)

→ Zucker einschränken (Mono- und Disaccharide)

→ mehrere kleinere Mahlzeiten täglich (z. B. fünf pro Tag)

→ bei schlechter Ansprechbarkeit regelmäßig kalorienarme Tage

- Medikamente: Fibrate (z. B. Cedur®), Ionenaustauscherharze (z. B. Quantalan®), Nikotinsäurederivate (z B. Niconacid®), Sitosterin, Cholesterinsyntheseenzymhemmer (z. B. Lovastatin = Mevinacor®)
- LDL-Apherese: selektive gerätetechnische Entfernung des LDL-Cholesterins (bei schweren familiären Hypercholesterinämien)
- Somatische Gentherapie (Versuchsstadium): Übertragung des LDL-Rezeptor-Gens auf Leberzellen bei schwerer familiärer Hypercholesterinämie

ENDOKRINOLOGIE

ANATOMIE UND PHYSIOLOGIE DES HORMONSYSTEMS

Zellgruppen und Organe des menschlichen Körpers müssen sinnvoll integriert und koodiniert werden. Im menschlichen Organismus stehen dazu zwei unterschiedliche Kommunikationssysteme zur Verfügung.

- Das Nervensystem
- Das endokrine System

Sie werden im Folgenden aus didaktischen Gründen streng getrennt, obwohl sie, z. B. auf Ebene des Hypothalamus und der Hypophyse, miteinander kommunizieren und Nervenzellen selbst Neurohormone herstellen können.

Das Nervensystem dient der raschen Weiterleitung von meist fein abgestuften Signalen. Das willkürliche, bewusste, somatische Nervensystem steuert in erster Linie die Skelettmuskulatur und leitet Signale aus der Körperperipherie oder der Umwelt zentralwärts. Das unwillkürliche, unbewusste, vegetative oder autonome Nervensystem steuert den Kreislauf, die inneren Organe, die Sexualfunktionen u. a. m.

Das endokrine System dient der langsameren, beständigen Signalübertragung und benutzt häufig den Blutweg zur Überwindung größerer Distanzen. Die Botenstoffe des endokrinen Systems sind die Hormone.

Hormone sind chemische Überträgerstoffe des Körpers, die der Informationsübertragung bei der Regelung von Organfunktionen und Stoffwechselvorgängen dienen. Sie werden von spezialisierten Zellverbänden und von ca. 10 Drüsen im ganzen Körper und im Gehirn gebildet. Hormone können auf unterschiedlichen Wegen sezerniert werden:

- endokrine Sekretion („klassischer Weg"): Die Zellen sezernieren das Hormon in die Blutbahn.
- autokrine Sekretion: Das von den Zellen sezernierte Hormon wirkt auf die eigenen „Mutterzellen" zurück.
- parakrine Sekretion: Das von den Zellen sezernierte Hormon übt seine Wirkung in der unmittelbaren Umgebung der sezernierenden Zelle aus.
- neurokrine Sekretion: Eine Nervenzelle sezerniert den Botenstoff und gibt in als Neurotransmitter in den synaptischen Spalt oder als Neurohormon ins Blut oder in die Umgebung ab.

Die Hormone binden sich im Organismus an Rezeptoren ihres Zielorganes. (Der „Schlüssel", die Molekülstruktur des Hormons, paßt dabei genau ins „Schloss" der Molekülstruktur des Rezeptors auf der Zelle.) An den Zielorganen löst die Hormonbindung an den Rezeptor spezifische Reaktionen aus. Auf den wechselnden Hormonbedarf reagiert der Körper mit unterschiedlicher Hormonproduktion, -abgabe, bzw. -inaktivierung.

Die Freisetzung der Hormone erfolgt:

1. gleichmäßig, um einen konstanten Hormonspiegel zu halten (Schilddrüsenhormone)
2. reaktiv nach bestimmten Stoffwechselreizen („Leistungshormon" Adrenalin, Kortisol)
3. rhythmisch (Sexualhormone, Kortisol)

Das Prinzip der Regelkreise

Die Steuerung der Hormonfreisetzung erfolgt durch Regelkreise: Der Erfolg der Funktion eines Hormones wird den regelnden Teilen zurückgemeldet und die hormonproduzierenden Zellen oder Drüsen werden über erzielte Wirkungen benachrichtigt. Beispiel:

Ein übergeordnetes endokrines Steuerzentrum für viele Hormone liegt im Hypothalamus. Dort werden u. a. spezielle Freisetzungshormone (Releasing-Hormone des Hypothalamus, RH, Liberine) produziert. Diese Releasing-Hormone aus dem Hypothalamus veranlassen die Hypophyse (Hirnanhangsdrüse), wiederum mittels spezieller Hormone, die entsprechenden peripheren, nachgeschalteten Hormondrüsen (Schilddrüse, Nebennieren, männliche und weibliche Keimdrüsen u. a.) zur Hormonproduktion anzuregen. Die - aufgrund der Stimulation durch Releasing-Hormone aus dem Hypothalamus - vom Hypophysenvorderlappen (Adenohypophyse) gebildeten Hormone heißen glandotrope Hormone (oder Tropine; Beispiele: TSH, ACTH, FSH, LH). Sie stimulieren die nachgeschalteten Hormondrüsen (Schilddrüse, Nebennierenrinde ...) zur Freisetzung weiterer Hormone, die dann spezifisch auf den Stoffwechsel wirken. Neben glandotropen Hormonen werden im Hypophysenvorderlappen auch sog. effektorische Hormone hergestellt: Effektorische Hormone lösen - ohne zwischengeschaltete Drüsen - direkte Gewebereaktionen aus (z. B. Wachstumshormon, Prolaktin, Melanotropin u.a).

Die Releasing-Hormone des Hypothalamus steigern die Aktivität der nachgeschalteten Hormondrüsen. Demgegenüber drosseln hemmende Hormone (sog. Inhibiting-Hormone, Statine) desHypothalamus die Aktivität der nachgeschalteten Hormondrüsen. Steigt das effektorische Hormon einer bestimmten Drüse (z. B. T3 oder T4 der Schilddrüse) im Blut stark an, wird im Hypothalamus das „Inhibiting-Hormon" (hemmende Hormon) für diese Drüse ausgeschüttet. Das Inhibiting-Hormon hemmt zunächst das entsprechende glandotrope Hormon der Hypophyse (im Falle der Schilddrüse ist dies TSH, siehe unten). Der Abfall des glandotropen Hormons (z. B. TSH) aus der Hypophyse führt an der entsprechenden Hormondrüse zu einem Abfall des effektorischen Hormons (im Falle der Schilddrüse: T3 und T4). Ein solcher Regelkreis wird als negative Rückkopplung (negatives feedback) bezeichnet. Bei bestimmten Hormonen wirken nicht die hohen Blutkonzentrationen selbst als feedback, sondern die durch sie ausgelösten überschießenden Stoffwechselreaktionen.

DER HYPOTHALAMUS

Der Hypothalamus ist das übergeordnete Koordinationszentrum der vegetativen Funktionen (Körpertemperatur, Kreislauf, Wasserhaushalt, Nahrungsaufnahme, Stoffwechsel) und wird beeinflusst von Körper- und Außenweltveränderungen. Er gehört zum Zwischenhirn (Dienzephalon), das die Verbindungsstelle von zentralem Nervensystem (ZNS) und Hormonsystem darstellt.

Der Hypothalamus produziert:

- Releasing-Hormone (RH, Liberine). Sie regen den Hypophysenvorderlappen (HVL) zur Produktion eines bestimmten Hormons an.
- Inhibiting-Hormone (IH, Statine). Sie hemmen den HVL in der Produktion eines bestimmten Hormons.
- Oxytozin (Wehenmittel) und ADH (synonym: Adiuretin, antidiuretisches Hormon, Vasopressin; s. u). Sie werden im Hypothalamus gebildet, über Nervenfasern zum Hypophysenhinterlappen (HHL) transportiert und dort gespeichert.

DIE HYPOPHYSE

Die Hypophyse (Hirnanhangdrüse) ist 0,5 g schwer und liegt im Bereich der mittleren Schädelgrube. Sie ist über den Hypophysenstiel mit dem Hypothalamus verbunden und besteht aus zwei funktionell verschiedenen Teilen:

- Hypophysenhinterlappen (HHL oder Neurohypophyse)
- Hypophysenvorderlappen (HVL oder Adenohypophyse)

DIE HORMONE DES HYPOPHYSENHINTERLAPPENS

Der HHL ist über den Hypophysenstiel direkt mit dem Hypothalamus verbunden und wird von Nervenbahnen und Gefäßen durchzogen. Die im Hypothalamus gebildeten und im HHL gespeicherten Hormone Oxytozin und ADH wirken direkt auf die Erfolgsorgane (es ist also keine weitere Drüse zwischengeschaltet).

OXYTOZIN (WEHENMITTEL)

Oxytozin wird im Hypothalamus gebildet und löst am Ende der Schwangerschaft in der glatten Muskulatur der Gebärmutter die Wehen aus. Es fördert außerdem den Milchfluss aus der Brust der stillenden Mutter.

ADH (ADIURETIN ODER ANTIDIURETISCHES HORMON)

ist ein Hormon, welches die Wasserrückgewinnung aus den Sammelrohren und Känalchen der Nieren zurück ins Blut fördert und dadurch die Harnausscheidung (Diurese) vermindert.

Exkurs: Regulation der ADH-Ausschüttung

Die Regulation erfolgt über Osmorezeptoren im Hypothalamus (diese messen den osmotischen Druck) und über Volumenrezeptoren in den Herzvorhöfen (diese messen das Blutvolumen). Steigt der osmotische Druck bzw. kommt es zum Volumenmangel, so wird ADH vermehrt ausgeschüttet: in der Niere wird vermehrt Wasser rückresorbiert, der Volumenmangel wird ausgeglichen, der osmotische Druck fällt. Wird ein zu großes Blutvolumen bzw. ein zu niedriger osmotischer Druck gemessen, so wird ADH vermindert ausgeschüttet: dadurch wird die Wasserausscheidung über die Nieren erhöht, das Blutvolumen fällt ab, der osmotische Druck steigt an.

DIE HORMONE DES HYPOPHYSENVORDERLAPPENS (HVL)

Im Hypophysenvorderlappen (HVL) werden Hormone hergestellt, die zum Teil die Hormonproduktion in den Körperdrüsen steuern (glandotrope HVL-Hormone), zum Teil aber ohne zwischengeschaltete Drüsen direkte Gewebereaktionen auslösen (effektorische HVL-Hormone).

EFFEKTORISCHE HORMONE

GH (GROWTH HORMONE)

auch: HGH = Human Growth Hormone, Wachstumshormon, somatotropes Hormon = STH

GH vermittelt mit Hilfe weiterer Hormone aus der Leber (z. B. IGF-I, insuline like growth factor I) den Knorpel-Knochenaufbau bei Kindern und macht Energiereserven nutzbar: Es fördert die Fettverbrennung des Depotfetts und erhöht den Blutzuckerspiegel durch Hemmung der Glukoseaufnahme in die Muskulatur. Fehlt das Wachstumshormon im Kindesalter, kommt es zum Minderwuchs, wird es vermehrt ausgeschüttet, kommt es zum Riesenwuchs (Gigantismus).

MELANOZYTEN-STIMULIERENDES-HORMON

auch: MSH, Melanotropin. Es fördert die Pigmentbildung in der Haut. Vermehrte Ausschüttung führt zur Braunfärbung (Hyperpigmentierung) der Haut (z. B. beim M. Addison, siehe unten).

PROLAKTIN

Prolaktin fördert die Milchproduktion in der Brustdrüse. Die Produktion von Prolaktin wird auf dem Nervenweg durch das Saugen des Säuglings an der Brust angeregt.

GLANDOTROPE HORMONE

Glandotrope Hormone sind Hormone des Hypophysenvorderlappens, die durch die Releasing-Hormone aus dem Hypothalamus freigesetzt werden. Sie steuern die Hormonproduktion und Hormonfreisetzung in spezifischen Drüsen (z. B. der Schilddrüse) des Körpers.

TSH (THYREOIDEA-STIMULIERENDES-HORMON)

auch: Thyreotropin, wirkt stimulierend auf die Schilddrüse (Glandula thyreoidea). Diese wird dadurch angeregt, Schilddrüsenhormone (T3, T4) zu produzieren.

ACTH (ADRENOCORTICOTROPES HORMON)

auch: Corticotropin, wirkt auf die Nebennierenrinde (Glandula suprarenalis). Diese bildet daraufhin vermehrt Glukokortikoide (Kortisol).

Anmerkung: MSH und ACTH werden (neben Lipotropinen und Endorphinen) aus einer gemeinsamen Vorstufe, dem Prohormon Proopiomelanocortin (POMC), synthetisiert. Dieses Prohormon wird in den sog. POMC-Zellen des Hypophysenvorderlappens gebildet.

FSH (FOLLIKEL-STIMULIERENDES-HORMON)

wirkt wie das

LH (LUTEINISIERENDES HORMON)

als sog. Gonadotropine auf die Gonaden (Keimdrüsen: Eierstöcke und Hoden).

DIE HORMONPRODUZIERENDEN DRÜSEN DES KÖRPERS (ENDOKRINE DRÜSEN)

DIE SCHILDDRÜSE (THYREOIDEA, GLANDULA THYREOIDEA)

Die Schilddrüse liegt hufeisenförmig unterhalb des Schildknorpels des Kehlkopfes und vor der Luftröhre (Trachea). Sie besteht aus zwei schmetterlingsförmigen Seitenlappen und einem Mittellappen. Sie ist beim Gesunden nicht sichtbar. Sie wiegt ca. 20-30 g. An ihrer Rückseite liegen die vier Epithelkörperchen der Nebenschilddrüse (Glandula parathyreoidea).

In verschiedenen Zellen der Schilddrüse werden Hormone produziert: In den sog. Follikelzellen der Schilddrüse werden die Schilddrüsenhormone Thyroxin (T4) und Trijodthyronin (T3) gebildet. Die Schilddrüsenhormone werden aufgrund ihrer Wirkung als „Peitsche des Organismus" bezeichnet. Sie steigern den Grundumsatz und den Gesamtstoffwechsel durch:

- Abbau von Kohlenhydraten, Fetten und später auch von Eiweißen: Mobilisierung von Fett- und Glykogendepots zur Deckung des Energiebedarfs (Gewichtsabnahme).
- hemmende Wirkung auf Glykogen- und Proteinsynthese
- Förderung des Wachstums, der Skelettreife, des Epiphysenschlusses, der Gehirnentwicklung
- Erhöhung der Reizempfindlichkeit des Herzens: Dies führt zur Tachykardie (beschleunigte Herzfrequenz) bei Schilddrüsenüberfunktion (Hyperthyreose).
- Wirkung auf das Nerven- und Muskelsystem: Bei bei Hypothyreose Apathie und verlangsamte Sehnenreflexe, bei Hyperthyreose Übererregbarkeit und gesteigerte Reflexe
- fördernde Wirkung auf den Kalzium- und Phosphatumsatz

Zur Bildung der Schildrüsenhormone ist eine ausreichende Jodzufuhr mit der Nahrung Voraussetzung. Ist zu wenig Jod im Körper vorhanden, können von der Schilddrüse nicht genug Schilddrüsenhormone produziert werden.

In den sog. C-Zellen der Schilddrüse wird das Hormon Kalzitonin gebildet, das eine wichtige Rolle im Kalziumhaushalt des Körpers spielt.

Es hemmt die Kalzium- und Phosphatfreisetzung aus dem Knochen und fördert den Einbau dieser Substanzen in den Knochen. Dadurch wird die Kalziumkonzentration im Blut gesenkt.

DIE NEBENSCHILDDRÜSEN (GLANDULAE PARATHYREOIDEAE)

Im Regelfalle finden sich die vier nur wenige Millimeter großen Nebenschilddrüsen an der Rückseite der Schilddrüse, jeweils zwei oben und zwei unten. Sie produzieren Parathormon, welches zusammen mit Kalzitonin und Vitamin D den Kalzium- und Phosphathaushalt des Körpers reguliert. Das Parathormon wirkt als Gegenspieler (Antagonist) des Kalzitonins:

- Es fördert die Kalziumaufnahme im Darm.
- Es führt zu vermehrter Phosphatausscheidung über die Niere.
- Es setzt Kalzium und Phosphat aus dem Knochen frei.

Der Kalziumspiegel im Blut steigt unter Parathormonwirkung an, der Phosphatspiegel fällt ab.
Eine Unterfunktion der Nebenschilddrüsen führt somit zur Verminderung des Kalziumblutspiegels (Hypokalzämie). Dies führt zur Übererregbarkeit des Nervensystems und zu Krämpfen (Tetanie).
Eine Überfunktion der Nebenschilddrüsen führt zur vermehrten Phosphatausscheidung über die Niere und zu einem vermehrten Kalziumabbbau im Knochen. Nierensteine und brüchige Knochen sind die Folge.

DIE NEBENNIEREN (GLANDULAE SUPRARENALES)

Die beiden Nebennieren sitzen den Nieren am oberen Nierenpol auf. Eine Nebenniere wiegt ca. 5-7 g. Histologisch und funktionell lässt sich eine Markschicht und eine Rindenschicht der Nebennieren voneinander trennen. Die Nebennierenrinde macht den überwiegenden Teil der Nebennieren aus und teilt sich in drei funktionell und strukturell unterschiedliche Zonen, die zusammen ungefähr 30 verschiedene Hormone herstellen. Diese lassen sich in drei Gruppen zusammenfassen:

DIE HORMONE DER NEBENNIERENRINDE

- Glukokortikoide
- Mineralokortikoide
- Androgene

DIE GLUKOKORTIKOIDE

Das wirksamste und bekannteste Glukokortikoid ist das Kortisol (Hydrokortison). Glukokortikoide hemmen entzündliche Reaktionen und sind an der Regulation des Glukose-Haushaltes beteiligt (als Gegenspieler des Insulins). Sie hemmen die Phagozytose und die Antikörperbildung und haben eine Vielzahl anderer Wirkungen auf den Organismus.
Ihre Freisetzung aus der Nebennierenrinde wird über einen Regelkreis gesteuert. Sinkt der Kortisolspiegel im Blut ab, so gibt der Hypothalamus ein Releasing-Hormon, das Corticotropin-Releasing-Hormon (CRH) ab. Dieses Hormon bewirkt im Hypophysenvorderlappen die Bildung und Freisetzung des adrenocorticotropen Hormons (ACTH). ACTH fördert seinerseits die Synthese und Freisetzung des Kortisols in der Nebennierenrinde. Ein hoher Kortisolspiegel hemmt durch eine negative Rückkopplung die CRH- und ACTH-Sekretion.

DIE MINERALOKORTIKOIDE

Das wichtigste Mineralokortikoid ist das Aldosteron. Es ist an der Regulierung des Wasser- und Elektrolythaushaltes beteiligt. Es fördert die Natrium-Rückresorption der Niere. Mit Natrium wird auch Wasser rückresorbiert. Die Ausscheidung von Kalium- und Wasserstoffionen wird durch Aldosteron gefördert. Auf diese Weise wird über den Elektrolythaushalt der Wasserhaushalt und damit die Blutmenge beeinflusst.

Wirksame Reize für die Freisetzung von Aldosteron aus der Nebennierenrinde sind ein niedriger Natriumspiegel im Blut (Hyponatriämie) u./o. eine Abnahme des Blutvolumens (Hypovolämie). Der Regelkreis für die Ausschüttung des Aldosterons läuft nicht über Hypothalamus und Hypophyse sondern über das Renin-Angiotensin-Aldosteron-System (RAAS):

Durch Natriummangel und Minderdurchblutung infolge Hypovolämie wird in bestimmten Zellen der Niere („juxtaglomerulärer Apparat") das Enzym Renin freigesetzt. Renin wandelt das im Blut befindliche Angiotensinogen in Angiotensin I um. Dieses Angiotensin I wird durch ein weiteres Enzym, das Angiotensin-Converting-Enzyme (oder ACE), in Angiotensin II umgewandelt.

Die Angiotensine haben zunächst die Sofortwirkung, die Gefäße zu verengen (und damit einer Hypovolämie schnell entgegenzuwirken). Sie stimulieren außerdem die Aldosteronbildung und -freisetzung in der Nebennierenrinde. Über Natrium- und Wasseraufnahme kommt es auf längere Sicht zum Ausgleich der Hypovolämie und Hyponatriämie.

Auch durch den Abfall des Blutdrucks wird die Reninfreisetzung stimuliert. Bei einem Druckabfall im Vas afferens des Nierenglomerulus steigt die Reninproduktion und damit der Spiegel von Angiotensin II im Blut. Der periphere Gefäßwiderstand nimmt zu, der Blutdruck steigt an.

Der Gegenspieler des Aldosterons ist das atriale natriuretische Peptid (auch: ANP, Atriopeptin, natriuretisches Hormon). Es wird vor allem in den Herzmuskelzellen des linken Herzvorhofs gebildet und nach Vorhofdehnung ins Blut sezerniert. Es fördert die Natrium- und Wasserausscheidung, wirkt gefäßerweiternd, blutdrucksenkend und vermindert das Herzschlagvolumen.

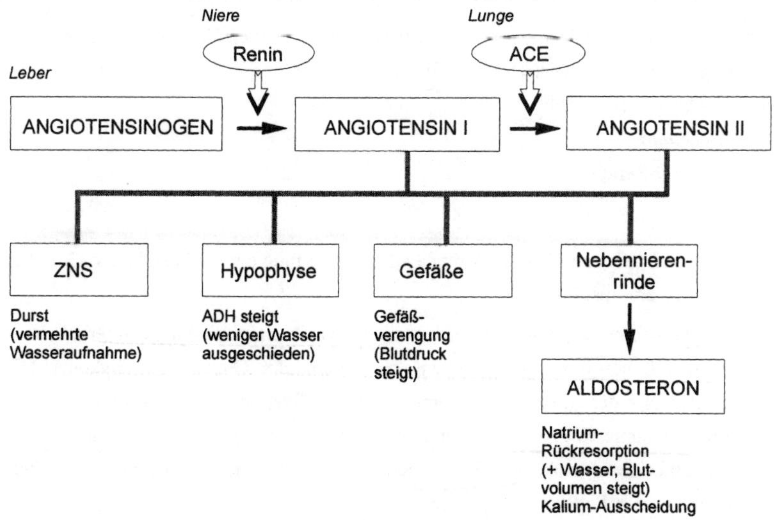

DIE ANDROGENE

In der Nebennierenrinde werden männliche Geschlechtshormone, Androgene, gebildet. Sie sind beim Mann im Vergleich zur Androgenbildung der Hoden bedeutungslos, bei der Frau sorgen die Nebennierenrindenandrogene für die sekundäre Geschlechtsbehaarung. Werden vermehrt Androgene gebildet (z. B. Nebennierentumor, ACTH-Vermehrung) führt dies bei weiblichen Patienten zur Vermännlichung (Klitorisvergrößerung, Behaarungstyp, Körperbau). Bei Knaben kommt es zur vorzeitigen Entwicklung der sekundären Geschlechtsmerkmale. Kinder zeigen einen vorzeitigen Schluss der Wachstumsfugen der Knochen und sind minderwüchsig.

DIE HORMONE DES NEBENNIERENMARKS

- Adrenalin
- Noradrenalin

Das Nebennierenmark produziert die Hormone Adrenalin und Noradrenalin. Adrenalin und Noradrenalin beeinflussen das Herz-Kreislauf-System. Adrenalin bewirkt eine Zunahme des Herzzeitvolumens (Frequenzanstieg und Anstieg der Kontraktionskraft des Herzens), Noradrenalin einen Blutdruckanstieg (gefäßverengende Wirkung). Adrenalin erweitert die Bronchien und hemmt die Peristaltik des Magens und Darms. In Leber und Muskulatur fördert es den Abbau von Glykogen (= Glukose-Speicherform) und erhöht dadurch den Glukosespiegel im Blut (= Insulin-Gegenspieler). Noradrenalin ist zudem die Überträgerstubstanz des Sympathikus auf die Erfolgsorgane.

DIE LANGERHANS INSELN DER BAUCHSPEICHELDRÜSE (PANKREAS)

In den sog. Langerhans Inselzellen der Bauchspeicheldrüse werden Hormone gebildet, die in die Blutbahn abgegeben werden (inkretorische Hormone der Bauchspeicheldrüse, siehe S. 167)

- Glukagon (A-Zellen)
- Insulin (B-Zellen)
- Somatostatin (D-Zellen)

INSULIN

Das lebensnotwendige Insulin hat die Aufgabe, die Verwertung der Glukose in den Geweben des Körpers zu verbessern. Insulin

- steigert die Aufnahme und den Verbrauch von Glukose in praktisch allen Körperzellen
- fördert in den Leber- und Muskelzellen den Umbau der Glukose zu Glykogen (Glykogen = Speicherform der Glukose) und hemmt dort den Glykogenabbau (Glykogenolyse)
- steigert die Aufnahme von Aminosäuren in die Körperzellen (fördert die Proteinsynthese)
- fördert den Umbau von Glukose zu Fett in den Leberzellen (sobald die Glykogenspeicher voll sind) und bremst den Fettabbau (Lipolyse)

GLUKAGON

Glukagon ist der Gegenspieler (Antagonist) des Insulins. Er steigert den Glykogenabbau in der Leber (Glykogenolyse) und fördert die Neubildung von Glukose aus Laktat. Durch beide Vorgänge wird der Blutzuckerspiegel erhöht. Glukagon greift auch in den Fettstoffwechsel ein, indem es den Abbau von Fettsäuren in der Leber steigert.

Regelkreise: Der Glukosespiegel liegt normalerweise im Serum konstant zwischen 70 und 120 mg%, obwohl die Kohlenhydrataufnahme mit der Nahrung stark schwankt und je nach körperlicher Tätigkeit unterschiedliche Glukosemengen verbraucht werden. Steigt der Glukosespiegel im Blut, so wird vermehrt Insulin ausgeschüttet und durch dessen Wirkung der Glukosespiegel gesenkt. Sinkt dagegen die Glukosekonzentration im Serum, so wird vermehrt Glukagon, Adrenalin, Glukokortikoide und Wachstumshormon freigesetzt. Glukagon, Adrenalin und Wachstumshormon sind bei der Blutzuckerregulation Gegenspieler (Antagonisten) des Insulins.

SOMATOSTATIN

auch: GHIH , Growth Hormone-Inhibiting Hormon

Dieses Hormon bremst das hypophysäre Wachstumshormon (GH, Growth Hormone), die Sekretion von Insulin und Glukagon, die Motilität des Magen-Darm-Traktes und der Gallenblase und die Sekretion von Verdauungssäften. Es verlangsamt die Verdauungsleistung des Darmes und wirkt Blutglukoseschwankungen entgegen.

DIE HORMONE DER MÄNNLICHEN UND WEIBLICHEN KEIMDRÜSEN

Die Keimdrüsen bilden die Sexualhormone. Hoden (männliche Keimdrüsen) und Eierstöcke (Ovarien, weibliche Keimdrüsen) produzieren beide in unterschiedlichen Mengen männliche und weibliche Sexualhormone.

MÄNNLICHE SEXUALHORMONE (ANDROGENE)

Das wichtigste männliche Sexualhormon ist das Testosteron. Es wird in bestimmten Zellen der Hoden hergestellt (Leydig-Zwischenzellen) und in der Leber abgebaut. Unter Einfluss dieses Hormons entwickeln sich die sekundären männlichen Geschlechtsmerkmale. Unter der Wirkung von Testosteron sondern Nebenhoden, Samenblasen und Vorsteherdrüse Sekrete ab, die eine Voraussetzung für die Fruchtbarkeit der Spermien sind. Testosteron prägt das Sexualverhalten des Mannes, es fördert außerdem das Längenwachstum.

Regelkreis: Sinkt der Testosteronspiegel, so gibt der Hypothalamus LH-Releasing-Hormon (LH-RH) ins Blut ab. Dies stimuliert den Hypophysenvorderlappen zur Produktion und Freisetzung von luteinisierendem Hormon (LH). LH wiederum steigert die Testosteronproduktion der Leydig-Zwischenzellen in den Hoden (deshalb auch ICSH = Interstitial-Cell-Stimulating-Hormone).

Das follikelstimulierende Hormon (FSH) aus dem Hypophysenvorderlappen fördert beim Mann die Entwicklung der Samenfäden (Spermiogenese) im Hoden.

WEIBLICHE SEXUALHORMONE

Sie werden in den Eierstöcken (Ovarien) hergestellt. Ihre Produktion erfolgt unter dem Einfluss der Gonadotropine (FSH und LH) aus dem Hypophysenvorderlappen im Rahmen eines Regelkreises. Es werden Östrogene (z. B. Östradiol) und Gestagene (z. B. Progesteron) unterschieden: Die Östrogene werden vom Follikel, die Gestagene nach dem Follikelsprung vom Gelbkörper (Corpus luteum) gebildet. (In geringen Mengen auch in der Nebennierenrinde und in den Hoden.) Östrogene fördern das Wachstum der weiblichen Sexualorgane. Unter ihrem Einfluss entwickeln sich auch die sekundären weiblichen Geschlechtsmerkmale (Brust, weiblicher Körperbau und Verteilungsform des Unterhautfettgewebes). Der Aufbau der Gebärmutterschleimhaut während des weiblichen Zyklus ist östrogenabhängig.

Das wichtigste Gestagen ist Progesteron. Der Progesteronspiegel steigt in der zweiten Zyklushälfte stark an. Es kommt zu einer Erhöhung der Körpertemperatur um 0,3 bis 0,5°C. Gemeinsam mit dem Östrogen wandelt es in der zweiten Zyklushälfte die Gebärmutterschleimhaut um. Durch einen plötzlichen Abfall des Progesteronspiegels wird die monatliche Abbruchblutung eingeleitet.

PATHOLOGIE DES HORMONSYSTEMS

Krankheitsbilder, die durch vermehrte oder verminderte Bildung u./o. Ausschüttung von Hormonen gekennzeichnet sind, können ihre Ursachen auf allen Ebenen der verschiedenen am Regelkreis beteiligten Hormondrüsen haben. Eine Unterfunktion der Schilddrüse kann durch einen Defekt des Hypothalamus (Ausfall des TRH = Thyreotropin-Releasing-Hormons), durch einen Defekt der Hypophyse (Ausfall des TSH = Thyreoidea-Stimulierenden-Hormons) oder durch eine Erkrankung der Schilddrüse selbst hervorgerufen werden. Eine Nebenniereninsuffizienz kann ihre Ursache im Hypothalamus (Ausfall des CRH = Corticotropin-Releasing-Hormons), in der Hypophyse (Ausfall des ACTH = adrenokortikotropen Hormons) oder in einer Erkrankung der Nebennierenrinde haben.

Klinisch kann sich somit ein Hypophysentumor als Nebenniereninsuffizienz oder Hypothyreose äußern. Ohne Kenntnis der Regelkreise ist die Pathologie des Hormonsystems nicht zu verstehen.

ERKRANKUNGEN DES HYPOTHALAMUS-HYPOPHYSEN-SYSTEMS

ÜBERFUNKTION DES HYPOPHYSENVORDERLAPPENS

AKROMEGALIE UND GIGANTISMUS

Beim Gigantismus und bei der Akromegalie handelt es sich um Wachstumsstörungen, bei denen eine hypophysäre Überproduktion des Wachstumshormons = Growth Hormone (GH) zugrunde liegt. Die beiden Krankheiten unterscheiden sich im zeitlichen Beginn der Störung und den damit verbundenen klinischen Symptomen. Beim Gigantismus kommt es zur überschießenden Produktion des Wachstumshormons vor dem Schluss der Wachstumsfugen des Skelettes (während oder vor der Pubertät). Bei der Akromegalie trifft das vermehrt produzierte Wachstumshormon auf schon geschlossene Wachstumsfugen.

GIGANTISMUS (HYPOPHYSÄRER RIESENWUCHS)

Ät.:

Adenom (Drüsentumor) des HVL (Hypophysenvorderlappens) mit Überproduktion von Wachstumshormon (GH). Krankheitsbeginn vor dem Schluss der Epiphysenfugen.

Kl.:

- proportionierter Riesenwuchs mit einer Körpergröße von > 2 m
- Kopfschmerzen
- Sehstörungen (Adenom drückt auf das Chiasma opticum, die Sehnervenkreuzung)
- sexuelle Entwickungsstörungen (verfrüht, normal, verzögert)
- evtl. Diabetes mellitus bzw. pathologische Glukosetoleranz (GH ist Gegenspieler von Insulin)
- kann bei Fortbestehen in eine Akromegalie übergehen

Dg.:

Anamnese, Klinik, Plasmaspiegel von GH u. a.

Th.:

möglichst frühzeitige Behandlung beim Endokrinologen: Medikamente, Operation, Strahlentherapie. Die Skelettveränderungen sind nicht rückbildungsfähig!

AKROMEGALIE

Ät.:

Adenom (Drüsentumor) des HVL (Hypopyhsenvorderlappens) mit Überproduktion von Wachstumshormon (GH). Krankheitsbeginn nach Schluss der Epiphysenfugen, also nach der Pubertät.

Kl.: schleichender Beginn und Verlauf.

(charakteristischerweise sind nur bestimmte Körperteilbereiche vergrößert)

Leitsymptome:

- Vergröberung der Gesichtszüge durch Vergrößerung von Schädel, Nase, Zunge (= Makroglossie), Bildung von Zahnzwischenräumen, tiefe kloßige Sprache (Kehlkopfvergrößerung)
- Vergrößerung von Händen und Füßen (Handschuhe und Schuhe passen nicht mehr)
- Vergrößerung der inneren Organe (Viszeromegalie)
- Skelettveränderungen (z. B. Brustkyphose, Buckelbildung)

evtl. weitere Symptome:

- Oligo- oder Amenorrhoe (Ausbleiben der Menstruation)
- Kopfschmerz und Sehstörungen (Adenom drückt auf Chiasma opticum)
- evtl. Diabetes mellitus bzw. pathologische Glukosetoleranz (GH ist Gegenspieler von Insulin)
- arterielle Hypertonie
- Mattigkeit, Gliederschmerzen, verstärkte Schweißneigung (Hyperhidrose), Kniegelenkarthrose (= Gonarthrose), Karpaltunnelsyndrom, verstärkte Körperbehaarung (Hypertrichose)

Dg. und Th.:

wie bei Gigantismus, siehe oben

PROLAKTINOM

Def. und Ät.:

Prolaktin sezernierendes Adenom des Hypophysenvorderlappens mit pathologischer Prolaktinerhöhung im Serum. Häufigster hormonausschüttender Hirntumor (40-50%), Frauen 5x häufiger betroffen als Männer. Verantwortlich für ca. 20% der sekundären Amenorrhoeen, Erkrankungsgipfel: 3-4 Lebensjahrzehnt.

Kl.:

- Frauen: Zyklusstörungen, Amenorrhoe (mit und ohne Milchfluss = Galaktorrhoe)
- Männer: Libido- und Potenzverlust (und Dysfunktion der Spermien)
- aufgrund des Hypophysenvorderlappenadenoms evtl. Kopfschmerzen, Gesichtsfeldausfälle (Druck auf Sehnervenkreuzung) und Hypophysenvorderlappeninsuffizienz (siehe unten)

Dg.:

Anamnese, Klinik, basaler Prolaktin-Serumspiegel u. a.

Th.:

Medikamente (z. B. Bromocryptin), evtl. Operation

ÜBERFUNKTION DES HYPOPHYSENHINTERLAPPENS (HHL)

SCHWARTZ-BARTTER-SYNDROM

auch: SIADH = Syndrom der inadäquaten ADH-Sekretion

Def.:

pathologisch erhöhte ADH (= Adiuretin-)Sekretion mit Wasserretention (verminderte Wasserausscheidung, „Überwässerung") und Verdünnungshyponatriämie

Ät.:

tumorbedingt = paraneoplastisch (80% d. F. Bronchialkarzinome), Lungenerkrankungen (Pneumonien), zentralnervöse Störungen (Hirnhautentzündung, Hirnschlag u. a.)

Kl.:

- Allgemeinerscheinungen (Appetitlosigkeit, Schwindel, Erbrechen, Kopfschmerz)
- Wasserintoxikation („Wasservergiftung"): starke Verdünnung der Körperflüssigkeiten mit Hyponatriämie (verminderte Natriumwerte im Blut), die neurologische Symptome verursacht (z. B. Stupor = mimische und körperliche Bewegungsarmut, Krämpfe, Reizbarkeit)
- keine Ödeme (Wasserretention von ca. 3-4 l führt noch nicht zu Ödemen)
- Ausscheidung eines hypertonen (konzentrierten) Urins, da aufgrund der ADH-Wirkung alles Wasser in den Sammelrohren und den Nierentubuli ins Blut rückresorbiert wird
- normale Nieren- und Nebennierenfunktion

Dg.:

Anamnese, Klinik, Labor (Hyponatriämie)

Th.:

symptomatisch: Flüssigkeitseinschränkung (500-800 ml/Tag), Medikamente (z. B. ADH-Antagonisten)

UNTERFUNKTION DES HYPOPHYSENVORDERLAPPENS (HVL)

auch: Hypophysenvorderlappeninsuffizienz, Hypopituitarismus

Def.:

- Panhypopituitarismus = totaler Ausfall der Funktionen des HVL (Morbus Simmonds)
- teilweise HVL-Insuffizienz = Ausfall einzelner HLV-Teilfunktionen (z. B. Sheehan-Syndrom)

Schädigungen der Hypophyse führen also dazu, dass entweder einzelne Hormone nicht bzw. minderproduziert werden, dass die Produktion mehrerer Hormone im HVL gestört ist bzw. dass die gesamte Hormonproduktion des HVL ausfällt.

Ät.:

- Hypophysentumoren, Metastasen,
- Hypophysenverletzungen (Unfälle, Operationen), Bestrahlungsfolgen

- Sheehan-Syndrom: Hypophysennekrose nach einer Geburt (postpartal), häufigste Form (Ursache: Kreislaufversagens während der Geburt)
- Gehirnnekrose (Hirnzelltod durch Minderdurchblutung), Gehirnarterienthrombose (Verschluss einer Gehirnarterie), Tumoren, Schocknekrose des Gehirns (Hirnzelltod durch Minderdurchblutung in Schockzuständen)

Kl.:

Erst bei einer mehr als 80%igen Hypophysenschädigung führt der periphere Hormonmangel zu einer klinischen Symptomatik.

CHRONISCHE HYPOPHYSENVORDERLAPPENINSUFFIZIENZ

Def.:

Langsamer aber progredienter (unaufhaltsam sich verschlimmernder) Ausfall der Hypophysenvorderlappenhormone (GH, Gonadotropine, TSH, ACTH, MSH).

Kl.:

Das Gesicht der Patienten erscheint ausdruckslos, typisch ist das Fehlen der lateralen Augenbrauen (Hertoghe-Zeichen), bei fortgeschrittenen Fällen kann es zur Gewichtsabnahme kommen. Die Leitsymptome lassen sich als die „sieben A" merken und aufgrund der pathophysiologischen Zusammenhänge gut herleiten:

Gonadotropin-Mangel: und Prolaktin-Mangel:	1. Achsel- und 2. Augenbrauenbehaarung schwinden 3. Amenorrhoe (Ausfall der Regelblutung) 4. Agalaktie (fehlende Milchsekretion)
TSH-Mangel:	5. Apathie (Teilnahmslosigkeit)
ACTH-Mangel:	6. Adynamie
MSH-Mangel:	7. Alabasterfarbene Blässe

- Der Ausfall der auf die Keimdrüsen wirkenden Gonadotropine (LH, FSH) führt zu Hypogonadismus (fehlende oder verminderte Aktivität von Hoden bzw. Ovarien) mit Libido- und Potenzverlust, Amenorrhoe, Agalaktie und Ausfall der Sekundärbehaarung (Achselhaare und Augenbrauen).
- Der Ausfall des auf die Schilddrüse wirkenden TSH (Thyreoidea-Stimulierendes-Hormon) führt zu den typischen Symptomen einer Hypothyreose (Apathie, Bradykardie, Kälteintoleranz, Müdigkeit u. a. Vgl. unten: Schilddrüsenunterfunktion).
- Der Ausfall des auf die Nebennierenrinde wirkenden ACTH (adrenocorticotropen Hormons) führt zur sekundären Nebennierenrindeninsuffizienz mit Adynamie (verminderte Leistungsfähigkeit, Schwäche, Kraftlosigkeit) und arterieller Hypotonie. Der MSH-Mangel führt zur Depigmentation der Haut mit alabasterfarbener Blässe.

Sonderformen:

- Der Ausfall der Gonadotropine und des Prolaktins führt bei stillenden Frauen zum Fehlen der Milchsekretion (Agalaktie).
- Der Ausfall des Wachstumshormons GH (STH) im Wachstumsalter führt zur Kleinwüchsigkeit: hypophysärer Zwergwuchs (ca. 1,40 m). Kl.: verlangsamtes Wachstum ab dem 2. Lebensjahr, Körperbau proportioniert verkleinert, Gesicht wirkt puppenhaft (Kopf im Verhältnis zum Körper vergrößert), Hände und Füße sind auffallend klein (Akromikrie), Intelligenz normal
- Der Ausfall des Wachstumshormons beim Erwachsenen führt neben einem Anstieg der Fettmasse und einer Abnahme der Muskelmasse zu Adynamie, Hyperlipidämie und Hypoglykämie, Atherosklerose- und Osteoporose-Risiko nehmen zu, evtl. Depression

AKUTE HVL-INSUFFIZIENZ UND HYPOPHYSÄRES KOMA

Der Ausfall von Gonadotropinen, GH und MSH führt nicht zu akuten Krankheitsbildern. Unter Belastungen (Infekt, Trauma, Operation, Erbrechen, Durchfall usw.) kann jedoch der Mangel an ACTH (wirkt auf Nebennierenrinde) u./o. TSH (wirkt auf die Schilddrüse) zu akuten komatösen Zuständen führen: bei unklarem Koma auch an das seltene hypophysäre Koma denken!

Kli:

- Hypotonie, Hypothermie, Hypoglykämie, Hypoventilation
- Bradykardie
- wächserne Hautblässe
- fehlende Sekundärbehaarung

Dg. (chronische und akute Hypophysenvorderlappeninsuffizienz):

Anamnese, Klinik, endokrinologische Funktionsdiagnostik u. a.

Th.:

kausal (z. B. Behandlung eines Hypophysentumors)

Substitution (Ersatz) der verminderten Hormone (z. B. Testosteron, Wachstumshormon, Östrogen, Kortisol, Thyroxin), Anpassung der Substitution an außergewöhnliche Belastungen!

UNTERFUNKTION DES HYPOPHYSENHINTERLAPPENS (HHL)

DIABETES INSIPIDUS

Def.:

verminderte Fähigkeit der Nieren den Harn zu konzentrieren. Infolge ADH-Mangels), (zentraler Diabetes insipidus) oder fehlender ADH-Wirkung an der Niere (nephrogener Diabetes insipidus) kommt es zu verminderter Wasserrückresorption in der Niere mit starken Wasserverlusten.

Ät.:

Zentraler Diabetes insipidus

- idiopathisch (ungeklärt, ca. 1/3 d. F.)
- Tumoren der Hypophyse, Metastasen, neurochirurgische Operationen, Verletzungen

Nephrogener oder renaler Diabetes insipidus (NDI; sehr selten)

- erblich (hereditär), sehr selten
- bei Nierenerkrankungen, Hyperkaliämie, Hyperkalzämie, durch Medikamente

Pathogenese:

- Ursache des zentralen Diabetes insipidus ist ein Mangel an. Die ADH-abhängige Konzentration des Harns in den Sammelrohren und Kanälchen der Nieren ist nicht mehr möglich. Es wird ein verdünnter Urin ausgeschieden (Polyurie).
- Ursache des nephrogenen Diabetes insipidus ist ein fehlendes Ansprechen der ADH-Rezeptoren der Nierenkanälchen auf ADH (Defekt der peripheren ADH-Rezeptoren).

Kl.: Trias

- Polyurie (vermehrte Harnausscheidung 5-25 l/24 h) mit nächtlichem Wasserlassen (Nykturie)
- Polydipsie (zwanghaft gesteigertes Durstempfinden und vermehrte Flüssigkeitsaufnahme)
- Asthenurie (Ausscheidung eines verdünnten, wasserhellen Harns mit erniedrigtem spezifischem Gewicht) durch fehlende Konzentrationsfähigkeit der Niere

Dg.:

Anamnese, Klinik, Durstversuch, ADH-Bestimmung u. a.

Th.:

kausal (Behandlung des zugrunde liegenden Leidens); symptomatisch: Medikamente

ERKRANKUNGEN DER SCHILDDRÜSE

EUTHYREOTE STRUMA („KROPF")

Def.:

Struma ist die Bezeichnung für jede Vergrößerung der gesamten Schilddrüse oder von Teilen des Organs unabhängig von Pathogenese, Funktionslage, Gut- oder Bösartigkeit. Eine Struma kann mit normaler (euthyreoter), verminderter (hypothyreoter) oder erhöhter (hyperthyreoter) Hormonproduktion einhergehen.

Die euthyreote Struma ist die häufigste endokrine Erkrankung, mehr als 90% aller Schilddrüsenerkrankungen sind euthyreote Strumen, Frauen sind 4-8 x häufiger betroffen als Männer.

Ät.:

- endemisch: mehr als 15% (bis 30%) der Bundesbürger haben einen „Jodmangel"-Kropf. Deutschland ist ein Jodmangelgebiet (täglicher Jodbedarf: 150-300µg).
- erhöhter Schilddrüsenhormonbedarf: Pubertät, Schwangerschaft u. a.

Pathogenese:

Entscheidender Fakor ist der Jodmangel. Er führt innerhalb der Schilddrüse zur Freisetzung von lokalen Wachstumsfaktoren, die - unabhängig von TSH - eine Größenzunahme durch Hyperlasie verursachen. Schilddrüsenhormonmangel verursacht zudem eine vertärkte TSH-Ausschüttung. Diese führt zur Hypertrophie der Schilddrüsenzellen.

Kl.:

Eine Struma wird nach ihrer Größe in verschiedene Stadien eingeteilt:

I a = nur ein Knoten bei normal großer Schilddrüse

I b = Struma nur bei überstrecktem Hals sichtbar

II = Struma ist bei normaler Kopfhaltung gut sichtbar

III = Struma mit lokalen Stauungs- und Kompressionszeichen (z. B. Stridor)

Typisch für eine Struma ist die tastbare, schluckbewegliche Masse am Hals, etwas unterhalb des Ringknorpels, vor der Luftröhre.

Komplikationen:

- Kompression/Verdrängung der Luftröhre
- Entwicklung einer Schilddrüsenautonomie: Abhängig vom Strumaalter, der Strumagröße und evtl. knotiger Umwandlungen zeigt die Jodmangelstruma eine zunehmende Tendenz zur Entwicklung einer TSH-unabhängigen, nicht mehr dem Regelkreis unterworfenen, sog. funktionellen Autonomie. Hieraus kann sich dann eine Hyperthyreose entwickeln (siehe unten).

Dg.:

Anamnese, Klinik, Labor (TSH, T3, T4), Schilddrüsensonografie, Röntgenthorax (gibt Informationen über hinter dem Brustbein gelegene Strumaanteile = retrosternale Struma und über evtl. Verdrängung der Luftröhre), Szintigrafie der Schilddrüse (zur Aufdeckung autonomer Bezirke)

Th.:

- konservative Therapie: Substitution mit Schilddrüsenhormonen u./o. Jodid
- operative Therapie: Indikation: große Knotenstruma, Malignomverdacht, Strumen mit autonomen Bezirken
- Bestrahlung mit Radiojod

Prophylaxe:

Jodierung des Speisesalzes. (Die Schweiz hat dadurchdie Strumahäufigkeit innerhalb von 60 Jahren von 30% auf 3% gesenkt.) Schwangere sollten mit 200µg Jodid/Tag substituiert werden.

HYPOTHYREOSE

Wie schon eingangs erwähnt, gibt es verschiedene Ursachen für eine Minderproduktion von Schilddrüsenhormonen. Es werden unterschieden:

- Primäre (thyreogene) Hypothyreose (häufig): Erkrankung der Schilddrüse
  a) angeboren
  b) erworben
- Sekundäre (hypophysäre) Hypothyreose: Minderung oder Ausfall der TSH-Produktion infolge einer Erkrankung der Hypophyse (z. B. HVL-Insuffizienz)
- Tertiäre Hypothyreose: Erkrankung des Hypothalamus mit TRH-Mangel (sehr selten)

PRIMÄRE ANGEBORENE HYPOTHYREOSE (KRETINISMUS)

Ät.:

Nicht-Anlage der Schilddrüse (Athyreose), Schilddrüsenfehlanlage, biochemischer Defekt bei der Hormonherstellung

Kl.:

- ca. 1:5 000 Neugeborene
- verlängerter Neugeborenen-Ikterus (Icterus neonatorum prolongatus)
- Trinkfaulheit, Verstopfung, Bewegungsarmut
- Wachstumsrückstand (dysproportionierter Zwergwuchs)
- Sprachstörungen
- geistige und psychische Minderbegabung, niedrige Intelligenz, Schwerhörigkeit

Das unbehandelte Vollbild (Kretinismus) ist aufgrund des gesetzlich vorgeschriebenen Hypothyreose-Suchtests beim Neugeborenen (TSH-Bestimmung) extrem selten geworden. (Jodmangel ist weltweit jedoch noch immer die häufigste vermeidbare Ursache für geistige Minderbegabung).

Dg.:

Anamnese, Klinik, Labor

Th.:

lebenslange Substitutionstherapie, so früh wie möglich beginnen, („bleibt ein hypothyreoter Säugling 3-4 Wochen nach der Geburt unbehandelt, so ist später schon kein Abitur mehr möglich"), regelmäßige Hormonkontrollen

ERWORBENE HYPOTHYREOSE

Ät.:

- primär: (primäre thyreogene Hypothyreose)
  - Hashimoto-Thyreoiditis (Autoimmunerkrankung; am häufigsten)
  - iatrogen (durch Arzt verursacht): Schilddrüsenoperation, Radiojodtherapie, Medikamente
- sekundär: Hypophysenvorderlappenunterfunktion (sekundäre hypophysäre Hypothyreose)
- tertiär: Funktionsstörung auf Hypothalamus-(TRH)-Ebene (tertiäre Hypothyreose, selten)

Kl.:

- körperlicher und geistiger Leistungsabfall: Müdigkeit, Verlangsamung
- Antriebsarmut, Desinteresse, mimische Starre und Depression führen zu einem typischer Gesichtsausdruck (Blickdiagnose)
- Bradykardie (erniedrigte Herzfrequenz), arterielle Hypotonie (erniedrigter Blutdruck)
- verlangsamte Reflexe
- Kälteintoleranz (gesteigerte Kälteempfindlichkeit)
- trockene, kühle, teigige blassgelbe Haut
- trockenes brüchiges Haar

- raue heisere Stimme
- evtl. Myxödem

Myxödem ist die Bezeichnung für die pathologische Ablagerung von Glykosaminoglykanen in Haut-, Unterhaut- und Muskelgewebe. Zwei Formen werden unterschieden:
1. generalisiertes Myxödem: Bei Hypothyreose führt eine ödematös-teigige Infiltration v.a. im Gesicht (Unterlider) und an den Extremitäten (Handrücken) zum charakteristischen aufgeschwemmten Aussehen des Patienten. Im Gegensatz zu anderen ödematösen Veränderungen der Haut bleiben nach Druck keine Dellen zurück.
2. prätibiales Myxödem: entzündliche Schwellung an den Streckseiten der Unterschenkel bei 2-3% der Fälle von Basedow-Hyperthyreose (siehe unten); meist assoziiert mit endokriner Ophthalmopathie.

- Obstipation, Gewichtszunahme (z. T. durch das Myxödem bedingt)
- Hypercholesterinämie (Frühatherosklerose!)

Beim älteren Menschen verläuft eine Hypothyreose oft uncharakteristisch (z. B. Kälteintoleranz, Gedächtnisstörung). Häufige Fehldiagnosen: Depression, zerebrale Durchblutungsstörung, Apathie, Alterungsprozess, Demenz u. Ä. An eine Hypothyreose denken!

Dg.:

Anamnese, Klinik, Labor, Sonografie, Szintigrafie

Th.:

lebenslange T3/T4-Substitution (altersentsprechend und nach Körpergewicht dosiert)

HYPERTHYREOSE

Einteilung:

- Immunogene Hyperthyreose (M. Basedow):

  Systemische Autoimmunerkrankung. Sie wird verursacht durch Autoantikörper (TRAK = TSH-R-Ak = TSH-Rezeptor-Autoantikörper), die die Schilddrüse zur Produktion von Schilddrüsenhormon anregen. $^2/_3$ der Fälle manifestieren sich nach dem 35 Lebensjahr, w:m = 5:1. Drei Erscheinungsformen:
  - ohne Struma
  - mit diffuser Struma
  - mit Knotenstruma

  Die immunogene Hyperthyreose ist in ca. 40% d. F. mit klassischen Augensymptomen, der sog. endokrinen Orbitopathie (Exophthalmus: „Glotzauge, Glanzauge"), verbunden.

  Ät.:

  genetische Disposition (familiäre Häufung) und ein nicht genau bekannter auslösender Faktor (bakterielle oder virale Antigene?) führen zu einer fehlgeleiteten Immunantwort.

- Hyperthyreose bei Schilddrüsenautonomie:

  Bei Schilddrüsenautonomie existieren in der Schilddrüse autonome Areale, die sich der Regelkreissteuerung durch Hypothalamus und Hypophyse entziehen. Manifestation der Erkrankung meist in höherem Lebensalter. Je nach Verteilung dieser autonomen Schilddrüsenbezirke (Szintigrafie!) werden 3 Formen unterschieden:

  - unifokale Autonomie (früher: autonomes Adenom)
  - multifokale Autonomie
  - disseminierte Autonomie

  Ät.:

  Die häufigste Ursache der Schilddrüsenautonomie sind Jodmangelstrumen.

- Seltenere Formen der Hyperthyreose
  - vorübergehend bei subakuter Schilddrüsenentzündung (Thyreoiditis)
  - bei Schilddrüsenkarzinom, paraneoplastisch (im Rahmen anderer Tumoren; sehr selten)
  - iatrogen durch Überdosierung von Schilddrüsenhormonen
  - zentrale Hyperthyreose (z. B. TSH-Produktion durch Hypophysenadenom; sehr selten)

Kl.:

- Struma („Kropf": 70-90% der Patienten); aufgrund der starken Durchblutung ist auskultatorisch über der Schilddrüse sog. „Nonnensausen" (altdeutsch: Nonne = Kreisel) zu hören.
- psychomotorische Unruhe mit gesteigerter nervaler Erregbarkeit: z. B. feinschlägiger Tremor der Hände (Feinzittrigkeit der Hände), lebhafte Reflexe, Schlaflosigkeit, Nervosität
- warme und feuchte Haut (Händedruck!), weiches dünnes Haar
- Wärmeintoleranz (Unverträglichkeit von Wärme), Schweißausbrüche, subfebrile Temperatur
- Tachykardie, Rhythmusstörungen, große Blutdruckamplitude
- Gewichtsverlust (trotz Heißhungers!)

  Aufgrund des Gewichtsverlustes werden häufig unter der Verdachtsdiagnose Tumor umfangreiche diagnostische Maßnahmen eingeleitet. Jodhaltige Kontrastmittel zur Diagnostik bei der Tumorsuche können hier zum lebensgefährlichen Bild einer sog. thyreotoxischen Krise führen. Vor Jodgabe oder Gabe eines jodhaltigen Kontrastmittels ist eine Hyperthyreose unbedingt ausschließen! Bei Gewichtsverlust immer auch an Hyperthyreose denken!
- Durchfall
- negative Kalziumbilanz mit Hyperkalzämie und Knochenbrüchigkeit, Fettleber
- evtl. Hyperglykämie oder pathologische Glukosetoleranz

Klassischer Befund bei immunogener Hyperthyreose (M. Basedow) ist die „Merseburger Trias":

- Struma,
- Tachykardie (gesteigerte Herzfrequenz)
- Exophthalmus (Vordrängen beider Augäpfel). Endokrine Augensymptome (Orbitopathie mit Exophthalmus) entstehen durch Einlagerung von Glukosaminoglykanen (Gag) in das periorbitale Gewebe und die äußeren Augenmuskeln (ca. 70% der Fälle von M. Basedow). (In ca. 5% der Fälle finden sich solche Einlagerungen auch vor dem Schienbein als prätibiales Myxödem.)

  ⇒ Endokrine Augensymptome: Schwellung der lateralen Partie der Augenbrauen. Doppelbildern, Lichtscheu, Fremdkörpergefühl schmerzhafter Druck hinter den Augen sowie 3 klassische Zeichen:

  * Graefe-Zeichen: Zurückbleiben des Oberlids bei Blicksenkung, sodass die Sklera sichtbar bleibt.
  * Stellwag-Zeichen: langsamer, seltener Lidschlag bei endokriner Orbitopathie
  * Moebius-Zeichen: Schwäche der Konvergenzbewegung der Augen bei Basedow-Hyperthyreose mit endokriner Orbitopathie. (Lässt man den Patienten erst zur Decke, dann auf seine Nasenspitze sehen, so tritt nur das eine Auge in Konvergenzstellung, das andere weicht nach außen ab.
  * Dalrymple-Zeichen: Das Sklerenweiß ist beim Blick geradeaus bei 12 h am Hornhautrand sichtbar.

Dg.:

Anamnese, Klinik, Labor (TRH, TSH, T3/T4, Nachweis von TRAK = TSH-Rezeptorautoantikörper bei immunogener Hyperthyreose Basedow), Sonografie, Szintigrafie

Th.:

- Medikamente: Thyreostatika (schilddrüsenblockierende Medikamente)
- Operation: bei großer Struma, Verdrängungserscheinungen und jugendlichem Alter
- Radiojodtherapie bei Hyperthyreoserezidiv, Autonomie, kleiner Struma, endokriner Orbitopathie (Gabe von radioaktivem Jod, das, da es in der Schilddrüse 200x stärker gespeichert wird als in anderen Körpergeweben, eine lokale Strahlentherapie darstellt)

SCHILDDRÜSENENTZÜNDUNG (THYREOIDITIS)

Die Schilddrüsenentzündung (Thyreoiditis) kann in drei verschiedenen Formen auftreten:

- Akute Thyreoiditis
- Subakute Thyreoiditis (de Quervain)
- Chronische Thyreoiditis (Hashimoto)

AKUTE THYREOIDITIS

Ät.:

Bakterien, Viren, Bestrahlungsfolgen, Trauma

Kl.:

akuter Beginn mit Fieber, Schmerz, Schluckbeschwerden, Lymphknotenschwellung

Dg.:

Anamnese, Klinik, BSG-Erhöhung, Leukozytose, T3/T4 und TSH normal, Feinnadelbiopsie

Th.:

bei bakterieller Thyreoiditis: Antibiotika

SUBAKUTE THYREOIDITIS

Ät.:

ungeklärt, oft im Anschluss an einen Virusinfekt der Luftwege

Kl.:

- bevorzugt Frauen im 3-5 Lebensjahrzehnt, w:m = 5:1
- Abgeschlagenheit, Krankheitsgefühl, evtl. Fieber, Druckschmerz über der Schilddrüse

Dg.:

Anamnese, Klinik, Labor (extreme BSG-Erhöhung bei normaler Leukozytenzahl, T3/T4 anfangs oft hyperthyreot, später wieder euthyreot oder hypothyreot), Szintigrafie, Feinnadelpunktion

Th.:

Spontanheilung in 2/3 d. F. ohne Therapie (keine Thyreostatika!)

CHRONISCHE THYREOIDITIS (HASHIMOTO)

Ät.:

Autoimmunthyreoiditis (Produktion von Autoantikörpern gegen die eigene Schilddrüse), häufigste Thyreoiditisform, bevorzugt Frauen im 4.-5. Lebensjahrzehnt

Kl.:

unmerklicher Beginn, später Hypothyreose (führt zur Diagnose)

Dg.:

Anamnese, Klinik, Feinnadelbiopsie, Labor: Nachweis von erhöhten Titern an TAK (Thyreoglobulinantikörper) und MAK (mikrosomale Antikörper)

Th.:

symptomatisch: Behandlung der Hypothyreose, Substitution von T_3 und T_4

BÖSARTIGE TUMOREN DER SCHILDDRÜSE

seltene Erkrankungen (ca. 2 pro 100 000 Einwohner jährlich) aber häufigster endokriner Tumor

Aufgrund unterschiedlicher histologischer Kriterien werden unterschieden:

- differenzierte Karzinome
  - papilläres Karzinom (50-60%)
  - follikuläres Karzinom (20-30%)
- undifferenzierte (anaplastische) Karzinome (ca. 10%)
- medulläres (C-Zellen) Karzinom (ca. 5%)
- (Maligne Lymphome, Sarkome und Metastasen anderer Tumoren in die Schilddrüse)

Ät.:

genetische Faktoren (medulläres Karzinom), Strahlen, unbekannte Faktoren

Kl.:

- Strumaknoten von harter Beschaffenheit (Konsistenz), evtl. schnelles Wachstum
- Lokale Spätsymptome: derbe, höckrige, nicht druckschmerzhafte Struma, Lymphknotenschwellung, Haut über der Struma nicht verschieblich, Heiserkeit (Rekurrenslähmung durch Einwachsen des Tumors), Horner-Symptomkomplex (Miosis = verengte Pupillen, Ptosis = hängendes Augenlid, Enophthalmus = in die Augenhöhle zurückgesunkener Augapfel), Schmerzen im Kopf-/Halsbereich, Stridor (pfeifendes Atemgeräusch bei Verlegung der oberen Luftwege), Schluckbeschwerden und obere Einflussstauung

Dg.:

Anamnese, Klinik, Sonografie, Szintigrafie, gezielte Feinnadelpunktion (zytologische Untersuchung), Computertomografie, Metastasensuche (Lunge, Skelett), Labor: Kalzitoninbestimmung im Serum (C-medulläres Karzinom)

Th.:

Kombinationstherapie

- Chirurgie: Entfernung der Schilddrüse (radikale Thyreoidektomie u. Lymphknotenentfernung)
- Radiojodtherapie: zur Vernichtung jodspeichernder Schilddrüsenreste und Metastasen
- Schilddrüsenhormonbehandlung: möglichst hohe Substitution, um einen TSH-Reiz auf evtl. noch vorhandene Metastasen zu verhindern
- Strahlenbehandlung: besonders bei undifferenzierten Tumoren, die kein Radiojod speichern

Prognose:

10-Jahresüberlebensraten: papilläres Karzinom ca. 80%, follikuläres Karzinom ca. 60%, C-Zellkarzinom ca. 55%. Beim undifferenzierten anaplastischen Karzinom leben nach 2 Jahren noch ca. 3% der Patienten (mittlere Überlebenszeit 6 Monate).

ERKRANKUNGEN DER NEBENSCHILDDRÜSE (PARATHYREOIDEA)

ÜBERFUNKTIONEN DER NEBENSCHILDDRÜSE (HYPERPARATHYREOIDISMUS)

PRIMÄRER HYPERPARATHYREOIDISMUS (PHPT)

Def.:

primäre Erkrankung der Nebenschilddrüse mit vermehrter Parathormonbildung (PTH)

Ät.:

- solitäre Adenome (80%), multiple Adenome (5%) der Nebenschilddrüse
- Hyperplasie der Epithelkörperchen (15%)
- Karzinom der Epithelkörperchen (selten)

Kl.:

Die Hälfte aller Patienten (25 pro 100 000 Einwohner pro Jahr) hat keine oder nur unspezifische Beschwerden und fällt zufällig durch einen hohen Kalziumspiegel auf. Zur übrigen Klinik lässt sich der Vers „Stein-, Bein- und Magenpein" gut merken.

- Nieren: Nierensteine (Nephrolithiasis) und Kalksalzablagerungen im Nierengewebe (Nephrokalzinose). (Auch Gallensteine sind doppelt so häufig wie bei der Normalbevölkerung).
- Knochen: Durch Vermehrung der knochenabbauenden Zellen (Osteoklasten) kommt es zu einer negativen Knochenbilanz (Osteopenie). Es resultieren Knochen- und Gliederschmerzen.
- Magen-Darm-Trakt: Allgemeinsymptome wie Appetitlosigkeit, Übelkeit, Verstopfung, Blähungen, Gewichtsabnahme, seltener: Magen- und Zwölffingerdarmgeschwüre (Ulcus ventriculi et duodeni; ca. 10%) und Bauchspeicheldrüsenentzündung (Pankreatitis; ca. 10%).
- Neurologisch-psychiatrische Symptome: Muskelschwäche, Leistungsabfall, Depression

- Kalziumhaushalt: Hyperkalzämische Krise (ohne Vorboten!) mit Polyurie (vermehrte Urinausscheidung), Polydipsie (vermehrte Flüssigkeitsaufnahme), Austrocknung (Exsikkose), Erbrechen, Kraftlosigkeit (Adynamie), Schläfrigkeit (Somnolenz), Koma, rasche Entwicklung einer Niereninsuffizienz, plötzlicher Herztod durch Herzrhythmusstörungen

Dg.:

- Anamnese, Klinik
- Labor: Kalzium und Parathormon im Serum und Urin ↑, Phosphat im Serum ↓ und im Urin ↑
- Sonografie (zur Lokalisationsdiagnostik des vergrößerten Epithelkörperchens)

Th.:

rechtzeitige (!) operative Entfernung des vergrößerten Epithelkörperchens (dann gute Prognose)

SEKUNDÄRER HYPERPARATHYREOIDISMUS (SHPT)

Def.:

Führt eine anderweitige Erkrankung (z. B. chronische Niereninsuffizienz, Malassimilationssyndrom, Leberzirrhose) zum Absinken des Serumkalziums, so reagieren die Nebenschilddrüsen sekundär mit einer vermehrten Ausschüttung von Parathormon (PTH). Es entwickelt sich ein sekundärer Hyperparathyreoidismus.

TERTIÄRER HYPERPARATHYREOIDISMUS

Def.:

Von einem „tertiären Hyperparathyreoidismus" wird gesprochen, wenn sich im Verlauf eines sekundären Hyperparathyreoidismus eine Hyperkalzämie entwickelt. Ursache ist ein Missverhältnis zwischen PTH-Bedarf und PTH-Sekretion.

UNTERFUNKTIONEN DER NEBENSCHILDDRÜSE (HYPOPARATHYREOIDISMUS)

Ät.:

- postoperativ nach Schilddrüsenoperationen (Mitentfernung der Nebenschilddrüsen)
- idiopathisch (selten, Autoimmunerkrankung?)
- Aplasie (Nicht-Anlage) von Thymus und Nebenschilddrüse (Di-George-Syndrom, sehr selten)

Kl.:

- Leitsymptom: hypokalzämische Tetanie: Muskelkrämpfe und Krampfanfälle bei erhaltenem Bewusstsein, Gefühlsstörungen (Parästhesien), Pfötchenstellung der Hand, Stimmritzenkrampf, Chvostek-Zeichen positiv (Zuckungen im Fazialisgebiet beim Beklopfen des N. facialis zwischen Mundwinkel und Ohr).
- organische Veränderungen: Haar- und Nagelwuchsstörungen, Katarakt (grauer Star), Verkalkung von Hirnnervenkernen (Stammganglien), Osteosklerose
- psychische Veränderungen: Depression, Reizbarkeit

Dg.:

Anmanese, Klinik, Labor. Eine Hypokalzämie und Hyperphosphatämie bei normalem Kreatinin (Ausschluss einer Niereninsuffizienz) und normalem Albuminspiegel (Auschluss eines Malassimilationssyndroms) macht die Diagnose eines primären Hypoparathyreoidismus sehr wahrscheinlich. Ein erniedrigtes Parathormon bestätigt die Diagnose.

Serum: Kalzium ↓, Magnesium ↓, Phosphat ↑, Kreatinin →, Parathormon ↓

Urin: Ausscheidung von Kalzium ↓, Phosphat ↓

Th.:

akut: bei Tetanie langsam 20 ml einer 10%igen Kalziumlösung intravenös (in die Vene, i. v.)

Vorsicht: niemals einem digitalisierten Patienten Kalzium i. v.!

Langzeitbehandlung: Vitamin D und Kalzium oral, regelmäßige Kontrolle des Serumkalziums

ERKRANKUNGEN DER NEBENNIERENRINDE

ÜBERFUNKTIONEN DER NEBENNIERENRINDE

HYPERALDOSTERONISMUS

Conn-Syndrom (primärer Hyperaldosteronismus), M. Conn

Ät.: Zum Conn-Syndrom kommt es durch

- Aldosteron-produzierende Adenome (80% d. F.)
- eine Hyperplasie der Nebennierenrinde (20% d. Fälle)
- Karzinome (Rarität)

Kl.: Leitsymptom: Hypokaliämische Hypertonie

- arterielle Hypertonie (Bluthochdruck) mit Kopfschmerz durch das stark erhöhte Blutvolumen (Aldosteron bedingte Wasserretention). Ca. 0,5% der arteriellen Hypertonien werden durch ein Conn-Syndrom verursacht.
- Hypernatriämie (erhöhter Na^+-Blutspiegel)
- Hypokaliämie (verminderter K^+-Blutspiegel) mit Muskelschwäche, Obstipation, Polyurie (vermehrtes Wasserlassen), Polydipsie (vermehrtes Durstgefühl)
- metabolische Alkalose

Dg.:

Anamnese, Klinik, Labor (Hypokaliämie, Hypernatriämie, Aldosteron ↑, Renin ↓),

Lokalisationsdiagnostik des Adenoms: Computertomogramm (CT), NMR, Szintigrafie u. a.

Th.:

Operation, Medikamente (gegen den Bluthochdruck = Antihypertensiva, Aldosterongegenspieler = Aldosteronantagonisten)

HYPERKORTISOLISMUS (CUSHING-SYNDROM)

Def.:

Das Cushing-Syndrom ist eine funktionelle Störung der Nebennierenrinde, des Hypothalamus (vermehrte Corticotropin-RH- = CRH-Ausschüttung) oder der Hypophyse (vermehrte ACTH-Ausschüttung), bei der zu viel Glukokortikoide (vor allem Kortisol) produziert werden.

Einteilung und Ätiologie:

- Exogenes (iatrogenes = vom Arzt verursachtes) Cushing-Syndrom (häufigste Form), durch Langzeitbehandlung mit Glukokortikoiden oder ACTH
- Endogenes Cushing-Syndrom (durch erhöhte Sekretion von Kortisol oder ACTH; selten)
  - ACTH-abhängige Form mit sekundärer Nebennierenrindenhyperplasie
    - → Zentrales Cushing-Syndrom (80%): durch ein Adenom im Hypophysenvorderlappen verursacht. Betrifft vor allem Frauen im mittleren Alter. Durch die vermehrte ACTH-Sekretion sind hier oft auch die Androgene erhöht (Klinik!"Vermännlichung").
    - → Paraneoplastische (im Rahmen eines Tumors auftretende) ACTH-Sekretion: Sekretion von CRH oder ACTH in Tumoren, z. B. in kleinzelligen Bronchialkarzinomen
  - ACTH-unabhängige primäre Form: Adrenales Cushing-Syndrom (10%), ausgelöst durch kortisolproduzierende Tumoren der Nebennierenrinde (NNR), bei Erwachsenen vorwiegend Adenome (gutartig), bei Kindern oft Karzinome der NNR.

Kl.:

- Fettstoffwechsel: Umverteilung der Depotfette führen zu Vollmondgesicht mit starker Rötung, Stiernacken, Stammfettsucht und Hypercholesterinämie.
- Eiweißstoffwechsel: Osteoporose, Muskelschwäche und Muskelschwund
- Kohlenhydratstoffwechsel: Diabetes mellitus (Kortisol ist Gegenspieler des Insulins)
- mineralokortikoide Restwirkung des Kortisols: Hypertonie (85%; evtl. Hypokaliämie: 5%)
- Haut: Neigung zu Akne, Furunkulose, Geschwüren und Auftreten von blauroten Striae (Striae = Streifen, ähneln „roten Schwangerschaftsstreifen")
- Androgenwirkung (vor allem bei hypophysärem Cushing): Potenzstörungen; bei Frauen: Ausbleiben der Regelblutung, Virilisierung (Ausbildung männlicher sekundärer Geschlechtsmerkmale) mit Hirsutismus (vermännlichende Behaarung), Klitorishypertrophie, Haarausfall, Tieferwerden der Stimmlage u. a.; bei Kindern: Wachstumsstillstand
- Psyche: psychische, evtl. psychotische Veränderungen
- Blutbildung: Leukozyten ↑, Erythrozyten ↑, Thrombozyten ↑, Eosinophile ↓, Lymphozyten ↓

Dg.:

Anamnese, Klinik, Labor (Hormonbestimmungen)

Th.:

- Operation: Entfernung der NNR-Tumoren, Adenomentfernung in der Hypophyse
- Bestrahlung der Hypophyse
- Medikamente: bei inoperablen Tumoren

ADRENOGENITALES SYNDROM (AGS)

Def.:
Seltene angeborene Enzymdefekte bei der Glukokortikoidproduktion der Nebennierenrinde. Sie führen zu einem Mangel an Glukokortikoiden und zu einem Überschuss von Androgenen.
Kl.:
schon bei Knaben und Mädchen: Virilisierung („Vermännlichung"), primäre Amenorrhoe (keine Regelblutung), Elektrolytstörungen, Bluthochdruck u. a.
Th.:
Substitutionsbehandlung mit Glukokortikoiden, evtl. Aldosteron, bei weiblichen Patienten: Antiandrogene

UNTERFUNKTION DER NEBENNIERENRINDE (NEBENNIERENINSUFFIZIENZ = M. ADDISON)

Einteilung und Ätiologie:

- Primäre Form (ACTH ↑)

  M. Addison: Zerstörung der Nebennierenrinde durch Autoimmunprozesse (am häufigsten; ca. 70% d. F.), seltener sind beidseitige Karzinommetastasen in der NNR, Tuberkulose, Amyloidose, Einblutungen, Sepsis u. a. (Glukokortikoide ↓, ACTH gegenregulativ ↑)
- Sekundäre Formen (ACTH ↓)
  - Insuffizienz von Hypophysenvorderlappen oder Hypothalamus
  - Langzeitbehandlung mit Kortikosteroiden (Glukokortikoide niemals abrupt absetzen! Sonst droht das lebensgefährliche Krankheitsbild einer Addison-Krise!)

Merke: Bei den sekundären Formen (Hypophyseninsuffizienz) ist nicht nur ACTH, sondern auch das Melanotropin (= MSH = Melanozyten-stimulierendes-Hormon) vermindert. Die Haut ist blass und pigmentlos („weißer Addison"), im Gegensatz zum „braunen Addison" bei primärer NNR-Insuffizienz: hier kommt es mit der verstärkten ACTH- auch zu einer vermehrten Melanotropin-Ausschüttung mit gesteigerter Melaninproduktion. (Ursache: Anstieg des Prohormons Proopiomelanocortin = POMC aus dem sowohl ACTH als auch MSH gebildet werden.)

Kl.:

Anfänglich kann jegliche Symptomatik fehlen.

Leitsymptome der primären NNR-Insuffizienz (M. Addison):

- Schwäche und rasche Ermüdbarkeit
- Pigmentierung von Haut- und Schleimhäuten
- Gewichtsverlust und Wassermangel (Dehydratation durch Mangel an Aldosteron)
- arterielle Hypotonie (niedriger arterieller Blutdruck)
- evtl. Abdominalschmerzen, Übelkeit, Erbrechen
- Verlust der Sekundärbehaarung bei Frauen (durch Androgenmangel)
- Hyperkaliämie und Hyponatriämie (Aldosteronmangel), Hyperkalzämie

Klinik der Addison-Krise neben den oben genannten Symptomen kann es unter Belastungen zum Vollbild einer Addison-Krise kommen:

- Austrocknung (Exsikkose), Blutdruckabfall, Schock, Oligurie (Urin ↓)
- Pseudoperitonitis (abdominelle Symptomatik wie bei einer Bauchfellentzündung)
- evtl. Durchfälle und Erbrechen

- Hypoglykämie (Kortisol - als Gegenspieler von Insulin - vermindert ⇒ Insulin ↑, Blutzucker ↓), metabolische Azidose
- anfangs unternormale Temperatur, später Exsikkose-Fieber
- Delir, Koma

Dg.:

Anamnese, Klinik, Labor (Hormonuntersuchungen), Sonografie der Nebenniere usw.

Th.:

Substitution der Glukokortikoide, beim M. Addison zusätzlich Mineralokortikoide (Aldosteron), Dosis der Substitution bei allen Belastungen erhöhen (Notallausweis! Patientenschulung).

ERKRANKUNGEN DES NEBENNIERENMARKS

PHÄOCHROMOZYTOM

Das Phäochromozytom ist ein Tumor des Nebennierenmarks (in 90% d. F. einseitig und gutartig, in 10% d. F. bösartig). Er produziert vermehrt Adrenalin u./o. Noradrenalin („Katecholamine"). Der Überschuss dieser kreislaufwirksamen Hormone bewirkt eine arterielle Hypertonie (ca. 0,1% aller arteriellen Hypertonien). Die Hypertonie kann kontinuierlich oder auch anfallsweise auftreten.

Kl.:

- familiäre Häufung (ca. 10% der Fälle; Familienuntersuchung)
- Gesichts- und Hautblässe (ist im Zusammenhang mit Hypertonie ein wichtiges Zeichen, da die „normale" Hypertonie zu Gesichtsröte führt)
- Kopfschmerzen, Herzklopfen, Schweißausbruch, innere Unruhe
- Hyperglykämie und Glukosurie (1/3 d. F.)
- Gewichtsverlust

Dg.:

Anamnese, Klinik (24-h-Blutdruckmessung; Lokalisationsdiagnostik: Sonografie, CT, NMR, Szintigrafie, selektive Katecholaminbestimmung in der V. cava und den Nebennierenvenen, evtl. Aortografie

Lab.: erhöhte Katecholaminwerte oder Katecholaminabbauprodukte (Vanillinmandelsäure oder Metanephrine) im wiederholt bestimmten, angesäuerten 24 Stunden-Urin, Plasmakatecholamine erhöht (genaue Vorschriften zur Blutabnahme beachten), evtl. Funktionstests

Th.

operative Entfernung des Tumors, bei Hochdruckkrisen Gabe eines Alpha-Blockers (Phentolamin = Regitin®), bei Inoperabilität Therapie mit Alpha-Blockern, bei metastasierendem bösartigem Phäochromozytom Polychemotherapie u./o. nuklearmedizinische Therapie

INFEKTIONSKRANKHEITEN

Eine allgemein gültige und verständliche Definition des Begriffes Infektionskrankheit ist nur schwer möglich. Im Allgemeinen werden darunter die Krankheiten verstanden, die durch das Eindringen von Mikroorganismen (Viren, Bakterien, Pilze, Protozoen, Helminthen, Arthropoden, siehe unten) bzw. durch Eindringen subzellulärer, infektiöser Objekte (Prionen, Viroide, siehe unten) verursacht werden.

Die Parasitologie beschäftigt sich innerhalb der Mikrobiologie mit den Krankheitserregern und Überträgern pathologischer Keime, die zum Tierreich gehören: Protozoen, Helminthen und Arthropoden.

Beim Umgang mit an bestimmten Infektionskrankheiten erkrankten Personen müssen zum eigenen Schutz und zum Schutz anderer Patienten gewisse Vorsichtsmaßnahmen beachtet werden (getrennte Kittel, Händedesinfektion, Gesichtsmasken, Desinfektion der Krankenzimmer und der Ausscheidungen mit dazu geeigneten Mitteln usw).

Außerdem müssen gesetzliche Bestimmungen eingehalten werden (Bundesseuchengesetz, Gesetz zur Bekämpfung der Geschlechtskrankheiten). Dies hat für den Berufsstand des Heilpraktikers wichtige Konsequenzen:

- Es ist dem Heilpraktiker nicht erlaubt, meldepflichtige, übertragbare Infektionskrankheiten (Bundesseuchengesetz § 3, 7, 8, 45; entspricht § 30) zu behandeln.
- Verboten ist dem Heilpraktiker auch die Behandlung der im Gesetz definierten Geschlechtskrankheiten (§ 1 des Gesetzes zur Bekämpfung der Geschlechtskrankheiten).

Eine konsequente Einteilung der Infektionskrankheiten müsste sich eigentlich an der mikrobiologischen Klassifizierung der Erreger orientieren (siehe Lehrbücher der Mikrobiologie). Die ausführliche Darstellung theoretischer Grundlagen würde den Rahmen dieses Buches sprengen und eher zur Verwirrung, denn zur Orientierung beitragen. Aufgrund der Relevanz der Infektionskrankheiten bei der Überprüfung beim Gesundheitsamt wird das Kapitel wie folgt gegliedert:

- Kurzer Abriss mikrobiologischer Grundlagen
- Meldepflichtige Infektionskrankheiten
- Geschlechtskrankheiten
- Auswahl einiger weiterer wichtiger Infektionskrankheiten (alphabetisch)

Beim Bundesministerium für Gesundheit wird (seit langem ...) ein Gesetzentwurf vorbereitet, der das veraltete Bundesseuchengesetz mit dem Gesetz zur Bekämpfung der Geschlechtskrankheiten zu einem neuen Infektionsschutzgesetz zusammenfassen soll. Dadurch werden sich prinzipielle Änderungen in der Meldepflicht ergeben. Aktuelle Informationen finden Sie dann im Internet unter **http://www.kreawi.de**

Lerntext 14
Bundesseuchengesetz vom 18. Juli 1961 (BGBl. I S.1021)
in der Fassung vom 18. Dezember 1979 (BGBl. I S. 2262) neue Fassung!
- AUSZUG -

Begriffsbestimmungen

§ 2

Im Sinne des Gesetzes ist

- **krank** eine Person, die an einer übertragbaren Krankheit erkrankt ist;
- **krankheitsverdächtig** eine Person, bei der Erscheinungen bestehen, welche das Vorliegen einer bestimmten übertragbaren Krankheit vermuten lassen;
- **ansteckungsverdächtig** eine Person, von der anzunehmen ist, dass sie Erreger einer übertragbaren Krankheit (Krankheitserreger) aufgenommen hat, ohne krank, krankheitsverdächtig oder Ausscheider zu sein;
- **Ausscheider** eine Person, die Krankheitserreger ausscheidet, ohne krank oder krankheitsverdächtig zu sein;
- **ausscheidungsverdächtig** eine Person, von der anzunehmen ist, dass sie Krankheitserreger ausscheidet, ohne krank oder krankheitsverdächtig zu sein.

§ 3 Meldepflicht (siehe S. 303)

§ 4

Zur Meldung sind verpflichtet

1. der behandelnde oder sonst hinzugezogene Arzt, im Fall des § 3 Abs. 5 auch der Tierarzt
2. jede sonstige mit der Behandlung oder der Pflege des Betroffenen berufsmäßig beschäftigte Person
3. die hinzugezogene Hebamme
4. auf Seeschiffen der Kapitän
5. die Leiter von Pflegeanstalten, Justizvollzugsanstalten, Heimen, Lagern, Sammelunterkünften und ähnlichen Einrichtungen

In Krankenhäusern, oder Entbindungsheimen ist für die Einhaltung der Meldepflicht nach Absatz 1 Nr. 1 der leitende Arzt, in Krankenhäusern mit mehreren selbständigen Abteilungen der leitende Abteilungsarzt, in Krankenhäusern ohne leitenden Arzt der behandelnde Arzt verantwortlich.

§ 5

Die Meldung ist dem für den Aufenthalt des Betroffenen zuständigen Gesundheitsamt unverzüglich, spätestens innerhalb 24 Stunden nach erlangter Kenntnis zu erstatten. Dieses hat das für die Wohnung, bei mehreren Wohnungen das für die Hauptwohnung des Betroffenen zuständige Gesundheitsamt unverzüglich zu benachrichtigen, wenn die Wohnung oder Hauptwohnung im Bereich eines anderen Gesundheitsamtes liegt.

§ 6, Abs. 4

In den Fällen des § 3 sind die Aufnahme der Kranken, Krankheitsverdächtigen und Ausscheider in ein Krankenhaus oder ein Entbindungsheim sowie ihre Entlassung unverzüglich dem Gesundheitsamt anzuzeigen, an das die Meldung nach § 5 Satz 1 zu erstatten war.

§ 8 Meldepflicht in besonderen Fällen

Wenn durch Krankheitserreger verursachte Erkrankungen in Krankenhäusern, Entbindungsheimen, Säuglingsheimen, Säuglingstagesstätten oder Einrichtungen zur vorübergehenden Unterbringung von Säuglingen nicht nur vereinzelt auftreten (Ausbruch), so sind diese Erkrankungen unverzüglich als Ausbruch zu melden, es sei denn, dass die Erkrankten schon vor der Aufnahme an diesen Krankheiten erkrankt oder dessen verdächtigt waren. § 4 Abs. 2 ist entsprechend anzuwenden.

Lerntext 15
MELDEPFLICHT gemäß § 3 des BUNDESSEUCHENGESETZES

Zu melden ist der Krankheitsverdacht, die Erkrankung sowie der Tod (VET) an

1. **Botulismus**
2. **Cholera**
3. **Enteritis infectiosa**
   a) Salmonellose
   b) übrige Formen einschließlich mikrobiell bedingter Lebensmittelvergiftungen
4. **Fleckfieber**
5. **Lepra**
6. **Milzbrand**
7. **Ornithose**
8. **Paratyphus A,B,C**
9. **Pest**
10. **Pocken**
11. **Poliomyelitis**
12. **Rückfallfieber**
13. **Shigellenruhr**
14. **Tollwut**
15. **Tularämie**
16. **Typhus abdominalis**
17. **virusbedingtem hämorrhagischem Fieber**

Zu melden ist die Erkrankung sowie der Tod (ET) an

1. **angeborener**
   a) **Cytomegalie**
   b) **Listeriose**
   c) **Lues**
   d) **Toxoplasmose**
   e) **Rötelnembryopathie**
2. **Brucellose**
3. **Diphtherie**
4. **Gelbfieber**
5. **Leptospirose**
   a) Weilsche Krankheit
   b) übrige Formen
6. **Malaria**
7. **Meningitis oder Enzephalitis**
   a) Meningokokken-meningitis
   b) andere bakterielle Meningitiden
   c) Virusmeningo-enzephalitis
   d) übrige Formen
8. **Q-Fieber**
9. **Rotz**
10. **Trachom**
11. **Trichinose**
12. **Tuberkulose** (aktive Form)
   a) der Atmungsorgane
   b) der übrigen Organe
13. **Virushepatitis**
   a) Hepatitis A
   b) Hepatitis B
   c) nicht bestimmbare u. übrige Formen
14. **anaerobe Wundinfekt.**
   a) Gasbrand/Gasödem
   b) Tetanus
15. **humane spongiforme Enzephalopathie** (merke: aktuelle Änderung vom 1.7.94, BGBl. 1, Nr.41, S. 1455)

Zu melden ist der Tod (T) an

1. **Influenza**
2. **Keuchhusten**
3. **Masern**
4. **Puerperalsepsis** (Kindbettfieber)
5. **Scharlach**

Zu melden ist jeder Ausscheider von

1. **Choleravibrionen**
2. **Salmonellen**
   a) S. typhi
   b) S. paratyphi A, B, C
3. **Shigellen**

Zu melden ist die Verletzung eines Menschen durch ein tollwutkrankes oder -verdächtiges Tier sowie die Berührung eines solchen Tieres oder Tierkörpers.

Lerntext 16 Weitere Behandlungseinschränkungen für Heilpraktiker nach § 45 des Bundesseuchengesetzes

Das Recht zur Behandlung einiger nicht meldepflichtiger Krankheiten durch den Heilpraktiker wird durch § 45 Abs. 1 des Bundesseuchengesetzes eingeschränkt:

„Lehrer, zur Vorbereitung auf den Beruf des Lehrers in Schulen tätige Personen, Schüler, Schulbedienstete und in Schulgebäuden wohnende Personen, die an ... ((den unten aufgeführten Krankheiten)) erkrankt oder dessen verdächtigt oder die verlaust sind, dürfen die dem Schulbetrieb dienenden Räume nicht benutzen und an Veranstaltungen der Schule nicht teilnehmen, bis nach dem Urteil des behandelnden Arztes oder des Gesundheitsamtes eine Weiterverbreitung durch sie nicht mehr zu befürchteten ist."

(Die nicht schon im § 3 erwähnten Krankheiten sind unterstrichen)

- Impetigo contagiosa (ansteckende Borkenflechte: Streptokokkeninfektion)
- Cholera
- Diphtherie
- Enteritis infectiosa
- Keuchhusten
- Krätze (Scabies)
- Läuse (... die verlaust sind)
- Masern
- Meningitis, Enzephalitis
- Mumps
- Ornithose
- Paratyphus
- Pest
- Pocken
- Poliomyelitis
- Q-Fieber
- Röteln
- Scharlach
- Shigellenruhr
- ansteckungsfähiger Tuberkulose der Atmungsorgane
- Tularämie
- Typhus abdominalis
- virusbedingtes hämorrhagisches Fieber
- Virushepatitis
- Windpocken

Merke: Zusätzlich zu den schon in § 3 des Bundesseuchengesetzes erwähnten Krankheiten besteht für Heilpraktiker, für den oben erwähnten Personenkreis (..Lehrer, zur Vorbereitung ... usw.), Behandlungsverbot für Impetigo contagiosa (ansteckende Borkenflechte), Krätze, Mumps, Röteln, Windpocken und Läuse!

INFEKTIONSERREGER

PRIONEN

Prionen: Abkürzung für „proteinaceus infectious particles". Prionen sind von Viren und Viroiden unterscheidbare infektiöse Partikel. Im völligen Gegensatz zu Viren und Viroiden bedürfen die Prionen für ihre Fähigkeit zur Infektion nur des Proteins und keiner Nukleinsäuren. Es gibt keine Hinweise auf Antigenstrukturen und deshalb auch keine Hinweise auf eine Immunantwort des Wirts auf die Infektion. Die Prionen sind ungewöhnlich resistent gegenüber Temperatur, UV-Licht und Röntgenstrahlung sowie chemischen Einflüssen. Prionen werden verdächtigt Erreger subakuter Hirnentzündungen zu sein. Sie gelten z. Zt. als Erreger der BSE (bovinen spongiformen Enzephalopathie) und werden als Auslöser der Creutzfeldt-Jakob-Enzephalopathie diskutiert. Eine Übertragung auf den Menschen (durch Produkte aus Rindereiweiß: z. B. Medikamente) erscheint möglich und wirft beträchtliche Probleme auf, da gängige Desinfektions- und Therapieverfahren wenig Wirkung zeigen. Prionen wurden im ZNS von Patienten mit Creutzfeldt-Jakob-Krankheit gefunden.

VIROIDE

Viroide wurden Ende der 60er-Jahre bei der Untersuchung von Pflanzenkrankheiten entdeckt. Es handelt sich um infektiöse Partikel, die um den Faktor 10^3-10^6 kleiner sind als alle bisher bekannten Viren. Ihre Erbsubstanz besteht aus einer zirkulären einsträngigen RNA. Kapsid und Hülle, wie sie Viren besitzen, fehlen. Es handelt sich sozusagen um vagabundierende, infektiöse RNA-Partikel. Der einzig bisher bekannte, humanmedizinisch wichtige Erreger, der strukturell mit Viroiden verwandt ist, ist das Hepatitis-D-Virus (HDV, siehe S. 219).

VIREN

Viren sind mikrobiologische Strukturen (oft Krankheitserreger) mit folgenden gemeinsamen Merkmalen:

1. Sie enthalten als genetische Information entweder DNA oder RNA.
2. Sie weisen keine zelluläre Organisation auf. Sie verfügen nicht über Organellen wie Mitochondrien („Kraftwerke der Zellen") oder Ribosomen (Eiweißsynthese der Zellen). Sie haben keine Enzyme zur Energiegewinnung oder Proteinsynthese.

3. Sie vermehren sich nicht - wie Körperzellen und Bakterien - durch Wachstum und anschließende Zellteilung
4. Durch Infektion einer Zelle programmieren die Viren den Syntheseapparat dieser Zelle um: die Zelle produziert nun die einzelnen Virusbestandteile. Anschließend lagern sich die Einzelbestandteile zum Virusteilchen zusammen und werden ausgeschleust (u. U. unter Vernichtung der befallenen Zelle).

Das reife Viruspartikel wird auch Virion genannt. Es besteht aus zwei, bei einigen Viren auch aus drei Komponenten. Das Kapsid, eine Proteinumhüllung, umschließt die Erbinformation, die Nukleinsäure. Die Nukleinsäure besteht entweder aus RNA oder aus DNA. Bei einigen Viren wird das Kapsid noch von einer Hülle umgeben.

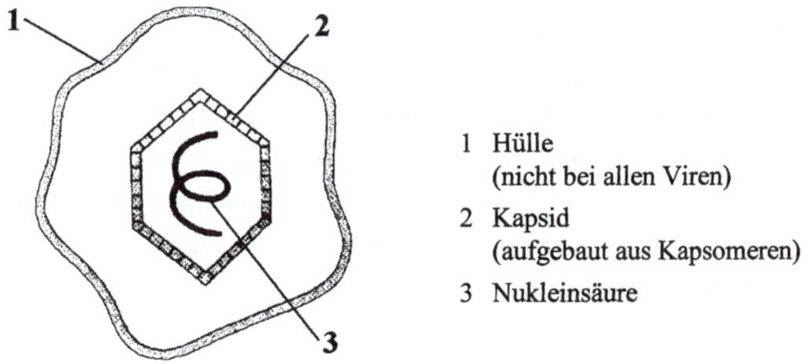

Abb. 32 Virus (schematischer Aufbau)

BAKTERIEN

Bakterien werden heute in einem eigenen „Reich" zusammengefasst und vom Reich der Tiere und dem der Pflanzen abgehoben.

Bakterien haben folgende gemeinsame Merkmale:

1. Sie vermehren sich ungeschlechtlich, durch einfache Querteilung.
2. Ein für die Pflanzen und Tiere typischer Zellkern kommt nicht vor.
3. Sie besitzen eine starre Zellwand (von Ausnahmen abgesehen). Die Zellwand besteht hauptsächlich aus Murein, einer Substanz, die in menschlichen Zellen nicht vorkommt.
4. Viele Bakterien können sich mit Hilfe von Geißeln fortbewegen.
5. Viele Bakterien besitzen oberflächliche Organellen, die von der Zelloberfläche wegragen (Fimbrien und Pili). Diese können sich spezifisch an die Rezeptoren von Wirtszellen binden und dadurch den Prozess der Infektion in Gang setzen.

Chlamydien, Rickettsien und Mykoplasmen sind Sonderformen der Bakterien.

- Chlamydien: sind obligate Zellparasiten (= leben in anderen Zellen)
- Rickettsien: sind ebenfalls obligate Zellparasiten, die sich durch Zellteilung vermehren
- Mykoplasmen: haben im Gegensatz zu den anderen Bakterien keine starre Zellwand

Sporen

Sporen sind Dauerformen von Bakterien mit großer Widerstandsfähigkeit gegen Umwelteinflüsse und langer Überlebenszeit auch unter ungünstigsten Bedingungen. Sie sind sehr hitzebeständig (problematisch bei der Sterilisation!) und resistent gegen Desinfektionsmittel und Austrocknung. Ihre Bildung wird durch ungünstige Lebensumstände ausgelöst. Die Stoffwechselvorgänge ruhen bei Sporen weitgehend, bei günstigen Bedingungen keimen die vegetativen Bakterienformen wieder aus.

Nur wenige der pathogenen Bakterien sind Sporenbildner:

- Bakteriengattung Bacillus (z. B. Milzbranderreger)
- Bakteriengattung Clostridium (z. B. Erreger von Gasbrand, Tetanus und Botulismus).

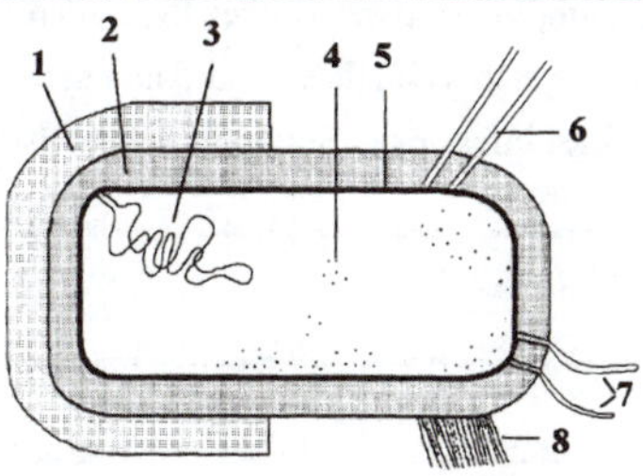

1 Kapsel
2 Zellwand (aus Murein)
3 Kernäquivalent (Nukleoid)
4 Zytoplasma mit Ribosomen
5 Zytoplasmamembran
6 Pili
7 Flagellen
8 Fimbrien

Abb. 33 Grundstrukturen der Bakterien

Es werden folgende Bakterienformen unterschieden:

- runde, kugelige Bakterien (Kokken)
- gerade, stäbchenförmige Bakterien
- gekrümmte Bakterien: einfach gekrümmt (Vibrionen) oder spiralige bzw. schraubenförmige Bakterien (Spirochäten)
- Mykoplasmen zeigen keine einheitliche Form. Sie ähneln meist Kokken.
- Chlamydien sind sehr kleine, kugelige Bakterien.
- Rickettsien sind kurze Stäbchen.

Aufgrund ihres Färbeverhaltens (Färbung nach GRAM) werden die Bakterien zudem in grampositive Bakterien (mit dicker Murein-Zellwand) und gramnegative (mit dünner Murein-Zellwand) unterschieden.

PILZE

auch Fungi, Mycophyta

Pilze haben wie die Pflanzen eine starre Zellwand und einen Zellkern und sind bewegungsunfähig. Sie sind jedoch nicht zur Photosynthese befähigt, sondern ernähren sich von verschiedenen organischen Nährsubstraten.

Von den mehr als 200 000 Pilzarten können nur ungefähr 200 Spezies beim Menschen Krankheiten hervorrufen.

Pilzinfektionen entstehen normalerweise nur bei einer Abwehrschwäche des Wirtes.

PROTOZOEN

Protozoen besitzen eine Zellmembran, einen Chromosomen enthaltenden Zellkern, Organellen, Mitochondrien und ein endoplasmatisches Retikulum. Zusätzliche Organellen dienen der Fortbewegung oder dem Stoffwechsel. Die Übertragung vieler parasitischer Protozoen erfolgt durch Arthropoden (Gliederfüßler, Insekten), in denen sie sich vermehren und dabei auch einen Formwechsel durchmachen, der mit der Ausbildung eines infektiösen Stadiums endet (Bsp.: Malaria).

HELMINTHEN (WÜRMER)

Helminthen gehören dem Tierreich an. Sie sind vielzellig und sehr different strukturiert. Klinische Bedeutung haben Trematoda (Saugwürmer), Cestoda (Bandwürmer) sowie Nematoda (Fadenwürmer).

ARTHROPODEN (GLIEDERFÜßLER)

Arthropoden sind durch ein Chitinaußenskelett, die Körpergliederung, ihre Mundwerkzeuge und andere Merkmale gekennzeichnet. Medizinisch gesehen spielen sie als Krankheitserreger (z. B. Milben als Ursache der Krätze) oder als Überträger von Mikroorganismen (Viren, Bakterien, Protozoen) und Helminthen eine Rolle.

TERMINOLOGIE

Epidemiologie

Ursprünglich: „Seuchenkunde", heute ein Wissenschaftszweig, der sich mit der Verteilung von übertragbaren und nichtübertragbaren Krankheiten und deren physikalischen, chemischen, psychischen und sozialen auslösenden Ursachen und Folgen in der Bevölkerung befaßt.

Inzidenz

Anzahl der Neuerkrankungen. Die Zahl der innerhalb eines bestimmten Zeitraumes erstmals an einer bestimmten Krankheit Erkrankten, bezogen auf die Gesamtbevölkerung (1000, 10 000, 100 000 Personen). Eine weitere Differenzierung der Inzidenz kann nach Geschlecht, Beruf, Alter o. Ä.. erfolgen.

Prävalenz

Maß zur Charakterisierung von Krankheitsgeschehen in einer Bevölkerung. Die Zahl der an einer bestimmten Krankheit an einem bestimmten Stichtag Erkrankten („Krankheitsbestand"), bezogen auf die untersuchte Bevölkerungszahl (bzw. 10 000, 100 000 Personen).

Mortalität

„Sterblichkeit" an einer Erkrankung. Rückgang der Bevölkerung durch Todesfälle an einer Krankheit. Verhältnis der Zahl der Todesfälle an einer Krankheit bezogen auf die Zahl der Gesamtbevölkerung innerhalb eines bestimmten Zeitraumes. Die Mortalität einer Krankheit wird angegeben als Zahl der an dieser Krankheit Verstorbenen bezogen auf 10 000 oder 100 000 Einwohner innerhalb eines Jahres.

Letalität

„Tödlichkeit" einer Erkrankung. Das Verhältnis der Zahl der Todesfälle an einer bestimmten Erkrankung bezogen auf die Zahl der an dieser Krankheit Erkrankten.

Infektion, stumme Infektion, Infektionskrankheit, nosokomiale Infektion

- Infektion: Eindringen von Mikroorganismen in einen Wirtsorganismus, Vermehrung und Reaktion des Wirtes
- Stumme Infektion: Infektion ohne klinische Symptome
- Infektionskrankheit: Infektion mit klinischer Symptomatik
- Nosokomiale Infektion: Im Krankenhaus erworbene Infektion (Harnwegsinfekte, Wundinfekte, Septikämien), häufig bakterielle Erreger: Staphylokokken, Pseudomonas aeruginosa

Inkubationszeit

Zeit zwischen Infektion und Auftreten von Krankheitssymptomen, charakteristisch für jede Krankheit. Sie kann Stunden, Tage, Wochen, gelegentlich sogar Jahre betragen.

Kommensalen

normale Bewohner von Haut und Schleimhäuten, entspricht der „Normalflora"

Kontagionsindex oder Infektionsindex

Größe zur Quantifizierung der Wahrscheinlichkeit einer Erkrankung bei Kontakt mit einem Erreger: Zahl der tatsächlich Erkrankten bezogen auf 100 nicht immune Exponierte; wenn der Kontagionsindex den Wert 1 hat, bedeutet das, dass 100% der erstmalig mit dem Erreger in Kontakt gekommenen Menschen auch an der durch ihn ausgelösten Krankheit erkranken.
Die Windpocken sind mit einem Kontagionsindex von 0,9 eine hochkontagiöse „fliegende Infektion". 90% der Patienten, die mit dem Erreger erstmals in Kontakt kommen, entwickeln die Krankheit.
Werte für einige anderen Infektionskrankheiten:
Masern: 0,95
Keuchhusten: 0,8
Diphtherie: 0,1-0,2
Röteln: 0,15-0,2
Typhus: 0,5
Poliomyelitis: 0,1

Kontamination

Verunreinigung von Gegenständen, der Umwelt oder von Untersuchungsproben durch Mikroorganismen oder andere Substanzen (z. B. Radioaktivität)

Opportunisten oder fakultativ pathogene Keime

Können Krankheiten bei abwehrgeschwächten Patienten, wenn die Situation „opportun" ist, verursachen. Opportunistische Erreger sind oft Keime der Normalflora und nur unter solchen besonderen Bedingungen krankheitserregend.

Pathogenität und Virulenz

Diese beiden Begriffe sind unscharf definiert. Sie werden manchmal sogar synonym verwendet. Die Pathogenität beschreibt die Fähigkeit von Mikroorganismen, chemischen Noxen, Umwelteinflüssen usw. bestimmte pathologische Zustände (Krankheiten) hervorzurufen.
Die Virulenz beschreibt das Ausmaß der Aggressivität und der krankheitserregenden Eigenschaften von Mikroorganismen. (Bsp.: Streptokokken besitzen die Fähigkeit, bestimmte Krankheiten

hervorzurufen = Pathogenität. Einige Streptokokkenstämme sind, wenn sie diese Erkrankungen hervorrufen, deutlich gefährlicher = virulenter als andere, z. B. durch besondere Toxine oder höhere Resistenz gegen Medikamente.)

Immunität

Unempfänglichkeit des Organismus für eine Infektion mit pathogenen Mikroorganismen bzw. Schutz vor der Wirkung mikrobieller Stoffwechselprodukte (z. B. Endo- oder Exotoxine) sowie pflanzliche oder tierische Gifte aufgrund einer kompetenten Immunantwort des Immunsystems.

Impfung, Schutzimpfung

Impfungen haben den Zweck im menschlichen Organismus die Entstehung einer Immunität zu veranlassen. Sie rufen einen über die unspezifische Abwehr, die Resistenz, hinausgehenden spezifischen Schutz hervor. Die Impfung erfolgt durch künstliche Zufuhr von Aufbereitungen der Erreger oder ihrer Wirkstoffe. Impfungen werden im Allgemeinen zur Prophylaxe durchgeführt (können aber auch als Therapie dienen). Außer der Möglichkeit, mit Hilfe von Impfstoffen den Körper zu veranlassen, einen spezifischen Impfschutz selbst aufzubauen, also aktiv zu immunisieren, gibt es die Möglichkeit passiv zu immunisieren. Bei der passiven Impfung werden dem Patienten von immunisierten Menschen oder Tieren gewonnene Immunglobulinpräparate (Antikörper) eingespritzt. Der Patient bildet die Antikörper also nicht - wie bei der aktiven Impfung - selbst, sondern er erhält Antikörper, die andere für ihn gebildet haben. Der passive Impfschutz hält meist nur einige Wochen an, dann sind die Fremdantikörper wieder abgebaut.

Quarantäne

Befristete Isolierung ansteckungsverdächtiger bzw. an bestimmten Infektionskrankheiten erkrankter Personen; wichtige Maßnahme gegenüber Einschleppung und Verbreitung von Infektionskrankheiten. Die Dauer der Isolierung richtet sich nach der Inkubationszeit der jeweiligen Erkrankung. Als internationale Quarantänekrankheiten (International Health Regulations 1974) gelten:

- Pest
- Cholera
- Gelbfieber
- Pocken (gelten seit 1979 als ausgerottet!)

Seuche, Endemie, Epidemie, Pandemie

Seuche: Der Terminus ist ein historischer Begriff für das plötzliche Erkranken zahlreicher Menschen an einer schweren Infektionskrankheit. Nach Art der zeitlichen und örtlichen Gebundenheit der Seuche unterscheidet man heute zwischen Pandemie, Epidemie und Endemie.

- Pandemie: Ausbreitung einer Seuche über Länder und Kontinente hinweg (Bsp.: Influenza).
- Epidemie: Gehäuftes Auftreten einer Infektionskrankheit (Seuche) in örtlicher und zeitlicher Begrenzung (Bsp.: Meningitis epidemica = epidemische Hirnhautentzündung).
- Endemie: Dauerverseuchung mit einem Infektionserreger in einem bestimmten geographischen Gebiet, also mit örtlicher Begrenzung, aber ohne zeitliche Beschränkung (Bsp.: Malaria).

Sepsis, Septikämie, Bakteriämie, Virämie, Parasitämie

- Sepsis und Septikämie: Systemerkrankung, die durch Mikroorganismen und deren toxische Produkte verursacht wird. Oft ist ein lokaler Streuherd vorhanden, von dem aus Erreger bzw. toxische Produkte kontinuierlich oder in Schüben in die Blutbahn gelangen.
- Bakteriämie,Virämie, Parasitämie: kurze, vorübergehende Anwesenheit von Mikroorganismen in der Blutbahn

Superinfektion

Auftreten einer zweiten Infektion bei bestehender erster Infektion

Zoonose, Anthropozoonose

Krankheiten, die von Tieren auf den Mensch übertragen werden, nennt man Zoonosen oder Anthropozoonosen.

MELDEPFLICHTIGE INFEKTIONSKRANKHEITEN NACH DEM BUNDESSEUCHENGESETZ (BSEUCHG)

Nach dem BSeuchG sind übertragbare Krankheiten durch Krankheitserreger verursachte Krankheiten, die unmittelbar oder mittelbar auf den Menschen übertragen werden können. (Die meldepflichtigen Krankheiten sind in § 30 des Bundesseuchengesetzes zusammengefasst. Der Heilpraktiker darf lediglich Maßnahmen zur Linderung dieser Erkrankungen treffen und muss den Patienten an einen Arzt verweisen.)

MELDEPFLICHT BEI VERDACHT, ERKRANKUNG UND TOD

BOTULISMUS

Besonderheit:

Der Botulismus ist keine Infektionskrankheit, sondern eine Vergiftung (Intoxikation) durch Nahrungsmittel, in denen sich das Bakterium Clostridium botulinum vermehrt und Toxin (Gift) gebildet hat. Das Botulismustoxin ist extrem giftig (0,1 µg tötet einen Menschen).

Meldepflicht:

Verdacht, Erkrankung, Tod (VET)

Erreger:

Clostridium botulinum (produziert das Gift, welches die Erkrankung auslöst)

Reservoir:

Clostridium botulinum ist ein anaerob (unter Sauerstoffabschluss) lebender Sporenbildner, der sich ubiquitär (überall) in der Erde findet.

Übertragungsweg:

„Lebensmittelvergiftung". Das Gift findet sich in geräucherten, gepökelten, eingeweckten oder eingedosten (Warnsignal: der Deckel der Dose hebt sich) Speisen, meist in Fleischprodukten aber auch in Gemüsen (z. B. Bohnen).

Pathogenese:

Botulinus-Toxin hemmt die Freisetzung von Acetylcholin aus den cholinergen Nervenendigungen (Ganglien, Parasympathikus, motorische Endplatte).

Inkubationszeit:

Die Zeit zwischen Giftaufnahme und Auftreten der ersten Symptome beträgt im Durchschnitt 12-48 Stunden (, kann aber von 4 Stunden bis 14 Tagen variieren).

Klinik:

- zu Beginn Magen-Darm-Symptomatik: Übelkeit, Erbrechen, Obstipation (nicht obligat)
- Schwindel
- Augensymptomatik: Ptosis (hängendes Oberlid), Akkomodationslähmung, Doppelbilder
- Sprach-, Schluck- und Atemstörungen
- Versiegen der Tränen- und Speichelsekretion
- paralytischer Ileus (Darmverschluss) und Harnverhalt
- keine Schmerzen, keine Sensibilitätsstörungen, voll erhaltenes Bewußtsein

Diagnose:

Anamnese, Klinik, Giftnachweis im Patientenblut. Der mikrobiologische Erregernachweis darf nicht abgewartet werden! Schon bei Verdacht muss therapiert werden!

Therapie:

sofort antitoxisches Botulismus-Serum, Magenspülung, Abführmaßnahmen, ggf. Schockbehandlung und Beatmung (Chemotherapie i. d. R. wirkungslos, da Vergiftung und keine Infektion)

Prognose:

Botulismus ist auch heute noch gefährlich. Hohe Letalität infolge zentraler Atemlähmung oder Herzstillstand (abhängig von der Giftmenge).

Vorbeugung:

15-minütiges Erhitzen auf 100°C zerstört das Gift. Konserven mit verdächtig angehobenem Deckel sollten gemieden (oder zumindest erhitzt) werden.

CHOLERA

„Gallenbrechdurchfall"

Meldepflicht:

Verdacht, Erkrankung, Tod (VET)

Erreger:

Bakterien Vibrio cholerae und Vibrio El Tor

Übertragungsweg:

fäkal kontaminiertes Trinkwasser, Meeresfrüchte, kontaminierte Lebensmittel. Besonders gefährlich sind gesunde oder genesende, symptomlose Ausscheider; Cholera tritt bevorzugt bei unterernährten, vorerkrankten Menschen auf („Armutskrankheit").

Reservoir:

Mensch

Inkubationszeit:

Stunden bis zu 5 Tage, meist 2-3 Tage

Klinik:

- viele Infizierte sind symptomlose Keimträger.
- Leichte Form: noch gefärbte und geformte Stuhlentleerungen (harmlos)

- Schwere Form: 20-30x pro Tag „Reiswasserstühle" und Erbrechen
  - Wasser- und Elektrolytverlust, Exsikkose (Austrocknung) und Azidose
  - Anurie (Harnausscheidung unter 100 ml/Tag), Urämie
  - Absinken der Körpertemperatur, Koma
  - Wadenkrämpfe
  - Aphonie (Stimmlosigkeit)
- Schwerste Form: Enterotoxinvergiftung mit Tod innerhalb von Stunden noch vor dem Auftreten der Durchfälle. („Cholera sicca" = trockene Cholera)

Diagnose:

Anamnese, Klinik, Bakteriologie (Rektal- und Stuhlabstrich)

Therapie:

- sofortige Isolation (schon bei Verdacht)
- Wasser- und Elektrolytsubstitution
- Antibiotikum

Prognose:

bei rechtzeitiger Behandlung Letalität < 1%. Schwere Choleraformen haben unbehandelt eine Letalität von bis zu 50%.

Vorbeugung:

Lebensmittel-, Trinkwasser- und persönliche Hygiene

Impfung (nur bedingt empfehlenswert,da für die Prävention primär Hygienemaßnahmen im Vordergrund stehen und die erhältlichen Impfungen gegen den aktuellen Choleratyp O 139 nicht schützen): Indikation: 1. Wenn diese Impfung im Einreiseland vorgeschrieben ist, 2. bei Reisen in aktuelle Infektionsgebiete. Oraler Lebend- oder Totimpfstoff aus der Schweiz und Schweden, in Deutschland (noch) nicht zugelassen (Stand:1/99); (der in Deutschland zugelassene parenterale Totimpfstoff ist nicht zuverlässig wirksam und schlecht verträglich).

ENTERITIS INFECTIOSA

SALMONELLOSE (SALMONELLEN-GASTROENTERITIS)

Meldepflicht:

Verdacht, Erkrankung, Tod und Ausscheider

Erreger:

Salmonellen: Gattung gramnegativer Stäbchenbakterien der TPE-Gruppe (Typhus-Paratyphus-Enteritis-Gruppe). Sie werden in 2000 Serotypen unterteilt (Kauffmann-White-Schema).

1. Typhuserreger (siehe S. 332, Typhus und Paratyphus):
   - Salmonella typhi
   - Salmonella paratyphi (A, B, C)
2. Enteritiserreger (Salmonellosen): zweitausend Serotypen (z. B. S. enteritidis, S. typhimurium)

Reservoir:

Die Enteritiserreger sind tier- und menschenpathogen (Zoonosen).

Übertragungsweg:

- Kranke und Ausscheider
- Tiere und Tierprodukte (z. B. Eier, Geflügel u. a.)

Pathogenese:

Lokalinfektion des Dünndarms. Normalerweise dringen die Erreger nicht in die Blutbahn ein. Möglicherweise spielen auch bakterielle Giftstoffe (Enterotoxine) eine Rolle.

Inkubationszeit:

6-48 Stunden

Klinik:

starke Brechdurchfälle

Komplikationen:

Austrocknung (Exsikkose), Kreislaufkollaps, Salmonellensepsis (Eindringen der Erreger in Blutbahn bei Abwehrschwäche)

Diagnose:

Speisereste sichern und bakteriologisch untersuchen, Stuhlprobe auf Bakterien

Therapie:

Nahrungskarenz (Nulldiät), Korrektur des Wasser- und Elektrolythaushaltes, (z. B. Glukose-Elektrolytlösung oral), Antibiotika sind normalerweise nicht indiziert (im Gegensatz zu Typhus und Paratyphus), da sie den Verlauf der Erkrankung nicht beeinflussen aber Dauerausscheider begünstigen, langsamer Kostaufbau (Tee, Zwieback, Haferschleim, pürierte Kost)

Vorbeugung:

Lebensmittelhygiene, persönliche Hygiene, ausreichendes Erhitzen von Fleisch, Kontrollen der Gesundheitsämter bei Lebensmittelbetrieben u. a.

ÜBRIGE FORMEN (EINSCHLIEßLICH MIKROBIELL BEDINGTER LEBENSMITTELVERGIFTUNGEN) (VET)

Diese Gruppe ist nicht näher definiert. Verschiedene Mikroorganismen können gastroenteritische Infektionen auslösen. Bei Lebensmittelvergiftungen kommt es dann zu Epidemien. Schon der Verdacht solcher Erkrankungen ist deshalb meldepflichtig, um die Infektionsketten möglichst schnell zu unterbrechen.

Ätiologie:

- Bakterien u./o. deren Toxine
  - Salmonellen (häufigste Ursache, Erreger der Salmonellosen), siehe S. 315
  - Campylobacter jejuni
  - Escherichia coli: Säuglingsdiarrhoe, häufigster Erreger der Reisediarrhoe, EHEC (siehe unten) u. a.

- Yersinia enterocolitica: kolikartige Bauchschmerzen (DD: Appendizitis), Gelenkbeschwerden, Erythema nodosum
- Clostridium difficile: Erreger der schweren pseudomembranösen Kolitis (unter Breitband-Antibiotikatherapie)
- Staphylococcus aureus, Bacillus cereus und Clostridium perfringens: Lebensmittelvergiftungen durch Toxinbildung
- Shigellen (Erreger der Shigellenruhr), siehe S. 327
- Vibrio cholerae (Erreger der Cholera), siehe S. 314

• Viren
  - Rotaviren (besonders bei Kindern)

• Protozoen
  - Giardia lamblia (Giardiasis, Lambliasis), siehe S. 390
  - Entamoeba histolytica (Amöbenruhr, Amöbiasis), siehe S. 377

• Pilze
  - Candida, Aspergillus (bei immunsupprimierten Patienten)

EHEC (ENTEROHÄMORRHAGISCHE ESCHERICHIA COLI)

auch: VTEC = Verotoxin bildende EC, SLTEC = shiga-like-toxinbildende EC

Besonderheit:

Die Mehrzahl der Escherichia-coli-Bakterien ist nicht pathogen.Bestimmte Serotypen lösen jedoch infektiöse Durchfallerkrankungen aus.

- EPEC (enteropathogene EC): Säuglingsdiarrhoe
- ETEC (enterotoxinbildende EC): häufigste Erreger eines Reisedurchfalls.
- EIEC (enteroinvasive EC): ruhrartige Durchfälle mit beständigem schmerzhaften Stuhldrang (Tenesmus) und breiigen, evtl. blutigen Darmentleerungen.
- EHEC (enterohämorrhagische EC): blutende Dickdarmentzündung (= hämorrhagische Kolitis). Die folgenden Aussagen beziehen sich auf diese Sonderform (EHEC)

Meldepflicht:

Verdacht, Erkrankung, Tod (VET)

Erreger:

enterohämorrhagische Escherichia coli (EHEC), weit über 100 verschiedene Serotypen, bilden Gifte (Verotoxin), weltweit vorkommend

Reservoir:

gesunde Rinder

Übertragungsweg:

Verzehr von rohem oder unzureichend gegartem Rindfleisch (gesunde Rinder!), Genuss von roher oder unzureichend erhitzter Milch bzw. Milchprodukten, direkte Übertragung von Mensch zu Mensch durch Schmierinfektionen (Spielzeug, Handtücher).

Inkubationszeit:

ca. 3-4 Tage

Klinik:

- leichter Verlauf: banale Durchfälle
- schwererer Verlauf: hämorrhagische Kolitis mit blutigem Durchfall und krampfartigen Bauchschmerzen
- evtl. Fieber und Erbrechen (eher selten)
- Komplikationen: Bedingt durch starke Bakteriengifte kann es nach dem Abklingen der Durchfälle insbesondere bei Kindern und Menschen mit geschwächtem Abwehrsystem zu schweren Schädigungen von Blutzellen und Nieren kommen:
  – hämolytisch-urämische Syndrom (HUS; Gasser-Syndrom): 6-8% der erkrankten Kinder, hämolytische Anämie und akutes Nierenversagen (Letalität: 10%)
  – thrombotische thrombozytopenische Purpura (TTP; Moschcowitz-Syndrom): mikroangiopathische hämolytische Anämie, Thrombozytopenie, neurologische Symptome, akutes Nierenversagen

Diagnose:

Anamnese, Klinik, Nachweis des Keimes in der Stuhlprobe (Stuhlkulturen)

Therapie:

Antibiotikum (bei blutigen Durchfällen, schwerem Krankheitsverlauf, insbesondere Fieber, Durchfall bei Säuglingen oder älteren Menschen)

Prognose:

Letalität 3-5%, je nach betroffener Patientengruppe bedeutend höher

Vorbeugung:

hohes Mass an Hygiene auf allen Stufen der Nahrungsmittelproduktion: Vermeiden von Kontaminationen, Durcherhitzen von kritischen Lebensmitteln tierischer Herkunft wie Hamburger oder ähnliche Fleischerzeugnisse, Pasteurisation von Rohmilch oder rohem Rahm

FLECKFIEBER

Besonderheit:

„Fleckfieber" ist eigentlich kein eindeutig definiertes Krankheitsbild. Durch Rickettsien (Bakteriengattung) werden zwei Arten von Fleckfieber verursacht: durch Rickettsia prowazeki das durch Läuse übertragene epidemische Fleckfieber, durch Rickettsia typhi das murine oder endemische Fleckfieber, welches nur in den Tropen und Subtropen vorkommt. Im Gesetzestext ist sicher das epidemische Fleckfieber (auch: Typhus exanthematicus, Läusefleckfieber, klassisches Fleckfieber, Flecktyphus) gemeint:

Meldepflicht:

Verdacht, Erkrankung, Tod (VET)

Erreger:

Das epidemische Fleckfieber wird durch Rickettsia prowazeki verursacht. Der Erreger wird durch Läuse übertragen.

Reservoir:

Mensch, Säugetiere und Gliederfüßler (Arthropoden). Das epidemische Fleckfieber ist an das Vorkommen von Läusen, vorwiegend Kleiderläusen, gebunden.

Übertragungsweg:

Die Übertragung der Rickettsien erfolgt durch Einreiben des Läusekots in die Stichwunden. Das epidemische Fleckfieber tritt bei Verlausung größerer Menschenansammlungen (Kriege, Katastrophen) auf.

Inkubationszeit:

10-14 Tage (5-23 Tage)

Klinik:

- schweres Krankheitsbild mit hohem Fieber, Kopf- und Gliederschmerzen
- Milzschwellung
- petechiales Exanthem (punktförmiger Hautausschlag) am 4.-6. Tag („Roseolen")
- Kreislaufkollaps, Enzephalitis (Status typhosus)
- Polyneuritis (in der 4.-5. Woche)

Differentialdiagnose:

aufgrund des Status typhosus und der Roseolen ist eine Verwechslung mit Typhus abdominalis (siehe S.332) möglich.

Diagnose:

Anamnese, Klinik, Läusebefall, serologischer Erregernachweis, Erregernachweis im Tierversuch

Therapie:

Antibiotikum

Prognose:

Letalität ca. 10-20%; 3-40 Jahre nach überstandenem epidemischen Fleckfieber kann - infolge persistierender und nach langer Latenz reaktivierter Rickettsien - ein Spätrezidiv auftreten (Brill-Zinsser-Krankheit).

Vorbeugung:

Bekämpfung der Kleiderlaus, da der Erreger an Läuse gebunden ist. Eine Impfung ist möglich. Nach Überstehen der Krankheit besteht i. d. R. lebenslange Immunität.

HÄMORRHAGISCHES FIEBER, VIRUSBEDINGTES

siehe S. 333: virusbedingtes hämorrhagisches Fieber

LEPRA

Def.:

chronische, verhältnismäßig wenig kontagiöse Infektionskrankheit der Haut und der peripheren Nerven, die zu Lähmungen und Verstümmelungen führt

Meldepflicht:

Verdacht, Erkrankung, Tod

Erreger:

Mycobacterium leprae (säurefestes Stäbchen)

Reservoir:

Die einzige bekannte Infektionsquelle ist der kranke, nicht behandelte Mensch. Ob Erregerreservoirs unter Tieren vorkommen ist ungewiss.

Verbreitung:

Afrika, Asien, Lateinamerika, Südeuropa (früher weltweit, auch in Europa)

Übertragungsweg:

über die Haut durch engen, direkten, langen Kontakt und über den Nasenschleim, der, vor allem bei der Knotenlepra, eine Vielzahl von Bakterien enthält

Eintrittspforten sind kleine Verletzungen der Haut. Kinder sind stärker infektionsgefährdet als Erwachsene (zum Schutz vor Ansteckung müssen Neugeborene isoliert werden).

Inkubationszeit:

2-5 Jahre (9 Monate bis 40 Jahre)

Klinik:

Nach der Art der Gewebereaktion werden 2 Formen unterschieden:

- Tuberkuloide Lepra (TL) mit starker Gewebsreaktion, Nervenschädigungen, relativ guter Prognose und geringer Kontagiosität (Ansteckungskraft), sog. Nervenlepra
  - vereinzelte oder symmetrisch ausgedehnte Flecken
  - Nervenbefall schon in der Frühphase der Erkrankung (N. ulnaris, N. fibularis)
  - schwere Verstümmelungen durch Sensibilitätsstörungen, Lähmungen und Fehlgebrauch
- Lepromatöse Lepra (LL) mit fehlender Gewebsreaktion, massiver Infiltration der Haut und schlechter Prognose bei höherer Kontagiosität, sog. Knotenlepra
  - depigmentiertes Hautareal mit späterer Gefühllosigkeit und zunehmender ödematöser Infiltration
  - Verlust der Augenbrauen, Haarausfall, Abnahme der Schweißsekretion
  - Knoten (Leprom) der Haut, besonders im Gesicht („Löwengesicht" = Facies leontina)
  - Zerstörung der peripheren Nerven (Lähmungen u. Sensibilitätsverlust) mit daraus resultierenden schweren Verstümmelungen
  - Spätstadium: Befall anderer Organe (Hornhautentzündung, Nebenhodenentzündung u. a.)

Zwischen diesen beiden Formen gibt es fließende Übergänge, sog. Borderline-Lepra (BL).

Diagnose:
Anamnese, Klinik. Nasensekret und Gewebesaft aus befallenen Hautbezirken zeigen bei lepromatöser Lepra reichlich, bei tuberkuloider Lepra spärlich, säurefeste Stäbchen.
Klassifikation der Lepraform mit der Leprominreaktion: Injektion von Antigen in die Haut. Bei tuberkuloider Lepra positiv, bei lepromatöser Lepra negativ.
Therapie:
Kombinationstherapie nach WHO-Standardempfehlung Behandlungsdauer ca. 2 Jahre, bei Verstümmelungen plastische Chirurgie und Rehabilitation
Vorbeugung:
Frühentdeckung und Frühbehandlung (Isolierung der Erkrankten ist überflüssig!), Erhöhung des Lebensstandards, Impfung mit abgeschwächten Leprabakterien scheint sich zu bewähren: Nach ca. 18 Monaten kommt die Krankheit zum Stillstand.

MILZBRAND (ANTHRAX)

Meldepflicht:
Verdacht, Erkrankung, Tod
Erreger:
Bacillus anthracis (grampositives, Sporen bildendes Stäbchenbakterium)
Reservoir:
Bacillus anthracis kommt weltweit als Erreger von Tiererkrankungen bei pflanzenfressenden Säugetieren wie Schafen, Rindern, Pferden u. a. vor (Zoonose). Die im Erdboden lebenden Erreger werden von den Tieren mit dem Futter aufgenommen und verursachen ein schweres septisches Krankheitsbild, das oft den Tod zur Folge hat. Bei den toten Tieren findet sich eine vergrößerte, dunkelrote Milz („Milzbrand").
Übertragungsweg:
Der Mensch infiziert sich gelegentlich bei engem Kontakt mit erkrankten Tieren oder mit tierischen Produkten (Häute, Haare, Knochenmehl). Der Milzbrand ist eine Berufskrankheit (Metzger, Abdecker, Tierärzte usw). Eine Übertragung von Mensch zu Mensch ist nicht möglich.
Inkubationszeit:
wenige Stunden bis 7 Tage
Pathogenese:
Die Kapsel des Erregers hemmt die Phagozyten (Fresszellen), sodass sich die Erreger im Gewebe vermehren und von dort ins Blut eindringen können. Außer gewebeschädigenden Enzymen bilden die Milzbrandbazillen ein Gift (Toxin), welches die zellulären Abwehrvorgänge schädigt. Bei Inhalation der Erreger kommt es zum Lungenmilzbrand, bei Aufnahme infizierter Speisen zum gastrointestinalen Milzbrand, beim Eindringen durch die Haut zum Hautmilzbrand.

Klinik:

- Hautmilzbrand (95-98%): Lokalisation meist an Kopf, Unterarm oder Hand: juckendes, rotes Knötchen mit schwarzem Zentrum, das sich zu einem Bläschen mit seröser oder serös-blutiger Flüssigkeit entwickelt. Nach Austrocknung des Bläschens entsteht ein schwarzer Schorf mit Ödem in der Umgebung (Milzbrandkarbunkel und Milzbrandödem). Bei gutartigem Verlauf bleibt die Erkrankung lokal begrenzt und ohne Fieber. Komplikation: septische Ausbreitung mit Fieber, Schüttelfrost, Kopf- und Gliederschmerzen, blutiger Durchfall, Hautblutungen, Bluterbrechen, Milzschwellung, Kreislaufstörungen, Meningitis, Atemlähmung (Tod)
- Lungenmilzbrand: plötzlicher Beginn mit hohem Fieber; Bild einer atypischen, schweren Lungenentzündung: Atemnot, Zyanose, blutiger Auswurf
- Darmmilzbrand (sehr selten): verläuft als Gastroenteritis mit Erbrechen, blutigem Durchfall und Kreislaufversagen

Diagnose:

Anamnese (Beruf! Tierkontakte), Klinik, Erregernachweis im Sekret des Milzbrandkarbunkels, im Sputum, im Liquor und in der Blut- und Sternalmarkkultur, Serologie (Antikörpertiter)

Therapie:

Jeder chirurgische Eingriff ist kontraindiziert! Antibiotika (Penizillin G und Ampicillin) nach Anlage einer Kultur zur Prüfung der Antibiotikaempfindlichkeit, lokal: Ruhigstellung des betreffenden Körperteils.

Prognose:

Als typische Lokalinfektion hinterlässt der Milzbrand keine dauerhafte Immunität. Die Letalität des Hautmilzbrands ist - unter rechtzeitiger Antibiotikatherapie - praktisch auf 0% gesunken. Lungenmilzbrand und Darmmilzbrand zeigen eine Letalität bis 50%.

Vorbeugung:

Überwachung importierter Tierprodukte, persönliche und Arbeitshygiene

ORNITHOSE

auch: Psittakose, Papageienkrankheit

Meldepflicht:

Verdacht, Erkrankung, Tod

Erreger:

Chlamydia psittaci (gramnegatives Stäbchenbakterium)

Reservoir:

Die natürlichen Wirte und Überträger sind Vögel: Wellensittiche, Papageien, Tauben u. a.

Übertragungsweg:

Die Ornithose ist eine Zoonose. Der Mensch infiziert sich i. d. R. durch Inhalation chlamydienhaltigen Staubes (Vogelkot). Übertragungen von Mensch zu Mensch sind möglich aber selten.

Pathogenese:

Die Erreger gelangen in den tiefen Respirationstrakt, dringen in die Epithelzellen der Bronchiolen ein, vermehren sich dort und gelangen dann in die Blutbahn.

Inkubationszeit:

10 Tage (1-3 Wochen)

Klinik:

- leichte Fälle verlaufen „grippeartig", andere unter dem Bild einer schweren Lungenentzündung
- allgemeines Krankheitsgefühl („grippeartig"): schwere Kopf- Kreuz- und Muskelschmerzen
- rasch ansteigendes Fieber, Schüttelfrost, Fieberkontinua über 1-2 Wochen
- Nasenbluten, Milzvergrößerung, gelegentlich Exanthem, welches an Roseolen erinnert
- trockener Husten, atypische Lungenentzündung
- als Komplikation Thrombophlebitis (häufig), bakterielle Superinfektion, Herz-Kreislaufkomplikationen (Myokarditis), selten: enzephalitische Verlaufsformen (Apathie, Benommenheit)

Diagnose:

Anamnese (Taubenzüchter, Hausvögel, Arbeiter auf Geflügelfarmen u. a.), Klinik (Perkussion und Auskultation oft ohne pathologischen Befund!! = atypische Lungenentzündung), Röntgenbild, Labor: Leukopenie, Erreger- oder Antigennachweis, Antikörpernachweis

Therapie:

Antibiotikum, sorgfältige Überwachung von Herz und Kreislauf, Infektionsquelle sanieren

Prognose:

Die Erkrankung kann sich über mehrere Wochen hinziehen. Besteht das Fieber länger als 3 Wochen, ist die Prognose schlecht (Letalität unbehandelt 20-30%). Die Erkrankung hinterlässt in den meisten Fällen eine Immunität.

Vorbeugung:

Es gibt keine Impfung; veterinärmedizinische Überwachung (Geflügelfarmen u. Ä.)

PARATYPHUS

siehe S. 332: Typhus abdominalis

PEST

Besonderheit: vom lateinischen pestis: Seuche, Verderben

Die Pest, früher als „schwarzer Tod" bezeichnet, gehört zu den 4 quarantänepflichtigen Weltseuchen. Sie ist von den Gesundheitsbehörden der Länder an die WHO zu melden (im letzten Jahrzehnt sind der WHO noch ca. 15 000 Fälle gemeldet worden). 1994 Pestausbruch in Indien.

Meldepflicht:

Verdacht, Erkrankung, Tod

Erreger:

Yersinia pestis, gramnegatives Stäbchenbakterium

Reservoir:

Primär ist die Pest eine Zoonose der Nagetiere („Nagetierseuche"). Überträger sind die Parasiten dieser Nagetiere (z. B. Flöhe).

Übertragungsweg:

Wenn Hausratten durch engen Kontakt mit wilden Nagern infiziert werden, wird Yersinia pestis durch den „Pestfloh" (Xenopsylla cheopis) auf den Menschen übertragen, und es entsteht die Beulenpest (Bubonenpest).

Wenn bei an Beulenpest Erkrankten ein sekundärer Lungenbefall eintritt, wird eine direkte Übertragung des Erregers durch Tröpfcheninfektion von Mensch zu Mensch möglich: Es entsteht die besonders bösartige Form der Lungenpest.

Pathogenese:

Primär handelt es sich um eine Lokalinfektion der Haut, die jedoch im Krankheitsverlauf zu einer Sepsis führen kann. Die Eintrittspforte der Erreger ist die Haut. Die Einstichstelle des Pestflohs kann symptomlos abheilen, es kann sich jedoch auch ein Pestkarbunkel oder eine Hautpest entwickeln. Die Yersinien dringen über die Lymphbahnen zunächst in die regionären Lymphknoten und führen dort zu einer Entzündung mit Einschmelzungen (Beulen- oder Bubonenpest). Anschließend kann es zur Einschwemmung der Erreger ins Blut und zur Ansiedlung der Erreger in verschiedenen Organen kommen (Lungen, Milz, Nieren, Leber, Herzmuskel, Gehirn u. a.)

Inkubationszeit:

Lungenpest: wenige Stunden, Beulenpest: 2-5 (-10) Tage

Klinik:

- Beulenpest (90%): hämorrhagisch-bläulich verfärbte, geschwollene Lymphknoten (Bubonen), Schüttelfrost, Benommenheit, hohes Fieber, schweres Krankheitsgefühl
- Lungenpest (10%): durch direkte aerogene Infektion (primäre Lungenpest) oder durch septische Aussaat der Erreger einer Bubonenpest in den kleinen Kreislauf (sekundäre Lungenpest): blutiges, bakterienreiches, hochinfektiöses Sputum, tödlicher Verlauf

Diagnose:

Anamnese (Aufenthalt in einem Endemiegebiet), Nachweis des Erregers im Bubonenpunktat, Sputum oder Blut

Therapie:

Antibiotika; Inzisionen der Bubonen sind kontraindiziert.

Prognose:

Bubonenpest: Letalität 25-50%

Lungenpest (Pestpneumonie): Letalität unbehandelt nahezu 100%

Vorbeugung:

Expositionsprophylaxe: Isolierung von Kranken (vor allem der an Lungenpest Erkrankten), Kontaktpersonen müssen 6 Tage (= Inkubationszeit) in Quarantäne genommen werden, infektiöse Nager müssen bekämpft, die übertragenden Insekten vernichtet werden.

POCKEN

Der Erreger der Pocken, das zur Gattung Orthopoxvirus gehörende Variolavirus, kommt seit 1978 dank einer WHO-Impfkampagne nicht mehr vor. (In amerikanischen und russischen Armeelaboratorien gibt es noch Behälter mit den Variolaviren). Auf die Darstellung dieses Krankheitsbildes wird hier verzichtet.

POLIOMYELITIS

auch: epidemische spinale Kinderlähmung

Meldepflicht:

Verdacht, Erkrankung, Tod

Erreger:

Poliovirus mit 3 serologischen Typen I, II, III ein RNA-Enterovirus

Es besteht keine Kreuzimmunität zwischen den 3 Serotypen: Erkrankte sind nur gegen „ihren" serologischen Typus immun (theoretisch kann man also dreimal an Poliomyelitis erkranken).

Reservoir:

Menschen und Primaten

Übertragungsweg:

fäkal-oral

Pathogenese:

Nach Aufnahme durch den Mund (z. B. verschmutzte Nahrungsmittel) kommt es zur Virusvermehrung im Rachenepithel und im Darmtrakt. Bei der Mehrzahl der Patienten ist damit die Auseinander setzung mit dem Krankheitserreger abgeschlossen. Es kommt zur sog. „stillen Feiung". Bei einem Teil der Patienten kommt es nach einer symptomlosen „Latenzphase" zum Organstadium, einer diffusen Enzephalomyelomeningitis (Gehirn-, Rückenmarks-, Hirnhautentzündung). Wiederum nur bei einem kleinen Teil der Patienten kommt es zur Zerstörung der motorischen Ganglienzellen im Vorderhorn des Rückenmarks mit den typischen schlaffen Lähmungen der entsprechenden Muskelgruppen.

Inkubationszeit:

7-9 Tage bis zum Beginn der Krankheitserscheinungen (Prodromi), 14 Tage bis zum Beginn der Lähmungen

Klinik:

- Prodromalstadium (1-3 Tage): Fieber, allgemeine Abgeschlagenheit, Halsschmerzen, Erbrechen, evtl. Abdominalschmerzen, Durchfall, Obstipation
- Meningitisches Stadium (nur bei 10% der Patienten): Nach einem beschwerdefreien Latenzstadium von 3-4 Tagen kommt es zu Kopfschmerzen, Erbrechen, Meningismus (Nackensteifigkeit), Adynamie und Schmerzen im Bereich der später gelähmten Muskelpartien. Bei einer kleinen Anzahl der Patienten kommt es dann zu den typischen asymmetrischen schlaffen Lähmungen (Paresen) der proximalen Muskelgruppen ohne Sensibilitätsausfälle (oft jedoch mit quälenden Muskelschmerzen).

Komplikationen:

Eine bis zum Zwerchfell aufsteigende Lähmung kann zur Atemlähmung, zu Pneumonien und zu Atelektasen der Lunge führen.

Diagnose:

Anamnese, Klinik (doppelgipfliger Fieberverlauf, sog. Dromedarkurve), Anzüchtung des Erregers aus Stuhl, Rachenabstrichen, Gurgelwasser und Liquor, Serologie (Titeranstieg bei zwei im Abstand von 8-14 Tagen entnommenen Blutproben)

Therapie:

Es ist keine kausale Therapie bekannt, Behandlung nur symptomatisch: Bettruhe, richtige Lagerung bei Lähmungen, später krankengymnastische Übungen, Elektrotherapie, bei Gefahr der Atemlähmung intensivmedizinische Überwachung, ggf. künstliche Beatmung, Rehabilitationsmaßnahmen, ggf. orthopädische Weiterbetreuung (Operationen).

Prognose:

Bei der Mehrzahl der Patienten klingt die Poliomyelitis nach dem Prodromalstadium ab („stille Feiung"). Bei einer größeren Gruppe heilt auch das Organstadium mit Enzephalomyelomeningitis folgenlos aus. Nur bei einer relativ kleinen Anzahl der Erkrankten entwickelt sich das eigentliche Lähmungsstadium.

Vorbeugung:

Die Impfung wird generell empfohlen(STIKO). Sie wird mit einem zu injizierenden Totimpstoff (IPV) durchgeführt. Die orale Polioimpfung mit Lebendimpfstoff (OPV; „Schluckimpfung") wird nicht mehr empfohlen.

RÜCKFALLFIEBER

Meldepflicht:

Verdacht, Erkrankung, Tod

Erreger:

Bakterien (Spirochäten): Borrelia recurrentis (Läuserückfallfieber), Borrelia duttoni (Zeckenrückfallfieber)

Reservoir:

Borrelia recurrentis kommt weltweit in vielen Tieren (Nagetiere, Geflügel, Wildschwein, Stachelschwein) und in Gliederfüßlern (Arthropoden: Zecken, Läuse) vor. Es wird ein endemisches Zecken-Rückfallfieber von einem epidemischen Läuse-Rückfallfieber unterschieden.

Übertragungsweg:

Wenn große Menschenmassen verlausen (Notzeiten, Katastrophen) übertragen Läuse die Krankheit epidemisch auf Menschen.

Pathogenese:

Beim Fieberanfall gelangen die Erreger in die Blutbahn. Während der Fieberschübe ändert der Erreger seinen Antigenaufbau. Rückfallfieber (und andere Borrelieninfektionen) hinterlassen nur eine zeitlich begrenzte Immunität.

Inkubationszeit:

7 (4-18) Tage

Klinik:

- plötzlicher Beginn: Fieberanstieg (40-41°C), Schüttelfrost
- Kopf-, Glieder- und Kreuzschmerzen, Gesichtsrötung
- abdominelle Beschwerden: Übelkeit, Erbrechen, Milzschwellung
- evtl. Bronchitis, Nasenbluten, Atemnot, Hypotonie
- Entfieberung nach 5-6 Tagen; nach mehrtägigem fieberfreiem Intervall folgen mehrere (2-10) Fieberschübe (jeweils von kürzerer Dauer), bis das Fieber ganz aufhört („Selbstheilung").
- Komplikationen: Myokarditis (gefürchtet), Ikterus, Bronchopneumonien, Arthritis, Nephritis

Diagnose:

Anamnese (Fieberverlauf, Kontakt mit Läusen oder Zecken), Klinik

Labor: Anämie, Leukozytose, BSG ↑, Blutabnahme im Fieberanstieg: direkter Spirochätennachweis unter dem Mikroskop

Therapie:

Antibiotikum

Prognose:

Letalität unbehandelt 2-10%

Vorbeugung:

Läusebekämpfung, Bekämpfung von Zecken

SHIGELLENRUHR

auch: Shigellose, bakterielle Ruhr, Dysenterie

Meldepflicht:

Verdacht, Erkrankung, Tod und Ausscheider

Erreger:

Shigellen (gramnegative Stäbchenbakterien)

Shigella dysenteriae: Erreger der gefürchteten Shiga-Ruhr (Tropen, Subtropen) mit Endotoxin (→ Dickdarmgeschwüre) und Exotoxin (→ Kreislaufstörungen, Letalität bis 60%, einzige Shigellenart, die ein Exotoxin bildet)
Shigella boydii (Indien, Nordafrika)
Shigella flexneri (USA, östliche Länder, weniger häufig, weniger gefährlich)
Shigella sonnei (Westeuropa, relativ ungefährlich)
Shigella flexneri und Shigella sonnei sind die Erreger einer leichteren Form der Ruhr, der sog. E-Ruhr.

Reservoir:

Mensch

Übertragungsweg:

Die Shigellenruhr ist eine Erkrankung der Not- und Kriegszeiten: „Seuche der Unhygiene". Leichtkranke und symptomlose Ausscheider sind Infektionsquellen. Die Bakterienruhr ist eine reine Menschenseuche. Übertragung findet durch Schmierinfektion (Hände! Fliegen) und verunreinigte Nahrungsmittel oder kontaminiertes Wasser statt.

Pathogenese:

Läuft als Lokalinfektion des Dickdarms mit eitrig nekrotisierender Entzündung der Dickdarmschleimhaut ab, die durch die Bakteriengifte (Endotoxine, bei Shigella dysenteriae auch Exotoxine) hervorgerufen wird. Die Shigellen bleiben am Ort der Entzündung, Ausschwemmung in die Blutbahn (Bakteriämie) und Sepsis sind äußerst selten.

Inkubationszeit:

2-4 Tage (7 Stunden bis 7 Tage)

Klinik:

- Fieber um 39°C mit starkem Krankheitsgefühl (Kopfschmerz, Übelkeit, Mattigkeit)
- schmerzhafte, blutig-schleimige Durchfälle (heftige Tenesmen = Schmerzen am After vor, während und nach dem Stuhlgang), jeweils mit nur geringen Stuhlmengen
- Stuhlfrequenz bis 50x pro Tag, („ständig einen Löffel Blut und Schleim")
- Druckschmerz im Kolonverlauf (besonders Colon descendens und Sigmoideum)
- belegte, trockene Zunge, Exsikkose
- Komplikationen: Darmblutungen und -perforationen, Elektrolyt- und Wasserverlust, reaktive Arthritis, chronische Form, die sich über Monate hinzieht

Diagnose:

Anamnese, Klinik, Rektalabstrich mit Wattebausch oder Spezialnährboden

Therapie:

Bettruhe, Diät, Antibiotikum, Ausgleich des Wasser- und Elektrolythaushaltes

Prognose:

in unseren Breiten im Allgemeinen gut, gefährdet: Säuglinge, Greise, Abwehrgeschwächte

Vorbeugung:

allgemeine Hygienemaßnahmen (Händewaschen, Fliegenbekämpfung, Nahrungsmittelhygiene), Kontrolle von Erkrankten und Ausscheidern

SALMONELLENGASTROENTERITIS

siehe S. 315: Enteritis infectiosa

TOLLWUT

auch: Lyssa, Rabies

Def.:

Die Tollwut ist eine weltweit verbreitete Viruserkrankung warmblütiger Haus- und Wildtiere, die durch den Biss infizierter Tiere auf den Mensch übertragen wird (Zoonose) und nach ihrem Ausbruch unter dem Bild einer Gehirnentzündung (Enzephalitis) immer tödlich endet.

Meldepflicht:

Verdacht, Erkrankung, Tod

Zu melden ist außerdem die Verletzung eines Menschen durch ein tollwutkrankes oder -verdächtiges Tier sowie die Berührung eines solchen Tieres oder Tierkörpers.

Erreger:

Tollwutvirus, ein RNA-Rhabdovirus (im Elektronenmikroskop typische „Geschossform")

Reservoir:

An Tollwut erkrankte Wildtiere, vor allem wild lebende Hunde, Füchse, Dachse, Marder und Rehe (sog. sylvatische Tollwut), seltener auch Haustiere wie Katzen, Rinder und Hunde (urbane Tollwut). Die erkrankten Tiere sterben an der Infektion. Deshalb ist noch ein anderes, bisher unbekanntes Virusreservoir anzunehmen. (In Südamerika sind Blut saugende Fledermäuse als natürliches Virusreservoir ausgemacht worden: Die Fledermäuse sind mit Tollwuterregern infiziert, sterben jedoch selbst nicht an dieser Krankheit: „latente Virusträger".)

Übertragungsweg:

Der Mensch wird durch den Biss, Kratzen oder Belecken (Speichel) eines tollwütigen Tieres infiziert. (Auch der Speichel des tollwutkranken Menschen ist infektiös und kann theoretisch bei engem Kontakt oder Biss als Überträger dienen.)

Pathogenese:

Durch Biss eines tollwütigen Tieres tritt Speichel in die Wunde. Wahrscheinlich erfolgt die Erregerausbreitung von der Bissstelle aus entlang der peripheren Nerven. Die Tollwutviren wandern ins Gehirn und lösen dort eine tödliche Gehirnentzündung (Enzephalitis) aus. Charakteristisch sind Einschlüsse der Nervenzellen, die als Negri-Körperchen bezeichnet werden. Vom Gehirn wandern die Erreger entlang der Nervenbahnen zur Mundhöhle und gelangen in den Speichel.

Inkubationszeit:

Sie beträgt 3 Wochen bis 3 Monate (6 Tage bis 1 Jahr). Wunden an Kopf und Nacken haben die kürzeste Inkubationszeit. Je größer die Verletzung und je massiver die Infektion, desto kürzer ist die Inkubationszeit.

Klinik:

Die Krankheit verläuft in 3 Stadien, die bis zum Ende bei vollem Bewusstsein erlebt werden:

- Prodromalstadium: Kribbeln und Brennen an der Eintrittsstelle (Bisswunde), Übelkeit, Erbrechen, evtl. melancholische Verstimmung
- Exzitationsstadium: Schlund- und Kehlkopfkrämpfe (schmerzhafter Schluckakt), Hydrophobie = Angst vor Wasser (die Krämpfe können durch bloßen Anblick von Wasser ausgelöst werden), akustische und optische Reize können zu Krampf- und Wutanfällen, Schlagen, Beißen und Schreien führen, ebenso wie Luftzug (Aerophobie). Tritt ein Exzitationsstadium ein, so wird von „wilder Wut" gesprochen. Fehlt dieses, spricht man von „stiller Wut". (3-4 Tage nach dem Exzitationsstadium tritt der Tod ein.) In einigen Fällen tritt vorher noch ein weiteres Stadium auf:
- Lähmungsstadium: Eine aufsteigende Lähmung führt unter Atemausfall zum Tod.

Diagnose:

Anamnese (Bisswunde, Tierkontakt), Klinik; während der Erkrankung kann die Labordiagnose durch Untersuchung der Hornhaut oder von Hautbiopsien gestellt werden. Nach dem Tod können Tollwutviren oder die charakteristischen Negri-Körperchen im Gehirn von Mensch und Tier nachgewiesen werden.

Therapie:

Wegen der oft langen Inkubationszeit der Tollwut ist eine Impfprophylaxe noch nach dem Biss bzw. Tierkontakt möglich (aktive und passive Immunisierung nach gründlicher Wundtoilette der Bisswunde mit Wasser und Seife). In der Inkubationszeit bilden sich Antikörper, sodass die Krankheit nicht ausbricht. Sind Krankheitssymptome aufgetreten, ist lediglich noch symptomatische Therapie möglich: medikamentöse Therapie der Schmerz- und Angstzustände, die bis zum Tod bei vollem Bewusstsein erlebt werden.

Prognose:

Nur bei 3-50% der Gebissenen (je nach Literaturzitat!) bricht die Erkrankung aus. Treten die Krankheitssymptome jedoch auf, ist der Patient verloren (Letalität 100%).

Vorbeugung:

Personen mit hohem Tollwutrisiko können aktiv immunisiert werden.

TULARÄMIE

auch: Hasenpest

Meldepflicht:

Verdacht, Erkrankung, Tod

Erreger:

Francisella tularensis (gramnegatives, stäbchenförmiges Bakterium)

Reservoir:

wild lebende Nagetiere (Hasen, Mäuse), Zecken und Stechfliegen

Übertragungsweg:

Der Mensch infiziert sich beim Kontakt mit erkrankten Tieren: Biss, Verletzungen beim Abhäuten von Kadavern, Genuss infizierter Nahrungsmittel, Inhalation von Staub. Eine wichtige Rolle als Erregerreservoir und als Überträger der Tularämie unter Nagern (aber auch direkt auf den Menschen) spielen verschiedene Zeckenarten. Sie ist nicht direkt von Mensch zu Mensch übertragbar.

Inkubationszeit:

3-5 Tage (1-10 Tage)

Pathogenese:

In der Regel ist die Eintrittspforte eine Hautverletzung. Der Beginn der Allgemeinerkrankung erfolgt erst nach dem Durchbrechen der Lymphknotensperre. Es kommt dann zum Generalisationsstadium mit Ausschwemmung der Bakterien ins Blut (Bakteriämie).

Klinik:

- Schüttelfrost, hohes Fieber (später intermittierendes Fieber)
- starkes Krankheitsgefühl, Mattigkeit, Gliederschmerzen
- Knötchen an der Eintrittsstelle, entwickeln sich oft zum Geschwür; angeschwollene, evtl. vereiterte regionäre Lymphknoten
- Komplikationen: septischer Verlauf mit Beteiligung von Lungen, Hirnhäuten und Gehirn

Die Klinik der Erkrankung ist charakterisiert durch 1) lokale Symptomatik und 2) durch septische Phasen. Während der septischen Streuphasen können in nahezu allen Organen septische Herde auftreten.

Je nach der Eintrittspforte werden verschiedene Formen der Tularämie unterschieden:

- Kutaneoglanduläre (ulzeroglanduläre) Form (85%): Eintrittstelle an der Haut
- Okuloglanduläre Form (1-3%): Infektion über die Bindehaut des Auges
- Tonsilloglanduläre Form: Angina mit Schwellung der Kieferlymphknoten
- Pulmonale Form: mit Lungeninfiltraten
- Abdominale Form: Schwellung der Mesenteriallymphknoten und der Milz
- Typhöse Form: unklare hohe Fieberschübe

Diagnose:

Anamnese (Kontakt mit Hasen, Kaninchen), Klinik, Intrakutantest mit Tularin, Erregeranzüchtung aus Blut, Sputum, Lymphknoteneiter, Tierversuche, serologisch: Titeranstieg von Antikörpern

Therapie:

Kombinationstherapie mit Antibiotika

Prognose:

Die Prognose der unbehandelten Tularämie ist schlecht. Trotz Behandlung kommt es manchmal zum chronischen Krankheitsverlauf mit intermittierendem Fieber, großer Schwäche und gelegentlich mit Milzschwellung, Rückfälle sind häufig, Letalität: 1-2%.

Vorbeugung:

Expositionsprophylaxe (z. B. Tragen von Handschuhen beim Umgang mit lebenden oder toten Tieren), Schutzimpfung ist möglich, aber unbefriedigend.

TYPHUS ABDOMINALIS UND PARATYPHUS

Epidemiologie:

Weltweit jährlich über 12 Millionen, in Deutschland jährlich ca. 200 an Typhus Erkrankte.

Meldepflicht:

Verdacht, Erkrankung, Tod, Ausscheider

Erreger:

Salmonella typhi und Salmonella paratyphi B (A und C nur in den Tropen vorkommend, die anderen weltweit), gramnegative Stäbchen

Reservoir:

Der Mensch: wichtigste Infektionsquelle sind Dauerausscheider (ca. 3% der Patienten), die den Erreger mit dem Stuhl oder dem Urin ausscheiden.

Übertragungsweg:

fäkal-oral, meist verunreinigte Nahrung: Die Verunreinigung erfolgt häufig durch die Hände von Ausscheidern, seltener durch Fliegen; auch Meerestiere (z. B. Muscheln) können infektiös sein.

Inkubationszeit:

7-14 Tage (1-3 Wochen)

Pathogenese:

Im Gegensatz zur Lokalinfektion der auch durch Salmonellen verursachten Enteritis infectiosa, sind die durch Salmonella typhi und Salmonella paratyphi hervorgerufenen Erkrankungen systemische (zyklische) Infektionskrankheiten.

Die Typhuserreger werden durch den Mund aufgenommen und gelangen durch den Magen in den Darm, passieren die Darmwand, kommen in die Lymphbahnen und in die mesenterialen Lymphknoten, von dort über den Ductus thoracicus in die Blutbahn. In der bakteriämischen Phase breiten sich die Erreger im ganzen Organismus aus. Sie können sich in Milz, Leber und Gallenwegen, Knochenmark, der Haut (Roseolen), in den Nieren, dem Gehirn und in der Lunge ansiedeln. Von besonderer Bedeutung ist die Vermehrung der Typhus- und Paratyphusbakterien im Lymphsystem des Ileums und des Caecums. Dort bilden sich Geschwüre aus, die Ursache von Darmblutungen und Perforationen sein können. Die Leber- und Gallenwege, insbesondere die Gallenblase können auch nach der klinischen Genesung noch mit Typhus- und Paratyphusbakterien besiedelt sein und eine oft lebenslängliche Ausscheidung der Erreger im Stuhl unterhalten (Dauerausscheider).

Klinik:

- langsamer Beginn, langsam ansteigendes Fieber, später Fieberkontinua mit ca. 40°C ohne Schüttelfrost
- Milzvergrößerung
- Roseolen: kleinfleckige Hautröte infolge toxisch bedingter Gefäßdilatation, die auf Druck verschwindet und bei Typhus am Ende der ersten Krankheitswoche vor allem am Rumpf (Bauchhaut) auftreten.
- Kopfschmerz, Husten (Fehldiagnose Grippe! Merke: Das Typhusfieber lässt sich im Gegensatz zum Grippefieber nicht mit Acetylsalicylsäure = Aspirin® senken)
- Typhuszunge: grau-gelb (-weiß) belegte Zunge mit freien rötlichen Rändern
- Benommenheit (Giftwirkung der Bakterien: „typhos" heißt Nebel!)

- relative Bradykardie (trotz Fieber langsamer Pulsschlag)
- anfangs Obstipation (!), erst ab der 2. Woche „erbsbreiartiger" Durchfall (nekrotische Entzündung der Peyer-Plaques im Dünndarm)
- Labor: Leukopenie (im Gegensatz zu den meisten anderen bakteriellen Infektionen, aber: Paratyphus hat Leukozytose) mit Linksverschiebung, BSG oft normal, absolute Eosinopenie
- Komplikationen: Hirnhautentzündung, Darmblutung, Perforation der Darmgeschwüre, typhöse Myokarditis, Kreislauf- und Nierenversagen, Thrombosen, Typhusrezidiv, Sepsis (bei Abwehrschwäche), metastatische Abszesse in Knochen und Gelenken, reaktive Arthritis, Dauerausscheider

Diagnose:

Anamnese (Fernreise?), Klinik (Fieber, Blutbild), Erregernachweis (Blut einschicken! erst später Stuhl)

Therapie:

Antibiotikum

Prognose:

Letalität bei Typhus ca. 1%. Zu Dauerausscheidern werden bei Typhus ca. 2-5%, bei Paratyphus ca. 1-2%. (Davon sind 2/3 Gallenausscheider und 1/3 Dünndarmausscheider. (Dauerausscheider ist, wer 10 Wochen nach Krankheitsbeginn noch Erreger im Stuhl hat. Geheilt ist ein Dauerausscheider, wenn 10 Stuhlproben oder 3 Duodenalsaftproben negativ sind).

Vorbeugung:

Lebensmittel- und Wasserhygiene, häufige Handreinigung, Infektionsquelle ermitteln. Es steht ein oraler Impfstoff (Typhoral L®) und ein parenteraler Impfstoff (Typhim Vi®) zur Verfügung.

VIRUSBEDINGTES HÄMORRHAGISCHES FIEBER

Verschiedene, in Deutschland seltene, Virusinfektionen können u. a. zu starken Blutungen z. B. aus dem Magen-Darm-Trakt oder dem Harntrakt führen (hämorrhagische Diathese). Bei Viruserkrankungen, die mit solchen generalisierten Blutungen einhergehen, besteht Meldepflicht für Verdacht, Erkrankung und Tod.

- Arenaviren
  - Lassafieber
  - Junin (argentinisches hämorrhagisches Fieber)
  - Machupo (bolivianisches hämorrhagisches Fieber)
- Bunyaviren
  - Hantavirus-Infektionen (hämorrhagisches Fieber mit renalem Syndrom)
  - Krim-Kongo-Fieber
  - Rift-Valley-Fieber

- Filoviren
  - Ebola-Fieber
  - Marburg-Krankheit
- Flaviviren
  - Dengue-hämorrhagisches Fieber
  - Gelbfieber
  - Kyasanur-Forest-Disease

Exemplarisch sollen einige Erreger und die von ihnen hervorgerufenen Krankheitsbilder kurz genannt werden:

Erreger: Arenaviren: z. B. Lassafieber
Reservoir: Ratte, Feldmaus
Klinik des Lassa-Fiebers:
schwer kranke Patienten, Halsschmerzen mit Ulzerationen im Mund, Lymphknotenschwellung, evtl. Myokarditis, Pleuritis, Exanthem (um den 7.Tag), kolikartige Bauchschmerzen
Bei schweren Verläufen hämorrhagische Diathese (Blutungsneigung) mit Schock
Diagnose: Anzüchtung des Virus aus dem Blut, aus Rachenspülwasser, Pleura- oder Aszitespunktat, Serologie (Titeranstieg)
Therapie: Eine spezifische Therapie ist nicht bekannt, Intensivüberwachung zur Beherrschung der Komplikationen
Prognose: ernst, oft deutlich verzögerte Genesung, eine Kreislaufschwäche kann noch längere Zeit nach dem Überstehen der Infektion zurückbleiben.

Erreger: Bunyaviren: z. B. Hantavirusinfektion
auch: Korea-hämorrhagisches Fieber, in Europa: Feldnephritis, Nephropathia epidemica
Reservoir: Mäuse, Ratten
Übertragungsweg:
hohe Viruskonzentration im Speichel, Urin und Kot von Mäusen und Ratten, Übertragung von Tieren auf Menschen durch Kontakt (Laborpersonal, Nagetierzüchter, Bauern, Soldaten), keine Übertragung von Mensch zu Mensch
Inkubationszeit: 2-3 Wochen (4-42 Tage)
Klinik:

- Fieber, Kopf-, Rücken- und Bauchschmerzen, Gesichtsrötung, Erbrechen
- Blutdruckabfall
- Nierensymptomatik: verminderte Harnausscheidung (Oligurie), später erhöhte Harnausscheidung (Polyurie) Proteinurie
- Hämorrhagie: Blutungen (hämorrhagisches Fieber)
- Komplikationen: Schock und Niereninsuffizienz

Diagnose: Anamnese, Klinik (Hämorrhagie, Nierenbeteiligung), Virusisolierung, Antikörpertiteranstieg
Therapie: symptomatisch, in schweren Fällen Dialyse, während der Polyurie Wasser- und Elektrolytersatz
Prognose: Leichte Fälle verlaufen klinisch nahezu unauffällig. In 10-15% der klinisch manifesten Fälle kommt es zum Tod durch Schock und Niereninsuffizienz.
Vorbeugung: Vermeidung von Labor- und Tierstallinfektionen, Mäuse- und Rattenbekämpfung, in Korea ist ein Totimpfstoff in Anwendung.

Erreger: Filoviren: z. B. Marburg-Virus-Krankheit
Reservoir: Ein natürliches Reservoir ist nicht bekannt, Mensch und Affe sind seltene, zufällige Wirte.
Übertragungsweg: direkter Kontakt mit Affen (Forschung), Mensch zu Mensch
Inkubationszeit: 3-16 Tage
Klinik: hohes Fieber, Kopf- und Muskelschmerzen, Erbrechen, Durchfall, Somnolenz, Lymphknotenschwellung, hämorrhagisches Exanthem und Enanthem, Blutungen aus dem Magen-Darm-Trakt und dem Harntrakt, Hepatitis, Pankreatitis, Orchitis, Nephritis, Myokarditis, Lungenentzündung, Tod am 8.-16 Tag (Letalität 20-88%)
Diagnose: aus Sicherheitsgründen nur in wenigen Laboratorien (z. B. Tropeninstitut Hamburg)
Therapie: symptomatisch
Vorbeugung: Expositionsprophylaxe

Erreger: Flaviviren: z. B. Dengue-Fieber
Dengue-Virus mit 4 Serotypen (Den 1-4)
Besonderheit: wichtige Kinderkrankheit in Südostasien, Epidemien!
Reservoir: Mensch, Affe
Übertragungsweg: Stich der Aedes-Stechmücken (A. aegypti, A. abopictus, A. polynesiensis, A. scutellaris)
Inkubationszeit: 4-5 Tage
Klinik: (zu Dengue-hämorrhagisches Fieber; merke: es gibt auch das „einfache" Dengue-Fieber)

- plötzlicher Temperaturanstieg: Fieberdauer 2-7 Tage, kein fieberfreies Intervall, dann:
- hämorrhagische Manifestationen in der Haut und in inneren Organen, Spontanblutungen
- Komplikation: Entwicklung eines hypovolämischen Schocks (Dengue-Schocksyndrom)

Diagnose:
Anamnese (Auslandsaufenthalt), Klinik (Hämorrhagie, Schock)
Labor: Thrombozytopenie, Gerinnungsstörungen, Virusschnelltest
Therapie: symptomatisch, Behandlung der Komplikationen (Schock)
Prognose: Unbehandelt kann wegen des Schocksyndroms der Tod innerhalb 24-48 Stunden eintreten.
Vorbeugung: Stechmückenbekämpfung

MELDEPFLICHT BEI ERKRANKUNG UND TOD

ANAEROBE WUNDINFEKTIONEN

siehe S. 360: Wundinfektionen, anaerobe

ANGEBORENE MELDEPFLICHTIGE ERKRANKUNGEN

ZYTOMEGALIE (CYTOMEGALIE, CMV)

Besonderheit:
Meldepflichtig ist nur die angeborene Zytomegalie!
Häufigste Virusinfektion vor der Geburt (pränatal); 0,1 bis 3% aller Neugeborenen werden innerhalb der ersten 6 Schwangerschaftsmonate pränatal infiziert, von diesen weisen ca. 10% schwere Symptome auf.

Meldepflicht:
Erkrankung und Tod an angeborener Zytomegalie

Erreger:
Zytomegalievirus

Reservoir:
infizierter Mensch (symptomloser oder symptomatischer)

Übertragungsweg:
Zytomegalie (CMV = Cytomegalievirus) kann von Mensch zu Mensch (oral durch Schmierinfektion, Bluttransfusion, Organtransplantation, Geschlechtsverkehr) übertragen werden.
Angeborene Infektionen erfolgen durch mütterliche transplazentare Virenstreuung, erworbene durch Infektion des Neugeborenen bei der Geburt (perinatal).

Inkubationszeit:
unbekannt, nach Bluttransfusionen treten die ersten Symptome nach 3-8 Wochen auf. Während der Geburt erworbene Infektionen werden nach 3-12 Wochen symptomatisch.
Klinik:

- Angeborene Zytomegalie (Infektion im Mutterleib)
  - Totgeburt (30%), Frühgeburt, Untergewicht bei der Geburt
  - Hepatosplenomegalie, prolongierter Ikterus
  - Lungenentzündung
  - hämolytische Anämie
  - punktförmige und flächenhafte Blutungen bei Thrombopenie (hämorrhagische Diathese)
  - Gehirnschäden (Krampfanfälle, Spastik, Hörschäden, Gehirnentzündung, Krämpfe, Hydrozephalus) und intrakranielle Verkalkungen
- Zytomegalie bei Neugeborenen und Säuglingen (Infektion während der Geburt) ist fast immer klinisch unauffällig, in ca. 1% d. F. als Mononukleose-ähnliches Krankheitsbild.
- Zytomegalie bei Erwachsenen
  - Patienten mit normalem Immunstatus: Erkrankung meist symptomlos; evtl. Mononukleose-ähnliches Krankheitsbild mit Lymphknotenschwellung und Hepatitis.
  - Patienten mit supprimiertem (unterdrücktem) Immunstatus (z. B. AIDS, bei Immunsuppression nach Transplantationen, bei Chemotherapie, bei bösartigen Tumoren usw.) haben häufig einen schwerer Krankheitsverlauf:
    - → Fieber, Mononukleose-ähnliches Krankheitsbild, evtl. Leukopenie, Thrombopenie
    - → Retinitis (Netzhautentzündung)
    - → Pneumonie mit hoher Letalität
    - → Hepatitis, evtl. Kolitis (Dickdarmentzündung), Enzephalitis

Diagnose:
Anamnese, Klinik; Erregernachweis (Urin, Biopsiematerial), Serologie (Antikörpernachweis, Titeranstieg). Bei angeborener Zytomegalie ist der Nachweis von IgM-Antikörpern im Nabelschnurblut möglich, evtl. auch CMV-Antigennachweis im Fruchtwasser.
Therapie:
symptomatisch: Bei immunkompetenten Personen ist keine weitere Therapie erforderlich, bei immunsupprimierten Patienten mit schwerem Krankheitsbild Versuch einer Chemotherapie mit Virostatikum und Gabe von CMV-Immunglobulin (umstritten).
Vorbeugung:
Ein Schwangerschaftsabbruch ist nur bei nachgewiesener Erstinfektion zu erwägen, Impfungen (aktiv und passiv) sind umstritten, Chemoprophylaxe mit Virostatika zeigen widersprüchliche Ergebnisse.

LISTERIOSE

Besonderheit:

Die angeborene Form der Listeriose ist meldepflichtig: Sie ist durch eine Sepsis mit multiplen Abszessen und Granulomen in den verschiedensten Organen des Neugeborenen charakterisiert (Granulomatosis infantiseptica).

Meldepflicht:

Erkrankung und Tod bei angeborener Listeriose

Erreger:

Listeria monocytogenes (grampositives Stäbchen)

Reservoir:

Listerien kommen weltweit im Erdboden, in Oberflächengewässern, Pflanzen und Tieren vor und werden auch häufig im Stuhl gesunder Menschen ausgeschieden (1-10%).

Übertragungsweg:

Bei der angeborene Form kommt es zur Infektion des Neugeborenen im Uterus (durch die Plazenta hindurch oder während der Passage durch den Geburtskanal).

Als Überträger gelten massiv mit Listerien kontaminierte Lebensmittel wie Milch, Milchprodukte, Fleischprodukte, Gemüse (Kohl). Seltener erfolgt die Infektion durch direkten Kontakt mit infizierten Tieren. Mensch zu Mensch Übertragungen sind sehr selten.

Listerien sind opportunistische (= fakultativ pathogene) Keime. Im immunkompetenten Organismus kommt es meist nicht zu einer Erkrankung. Gefährdet sind Patienten mit Abwehrschwäche (Chemotherapie, Tumoren, Diabetiker, Alkoholiker, Immunsuppression u. ä.)

Inkubationszeit:

unbekannt (Tage bis Wochen)

Klinik:

- Listeriose des Erwachsenen
  - bei Immunkompetenten: als „grippaler Infekt"
  - evtl. gastrointestinale Symptome: Erbrechen, Bauchschmerz, Durchfall
  - uncharakteristisch fieberhaft-septische Symptomatik, evtl. Lymphknotenschwellung
  - schwerste Komplikationen: Meningoenzephalitis, Listerienendokarditis
- Listeriose der Schwangeren
  - meist asymptomatisch oder unter dem Bild eines grippalen Infektes
  - Bakteriämie führt zur intrauterinen Infektion des Fötus: Abort, Tot- oder Frühgeburt, Neugeborenensepsis und -meningitis

Diagnose:

Anamnese (Landwirt, Tierkontakte, Schwangerschaft, Abwehrschwäche), Klinik

Labor: Monozytose. Beweisend ist der mikroskopische oder kulturelle Nachweis in Blut u./o. Liquor, bei Schwangeren aus Vaginalabstrich, Mekonium und Fruchtwasser.

Therapie:
Antibiotikum
Prognose:
bei Meningoenzephalitis Letalität 20-50%
Vorbeugung:
Zu vermeiden sind Tierkontakte während der Schwangerschaft oder bei Immunschwäche sowie Rohmilch und unzureichend erhitzte Lebensmittel. Die sachgemäße, hygienische Herstellung und Lagerung von Lebensmitteln dient ebenfalls der Vorbeugung.

LUES

siehe S. 372

TOXOPLASMOSE

Meldepflicht:
Erkrankung, Tod an angeborener Toxoplasmose
Erreger:
Toxoplasma gondii (intrazellulär wachsendes Sporozoon, Einzeller)
Reservoir:
bei Säugetieren und Vögeln weltweit verbreitet, vor allem in Katzenkot!
Übertragungsweg:
Diaplazentare Übertragung führt zu angeborener (kongenitaler) Infektion (0,25-5 pro 1000 Schwangerschaften). Nach der Geburt erfolgt die Infektion durch Verspeisen von rohem oder nicht ausreichend gekochtem Fleisch und durch Kontakt mit Katzen.
Inkubationszeit:
unbekannt (10 Tage bis mehrere Monate)
Klinik:

- Frühe Fetusinfektion (selten, schwerer Krankheitsverlauf)
  - Generalisation mit Hepatosplenomegalie, Ikterus, Myokarditis, interstitieller Pneumonie (Zyanose, Atemnot), Hautblutungen, Durchfall, Erbrechen
  - Enzephalitis mit der Trias: Hydrozephalus (Wasserkopf), Chorioretinitis (Ader-Netzhautentzündung), intrakranielle Verkalkungen (Röntgenbild)
- Späte Fetusinfektion (häufiger, leichterer Krankheitsverlauf): Als Komplikation können postenzephalitische Schäden mit Intelligenzdefekten auftreten.

Diagnose:
Anamnese (Katzen), Klinik, Serologie (IgM-Antikörper beweisen frische Infektion), Erregernachweis aus dem Liquor, Lymphknotenhistologie, CT, NMR (Ausbreitung der Lymphknoten?)
Therapie:
Bei Erstinfektion in der Schwangerschaft: Antibiotikum (frühe Behandlung soll die Infektion des Feten in bis zu 50% der Fälle verhindern).

Prognose:

Ein Drittel der intrauterin infizierten Kinder wird tot geboren oder ist bei der Geburt erkennbar krank (bei früher Fetusinfektion). Zwei Drittel der Kinder sind bei der Geburt asymptomatisch, entwickeln aber Monate oder Jahre später neurologische, psychomotorische oder ophthalmologische Veränderungen. Die meisten Kinder mit angeborener Toxoplasmose kommen mit einem angeborenen Hirnschaden auf die Welt.

Vorbeugung:

Genuss von rohem Fleisch und Katzenkontakt meiden, Früchte und Gemüse waschen, Händewaschen nach Kontakt mit diesen Nahrungsmitteln, Toxoplasmose-Screening schwangerer Frauen

RÖTELNEMBRYOPATHIE

auch: Embryopathia rubeolosa, Gregg-Syndrom (Röteln siehe S. 396)

Besonderheit:

Bei der Infektion einer Schwangeren mit Röteln kann das Rötelnvirus auf die Frucht übertragen werden. Je früher in der Schwangerschaft die Infektion auftritt, desto höher ist das Risiko (1. Monat bis 50%, 2. Monat 25%, 3. Monat 15%, 4. Monat 5%; nach neueren Erkenntnissen besteht auch eine Gefährdung des Feten während der späteren Schwangerschaftsphase). Die Infektion führt zum Abort oder zur Rötelnembryopathie. Diese verursacht zahlreiche Mißbildungen.

Meldepflicht bei Rötelnembryopathie: Krankheit, Tod

Klinik der Rötelnembryopathie:

- Auge (70%): Retinopathie, Katarakt, selten Glaukom
- Ohr (60%): Innenohrtaubheit
- Herz (50%): offener Ductus arteriosus Botalli, Septumdefekte, Pulmonalklappenstenose
- ZNS (45%): Mikrozephalie, zerebrale Schäden und geistige Retardierung
- Wachstumsstörungen, vermindertes Geburtsgewicht
- Hepatosplenomegalie, Anämie, thrombozytopenische Purpura
- infizierter Säugling ist oft noch Monate nach der Geburt infektiös

Diagnose:

Die frische Infektion einer Schwangeren erfolgt durch Nachweis von Anti-Röteln-IgM.

Therapie:

Hyperimmunglobulin, zwischen Exposition und Virämie gegeben (also in der Inkubationszeit), kann die Embryopathie verhindern, nach Ausbruch des Exanthems ist diese Therapie wirkungslos. Die nachgewiesene Rötelninfektion einer Schwangeren im 1. Trimenon (IgM-Antikörper) gilt als Indikation für eine Interruptio (Abtreibung).

Vorbeugung:

Schutzimpfung mit abgeschwächtem Lebendimpfstoff, Nachimpfung für Mädchen im präpubertären Alter, Impfschutz bei gebärfähigen Frauen serologisch kontrollieren, bei fehlendem Anti-körper-Schutz Impfung nur dann, wenn keine Schwangerschaft besteht und 3 Monate nach der Impfung Antikonzeption betrieben wird, Impferfolg serologisch kontrollieren

BRUCELLOSE

Besonderheit:

undulierendes Fieber (undula = Welle, „wellenförmiges Fieber") vor allem bei Brucella melitensis (Maltafieber): plötzlich, meist abends, Schüttelfrost mit Fieber bis 40°C, dann 20-30 Tage Fieberkontinua (= nicht mehr als 1°C Temperaturdifferenz während der Fiebertage), darauffolgende Entfieberung mit evtl. anschließender erneuter Fieberphase

Meldepflicht:

Erkrankung, Tod

Erreger:

Brucellen (gramnegative Stäbchenbakterien), wobei die verschiedenen Erreger eine bestimmte Tierspezies bevorzugen:

- Brucella abortus (Rinder), Erreger des M. Bang
- Brucella melitensis (Schafe, Ziegen, Schweine), Erreger des Maltafiebers, am häufigsten
- Brucella suis (Schweine), Erreger der Schweinebrucellose, selten
- (Brucella canis, Hunde, Erreger der Hundebrucellose, sehr selten)

Reservoir:

Milch (nicht pasteurisierte), Käse und andere Milchprodukte von infizierten Tieren, infiziertes Fleisch, tierische Ausscheidungen usw.; infektiös sind vor allem die Plazenta und das Fruchtwasser infizierter Tiere.

Übertragungsweg:

Kontakt mit Geweben, Blut, Urin, Vaginalsekreten und Plazenten infizierter Tiere (entschädigungspflichtige Berufskrankheit! Landwirte, Veterinäre, Metzger u. a.) führt direkt zur Infektion, indirekt durch kontaminierte Lebensmittel (vor allem nicht pasteurisierte Milch, Weichkäse). Infektionen auf dem Luftweg (aerogen) sind in massiv kontaminierten Schlachthöfen, Ställen und Laboratorien möglich. Übertragung auf den Menschen erfolgt ausschließlich durch Tiere (Zoonose), von Mensch zu Mensch ist die Krankheit nicht übertragbar.

Inkubationszeit:

5-21 Tage (Tage bis Monate)

Pathogenese:

Die Keime gelangen über die Schleimhaut des oberen Intestinal- und Respirationstrakts oder über Läsionen der Haut in die Subserosa bzw. Subkutis. Von dort über die regionären Lymphknoten zuerst auf dem Lymph-, dann auf dem Blutweg in Leber, Milz, Knochenmark und ins lymphatische Gewebe. Es entwickeln sich die für intrazelluläre Bakterien typischen Granulome.

Aus diesen Entzündungsherden gelangen die Brucellen in Schüben zurück in den Blutkreislauf: Es resultiert ein Fieberschub mit Schüttelfrost.

Klinik:

- Prodromalstadium: allgemeines Krankheitsgefühl (oft wenig ausgeprägt), uncharakteristische Allgemeinerscheinungen
- Generalisationsstadium (Bakteriämie):
  undulierendes Fieber (nicht obligat), Leber- und Milzvergrößerung (Hepatosplenomegalie), relative Bradykardie (im Verhältnis zum hohen Fieber langsamer Puls), evtl. gastrointestinale Symptome, Pleura- und Perikardbeteiligung, Bronchitis, Roseolen, Kopf-, Muskel- und Gelenkschmerzen, Schweißausbrüche
  Organmanifestation: Granulome in Leber, Knochen u. a. Organen
- Komplikationen: Endokarditis, Osteomyelitis, Meningoenzephalitis, Chorioretinitis u. a.

Verlauf: akut (1-3 Monate), subakut (bis 1 Jahr), (chronisch über Jahre)

Diagnose:

Anamnese (Ausland? Tierkontakte? Beruf?), Klinik, Labor: Leukopenie und Lymphozytose, Erregernachweis aus dem Blut und anderen Körperflüssigkeiten, Nachweis von Antikörpern, Histologie von Organpunktaten

Therapie:

Antibiotika

Prognose:

Die akute Infektion dauert unbehandelt ca. 2-3 Monate, die sehr ähnliche subakute Form hält bis zu einem Jahr an. In einigen Fällen kann es nach einem symptomfreien Intervall von mehreren Monaten zu Rezidiven kommen („undulierendes Fieber"). Es findet oft keine Ausheilung statt, sondern ein Gleichgewicht zwischen Erreger und Abwehr. In Abhängigkeit von der Abwehrlage kann die Erkrankung auch nach Jahren wieder aufflammen.

Vorbeugung:

Überwachung der Tierbestände (in Deutschland: Brucellose-freie Rinderbestände), Pasteurisieren der Milch, Arbeitshygiene, kein Genuss rohen Fleisches oder ungekochter Milch (bzw. Weichkäse usw.) aus Endemiegebieten

CYTOMEGALIE

siehe S. 335: Zytomegalie

DIPHTHERIE

Besonderheit:

als lokale Infektion oder systemische Intoxikation (Vergiftung), früher relativ häufig (Würgengel der Kinder!), heute selten, Auftreten von Epidemien in Zeitabständen von ca. 30 Jahren

Meldepflicht:

Erkrankung, Tod

Erreger:

Corynebacterium diphtheriae (grampositives Stäbchenbakterium)

Reservoir:

Mensch, gesunde Keimträger in Epidemiezeiten bis 7%

Übertragungsweg:

durch Tröpfcheninfektion oder durch direkten Kontakt, indirekt durch Kontakt mit Gegenständen und Flächen, die mit infektiösem Nasen-Rachen-Sekret verunreinigt sind (selten), Kontagionsindex 0,1 bis 0,2 (10-20%)

Inkubationszeit:

2-5 Tage (1-7 Tage)

Pathogenese:

Die Diphtheriebakterien siedeln sich zunächst auf der Schleimhaut von Mund, Rachen und Kehlkopf an. Sie bilden ein Gift (Ektotoxin A), welches zur Nekrose der Epithelzellen führt. Dies führt zur Bildung von sog. Pseudomembranen. Die besonders giftigen Bakterienstämme sind mit einem β-Phagen (Virus) infiziert und bilden noch ein Ektotoxin B, das eine Gefäß- und Zellpermeabilitätssteigerung bewirkt. Es kommt zur Einschwemmung der Gifte ins Blut mit Gefahr des Schocks und mit Schädigung von Herz, Nerven und Nebennieren. Entscheidend für die Gefährlichkeit des Erregers ist sein Giftbildungsvermögen.

Klinik:

- Entzündung der Mandeln (Tonsillitis) mit weißlich-grauen, fest haftenden Belägen, die auf den Nasenrachenraum übergreifen und beim Abstreifen bluten (Pseudomembranen)
- süßlicher Geruch, blutiger Schnupfen (Nasendiphtherie bei Säuglingen)
- Temperatur um 38°C, oft sehr schneller Puls
- stark geschwollene, druckschmerzhafte Kieferwinkellymphknoten
- systemische Intoxikation: Myokarditis, Gewebeuntergang in Herzmuskel, Leber, Nieren und Nebennieren, Polyneuritis, Lähmungen im Bereich der motorischen Kopfnerven. Oft treten die toxischen Schäden erst nach Abklingen der akuten Lokalinfektion als Spätschäden zutage.

Diagnose:

Anamnese, Klinik, kultureller Nachweis der Erreger in lokalen Infektionsherden, Immunfluoreszenzmikroskopie, Toxinnachweis

Therapie:

Isolierung von Verdachts- und Krankheitsfällen. Möglichst früh humanes Diphtherieantitoxin (Gegengift) und Penizillin, Halswickel, Bettruhe

Prognose:

Die Epidemie in den GUS-Staaten forderte ca. 10 000 Tote (Letalität < 5%).

Vorbeugung:

Eine aktive Immunisierung mit Diphtherietoxoid ist möglich (generell empfohlene Impfung). Kranke müssen so lange isoliert werden, bis zwei im Abstand von nicht weniger als 24 Stunden durchgeführte kulturelle Untersuchungen negativ sind. Enge Kontaktpersonen müssen isoliert werden, bis sie aufgrund kultureller Befunde als Keimträger auszuschließen sind.

GASBRAND

siehe S. 360: Wundinfektion, anaerobe

GELBFIEBER

Besonderheit:

Die Schutzimpfung kann nur durch von der WHO zugelassene Impfstellen erfolgen.

Meldepflicht:

Erkrankung, Tod

Erreger:

Gelbfiebervirus (Flavivirusgruppe)

Reservoir:

In Städten und Dörfern bildet der Mensch, in Wäldern Affen (seltener Fledermäuse, Beuteltiere, Schlangen, Vögel) das Reservoir dieser Zoonose. Gelbfieber tritt im tropischen Afrika und im tropischen Mittel- und Südamerika auf.

Übertragungsweg:

Afrika: Die Übertragung geschieht durch die Stechmücken Aëdes aegypti bzw. Aëdes simpsoni von Mensch zu Mensch (Stadtgelbfieber) oder Aëdes simpsoni vom Affen (Dschungelgelbfieber).

In Amerika wird Gelbfieber durch Stechmücken der Gattung Haemagogus vom Affen auf den Menschen (Dschungelgelbfieber) bzw. in letzter Zeit wieder vermehrt in den Städten durch Aëdes aegypti von Mensch zu Menschen übertragen (Stadtgelbfieber). Manifestationsindex: 0,05 bis 0,1 (5-10%).

Inkubationszeit:

3-6 Tage

Klinik:

Das Gelbfieber verläuft in 3 Stadien:

- Initialstadium (3 Tage): plötzliches Fieber bis 40°C, Schüttelfrost, starken Kopf-, Kreuz- und Gliederschmerzen, Konjunktivitis, Übelkeit, Erbrechen, relativer Bradykardie
- Remissionsstadium: Am 3. oder 4. Tag fällt das Fieber, und die Erkrankung kann zur Ausheilung kommen. Bei schwerem Verlauf folgt:

- Stadium der (hepatorenalen) Organschädigung mit erneutem Fieberanstieg (Dromedarkurve)
  - Hepatitis mit Ikterus und Erbrechen
  - Nephritis mit Proteinurie
  - hämorrhagische Diathese: Schleimhautblutungen, Nasenbluten, evtl. gastrointestinale Blutungen, Bluterbrechen

Komplikationen: Leber- u./o. Nierenversagen, Meningoenzephalitis, Kreislaufversagen

Diagnose:

Anamnese (Tropenanamnese bei Ungeimpften), Klinik, Leberbiopsie, Serologie (Titeranstieg, IgM-Antikörper), Virusanzüchtung

Therapie:

strenge Isolierung in mückengeschützten Räumen (Verdachtsfälle, Erkrankte und ungeimpfte Kontaktpersonen), symptomatisch: Bettruhe, fiebersenkende Medikamente, Schockprophylaxe, evtl. Bluttransfusionen

Prognose:

80% der Infektionen verlaufen leicht („grippeartig"), Letalität sehr unterschiedlich, die Angaben schwanken zwischen 10-80%.

Vorbeugung:

Überstehen der Krankheit hinterlässt (lebens)lange Immunität. Es existiert eine Schutzimpfung mit attenuiertem (abgeschwächt verändertem) Lebendimpfstoff. Die Schutzimpfung kann nur durch die von der WHO zugelassenen Impfstellen erfolgen. Der Impfstoff ist thermolabil und erfordert eine ununterbrochene Kühlkette. Die Schutzdauer beträgt 10 Jahre. Die Impfung ist vorgeschrieben für Reisen in Gelbfiebergebiete. Die Impfgültigkeit beginnt erst 10 Tage nach der Impfung. Es muss also mindestens 10 Tage vor Reisebeginn geimpft werden!

LEPTOSPIROSE

WEIL´SCHE KRANKHEIT

Meldepflicht:

Erkrankung, Tod

Erreger:

Leptospira interrogans (Bakterium), Serogruppe Icterohaemorrhagiae (die pathogene Spezies Leptospira interrogans wird in 19 Serogruppen mit insgesamt mehr als 100 Serotypen eingeteilt.)

Reservoir:

Natürliches Reservoir dieser Zoonose sind besonders Nagetiere (z. B. Mäuse, Ratten, auch Hunde und Schweine), die die Erreger durch ihren infektiösen Harn über feuchten Erdboden (Überschwemmungsgebiete, Nassreisanbau u. Ä. und Wasser verbreiten.

Übertragungsweg:

Der Erreger dringt durch Verletzungen der Haut- und Schleimhäute ein, über die Bindehäute (Konjunktiven) und über kontaminierte Aerosole. Direkte Infektionen durch Tierkontakt sind selten. Übertragung von Mensch zu Mensch ist nicht möglich.

Gefährdet sind Angler, Wassersportler und bestimmte Berufsgruppen, z. B. Kanal-, Feld-, Abwasserarbeiter (Meldung als Berufskrankheit!).

Inkubationszeit:

10 Tage (2-26 Tage)

Klinik:

- Frühstadium (Bakteriämie):
  - brutaler Beginn mit schlagartig hohem Fieber („trifft es den Bauern auf dem Feld, wird er mit der Schubkarre nach Hause gefahren").
  - Bindehautentzündung (Konjunktivitis), Hautausschlag (Exanthem)
  - Wadenschmerzen, Muskel-, Kopf-, Nerven- und Gelenkschmerzen
- Organmanifestation: nach Fieberabfall zunächst 1-3 Tage symptomfreies Intervall und erneuter Fieberanstieg (biphasischer Fieberverlauf, Dromedar-Fieberkurve) mit:
  - Hepatitis, oft mit Ikterus (im Gegensatz zur Virushepatitis geht es dem Patienten mit Auftreten des Ikterus schlechter).
  - Leptospirennephritis
  - Meningitis, Myokarditis, Iridozyklitis u. a.
  - Komplikation: Nierenversagen, Leberversagen, Herz-Kreislauf-Versagen, Thrombopenie, hämorrhagische Diathese

Das gesamte Krankheitsbild kann auch wie eine schwere fieberhafte Erkrankung („Grippe", Typhus) verlaufen.

Diagnose:

Anamnese (Beruf? Freizeit?), Klinik, Erregernachweis (Blut, Liquor, Urin), Antikörpernachweis (IgM ab 6. Krankheitstag)

Therapie:

Schon bei Verdacht ist ein Antibiotikum indiziert. Nur frühzeitige Behandlung (innerhalb der ersten 5 Tage) beeinflusst den Krankheitsverlauf, evtl. wird eine Dialyse notwendig.

Prognose:

Die Prognose der ikterisch verlaufenden Leptospirosen ist ernst.

Vorbeugung:

aktive Immunisierung gefährdeter Berufsgruppen, Arbeit mit Stiefeln und Gummihandschuhen, Bekämpfung der Nagetiere. Eine einmal überstandene Leptospireninfektion hinterlässt eine, gegen den betreffenden Serotyp gerichtete, dauerhafte Immunität.

ÜBRIGE FORMEN

Besonderheit:

Das vielgestaltige Krankheitsbild der Leptospirosen variiert mit der Art des Erregers. Die Klinik ist ähnlich, nur die Schweregrade sind unterschiedlich: schwerster Verlauf bei M. Weil (Serotyp icterohaemorrhagiae, siehe oben). Die Krankheitsbilder werden durch andere Serotypen des Bakteriums Leptospira interrogans hervorgerufen:

- Leptospira interrogans icterohaemorrhagiae: M. Weil (Reservoir: Ratten)
- Leptospira interrogans grippotyphosa: Feld-, Schlamm- oder Erntefieber (Mäuse)
- Leptospira interrogans canicola: Kanikola-Fieber (Hunde)
- Leptospira interrogans pomona: Schweinhüterkrankheit (Schweine) u. a.

Das Kanikola-Fieber zeigt meist mittelschwere Verläufe, teils ikterisch, teils anikterisch. Das Feldfieber und die Schweinehüterkrankheit zeigen meist leichte Verläufe (benigne Leptospirosen).

MALARIA

Besonderheit:

Malaria ist die häufigste Infektionskrankheit der Welt mit > 100 Millionen Neuerkrankungen pro Jahr. Ca. 1,5 Millionen Kinder sterben jährlich an Malaria. Unter den importierten Tropenerkrankungen steht die Malaria an Häufigkeit und Gefährlichkeit an erster Stelle.

Meldepflicht:

Erkrankung, Tod

Erreger:

Erreger der Malaria sind Plasmodien. Plasmodien sind Protozoen (Einzeller).

Es werden 4 Arten unterschieden (Mischinfektionen sind in Endemiegebieten häufig):

- Plasmodium malariae (Krankheitsbild: Malaria quartana)
- Plasmodium ovale (Krankheitsbild: Malaria tertiana)
- Plasmodium vivax (Krankheitsbild: Malaria tertiana)
- Plasmodium falciparum (Krankheitsbild: Malaria tropica)

Reservoir:

Menschen und Moskitos in tropischen und subtropischen Gebieten, selten höhere Primaten (Plasmodium malariae)

Übertragungsweg:

Die Malariaparasiten werden durch weibliche Anophelesmücken übertragen (sehr selten: durch Blutübertragung, während der Geburt, durch kontaminierte Spritzen).

Der Entwicklungszyklus der Malariaplasmodien ist mit einem Generationswechsel (ungeschlechtliche/geschlechtliche Vermehrung) und einem obligaten Wirtswechsel verbunden: Die von weiblichen Mücken der Gattung Anopheles übertragenen Formen, die sog. Sporozoiten, dringen in Leberzellen ein, wo sie sich in große, vielkernige Schizonten wandeln. Diese teilen sich in viele Tausend Merozoiten, die in den Blutstrom des Wirtes eingeschwemmt werden. Jeder Merozoit heftet sich über spezifische Rezeptoren an einen Erythrozyten, dringt in diesen ein und vermehrt sich dort ungeschlechtlich. Dabei werden 10 bis 20 neue Merozoiten frei, die weitere Blutkörperchen befallen, einige entwickeln sich zu Gametozyten (Vorläufer von Keimzellen). Diese werden von den Stechmücken aufgenommen und machen in der Mücke eine geschlechtliche Vermehrung durch.

Inkubationszeit:

In der Mücke (vom Saugen infektiösen Blutes bis zur Entwicklung infektiöser Sporozoiten): eine Woche bis 1 Monat (je nach Erreger)

Beim Menschen (vom Mückenstich bis zum Auftreten von Symptomen): 8-31 Tage (je nach Erreger, vereinzelt bis 2 Jahre!)

Klinik:

- Symptome aller Malariaformen sind:
  - plötzlich auftretendes Fieber, Schüttelfrost
  - Kopf- und Gliederschmerzen
- Malaria tropica (schwerste Malariaform! Plasmodium falciparum)
  - Fieber (bei M. tropica evtl. subfebrile Temperaturen ohne erkennbaren Fieberrhythmus!)
  - zerebrale Erscheinungen, akutes Nierenversagen
  - Schmerzen im rechten Oberbauch, Leber- und Milzvergrößerung, evtl. Ikterus
  - evtl. Übelkeit, Erbrechen, Durchfall
  - Blässe (hämolytische Anämie, auch Leukozyto- und Thrombozytopenie)
  - evtl. Kreislaufschock, Lungenödem (Kapillarschaden), Herzmuskelentzündung
  - Komplikation (häufig tödlich): Schwarzwasserfieber: Plötzlich oder allmählich auftretende Hämolyse, die zu Anämie, Hämoglobinämie, Hämoglobinurie und degenerativen Veränderungen im Parenchym von Nieren, Leber und Herz führt. Leitsymptom ist die Ausscheidung von dunkelrotem bis schwarzem Urin (Anurie, Koma, Azidose).
- Malaria tertiana (Plasmodium ovale und vivax)
  - Fieber: Durch Synchronisation des Plasmodien-Zyklus können bei Malaria tertiana die Fieberschübe alle 48 Stunden auftreten.
  - Organkomplikationen treten meist nicht auf.
  - Krankheitserscheinungen erlöschen meist nach zwei bis drei Wochen.
  - Rezidive können auftreten.
- Malaria quartana (Plasmodium malariae)
  - Fieber: Durch Synchronisation des Plasmodien-Zyklus können die Fieberschübe alle 72 Stunden auftreten. Die Zahl der Fieberschübe bei unbehandelten Patienten kann 20 oder mehr betragen.
  - Organkomplikationen sind selten. Als Komplikation kann sich ein nephrotisches Syndrom entwickeln: Proteinurie, Hämaturie, chronische Niereninsuffizienz.
  - Rezidive sind über längere Zeit möglich.

Diagnose:

Anamnese (Auslandsaufenthalt), Klinik, Plasmodiennachweis im Blutausstrich oder im „dicken Tropfen" (= Anreicherungsmethode des normalen Blutausstrichs: 1 Blutstropfen wird auf einem Objektträger verrührt. Nach Lufttrocknung Hämolyse in destilliertem Wasser, anschließend Färbung und Mikroskopie: 15-20fache Anreicherung der Erreger)

Für einen akuten Malariaanfall spricht die Verbindung von Fieber mit Anämie, Leukopenie, relativer Monozytose, vergrößerter druckempfindlicher Milz und anamnestischen Angaben über den Aufenthalt in einem Malariagebiet.

Therapie:

Sofortige Chemotherapie je nach Resistenzlage ist u. U. lebensrettend. Bei keiner Tropenkrankheit hängt das Leben eines Patienten so sehr von der geographischen Anamnese und der Schnelligkeit der Diagnose ab.

Prognose:

- Malaria tropica: gefährlichste Form, führt unbehandelt oft nach wenigen Tagen zum Tode, bei Überstehen der Erkrankung treten nach ca. 9 Monaten keine Rezidive mehr auf. Selbst unter Behandlung sind Todesfälle möglich!
- Malaria tertiana: nicht lebensbedrohlich, Ausheilung meist nach 2 Jahren, Rezidive möglich
- Malaria quartana: günstige Prognose sofern keine Nierenbeteiligung vorliegt

Vorbeugung:

- Schutz vor Moskitostichen (Expositionsprophylaxe): Einreiben mit Moskito abweisenden Mitteln (Repellents), hautbedeckende Kleidung (vor allem in der Dämmerung und nachts), mückensichere Räume (Fliegengitter, Klimaanlage), Moskitonetze u. a.
- Medikamentöse Vorbeugung (Chemoprophylaxe): Eine Chemoprophylaxe ist prinzipiell etwas anderes als eine Impfung: Bei der Chemoprophylaxe werden hochpotente und mit vielen Nebenwirkungen behaftete Medikamente eingenommen, noch bevor überhaupt eine Infektion mit dem Krankheitserreger stattgefunden hat. Es wird ein Medikamentenspiegel im Körper aufgebaut, der bei einer eventuellen Infektion den Ausbruch der Krankheit vermeiden soll. Immer mehr Malariaerreger sind heute gegen die Chemotherapeutika resistent. Je nach Reisezeit, Reisedauer und Reisestil muss die Wahl des Medikamentes individuell getroffen werden. Das am häufigsten eingesetzte Chemotherapeutikum ist Chloroquin (Resochin®).
- Impfung: Eine in Kolumbien entwickelte und seit 1993 von der WHO getestete Malaria-Impfung hat die in sie gesetzten Erwartungen leider nicht erfüllt. Ein wirkungsvoller Impfschutz wird somit auch in den nächsten Jahren nicht zur Verfügung stehen.

MENINGITIS ODER ENZEPHALITIS

MENINGOKOKKENMENINGITIS

Besonderheiten:

In Deutschland werden jährlich mindestens 2000 Fälle von bakterieller Meningitis gemeldet. Darunter sind etwa 800 Meningokokkeninfektionen (ca. 50% in der Altersgruppe 0-5 Jahre).

Meldepflicht:

Erkrankung und Tod

Erreger:

Neisseria meninigitidis (Meningokokken, gramnegative Kokkenbakterien)

Reservoir:

Der Mensch ist das einzige Erregerreservoir: Erkrankte und symptomlose Keimträger (5-10%, unter epidemischen Bedingungen bis 50%).

Übertragungsweg:

Tröpfcheninfektion

Inkubationszeit:

2-3 Tage

Klinik:

gehäuftes Auftreten in den Winter- und Frühlingsmonaten. Unabhängig von der Art des Erregers beginnen Hirnhautentzündungen meist mit den Kardinalsymptomen:

- Fieber
- Kopfschmerz
- Nackensteifigkeit (Meningismus)
- Zeichen nach Brudzinski, Kernig und Lasègue sind positiv
  - Brudzinski-Zeichen: passive Kopfbeugung am Liegenden führt zur reflektorischen Beugung der Beine in den Kniegelenken (positiv bei Meningitis, Subarachnoidalblutung, evtl. bei Enzephalitis)
  - Kernig-Zeichen: Unmöglichkeit der aktiven Streckung des Beins im Kniegelenk, wenn der Patient sitzt oder das Bein in der Hüfte gebeugt ist (positiv bei meningealem Syndrom, Ischiassyndrom, Bandscheibenschaden).
  - Lasègue-Zeichen: bei Anheben des gestreckten Beines des Patienten (dadurch Dehnung des N. ischiadicus) ausgelöster Schmerz in Gesäß und Oberschenkel der erkrankten Seite (positiv bei Bandscheibenvorfall, Ischiassyndrom und meningealem Syndrom)

Ebenfalls unabhängig vom Erreger treten weitere Symptome auf:

- Schläfrigkeit (Somnolenz), Aktivitätsverlust (Stupor), Erregungszustände (selten)
- Licht- und Geräuschempfindlichkeit
- Überstrecken des Kopfes und Lordose der Wirbelsäule (Opisthotonus)
- evtl. Hirnnervenlähmung, Hirndruck ↑, Lähmungen, Krampfanfälle, gesteigerte Reflexe

Bei Meningokokkenmeningitis zusätzlich:

- als Vorerkrankung oft Pharyngitis (bzw. Infekt, oder Sepsis)
- Hautsymptome (Erregermetastasen in Form von Petechien und hämorrhagischen Nekrosen)

Diagnose:

Anamnese, Klinik, mikroskopischer und kultureller Nachweis des Erregers im Liquor oder im Blut

Therapie:

Antibiotikum so früh wie möglich

Prognose:

Unbehandelt beträgt die Letalität 85%, bei verzögerter Behandlung 10-15%, bei rechtzeitiger Behandlung unter 1%.

Vorbeugung:

Die aktive Impfung ist möglich, desweiteren Chemoprophylaxe für Personen mit engem Kontakt zu Erkrankten (z. B. Familie) und Chemotherapie zur Sanierung von symptomlosen Keimträgern.

ANDERE BAKTERIELLE MENINGITIDEN

Es gibt neben der Meningokokken-Meningitis noch eine Vielzahl durch andere Bakterien ausgelöste Meningitiden. Das klinische Bild der akuten bakteriellen Meningitiden ähnelt dem der Meningokokkenmeningitis (siehe oben).

Lerntext 17	**HÄUFIGE BAKTERIELLE MENINGITISERREGER**
Erreger	**Besonderheiten**
Neisseria meningitidis (Meningokokken) (≈ 20%)	siehe oben
Streptococcus pneumoniae (Streptokokken) (≈ 30%)	schwerer Verlauf (Letalität bis 30%), häufigste Form einer bakteriellen Meningitis im Alter über 40 Jahre, oft fortgeleitet von Streptokokken-Sinusitis bzw. -otitis
Haemophilus influenzae b (≈ 50%)	meist Kleinkinder zwischen 6 Monaten und 4 Jahren, respiratorische Infekte als Vorerkrankung, unbehandelt Letalität von fast 100%
Escherichia coli	Früh- und Neugeborene
Enterobakterien und Pseudomonas	Krankenhausinfektionen, bei Abwehrschwäche, Enterobakterien im Alter
Streptokokken der Gruppe B	Früh- und Neugeborene
Listeria monocytogenes	selten, alte Menschen, Abwehrgeschwächte, Neugeborene (intrauterine Infektion)
Meningitis tuberculosa	chronischer Verlauf, nach miliarer Streuung oder Durchbruch von Tuberkelbakterien
Luische Meningitis	Lues Stadium III: Progressive Paralyse = chronische, vorwiegend das Stirnhirn betreffende Enzephalomeningitis
Leptospiren-Meningitis	seröse Meningitis fast regelmäßige Begleiterscheinung bei Leptospirose; bei leichten Leptospirosen (Fehlen hepatorenaler Schäden) meist führendes Symptom
Begleitmeningitiden (Brucellose, Tularämie u. a.)	s. o.

VIRUSMENINGOENZEPHALITIS

	HÄUFIGE VIRALE MENINGITISERREGER (oft Mischbilder in Form von Meningoenzephalitiden)
Erreger	**Besonderheiten**
FSME	Frühsommermeningoenzephalitis (siehe S. 381)
Masern-Virus	(siehe S. 367) gefürchtete Masernenzephalomyelitis (im Gehirn kann kein Virus nachgewiesen werden), tritt bei jedem 1000. Erkrankten auf, Letalität bis 20%, Defektheilungen bis 30%
Mumps-Virus	(siehe S. 394) Meningitis bei Mumps (Parotitis epidemica) in ca 25% d. F. gute Prognose (Meningoenzephalitis: schlechte Prognose, selten)
HI-Virus	(siehe S. 382) 40% aller symptomatisch HIV-Infizierten haben neurologische Symptome
Herpes-simplex-Virus	Meningoencephalitis herpetica (gefürchtet)
Varicella/Zoster-Virus	(siehe S. 406) Seltene Komplikation bei Windpocken: Meningoenzephalitis (mit guter Prognose)
EPSTEIN-BARR-Virus	(siehe S. 393) bei Mononukleose meningeale Reizerscheinungen, selten Meningoenzephalitis
Zytomegalie-Virus	(siehe S. 335) Bei immunsupprimierten Patienten kann es zur (Meningo)Enzephalitis kommen.
Arbo-Viren (= Togaviren) z. B. Röteln	Röteln-Enzephalitis (1:6000 Erkrankungen), Letalität bis 20% (Röteln: siehe S. 396)
Coxsackie-Viren und ECHO-Viren	unspezifische, fieberhafte, grippeähnliche Erkrankungen, Lymphknotenschwellung, Myalgien, Myo- und Perikarditis, Meningitis, Exantheme
LCM = Lymphozytäres Choriomeningitis-Virus	grippeähnliche Erkrankungen, selten Meningitis oder Enzephalomyelitis (mit - selten - tödlichem Ausgang)

ÜBRIGE FORMEN

LERNTEXT 18	**ÜBRIGE FORMEN VON MENINGITISERREGERN**
Erreger	**Besonderheiten**
Amöben Naegleria fowleri Acanthamoeba	Protozoeninfektion, sehr selten, Amöbenmeningitis beim Baden in freien Gewässern (Süßwasserteiche, aber auch in beheizten Schwimmbadanlagen)
Candida albicans	Pilzmeningitis bei Abwehrgeschwächten
Cryptococcus neoformans Kryptokokkose (Pilz, Hefe)	Pilzmeningitis bei Abwehrgeschwächten z. B. HIV (AIDS)

Q-FIEBER

„Q" ist Abkürzung für englisch query = Fragezeichen (andere Erklärung: „Queensland-Fieber")
auch: Query-Fieber, Balkan-Grippe, Krim-Fieber, Queensland-Fieber
Besonderheit: In den letzten Jahren wurden wieder Q-Fieber-Erkrankungen in Deutschland gemeldet (ca. 480 Fälle in den Jahren 1992-1995).

Meldepflicht:
Erkrankung, Tod

Erreger:
Coxiella burnetii (Rickettsienart, Bakterium)

Reservoir:
weltweite Zoonose, die von Rindern, Pferden, Schafen, Kamelen, Nagetieren usw. ausgeht. (Die Tiere scheiden den Keim mit Milch und Sekreten aus.)

Übertragungsweg:
Einatmen erregerhaltigen Staubes (90%) oder Kontakt mit infizierten Materialien (Wolle, Heu; gefährdet: Landwirte, Schäfer, Tierärzte, Schlachthofarbeiter); Die Übertragung von Mensch zu Mensch ist sehr selten.

Inkubationszeit:
2-4 Wochen (3-32 Tage; Durchschnitt: 20 Tage)

Klinik:
meist asymptomatisch oder grippeähnlich (30-70%); bei schwerem Verlauf Trias:

- Fieber (39-40°C), evtl. mit Schüttelfrost
- Kopfschmerzen (hinter den Augen), evtl. Kopf-, Muskel- und Gelenkschmerzen
- atypische (interstitielle) Pneumonie (evtl. mit Reizhusten, Brustschmerzen)
- Komplikationen: Hepatitis, Myo-, Perikarditis, Endokarditis (selten; auch Monate bis Jahre nach der Infektion), Meningoenzephalitis, Rekonvaleszenz kann viele Monate dauern

Diagnose:
Anamnese (Tierkontakte, vor allem zu Schafen), Klinik, Antikörpernachweis

Therapie:
Antibiotikum

Prognose:
geringe Letalität (Ausnahme: Endokarditis); längerdauernde Immunität

Vorbeugung:
Ausschalten der tierischen Infektionsquellen, Impfprophylaxe (nur bedingt empfehlenswert)

RÖTELNEMBRYOPATHIE

siehe S. 352

ROTZ

auch: Malleus, Maliasmus

Meldepflicht:

Erkrankung, Tod

Erreger:

Pseudomonas mallei (gramnegatives Stäbchenbakterium)

Reservoir:

Pferd, Esel (Zoonose)

Übertragungsweg:

vom Tier auf den Menschen (durch kleine Wunden bei direkter Berührung oder durch Inhalation)

Inkubationszeit:

1-5 Tage

Klinik:

In Europa ist diese Krankheit nahezu verschwunden. Je nach Eintrittspforte betreffen die krankhaften Veränderungen die Haut oder die Schleimhäute des oberen Respirationstraktes: Hautrotz oder Nasenrotz. Es wird eine akute von einer chronischen Form unterschieden:

- Chronischer Hautrotz
  - Gelenk- und Gliederschmerzen, evtl. Fieber
  - nach Wochen: teigige Knoten im Unterhautfettgewebe, die geschwürig einschmelzen
  - Übergreifen des Infekts auf tiefere Gewebsschichten und Gelenke (schmerzlos)
- Chronischer Nasenrotz
  - Zerstörung der Nasenschleimhaut durch Geschwüre
  - Übergreifen auf Mund und Rachenraum
  - kann spontan abheilen oder in den tödlich verlaufenden akuten Rotz übergehen:
- Akuter Rotz
  - hohes Fieber
  - Haut- und Schleimhauterscheinungen breiten sich schnell u. unaufhaltsam aus
  - Sepsis, akute Bronchopneumonie (evtl. mit Abszessbildung, Pleuraempyem)
  - Hautausschlag (makulopapulöses Exanthem) zwischen 6. und 12. Krankheitstag
  - Tod zwischen 10. und 12. Krankheitstag

Diagnose:

Anamnese (Tierkontakt), Klinik, Erregernachweis (in Sekret, Pustelinhalt, im Geschwür bzw. beim akuten Rotz in der Blutkultur), Serologie

Therapie:

Antibiotikum mit ungewissem Erfolg

Prognose:

ernst, unbehandelt droht der Tod innerhalb weniger Tage.

TETANUS

siehe S. 361: Wundinfektion, anaerobe

TRACHOM

Besonderheit:
Das Trachom ist in den tropischen und subtropischen Ländern stark verbreitet (mangelnde Hygiene, Überbevölkerung). Es ist in diesen Ländern eine häufige Ursache für Erblindung. 400 Millionen Menschen leiden an dieser Krankheit, 6 Millionen sind daran erblindet.

Meldepflicht:
Erkrankung, Tod

Erreger:
Chlamydia trachomatis (verursacht auch die Nicht-Gonorrhoische Urethritis)

Reservoir:
Mensch

Übertragungsweg:
direkter oder indirekter Kontakt mit dem Erreger (z. B. gemeinsam benutzte Gegenstände)

Inkubationszeit:
unbekannt (Tage bis Wochen?)

Klinik:
- Lichtscheu, Tränenfluss, Druckgefühl im Auge
- hypertrophische Lymphfollikel am oberen Lidrand („Körnerkrankheit")
- starke Gefäßerweiterung im Bereich der Hornhaut („Pannus")
- später: Narbenbildung, bakterielle Superinfektionen, Erblindung

Diagnose:
Anamnese, typische Klinik

Therapie:
Antibiotika lokal (als Augensalbe) und oral

Prognose:
bei Behandlung im Allgemeinen gut

Vorbeugung:
Hygiene

TRICHINOSE

auch: Trichinellose, Trichinelliasis, Trichinenbefall

Meldepflicht:

Erkrankung, Tod

Erreger:

Trichinella spiralis (zählt zu den Nematoden: Wurmerkrankung)

Reservoir:

Säugetiere und Mensch

Übertragungsweg:

Aufnahme von Muskeltrichinen in rohem Fleisch

Inkubationszeit:

(1-) 5-10 (-46 Tage)

Klinik:

- Intestinale Phase: evtl. Übelkeit, Erbrechen, Magen-Darm-Symptome, leichtes Fieber, kann auch unauffällig verlaufen
- Extraintestinale Phase: Einwanderung der Trichinella-Larven in die Körpergewebe:
  - Muskelschmerzen und -steifheit, Fieber, Lid- und Gesichtsödem, Hautausschlag
  - gefürchtete Komplikationen: Myokarditis, Meningoenzephalitis

Diagnose:

Anamnese (Essen von rohem Fleisch), Klinik, Erregernachweis in intestinaler Phase schwierig, während der extraintestinalen Phase sind Trichinella-Larven in der Muskelbiopsie nachweisbar, Labor: Eosinophilie, Serologie ab 3. Woche positiv

Therapie:

Chemotherapie

Prognose:

Die meisten Todesfälle ereignen sich 4-6 Wochen nach der Infektion. Die akuten Erscheinungen bestehen je nach Schwere der Erkrankung etwa 1-6 Wochen. Darauf folgt häufig eine völlige Genesung. Es können aber auch über längere Zeit rheumatoide Beschwerden bestehen bleiben.

Vorbeugung:

kein rohes Fleisch essen (Hitze über 60°C tötet Trichinen im Fleisch ab), prophylaktische Fleischuntersuchungen bei Haus- und Wildtieren auf Trichinella-Befall, Vermeidung der Verfütterung von Fleischabfällen an Hausschweine

TUBERKULOSE

Besonderheit:

Die Tuberkulose ist eine der häufigsten Infektionskrankheiten (weltweit ca. 1/3 der Menschheit infiziert, vor allem in den Entwicklungsländern). Deutschland: jährlich ca. 15-20 Erkrankungen pro 100 000 Einwohner. Gefährdet (5x-A-Personenkreis): Abwehrgeschwächte (AIDS, Immunsuppression, Diabetes mellitus, Unterernährte, Masern u. Ä.), Alte, Alleinstehende (Obdachlose), Alkoholiker und Ausländer.

Meldepflicht:

Aktive Tuberkulose und Tod an Tuberkulose sind meldepflichtig. (Aktivität bzw. Inaktivität der Tuberkulose sind allein durch klinische und radiologische Verlaufsbeobachtung zu unterscheiden)

Erreger:

Mycobakterium tuberculosis (grampositives, säurefestes Stäbchenbakterium)

Übertragungsweg:

Tröpfcheninfektion von Mensch zu Mensch: Die wichtigste Eintrittspforte der Erreger ist die Schleimhaut der Atemwege. Infektionen über den Verdauungstrakt spielen heute (dank tuberkulosefreier Tierbestände) nur noch eine sehr geringe Rolle.

Inkubationszeit:

4-12 Wochen

Stadieneinteilung der Tuberkulose:

1. Primärtuberkulose:

   Unter den Begriff der Primärtuberkulose fallen alle Krankheitserscheinungen, die im Rahmen der Erstinfektion mit dem Tuberkelbakterium auftreten, also auch die Komplikationen und Manifestationen der Primärtuberkulose, wie:

   - Hilumlymphknoten-Tuberkulose
   - Pleuritis exsudativa
   - Minimal lesions
   - Miliar-Tuberkulose
   - Käsige Pneumonie („galoppierende Schwindsucht", ohne Therapie tödlich)
   - Sepsis (bei Immunschwäche, Tod innerhalb weniger Tage)

2. Postprimäre Tuberkulose: isolierte Organtuberkulose nach durchgemachter Primärtuberkulose (85% Lungentuberkulose, 15% extrapulmonale Tuberkulose)

Klinik:

je nach Tuberkuloseform unterschiedlich (siehe unten)!

Fakultative Symptome der Primär-Tuberkulose:

- subfebrile Temperaturen, Gewichtsverlust, Nachtschweiß, Schwäche
- Bronchopulmonale Symptome (nur 50% d. F): Husten, Auswurf, Atemnot, Brustschmerz u. a.

Diagnose:

Anamnese (Tuberkulosefälle in der Umgebung oder in der Eigenanamnese, resistenzmindernde Faktoren?), Klinik, Labor: BSG ↑ (unspezifische Entzündungszeichen), Röntgenbild, bakteriologische Untersuchung (Sputum, Magensaft, Bronchialsekret). Der Tuberkulintest beweist eine durchgemachte Erstinfektion (oder eine positive Reaktion nach Tuberkulose-Impfung),

Anmerkung zum Tuberkulin-Test: geprüft wird die T-Lymphozyten-vermittelte Allergie auf Tuberkulin (Toxine und Zerfallsstoffe der Tuberkelbakterien). Hierzu wird mit verschiedenen Verfahren Tuberkulin in die Haut = intrakutan eingebracht (Multipunkturstempel: Tine-Test oder Mendel-Mantoux-Test) oder auf die Haut gerieben (Moro-Pflastertest). Als positiver Befund gilt eine Hautrötung und Verhärtung mit entsprechendem Durchmesser nach 48-72 Stunden. Bewertung: Nach einer Tuberkuloseimpfung (BCG-Impfung) ist in 90% der Fälle mit einem positiven Ergebnis zu rechnen, das nach 3-5 Jahren langsam negativ wird. Frischer Tbc-Infektionsverdacht besteht bei sehr starken Testreaktionen bzw. bei Testkonversion (1. Test negativ, 2. Test positiv). Ein positiver Test gibt jedoch weder eindeutige Hinweise auf das Vorliegen einer aktiven Tbc noch auf den Immunstatus. Die Mehrzahl der klinisch manifesten aktiven Tuberkulosen in unserer Bevölkerung sind späte Reaktivierungstuberkulosen, die bei (auch vorher) tuberkulinpositiven Personen entstehen. Ein negativer Test macht das Vorliegen einer Tbc unwahrscheinlich (Ausnahme: perakute Formen, Abwehrschwäche, nach Virusinfekten, Lymphome, M. Boeck u. a.)

Therapie:

Jede aktive Tuberkulose muss behandelt werden. Offene, hoch-infektiöse Tuberkulosen werden anfangs stationär behandelt.

1. Allgemeinbehandlung
   - Behandlung der Begleiterkrankungen
   - Alkohol- und Rauchverbot
   - Symptomatische Therapie: Hustenmedikamente, Entlastung eines Pleuraergusses u. a.
2. Medikamentöse Behandlung (mit Antituberkulotika)

   Um die Resistenzentwicklung zu verhindern, werden grundsätzlich mehrere Antituberkulotika (anfangs 3-4) miteinander kombiniert. Die Therapiedauer beträgt 6-9 Monate. Daran schließt sich eine Überwachung über 2 Jahre an. Die Medikamente haben beträchtliche Nebenwirkungen. Die durch die Medikamente gefährdeten Organe sollten während der Therapie ständig überwacht werden.
3. Chirurgie

   findet in Sonderfällen bei großen Kavernen und erfolgloser konservativer Therapie Einsatz

Prophylaxe:

Aktive Immunisierung mit einem abgeschwächten Lebendimpfstoff (BCG = Bacille-Calmette-Guérin-Impfung); gehört jedoch nicht mehr zu den vom Bundesgesundheitsamt empfohlenen Impfungen. Angeraten wird die Impfung nur noch bei ansteckungsgefährdeten, tuberkulinnegativen Personen. Relativer Impfschutz besteht für 5-15 Jahre. Nachteil: Der Tuberkulintest ist nicht mehr als Suchtest zu verwerten (da er nach der Impfung positiv ausfällt).

PRIMÄRTUBERKULOSE

Der Erstkontakt mit Mycobacterium tuberculosis erzeugt nach einer Latenz von 5-6 Wochen den Primärkomplex, dessen Klinik meist stumm ist. In 50% der Fälle bleibt dies die einzige Manifestation der Tuberkulose. Dieser erste Parenchymherd kann überall in der Lunge liegen (in seltenen Fällen außerhalb: Gaumenmandeln, Magen-Darm-Trakt). Oft findet man diesen Primärkomplex späterer zufällig im Rahmen einer Röntgenuntersuchung als kalkdichten Röntgenschatten. Schmilzt der Primärkomplex ein, entsteht eine Primärkaverne, die über die Bronchien streuen kann.

Klinik:

Die Klinik des Primärkomplexes ist meist stumm. Es kann auch zu Symptomen kommen:

- subfebrile Temperaturen (!), Husten, Nachtschweiß, Appetitverlust
- Erythema nodosum: rotblaue schmerzhafte Flecken an den unteren Extremitäten (auch bei: Sarkoidose, rheumatischem Fieber, Colitis ulcerosa, M. Crohn, nach Yersinieninfektion u. a.)
- Keratokonjunktivitis

HILUMKNOTEN-TUBERKULOSE

Im Rahmen der Primärtuberkulose können die betroffenen Hilumlymphknoten stark anschwellen (Röntgenbild).

PLEURITIS EXSUDATIVA

Sie ist die häufigste Manifestation einer Primärtuberkulose. Bei jüngeren Patienten (< 30 J.) ist die Tuberkulose die häufigste Ursache eines Pleuraergusses!

Klinik:

- manchmal: Als „trockene Rippenfellentzündung" = Pleuritis sicca mit atemabhängigen Schmerzen und Pleurareiben (Auskultation)
- häufig: als „nasse Rippenfellentzündung" = Pleuritis exsudativa mit Pleuraerguss

„MINIMAL LESIONS"

In einem Teil der Fälle streut der Primärkomplex auf dem Blutweg kleine Organherde („minimal lesions"). Diese können später im Rahmen einer Reaktivierung zum Ausgangspunkt einer postprimären Organtuberkulose werden. „Minmal lesions" können sich in allen Organen finden, meistens jedoch in den Spitzenfeldern der Lunge („Simon-Spitzenherde").

MILIAR-TUBERKULOSE

Bei dieser Form der Tbc kommt es durch hämatogene Generalisation vorrangig zum Befall folgender Organe: Lunge, Hirnhäute, Leber, Milz, Nieren, Nebennieren, Aderhaut der Augen.

Klinik: u. a.

- Lungenform (Rö-Bild: feinkörnige miliare Fleckschatten)
- Hirnhautform (Meningitis tuberculosa): Fieber, Kopfschmerz, Nackensteifigkeit (Meningismus) und andere Meningitiszeichen
- Typhoide Form: typhusähnliche Symptomatik (Leukopenie)

POSTPRIMÄRE TUBERKULOSE

Die postprimäre Tuberkulose betrifft meist die Lunge (85%; pulmonale Tbc). Aufgrund von „minimal lesions" kann sie auch in jedem anderen Organ auftreten (15%; extrapulmonale Tbc: z. B. in peripheren Lymphknoten, Harn- und Geschlechtsorganen, Knochen und Gelenken).

Entstehungsmöglichkeiten:

1. häufig durch endogene Reinfektion alter Organherde mit noch lebenden Tuberkulosebakterien (z. B. aus „minimal lesions")
2. seltener durch erneute Reinfektion oder durch Superinfektion mit Tuberkulosebakterien

FRÜHINFILTRAT UND KAVERNÖSE LUNGENTUBERKULOSE

Durch Reaktivierung eines alten Spitzenherdes kommt es in der Lunge zum Frühinfiltrat:

Klinik: uncharakteristisch

subfebrile Temperaturen, Nachtschweiß, Husten, Appetitverlust

Komplikationen eines Frühinfiltrats:

Heilt das Frühinfiltrat nicht ab, so kann es einschmelzen: Frühkaverne

Die Tuberkulose ist jetzt eine sog. „offene" Tuberkulose, der Infektionsherd hat über die Bronchien „Kontakt mit der Außenwelt", und es finden sich Tuberkulosebakterien im Sputum.

Komplikationen einer offenen Tuberkulose:

- hohe Infektionsgefahr für die Umgebung!
- Streuung im Patienten: Bronchialtuberkulose, käsige Pneumonie, Miliar-Tbc, Sepsis
- Lungenblutung mit den Leitsymptomen: Blutbeimischungen im Sputum (Hämoptyse) oder Bluthusten (Hämoptoe)

TUBERKULOM

Ein Tuberkulom ist ein tuberkulöser Rundherd, bestehend aus einem verkäsenden Nekrosezentrum mit umgebendem Granulationsgewebe. Zu solchen Rundherden kommt es bei guter Abwehrlage des Patienten. Es besteht keine Gefahr für den Patienten oder für die Umgebung (keine „offene" Tbc). Das Tuberkulom ist im Röntgenbild schwer von anderen Rundherden (z. B. Lungenkarzinom, Lungenmetastase) zu trennen und wirft deshalb große differentialdiagnostische Probleme auf.

VIRUSHEPATITIS

siehe S. 215

HEPATITIS A

siehe S. 217

HEPATITIS B

siehe S. 218

NICHT BESTIMMBARE UND ÜBRIGE FORMEN

siehe S. 215

WUNDINFEKTIONEN, ANAEROBE

E7

GASBRAND/GASÖDEM

Meldepflicht:

Erkrankung, Tod

Erreger:

Clostridien (grampositive, Sporen bildende, nur unter Luftabschluss = anaerob wachsende Bakterien). 3 Arten können einen Gasbrand erzeugen: C. perfringens, C. novyi und C. septicum. Sie bilden eine Vielzahl von Giften (Ektotoxine, Enzyme), die ihre pathogene Wirkung ausmachen.

Reservoir:

Clostridien finden sich weltweit in Erde, Staub, Schmutz, aber auch im menschlichen Darm.

Übertragungsweg:

Wundkontamination über Kontakt schlecht durchbluteter („anaerober") Gewebe mit infiziertem Staub o. Ä.. Durch Operationen können Gasbrandbakterien aus dem Darm aktiviert werden.

Inkubationszeit:

wenige Stunden bis einige Tage

Pathogenese:

Durch die ubiquitäre Verbreitung der Erreger kommt es häufig zur lokalen Kontamination von Wunden. Die Kontamination führt jedoch nicht zwangsläufig zum Gasbrand. Gasbrand entwickelt sich nur unter anaeroben Verhältnissen (also unter Luftabschluss), z. B. in stark zerfetzten, minderdurchbluteten Wundtaschen unter Sauerstoffabschluss (z. B. bei starker Traumatisierung, Kriegsverletzungen usw). Die Erreger bilden Giftstoffe (Toxine), die zu Gewebseinschmelzungen führen und für die Krankheitssymptomatik verantwortlich sind. Die Gewebseinschmelzungen werden durch Gase ausgefüllt, die aus dem Stoffwechsel der Clostridien stammen und ein typisches Knisterphänomen bei der Palpation hervorrufen. Die Toxine können eine Allgemeinintoxikation hervorrufen, die dann meist rasch zum Tode führt. In den letzten großen Kriegen trat ein Gasbrand bei 0,5-1% aller Verletzen auf. Bei Unfallverletzten ist er sehr viel seltener (pro Jahr in Deutschland 10-20 Fälle).

Klinik:

Als Komplikation einer meist vorbestehenden Wunde (bzw. Zustand nach Operation) kann es zu 2 Verläufen kommen:

- Gutartige anaerobe Zellulitis (epifasziale Form): Infektion ohne Beteiligung der Muskulatur. Der Infekt bleibt auf die Faszienlogen beschränkt. Bei der Palpation fällt ein Hautödem mit Knistern im Gewebe (Gasproduktion der Clostridien) auf. Eine Giftausschwemmung ins Blut (Toxinämie) besteht nicht.
- Gasbrand/Gasödem: Aggressive Infektion der Muskulatur mit Muskelnekrose und Toxinämie. Der Patient hat starke Schmerzen im Bereich der Verletzung, Hautödem, Knistern und Schwellung im Wundgebiet. Es bildet sich ein wässrig braunes, süßlich riechendes Wundse-

kret. Die distalen (vom Rumpf weiter entfernten) Abschnitte der verletzten Gliedmaßen werden kalt und ödematös. Die betroffenen Muskeln werden dunkelrot bis schwarz. Fieber und erhöhter Puls stellen sich ein. Bei Systemmanifestation sind die Patienten schwach, bleich, antriebslos, jedoch - bis zum Tode - bei vollem Bewusstsein.

Diagnose:

Anamnese, Klinik, mikroskopischer und kultureller Nachweis der Erreger

Die Diagnose wird primär klinisch gestellt. Der Ausstrich zeigt große, grampositive Stäbchen. (Merke: Clostridien sind häufig in Wundabstrichen zu finden, ohne dass sich ein Gasbrand entwickelt!) Es besteht meist eine Leukozytose, in 50% auch eine Thrombozytopenie. Der radiologische Nachweis von Gaseinschlüssen in Muskel und Gewebe ist diagnoseweisend.

(Merke: auch andere Bakterien können Gase bilden!)

Therapie:

operative Revision der Wunde (evtl. Amputation), Sauerstoffüberdruckbehandlung (in Überdruckkammern), polyvalentes antitoxisches Gasödemserum (von zweifelhaftem Wert) und Antibiotikum (Penizillin)

Prognose:

Sie ist ernst. Die Muskelnekrose, als gefürchtete Komplikation, führt häufig zum Tode.

TETANUS

auch: Wundstarrkrampf

Besonderheit:

Tetanus wird durch das Gift (Toxin) des Stäbchenbakteriums Clostridium tetani verursacht, welches sich im Organismus vermehrt und dabei das Toxin bildet.

Meldepflicht:

Erkrankung, Tod

Erreger:

Clostridium tetani (anaerobes grampositives Stäbchenbakterium)

Reservoir:

Der Erreger ist weltweit im Erdboden zu finden (vor allem wenn dieser mit Tiermist gedüngt ist).

Übertragungsweg:

Bei jeder (auch noch so kleinen) verschmutzten Verletzung können Tetanussporen in die Wunde gelangen. Tetanus ist nicht von Mensch zu Mensch übertragbar.

Inkubationszeit:

8-10 (3-28) Tage

Pathogenese:

Es handelt sich um eine Lokalinfektion. Das klinische Erscheinungsbild rührt nicht von einer generalisierten Infektion her, sondern wird von einem starken, durch Clostridien gebildeten Nervengift (Neurotoxin), dem Tetanospasmin verursacht. Das Gift hat eine starke Wirkung an bestimmten Synapsen im Rückenmark und verhindert bei Anspannung bestimmter Muskeln die normale Hemmung der antagonistisch (als Gegenspieler) arbeitenden Muskelgruppen.

Klinik:

- Prodromalstadium: Kopfschmerz, Müdigkeit, gesteigerte Reflexe
- Auftreten von Muskelkrämpfen durch optische oder akustische Reize:
  - Risus sardonicus = verzerrtes Lachen („Teufelsgrinsen"): Krampf der Gesichtsmuskeln
  - Opisthotonus: Krämpfe der Nacken- u. Rückenmuskulatur mit Überstreckung des Kopfes
  - Trismus: Kiefersperre (tonischer Krampf der Kaumuskulatur)
- Komplikationen: Ateminsuffizienz, Aspirationspneumonie, Atelektasen, generalisierte Krämpfe mit Knochenbrüchen und Verrenkungen, Herz-Kreislaufversagen

Diagnose:

Anamnese, Klinik, Nachweis des Giftes im Wundmaterial, Tierversuch (Maus)

Therapie:

sorgfältige Wundtoilette, schnellstmögliche Gabe eines antitoxischen Immunserums oder von Hyperimmuntetanusgammaglobulin, gleichzeitige Gabe von Tetanustoxoid (aktiver Tetanusimpfstoff) sind die ersten wichtigen Maßnahmen. Desweiteren: Einzelzimmer, gedämpftes Licht, Schutz vor akustischen und optischen Reizen, Ruhigstellung der Muskulatur mit Muskelrelaxanzien, evtl. künstliche Beatmung.

Prognose:

Weltweit erkranken ca. 300 000 Menschen/Jahr, in Deutschland durch die Durchimmunisierung der Bevölkerung jedoch nur 1 Fall pro 1 Million Einwohner pro Jahr, Letalität 50%.

Vorbeugung:

aktive Tetanus-Schutzimpfungen (Tetanustoxoid) vor Exposition. Aktive (Tetanustoxoid) und passive (Tetanusimmunglobulin) Simultanimpfung nach Exposition, falls kein Impfschutz vorhanden war. Danach Weiterführung der Impfung im Sinne einer Grundimmunisierung.

Grundimmunisierung: 3x Tetanustoxoid im Abstand 0, 4 Wochen, 1 Jahr. Nach einer vollständigen Grundimmunisierung ist der Impfschutz aufzufrischen (1x Tetanustoxoid), wenn eine Verletzung vorliegt und die letzte Impfung länger als 5 Jahre zurückliegt. Liegt die letzte Impfung länger als 10 Jahre zurück oder ist die Grundimmunisierung unvollständig, so ist eine Simultanimpfung mit anschließender Grundimmunisierung durchzuführen.

HUMANE SPONGIFORME ENZEPHALOPATHIE

Besonderheit:

Mit einer Verordnung des Bundesministers für Gesundheit (BGBl. I, Nr. 41, S. 1455 vom 12.7.1994) wurde die Meldepflicht für die in § 3 des Bundesseuchengesetzes aufgeführten Krankheiten auf übertragbare spongiforme Enzephalopathien ausgedehnt. Es handelt sich um infektiöse Formen von Hirnerkrankungen, die fortschreitend zur Demenz führen (Bsp.: Creutzfeldt-Jakob-Krankheit: subakute Enzephalopathie durch „slow virus"-Infektion, Prionen? Vgl. S. 305). Eine Übertragung solcher Krankheiten vom Tier (Rinder: BSE = bovine spongiforme Enzephalopathie = Rinderwahn, Schafe?) auf den Mensch wird diskutiert und hat zur Erweiterung der Meldepflicht geführt. Die folgenden Ausführungen beziehen sich auf die BSE:

Meldepflicht:

Erkrankung, Tod

Erreger:

unbekannt (Prionen? „slow virus"?)

Reservoir:

unbekannt (Rinder, Schafe, andere Tiere?)

Übertragungsweg:

unbekannt (oral vom Tier - besonders Verzehr von Gehirn, Rückenmark, Auge, Ileum - auf den Menschen?)

Inkubationszeit:

Monate bis Jahre

Klinik:

- Patienten sind (im Vergleich zur Creutzfeldt-Jakob-Krankheit) ungewöhnlich jung. (Durchschnittsalter in einer aktuellen Studie rund 28 Jahre, kein Patient älter als 42 Jahre.)
- Im Frühstadium: psychiatrische Auffälligkeiten (Verhaltensänderungen, Depression, Angstzustände u. a.)
- progrediente (unaufhaltsam fortschreitende) Demenz innerhalb weniger Monate (in Einzelfällen nur wenige Wochen!), Dezerebrationsstarre, Koma
- Kopfschmerz, Schlaflosigkeit, Schwindelgefühl, Reizbarkeit, Krampfanfälle
- Ataxie (Störung der Koordination von Bewegungsabläufen)
- Aphasie (zentrale Sprachstörung)
- Myoklonie (kurze, ruckartige Zuckung einzelner Muskeln oder Muskelgruppen), Spastik (Vermehrung des Muskeltonus infolge Schädigung des 1. motorischen Neurons), Rigor (starre Erhöhung des Muskeltonus), Lähmungen
- typische Muster im Elektroenzephalogramm (EEG) wie sie bei Creutzfeldt-Jakob-Erkrankungen auftreten, finden sich bei BSE-Erkrankten anscheinend nicht.

Diagnose:

Anamnese, Klinik, EEG, Labor (immunologischer Proteinnachweis)

Therapie:

symptomatisch

Prognose:

Tod innerhalb weniger Wochen bis zu 2 Jahren (Durchschnitt: 14 Monate)

MELDEPFLICHT BEI TOD

INFLUENZA

auch: (Epidemische) Grippe

Meldepflicht:

Tod

Erreger:

Influenzavirus A, B und C (RNS-Orthomyxoviren)

Von den drei Influenza-Virustypen ist der Typ A der wichtigste. Er ist der Erreger von großen Grippeepidemien und -pandemien.Typ B kommt eher endemisch und Typ C selten vor. Influenzaviren sind die klassischen Grippeerreger. Häufig wird die Klinik durch bakterielle Superinfektionen mitbestimmt.

- Influenza A-Viren sind genetisch variabel. Sie verändern fortwährend ihre Antigenstruktur. Kleine Antigenveränderungen („antigenic drift") im Intervall von ca. 2-3 Jahren führen zu kleineren Epidemien. Größere Antigenveränderungen („antigenic shift") erklären die periodisch auftretenden Grippepandemien (die neue Antigenstruktur wird von den „alten" Antikörpern nicht mehr erkannt). Sie sind weltweit verbreitet.
- Influenza B-Viren treten besonders bei Kindern und Jugendlichen auf. Der klinische Verlauf ist milder. Antigendrift wird beobachtet, Antigenshift nicht. Sie sind weltweit verbreitet.
- Influenza C-Viren bleiben symptomlos oder führen zu milden Erkrankungen.

Reservoir:

Mensch (evtl. Schweine, Pferde und einige Vogelarten)

Übertragungsweg:

Tröpfcheninfektion (Husten, Niesen)

Inkubationszeit:

1-3 Tage

Pathogenese:

Das Grippevirus schädigt das Flimmerepithel des Respirationstraktes.

Klinik:

In 80% d.F. verläuft die Infektion symptomarm als relativ leichte Erkältungskrankheit.

- plötzlicher Krankheitsbeginn mit: Frösteln, Fieber, starkem Krankheitsgefühl, Laryngotracheobronchitis mit trockenem Husten, Rhinitis, Pharyngitis, Abgeschlagenheit, Kopf- und Gliederschmerzen. Fieber 2-3 Tage anhaltend, ein zweiter Fieberanstieg ist meist Hinweis für eine Sekundärinfektion („Superinfektion").
- Sputum: spärlich, zäh, schleimig (evtl. leicht blutig)
- Nasenbluten, Magen-Darm-Beschwerden
- über Wochen anhaltende Schwäche und Müdigkeit („verzögerte Rekonvaleszenz")
- Komplikationen: Lungenentzündung, Nasennebenhöhlenentzündung (Sinusitis), Mittelohrentzündung (Otitis media), Myo- bzw. Perikarditis, Meningoenzephalitis, orthostatische Hypotonie. Besonders gefährdet sind Kinder, Schwangere, ältere Menschen mit Vorerkrankungen und Patienten mit Abwehrschwäche.

Diagnose:
Anamnese, Klinik
Therapie:
symptomatisch: Bettruhe, evtl. Fiebersenkung, antivirale Substanzen (Amantadin; nur bei frühzeitiger Gabe und nur bei Influenza A therapeutisch wirksam), Therapie der Komplikationen
Prognose:
Sie ist in Abhängigkeit vom Erreger und der Resistenzlage des Patienten unterschiedlich, z. B. Grippepandemie 1918-1920 („spanische Grippe") 20 Millionen Todesfälle.
Vorbeugung:
In den Monaten Oktober/November sollte bei Risikopatienten eine jährliche Schutzimpfung mit inaktivierten Krankheitserregern (Totimpfstoff nach jeweils neuester Empfehlung der WHO) vorgenommen werden. Geimpft werden sollten: ältere Patienten (vor allem bei Vorerkrankungen), herz- und lungenkranke Patienten, Patienten mit Abwehrschwäche, stark exponierte Personengruppen (Krankenhauspersonal usw). Wegen der Antigen-Shift des Erregers darf nur der aktuelle Jahresimpfstoff verwendet werden. Erkältungen oder „grippalen Infekten" beugt diese Impfung - entgegen landläufiger Meinung - nicht vor. (Innerhalb der ersten 3 Wochen nach Impfung kann ein HIV-Test positiv ausfallen.)

KEUCHHUSTEN

auch: Pertussis
Epidemiologie:
Die WHO schätzt die Zahl der jährlichen Erkrankungsfälle weltweit auf rund 40 Millionen, die Zahl der Todesfälle auf rund 500 000. Im Jahr 1994 erkrankten in der Bundesrepublik mehr als 100 000 Kinder unter sieben Jahren an Keuchhusten. Es wurden in den letzten Jahren 5 bis 10 Todesfälle pro Jahr gemeldet.
Meldepflicht:
Tod
Erreger:
Bordetella pertussis (gramnegatives Stäbchen)
Reservoir:
Mensch.
Spätestens 20 Jahre nach der ersten Infektion (oder Impfung) gegen Keuchhusten ist der Mensch wieder voll für eine Infektion empfänglich. Erwachsene stellen deshalb ein wichtiges Reservoir für den Erreger dar.
Übertragungsweg:
Tröpfcheninfektion: direkter Kontakt mit Sekret aus dem Nasenrachenraum u./o. dem Respirationstrakt

Inkubationszeit:

10 Tage (5-21 Tage)

Klinik:

3 Stadien:

- Stadium catarrhale (1-2 Wochen), Prodromalstadium: ähnelt einem grippalen Infekt. Der Patient ist hochinfektiös!
- Stadium convulsivum (2-6 Wochen): krampfartige Hustenanfälle mit typischem inspiratorischem Ziehen; am Ende des Hustenanfalls wird zähes, klares Sputum ausgeworfen.
- Stadium decrementi (mehrere Wochen): Hustenanfälle gehen langsam zurück.
- Komplikationen: Mittelohrentzündung (Otitis media), Keuchhusten-Pneumonie, Gehirnentzündung (Enzephalitis). Als Folge des Presshustens kann es zu Hernien, Rektumprolaps und Bindehauteinblutungen kommen. Spätfolge: Bronchiektasen.

Merke: Für Säuglinge ist Keuchhusten lebensgefährlich!

Die Immunität gegen Keuchhusten ist nicht diaplazentar übertragbar. Der Säugling ist ungeschützt. Säuglinge sind durch die Apnoeanfälle und durch zerebrale Schäden bedroht.

Diagnose:

Anamnese, Klinik (BSG normal)

Therapie:

Symptomatisch (hustenstillende Medikamente haben keinen Effekt!): frische Luft, Antibiotikum bei pulmonalen Komplikationen und bei der Erkrankung von Säuglingen, eventuell Therapie der Komplikationen

Prognose:

Die Krankheit dauert im Regelfall 6-12 Wochen.

Vorbeugung:

Aktive Immunisierung ist möglich, bietet jedoch keinen vollständigen Schutz (seit 1994 neuer „azellulärer" Impfstoff mit einer errechneten Wirksamkeit von 88,7%). Nach der Impfung ist der Verlauf häufig milder. Bei nichtimmunen Kontaktpersonen wird für 10 Tage eine Chemoprophylaxe empfohlen.

KINDBETTFIEBER

siehe S. 368: Puerperalsepsis

MASERN

auch: Morbilli

Meldepflicht:

Tod (Masernenzephalitis: Erkrankung und Tod)

Erreger:

Masernvirus (RNS-Virus; Paramyxoviren)

Reservoir:

kranker Mensch

Übertragungsmodus

Tröpfcheninfektion

Ansteckung: vom 5. Tag der Inkubationszeit bis zum 4 Tage nach Beginn des Exanthems.

Inkubationszeit:

10 (8-13) Tage

Klinik:

- verheult, verrotzt, verschwollen
- Beginn: Rhinitis, Konjunktivitis, Tracheobronchitis, bellender Husten, Lichtscheu, gedunsenes Gesicht, Kopfschmerzen
- am 12.-13. Tag: Typisches Enanthem am Gaumen und Koplik-Flecken (weiße Flecken in den Wangentaschen gegenüber den Mahlzähnen), Fieber
- am 14.-15. Tag: Exanthem beginnt hinter den Ohren, breitet sich von dort über den ganzen Körper aus, ist großfleckig-zusammenlaufend („makulopapulös-konfluierend"), später feine Schuppung.
- Halslymphknotenschwellung, Resistenzminderung
- Leukozyten ↓, Lymphozyten ↓, Eosinophilen ↓

Komplikationen:

- Pneumonie, Masernkrupp (akute verengende Laryngotracheitis), Mittelohrentzündung
- Gehirnentzündung (Enzephalitis) (gefürchtet! 20% tödlich, bei weiteren 30% bleibende neurologische Schäden)
- SSPE (subakute, sklerosierende Panenzephalitis: sehr selten: ca. 7 Fälle auf eine Million an Masern erkrankter Patienten, immer tödlich!)
- Abwehrschwäche (mit Kreislaufversagen)
- psychische Entwicklungsstörungen

Differentialdiagnose:

Röteln und Scharlach (siehe S. 370)

Diagnose:

Anamnese, Klinik

Lab.: Serologie: 4facher Titeranstieg in der KBR (Komplementbindungsreaktion) und Nachweis von IgM-Antikörpern sind beweisend.

Therapie:

symptomatisch, Isolierung der Kinder, solange das Exanthem besteht

Prognose:

Bei unkomplizierten Masern ist die Prognose gut, lebenslange Immunität.Noch immer gefürchtet und mit schlechter Prognose: Masernenzephalitis. Die tödliche SSPE ist eine Rarität.

Prophylaxe:

a) passive Immunisierung mit Masern-Immunglobulin
b) aktive Immunisierung (Impfung mit abgeschwächtem Lebendimpfstoff)

PUERPERALSEPSIS

lateinisch: puerpera = Wöchnerin, Gebärende

Def.:

Unter Puerperalfieber (auch: Kindbettfieber, Wochenbettfieber) versteht man jeden fieberhaften Krankheitsprozess, der durch Eindringen von pathogenen Bakterien in eine der Geburtswunden entsteht. Breitet sich der Erreger auf dem Blutweg aus, kommt es zur Puerperalsepsis.

Meldepflicht:

Tod

Erreger:

verschiedene, z. B. Streptokokken, Staphylokokken, E. coli, Gonokokken u. a.

Übertragungsweg:

Die Infektion erfolgt meist während der Geburt durch die Hände oder die Instrumente des Geburtshelfers.

Inkubationszeit:

unterschiedlich je nach Erreger

Klinik:

- hohes Fieber mit Schüttelfrost, Tachykardie
- Anämie mit Leukozytose
- Benommenheit (bisweilen wechselnd mit Euphorie)
- Komplikationen: Herz-Kreislaufversagen, septischer Schock

Diagnose:

Anamnese, Klinik, Labor, Abstrich, Blutkultur

Therapie:

Antibiotikum

Prognose

je nach Erreger unterschiedlich, im Allgemeinen gut

SCHARLACH

Besonderheit:

Scharlach ist eine Sonderform der Streptokokkenerkrankung (siehe S. 402). Bei Scharlach bilden die verursachenden A-Streptokokken ein Gift (= pyrogenes oder erythrogenes Toxin mit 3 immunologisch verschiedenen Varianten: A, B, C), gegen welches der betroffene Patient keine Immunität besitzt. (Besitzt er Immunität gegen die Toxinvariante entwickelt er nur eine Streptokokken-Pharyngitis.) Das Gift ist verantwortlich für das Fieber und das typische Scharlachexanthem.

Meldepflicht:

Tod, Scharlach in Gemeinschaftseinrichtungen

Erreger:

Toxin-bildende beta-hämolysierende Streptokokken der Gruppe A

Reservoir:

Mensch (bis 10% der Kinder sind gesunde Träger)

Übertragungsweg:

Tröpfcheninfektion aus dem Nasenrachenraum eines Keimträgers oder Erkrankten

Inkubationszeit:

2-4 (1-8) Tage

Klinik: Trias: Fieber, Mandelentzündung, Hautausschlag

- gerötete Rachenhinterwand (Pharyngitis), Entzündung und eitrige Beläge der Gaumenmandeln (Tonsillitis), starke Rachenschmerzen, Kieferlymphknoten geschwollen, Fieber, Kopfschmerz
- Hautausschlag (Exanthem): feinfleckig (stecknadelkopfgroß), hochrot, zusammenfließend; beginnt im Bereich von Achsel und Leisten und steigt in Richtung Hals auf, blasst dann ab und wird von einer intensiven Schuppung (vor allem an Händen und Fußsohlen) abgelöst.
- Zunge: zunächst dick weißlich belegt, dann charakteristisch himbeerfarben (Himbeer- oder Erdbeerzunge).
- Das Gesicht zeigt eine diffuse Wangenröte mit perioraler Blässe (freies Kinn-Mund-Dreieck).
- Komplikation: septischer Scharlach mit nekrotisierender Angina, eitriger Mastoiditis und multiplen Eiterherden sowie Streptokokken-Zweiterkrankungen (Glomerulonephritis, Rheumatisches Fieber; siehe S.403)

	Masern	Röteln	Scharlach
Hautausschlag (Exanthem)	grobfleckig zusammenfließend (= konfluierend); beginnt hinter den Ohren (= retroaurikulär), breitet sich von oben nach unten aus	mittelfleckig, schwach, nicht-konfluierend, an Hals und Brust	feinfleckiger Ausschlag beginnt im Bereich von Achsel und Leisten und steigt in Richtung Hals auf (Mund-Kinn-Dreieck frei = periorale Blässe)
Beginn	hohes Fieber, starker Husten, evtl. Halsentzündung („verheult, verrotzt, verschwollen")	mäßiges Fieber, leichtes Krankheitsbild	hohes Fieber, Halsentzündung (Angina tonsillaris)
Besonderheiten	Koplik-Flecken in den Wangentaschen	starke nuchale Lymphknotenschwellung („im Dunkeln zu diagnostizieren")	Himbeer- oder Erdbeerzunge

Lerntext 19 Differentialdiagnose: Masern, Röteln, Scharlach

Diagnose:

Anamnese, Klinik, kulturelle Untersuchung eines Rachenabstriches

Lab.: neutrophile Leukozytose mit relativer Leukopenie und Eosinophilie. Serologie: Nach einigen Tagen ist der Antistreptolysin-Titer erhöht.

Therapie:

Bettruhe, Antibiotikum, Isolierung

Prognose:

gut; Immunität gegen die jeweilige Toxinvariante, keine antibakterielle Immunität. Zweiterkrankungen an Scharlach sind möglich. Bei Immunität ensteht nur eine Streptokokkenangina.

Vorbeugung:

Scharlachkranke sind zu isolieren.(24 Std. nach Behandlungsbeginn endet die Infektiosität). Es gibt keine Impfung gegen Scharlach.

GESCHLECHTSKRANKHEITEN (NACH § 1 GESETZ ZUR BEKÄMPFUNG DER GESCHLECHTSKRANKHEITEN)

Geschlechtskrankheiten im Sinne dieses Gesetzes sind:

- Lues (Syphilis, harter Schanker)
- Tripper (Gonorrhoe)
- Ulcus molle (weicher Schanker
- Lymphogranuloma inguinale (Lymphogranuloma venereum)

Die anonyme Meldung der an Geschlechtskrankheiten erkrankten Patienten hat nach dem Gesetz zur Bekämpfung der Geschlechtskrankheiten vom behandelnden oder sonst hinzugezogenen Arzt an das zuständige Gesundheitsamt zu erfolgen. Heilpraktiker dürfen die unter dieses Gesetz fallenden Geschlechtskrankheiten weder behandeln noch untersuchen. Es besteht deshalb für den Heilpraktiker keine Meldepflicht.

- § 11a (Gesetz zur Bekämpfung der Geschlechtskrankheiten)
  (2) Jeder Fall einer ansteckungsfähigen Erkrankung an einer Geschlechtskrankheit ist von dem behandelnden oder sonst hinzugezogenen Arzt unverzüglich ohne Nennung des Namens oder der Anschrift des Erkrankten dem Gesundheitsamt zu melden, in dessen Bezirk der Arzt seine ärztliche Tätigkeit ausübt ...
- § 12 (Gesetz zur Bekämpfung von Geschlechtskrankheiten)
  1. Ein Geschlechtskranker (im Sinne des oben genannten Gesetzes) ist von dem behandelnden Arzt namentlich dem Gesundheitsamt zu melden, wenn der Kranke
  2. sich weigert, die vom Arzt verordnete Behandlung zu beginnen oder fortzusetzen ...
  3. ... eine ernste Gefahr der Übertragung auf Andere bildet ...
  4. offensichtliche falsche Angaben über die Ansteckungsquelle oder die durch ihn gefährdeten Personen macht
  5. das 18. Lebensjahr noch nicht vollendet hat und sittlich gefährdet erscheint ... es sei denn ... Eltern ... die Gewähr für eine ordnungsgemäße Behandlung ... übernehmen

LUES

lateinisch lues: Seuche, Pest, auch: Syphilis, harter Schanker

Meldepflicht:

Erkrankung und Tod an angeborener Lues

Die anonyme Meldung der Lues-Erkrankten hat, nach dem Gesetz zur Bekämpfung der Geschlechtskrankheiten, vom Arzt an das zuständige Gesundheitsamt zu erfolgen.

Erreger:

Treponema pallidum, ein Bakterium aus der Gruppe der Spirochäten.

Reservoir:

Mensch

Übertragungsweg:

- wird von Mensch zu Mensch durch direkten Kontakt, meist während des Geschlechtsverkehrs übertragen. Die Erreger gelangen durch Mikrotraumen der Haut oder der Schleimhäute in den Körper.
- angeborene Lues = Lues connata: diaplazentare Infektion des Fetus auf dem Blutweg durch die infizierte Schwangere. Der Erreger kann ab dem 5. Schwangerschaftsmonat die Plazenta passieren.

Inkubationszeit:

8-28 Tage

Klinik:

Es werden drei Stadien der Syphilis unterschieden:

- Stadium I: Primärstadium

schmerzlose Papel, gerötet, nässend, hochinfektiös, meist am Genitale (auch: Mund, Anus, überall), wird als harter Schanker = Primäraffekt bezeichnet, vergrößerte Leistenlymphknoten. Die Symptome verschwinden von alleine nach ca. 5 Wochen.

- Stadium II: Sekundärstadium

  Das Sekundärstadium beginnt 2-3 Monate nach der Infektion und zeigt sehr vielseitige Symptome vorwiegend an der Haut (Exantheme, Roseolen, Kondylome, Haarausfall, Mundschleimhautveränderungen), aber auch Iritis, Hepatitis, evtl. generalisierte Lymphknotenschwellung. Stadium II kann unter stark wechselnder bzw. zeitweise fehlender Symptomatik 5 Jahre andauern. In ca. 30% d. F. kommt es spontan zur Ausheilung in diesem Stadium.

- Stadium III: Tertiärstadium

  Es tritt 5-10 Jahre nach der Infektion auf und ist gekennzeichnet durch „gummiartigen Eiter" = Gumma = nekrotischem Zerfall infizierter Gewebe (alle Gewebe können zerfallen: Gummen in Haut, Zunge, Knochen, Muskel, Herz, Lunge, Magen-Darm, Leber, Hirn u. a.)

Sonderformen:

- <u>Neurolues</u> (in ca. 8% d. F.; wird zum Stadium III der Lues gerechnet):
  3 Erscheinungsformen (siehe Lehrbücher der Neurologie)
  - Tabes dorsalis (Rückenmark)
  - Progressive Paralyse (Gehirn)
  - Meningovaskuläre Neurosyphilis (Meningen, Hirngefäße)
- <u>Lues connata</u> = angeborene Lues. Übertragung der Erreger von der Mutter auf den Feten ab dem 5. Schwangerschaftsmonat kann führen
  1. zur Fehlgeburt (Abort)
  2. zur Geburt eines schwer kranken Säuglings, mit Treponemen-Infektion der Organe
  3. zur Geburt eines gesund erscheinenden, reifen Säuglings, der erst nach Wochen Krankheitszeichen entwickelt

  <u>Frühmanifestationen</u> bei Lues connata (bis zu 2 Jahre nach der Geburt):
  - chronischer trockener Schnupfen (Koryza), schniefende Atmung, blutiges Sekret
  - Leber- und Milzvergrößerung (Hepatosplenomegalie)
  - generalisierte Lymphknotenschwellung
  - charakteristische Hautveränderungen (bullöses Exanthem, makulopapulöses Exanthem, flächenhafte graugelbe Infiltrationen der Haut)
  - Rhagaden (Einrisse der Haut) an Haut/Schleimhautübergängen (Lippen, Nase, Scheide, Anus), Parrot-Furchen: radiäre Einrisse um den Mund
  - später: Breite Kondylome („Feigwarzen") an After und Vulva, luische Alopezie (Haarverlust: Kopfhaare, Wimpern, Augenbrauen)
  - evtl. ZNS-Beteiligung: Wasserkopf (Hydrozephalus), Intelligenzdefekte u. a.

  <u>Späterscheinungen</u> der Lues connata (Lues connata tarda):
  - <u>Hutchinson-Trias</u>: Innenohrschwerhörigkeit, Keratitis parenchymatosa (Hornhautentzündung), Tonnenzähne (halbmondförmige Ausbuchtung an den Schneideflächen und Tonnenform der beiden oberen mittleren Schneidezähne des bleibenden Gebisses)
  - Sattelnase, Knochenveränderungen

<u>Diagnose</u>:

Anamnese, Klinik, Labordiagnose durch mikroskopischen Nachweis (Dunkelfeldmikroskopie) der Treponemen oder Bestimmen der Antikörper (Besonderheit: auf künstlichen Nährböden lassen sich Treponemen nur äußerst schwierig anzüchten!)

<u>Therapie</u>:

Antibiotikum

<u>Prognose</u>:

Die Prognose ist normalerweise gut, multiresistente Erreger können jedoch Probleme bereiten.
Lues connata: Abgesehen vom sehr schweren Befall eines Neugeborenen und den Spätstadien der Krankheit (Lues connata tarda) gilt die Prognose als gut.

Vorbeugung:
keinen Kontakt mit syphilitischen Hauterscheinungen. Eine Schutzimpfung existiert nicht.

TRIPPER

auch: Gonorrhoe

Besonderheit:
Credé-Prophylaxe beim Neugeborenen gegen Gonoblenorrhoea neonatorum (Bindehautentzündung): Behandlung der Augenbindehaut mit einem Tropfen 1% $AgNO_3$-(Höllenstein)-Lösung (umstritten! Wohl meist unsinnig!)

Meldepflicht:
besteht nach dem Gesetz zur Bekämpfung der Geschlechtskrankheiten

Erreger:
Neisseria gonorrhoeae (Gonokokkus, gramnegatives Bakterium)

Reservoir:
Mensch

Übertragungsweg:
Geschlechtsverkehr

Inkubationszeit:
ca. 1-10 Tage

Klinik:

- beim Mann Beginn als akute eitrige Harnröhrenentzündung (Urethritis) mit zunächst serösem, später rahmig-eitrigem, grün-gelblichem Ausfluss und Brennen beim Wasserlassen.
- bei der Frau verläuft die Infektion oft asymptomatisch (!): Urethritis, Befall des Zervikalkanals, gelegentlich auch der Bartholin-Drüsen, gonorrhoische Infektionen im Nasen-Rachen-Raum bei oral-genitalen Kontakten.
- Komplikationen: chronische Urethritis oder Prostatitis, Entzündung von Eierstock und Eileiter (Adnexitis), Sterilität, (Mon)Arthritis gonorrhoica

Diagnose:
Anamnese, Klinik

Lab.: Abstriche an verschiedenen Tagen aus der Harnröhre, Urethraleingang, Zervix. Methylenblaufärbung, Gram-Färbung (Diplokokken), Anzüchtung in speziellen Medien und Speziallaboratorien

Therapie: Antibiotikum

Prognose:
gut (multiresistente Gonokokkenstämme können Probleme machen)

Vorbeugung:
Kondombenutzung

ULCUS MOLLE

auch: Weicher Schanker

Besonderheit:

vor allem in den Tropen vorkommend, jetzt auch wieder verstärkt in Mitteleuropa.

Meldepflicht:

besteht nach dem Gesetz zur Bekämpfung der Geschlechtskrankheiten

Erreger:

Haemophilus ducreyi (gramnegatives Stäbchenbakterium)

Reservoir:

Mensch

Übertragungsweg:

Geschlechtsverkehr

Inkubationszeit:

1-3 Tage

Klinik:

- mehrere rundlich-ovale, schmerzhafte, weiche bis markstückgroße Geschwüre mit zackigen, verhärteten Rändern an der Eintrittstelle (meist Genitale)
- oft schmerzhafte Schwellung der Leistenlymphknoten, die durch die gerötete Haut brechen können

Diagnose:

Anamnese, Klinik, Abstrich aus dem Geschwürsrand

Therapie:

Antibiotikum

Prognose:

ist bei rechtzeitiger Therapie gut

Vorbeugung:

siehe oben

LYMPHOGRANULOMA INGUINALE

auch: venerische Lymphknotenentzündung, Lymphogranuloma venereum

Besonderheit:

Die Erkrankung ist in den tropischen und subtropischen Ländern sehr häufig und bei der unter schlechten hygienischen Bedingungen lebenden Bevölkerung endemisch.

Meldepflicht:
besteht nach dem Gesetz zur Bekämpfung der Geschlechtskrankheiten
Erreger:
Chlamydia trachomatis (gramnegatives Bakterium)
Reservoir:
Mensch
Übertragungsweg:
Geschlechtsverkehr
Inkubationszeit:
mehrere Tage bis Wochen (ca. 1 Woche)
Klinik:

- knötchenförmiger, schmerzloser Primäraffekt im Bereich der Eintrittspforte (meist Genitale)
- 1-4 Wochen später: regionäre Lymphknotenentzündung der Leistenlymphknoten (Bubonen)
- eitrige Einschmelzung der Lymphknoten, Durchbruch und Fistelbildung
- Fieber (38°-38,5°C)
- Späterscheinungen: Auftreibungen im Genitalgebiet (Elephantiasis, Mastdarmstrikturen), rezidivierende Gelenkerkrankungen, Bindehautentzündung, Episkleritis

Diagnose:
Anamnese, Klinik, Lymphknotenhistologie, Isolierung des Erregers, Serologie
Therapie:
Antibiotikum
Prognose:
ist bei rechtzeitiger Behandlung gut.
Vorbeugung:
siehe oben

AUSWAHL EINIGER WEITERER INFEKTIONSKRANKHEITEN (ALPHABETISCH)

AIDS

siehe S. 382: HIV-Infektion

AMÖBIASIS

auch: Amöbenruhr

Besonderheit:

ist eine der häufigsten Erkrankungen der Tropen und Subtropen. Jede Durchfallerkrankung nach einem Auslandsaufenthalt ist u. a. verdächtig auf eine Amöbenruhr.

Erreger:

Entamoeba histolytica (Protozoon), die Infektion erfolgt ausschließlich durch reife Zysten.

Reservoir:

Mensch: meist chronisch Kranke oder asymptomatische Ausscheider von Zysten

Übertragungsweg:

verunreinigtes Wasser, verunreinigtes rohes Gemüse (z. B. Salat), Fliegen, Hände

Inkubationszeit:

durchschnittlich 3-4 Wochen, doch sehr variabel: von wenigen Tagen bis zu einigen Monaten oder Jahren

Klinik:

- Intestinale Form:
  - akute Amöbenruhr: himbeergeleeartige Durchfälle (breiige, blutig-schleimige Durchfälle)
  - chronischer Amöbenbefall: rezidivierende Dickdarmentzündung (Kolitis)
- Extraintestinale Form: Leberabszesse mit evtl. Druckgefühl im rechten Oberbauch, subfebrile Temperaturen, oft erst Monate und Jahre nach dem Auslandsaufenthalt!

Diagnose:

Anamnese (Auslandsaufenthalt), Klinik

Intestinale Form: mikroskopischer Erregernachweis im Stuhl; extraintestinale Form: Sonografie und Computertomografie der Leber; Serologie (Antikörpernachweis)

Therapie:

Antibiotikum

Prognose:
ist im Allgemeinen gut. Komplizierte Verläufe werden bei Leberabszessen beobachtet.
Vorbeugung:
Vermeidung von Stuhlverunreinigungen, Abkochen von Wasser, Händewaschen, in den Tropen kein ungeschältes frisches Obst und kein frisches Gemüse (z. B. Salate) zu sich nehmen („cook it, peel it or leave it" = kochen, schälen oder meiden)!

BORRELIOSEN

Die Borrelien sind schraubenförmige Bakterien (sog. Spirochäten). Sie werden durch Gliederfüßler (Arthropoden: Zecken und Läuse) übertragen.

1. B. recurrentis: Erreger des epidemischen Läuserückfallfiebers (siehe S. 326)
2. B. duttoni: Erreger des endemischen Zeckenrückfallfiebers (siehe S.326)
3. B. burgdorferi: Erreger der durch Zeckenstich übertragenen Lyme-Borreliose (siehe unten)

LYME-BORRELIOSE

Besonderheit:
Lyme ist eine Ortschaft in Connecticut, USA. Hier wurde die Erkrankung 1976 erstmals beschrieben. Die Lyme-Borreliose ist die häufigste durch Zecken übertragene Krankheit in Europa. Jährlich erkranken in Deutschland ca. 30 000 Menschen.
Erreger:
Borrelia burgdorferi (schraubenförmiges gramnegatives Bakterium)
Reservoir:
unklar: der Erreger wird bei Nagetieren, bei Rehen und Rotwild und bei Vögeln gefunden, ohne dass diese Keimträger sichtbar erkrankt sind.
Übertragungsweg:
verschiedene Zeckenarten: je nach Gebiet sind ca. 5-60% der Zecken mit B. burgdorferi durchseucht. (Die Zecken sind ca. 300 mal häufiger mit Borrelien infiziert als mit FSME-Viren). Die Übertragung erfolgt durch Biss infizierter Zecken. Das Infektionsrisiko hängt von der Dauer der Haftzeit der Zecke ab und steigt nach 24 Stunden deutlich an.
Inkubationszeit:
3-30 Tage
Klinik:
Die Erkrankung wird hauptsächlich von Anfang März bis Ende Oktober übertragen.
Völlig unterschiedliche Krankheitsbilder gelten als Manifestationsformen der Lyme-Borreliose: Erythema migrans, Akrodermatitis chronica atrophicans, Lymphadenosis cutis benigna, lymphozytäre Meningoradikulitis.

- Frühsymptome (nach Tagen bis Wochen; Spontanremission nicht selten)
  - unspezifische Allgemeinsymptome (Kopf-, Muskel- und Gelenkschmerzen, gastrointestinale Beschwerden, evtl. Fieber)
  - Erythema migrans („wandernde Röte" der Haut, meist von der Zeckenbissstelle ausgehend): Merke: Das erscheinungsfreie Intervall zwischen Zeckenbiss und Beginn des Erythems beträgt mindestens 3 Tage und höchstens 6 Wochen. Rötung sofort nach einem Zeckenbiss spricht für eine Überempfindlichkeitsreaktion, nicht für eine Lyme-Borreliose. (Merke: nur etwa 60% der Patienten erinnern sich an einen Zeckenbiss.)
  - Lymphadenosis cutis benigna (gutartige Infiltrate der Haut, vorwiegend Lymphozyten)
- Spätsymptome (fakultativ): treten Wochen bis Monate nach Infektion, auch ohne vorangegangene Frühsymptomatik auf. (Im Rahmen der Pathogenese der Spätsymptome: werden Autoimmunprozesse bei genetischer Disposition diskutiert.)
  - Mono- oder Oligoarthritis (schmerzhafte Gelenkentzündung, kann in ein chronisch-rheumatisches Krankheitsbild übergehen)
  - Myokarditis mit Reizleitungsstörungen, Perikarditis
  - Akrodermatitis chronica atrophicans („Zigarettenpapierhaut" = Fältelung der Haut)
  - neurologische Symptome: lymphozytäre Meningoradikulitis (schmerzhaft, langwierig), Hirnnervenausfälle (N. fazialis), auch: akute Halbseitenlähmung, Ataxie, Myelitis u. a.

Diagnose:

Anamnese (Zeckenbiss? oft nicht erinnerlich!), Klinik

Lab.: Antikörpernachweis

Therapie:

Antibiotikum möglichst früh!

Prognose:

ist bei Therapie im Frühstadium meist gut, im Spätstadium ungünstiger

Vorbeugung:

allgemeiner Schutz vor Zeckenbiss. In Europa verhindert die genetische Vielfalt der Serotypen von Borrelia burgdorferi eine Immunität und eine schnelle Impfstoffentwicklung. (In Nordamerika hingegen ist nur ein Serotyp aufgetreten, gegen den bereits ein Impfstoff entwickelt wurde.)

CANDIDA

auch: Candidiasis; Kandidose, Soor

Besonderheit:

Pilzerkrankungen des Menschen können durch Hefen, Dermatophyten und Schimmelpilze verursacht werden. Voraussetzung für eine schwere Pilzerkrankung des Menschen ist eine stark geschwächte Abwehr (AIDS, Diabetes mellitus, konsumierende Erkrankungen)!

Erreger:

Candida albicans (90%) und andere Candidaspezies (Hefen)

Reservoir:

Mensch: Gastrointestinaltrakt, Vagina, Haut, Schleimhäute

Übertragungsweg:

endogen (vom Patienten selbst) bei Abwehrschwäche oder durch verunreinigte Gegenstände (Instrumente, Venenkatheter), exogen: Übertragung auf Neugeborene während der Geburt

Inkubationszeit:

unbekannt

Klinik:

- Windeldermatitis der Säuglinge (Zeichen einer lokalen Hautschädigung durch Harnsubstanzen), vaginale Besiedlung
- Candidiasis (Soor) der Mundschleimhaut (abwischbare weiße Beläge) oder der Speiseröhre (meist Schluckbeschwerden) ist oft das erste Anzeichen von AIDS bzw. Anzeichen einer schweren konsumierenden Erkrankung (Leukämie, Pneumonie usw.)
- Candidasepsis und viszerale Candidiasis (Leber, Milz, Nieren) bei extremer Abwehrschwäche
- Candida-Pneumonie (Rarität)

Diagnose:

Anamnese, Klinik, Erregernachweis aus Blut, Bronchialsekret und Lungengewebe (Biopsie), Antigennachweis aus dem Serum, Antikörpernachweis

Therapie:

Therapie der Grundkrankheit, Anhebung der Resistenzlage antimykotische Therapie lokal bei lokalen Candidosen (Soor, Windeldermatitis), systemisch bei systemischen Pilzinfektionen

Prognose:

Pilze sind opportunistische Keime. Nur bei stark geschwächter Resistenzlage treten systemische Pilzinfektionen auf. Aufgrund der meist schweren Grunderkrankungen ist die Prognose schlecht.

Vorbeugung:

Sorgfältige Pflege. Vermeidung unnötiger Antibiotikatherapie und unnötig langer Antibiotikaprophylaxe.

Merke: Zur Candida-Hysterie: „Der Nachweis eines vermehrten Vorkommens von Candida sp. im Stuhl kann nicht als Rechtfertigung für ... Therapie ausreichen. Die Besiedlung des Darmes mit Candida sp. unterliegt nahrungsabhängigen und altersbezogenen Schwankungen. Es ist nahezu unmöglich, hier verbindliche Normwerte festzulegen. Dieses Problem ist in der jüngsten Vergangenheit im Zusammenhang mit dem „Candida-Hypersensitivitäts-Syndrom" ausgiebig diskutiert worden. Seit in einer großen kontrollierten Studie bei gezielter antimykotischer Therapie kein Effekt im Vergleich zu Plazebo festgestellt werden konnte, kann es als wahrscheinlich gelten, dass ein ursächlicher Zusammenhang zwischen der enteralen Candidabesiedlung und einer fassbaren Erkrankung nicht besteht" (Dismukes, W. E., et al.: N.Engl.J.Med. 1990,323,1717. Zitiert nach: Der Arzneimittelbrief Jahrg. 28, März 1994).

CHLAMYDIEN-INFEKTIONEN

Chlamydien sind gramnegative Bakterien. Sie unterscheiden sich von anderen Bakterien dadurch, dass sie obligat intrazellulär leben.

Es sind drei menschenpathogene Arten bekannt:

- Chlamydia psittaci: Erreger der Ornithose (siehe S. 322)
- Chlamydia trachomatis: Erreger des Trachoms (Biovar trachoma, siehe S. 354) und Erreger des Lymphogranuloma inguinale (Biovar lymphogranuloma venereum, siehe S.375)
- Chlamydia pneumoniae: Erreger zumeist leicht verlaufender (bisweilen aber auch lebensbedrohlicher) Infekte des oberen Respirationstraktes: grippeähnliche Infekte, Nebenhöhlenentzündungen, Rachenentzündungen, Pneumonien u. a.

FSME (FRÜHSOMMERMENINGOENZEPHALITIS)

FSME = **F**rüh**s**ommer**m**eningo**e**nzephalitis (auch: CEE: Central European Encephalitis)

Def.:

In verschiedenen Endemiegebieten (z. B. Österreich, CSSR, schwäbische Alb) auftretende infektiöse Enzephalitis (Entzündung des Gehirns).

Erreger:

FSME-Virus (Flavivirus der Togavirenfamilie)

Übertragungsweg:

über verschiedene Zeckenarten (meistens Ixodes ricinus = gemeiner Holzbock)

Inkubationszeit:

7-10 Tage

Klinik:

biphasischer Verlauf: nach grippeähnlichen Symptomen zunächst fieberfreies Intervall (4-5 Tage), dann erneuter Fieberanstieg mit ZNS-Beteiligung: Meningoenzephalitis (mit günstiger Prognose) bzw. Myelomeningitis (bleibende Lähmungen, Letalität 1%)

Therapie:

symptomatisch (Virusinfektion)

Prophylaxe:

Seit 1976 ist ein wirksamer Impfschutz verfügbar. Die Impfung ist nur bei Aufenthalt in Endemiegebieten bzw. bei Risikogruppen (Waldarbeiter, Förster u. Ä..) anzuraten.

HEPATITIS

Zu Infektionen mit den bekannten Hepatitis-Viren siehe S. 215ff.

HERPES ZOSTER

Zoster (griech. Gürtel, Band), Gürtelrose

Def.:

Viruserkrankung durch Reinfektion (erneute Infektion) mit dem Varicella-Zoster-Virus bei Teilimmunität nach Windpockenerkrankung (Varizellen, siehe S. 406) oder (häufiger) durch Reaktivierung von Varicella-Zoster-Viren, die nach früherer Varizelleninfektion in den Spinalganglien persistieren. Gehäuftes Auftreten bei Patienten mit Immunschwäche (Malignome, Leukosen, AIDS) und im Alter.

Klinik:

- Bläschenausschlag streng begrenzt auf ein oder mehrere Dermatome, evtl. Fieber
- starke Schmerzen im Bereich der betroffenen Innervationsgebiete spinaler Nerven (oft Thorakalnerven, oft einseitig). Der Schmerz kann vor, während und nach dem Auftreten von Bläschen einsetzen. In der Regel erfolgt eine narbenfreie Abheilung.
- Komplikationen: Zoster ophthalmicus mit Hornhautläsion, Zoster oticus mit Fazialisparese, Zosterenzephalitis, Postzoster-Nervenschmerzen, Embryopathie bei Infektion der Mutter in der Frühschwangerschaft (sehr selten, bisher nur 15 Fälle beschrieben)

Diagnose:

Anamnese, Klinik, Serologie, evtl. Virusnachweis im Hautbläscheninhalt

Therapie:

unkomplizierte Fälle: Lokalbehandlung mit Salben, Schmerzmittel.

Schwere Fälle u./o. Abwehrschwäche: Virostatika intravenös, Interferon

Prophylaxe bei Risikofällen: Hyperimmunglobulin („passive Impfung")

HIV-INFEKTION

ALLGEMEINES

Besonderheit:

Im Januar des Jahres 1999 waren weltweit über 35 Millionen Menschen mit dem HI-Virus infiziert und fast 12 Millionen sind seit 1980 bis zu diesem Zeitpunkt an der Krankheit verstorben. > 90% der Infizierten leben in den Entwicklungsländern, > 42% sind Frauen. Weltweit wird von

> 8500 Neuinfektionen pro Tag ausgegangen. In Deutschland rechnet man mit 50 000-60 000 Infizierten (ca. 80% Männer, ca. 20% Frauen, ca. 1% Kinder) und 2000 bis 2500 Neuinfektionen pro Jahr. Bisher starben > 6 Millionen Menschen an AIDS (davon > 1,3 Millionen Kinder). AIDS (Acquired Immune Deficiency Syndrome) ist das Spät- oder Endstadium des durch Infektion mit dem HI-Virus (Human Immune Deficiency Virus) hervorgerufen Krankheitsbildes.

Meldepflicht:

Obwohl HIV vom Übertragungsmodus als Geschlechtskrankheit angesehen werden kann, besteht keine Meldepflicht nach dem Gesetz zur Bekämpfung der Geschlechtskrankheiten. Auch nach dem Bundesseuchengesetz ist die HIV-Infektion nicht meldepflichtig. Es besteht jedoch eine „Berichtspflicht nach § 3 für positive HIV-Bestätigungstests" an das zentrale AIDS-Infektionsregister des Bundesgesundheitsamts (Laborberichtsverordnung vom 18.12.1987, BGBl. I S.2819). Da somit eine indirekte Meldepflicht für HIV-Infektionen besteht, könnte die Rechtsauffassung vertreten werden, dass HIV-Infizierte vom Heilpraktiker nicht behandelt werden dürfen (nähere Einzelheiten oder Grundsatzurteile liegen uns z. Zt. nicht vor).

Erreger:

3 Varianten eines Retrovirus:

- HIV-1 (bei uns weitaus am häufigsten)
- HIV-2 (Westafrika)
- HIV-3 (Rarität)

Übertragungsweg:

Geschlechtsverkehr, Blut und Blutprodukte, vor und während der Geburt, Muttermilch, nicht (!) nachgewiesen ist z. Zt. eine Infektion durch Speichel und Insektenstiche.

Epidemiologie, Risikogruppen:

Erste sporadische AIDS-Fälle wurden bereits in den 70er-Jahren beobachtet. Seit 1980 stetiger, beängstigender Anstieg von HIV-infizierten Patienten. Während in Afrika und Asien Männer und Frauen nahezu gleich häufig erkranken (heterosexueller Übertragungsweg: wichtigster Infektionsweg sind Prostituierte), erkrankten in Europa anfangs überwiegend Männer (m:w = 10:1) aus den Risikogruppen männliche Homosexuelle und i.v. Drogenabhängige.

(Merke: Die Infektionsrate von Patienten in Nicht-Risikogruppen steigt zur Zeit kontinuierlich an! Der heterosexuelle - „normale" - Übertragungsweg wird immer häufiger. Anstelle der Risikogruppe gewinnt das Risikoverhalten an Bedeutung.)

Risikoverhalten:

- Sexualität: Homo- und Bisexuelle mit häufig wechselndem, ungeschütztem (= keine Kondome) Geschlechtsverkehr und deren Sexualpartner; zunehmend Heterosexuelle
- Kontakt mit infiziertem Blut oder Blutprodukten
  - Fixer
  - Neugeborene infizierter Mütter
  - Patienten, die infiziertes Blut erhalten

Vor der Einführung eines HIV-Labortests wurden viele Patienten durch Blutprodukte, hauptsächlich durch Gerinnungsfaktorenkonzentrate (Hämophilie A, Hämophilie B), in seltenen Fällen auch durch Blutkonserven, infiziert.
Wer im medizinischen Bereich arbeitet, ist durch Nadelstichverletzungen (nach Blutabnahme bei Infizierten) gefährdet.
Inkubationszeit:
Nur bei einem Teil der Infizierten kommt es nach einigen Tagen bis mehreren Wochen zu einem akuten Krankheitsbild, welches am ehesten einer Mononukleose entspricht. Andere Patienten bleiben nach der Infektion - oft über Jahre - symptomlos. Andere entwickeln nach unterschiedlichen Zeitspannen AIDS-Vorstadien oder erkranken ohne Vorstadien an AIDS.
Die mittlere Zeit zwischen Infektion und Auftreten von HIV-Antikörpern (Serokonversion) beträgt ca. 2 Monate. Nach 6 Monaten sind bei ca. 95% der Infizierten Antikörper (HIV-Ak) nachweisbar, der Rest jedoch erst zu einem noch späteren Zeitpunkt!
Pathogenese:
Zielzellen sind hauptsächlich die für das Immunsystem so wichtigen T-Lymphozyten (die HI-Viren benötigen zum „andocken" zwei Rezeptoren dieser Zellen: den $CD4^+$-Rezeptor und den Chemokin-Rezeptor „CCR-5"). Auch Monozyten und Zellen im ZNS werden infiziert. Sofort nach Infektion mit dem Virus kommt es - schon in den asymptomatischen Phasen der Erkrankung - zu einem erbitterten „Krieg" zwischen HI-Viren und T-Lymphozyten. Täglich werden 10 bis 15 Milliarden HI-Viren (ca. 50% der im Plasma zirkulierenden Viren) und mehrere Milliarden CD4-(T-Helfer)-Lymphozyten abgebaut und wieder neu gebildet. Langfristig kommt es zur Schädigung des Immunsystems und zur Schädigung des ZNS.

KLASSIFIKATION

Die HIV-Infektion verläuft in Stadien. Nach der CDC-(Center for Disease Control, Atlanta, USA) Klassifikation werden die Stadien der HIV-Infektion z. Zt. - aufgrund des $CD4^+$-Lymphozytenbefundes bzw. aufgrund der klinischen Kriterien - in 2 Kategorien mit jeweils drei Unterkategorien (siehe unten) eingeteilt. Der Verlauf der Erkrankung ist stationär bis progressiv, eine Rückbildung im erreichten Stadium oder ein Rückschritt auf ein vorhergegangenes Stadium gibt es nicht.
Klassifikation der HIV-Infektion (Center of Disease Control, Atlanta, USA, 1993)
bei Personen ≥ 13 Jahre nach Nachweis einer HIV-Infektion:

- Drei Kategorien aufgrund des $CD4^+$-T -Lymphozytenbefundes
  1. > 500 $CD4^+$-T-Lymphozyten/µl oder CD4-Anteil > 29%
  2. 200-499 $CD4^+$-T -Lymphozyten/µl oder CD4-Anteil 14-28%
  3. < 200 $CD4^+$-T -Lymphozyten/µl oder CD4-Anteil < 14%

- Drei Kategorien aufgrund der klinischen Kriterien
  - A) Akute primäre HIV-Infektion, asymptomatische HIV-Infektion, generalisierte Lymphadenopathie (= LAS oder PGL)
  - B) Alle unter „Syndrome bei mäßiger Immundefizienz" aufgeführten Syndrome (ohne LAS).
  - C) Die im Abschnitt AIDS aufgeführten Syndrome

Prinzipiell sind z. Zt. also z. Zt. folgende Stadieneinteilungen gängig:

- A1-A3
- B1-B3
- C1-C3

KLINISCHE ERSCHEINUNGSBILDER DER HIV-INFEKTION

KATEGORIE A: FRÜHPHASE DER INFEKTION

FRÜHPHASE DER INFEKTION: AKUTES RETROVIRALES SYNDROM

Ca. 30-60% der Infizierten erkranken 1-6 Wochen nach der Infektion an einem mononukleose- oder grippeähnlichen Krankheitsbild (in ca. 50% mit Hautausschlag):

- Fieber, Schwitzen
- Schwäche und Schlappheit
- Muskelschmerzen (Myalgien)
- Übelkeit, Appetitlosigkeit, Durchfall
- Pharyngitis
- Exantheme, neurologische Symptome, Lymphknotenschwellungen

ASYMPTOMATISCHE INFEKTION

Die Patienten sind klinisch gesunde, ansteckungsfähige Virusträger. (Das Stadium kann Monate bis Jahre dauern!)

GENERALISIERTE LYMPHADENOPATHIE (LAS ODER PGL)

(Lymphknotenschwellung) = Lymphadenopathie-Syndrom (LAS), auch: persistierende generalisierende Lymphadenopathie (PGL) :

Ca. 50-70% der HIV-positiven Patienten durchlaufen dieses Stadium, gekennzeichnet durch:

- positive Serologie (Antikörper gegen HIV nachweisbar)
- generalisierte Lymphknotenschwellung (länger als 3 Monate an mindestens 2 extrainguinalen Stellen)
- Fehlen von Allgemeinsymptomen

Merke: Bei jeder Lymphknotenschwellung an HIV (und Lymphome) denken.

KATEGORIE B: SYNDROME BEI MÄßIGER IMMUNDEFFIZIENZ

Dazu gehören folgende Krankheitsbilder:

- Idiopathische thrombozytopenische Purpura (siehe S. 45)
- Orale Candidiasis (Mundsoor; siehe S. 379) und Haar-Leukoplakie der Mundhöhle (Krebsvorstufe); häufig sind auch Zahnfleischentzündungen (Gingivitis) und Wurzelhautentzündungen
- Vulvovaginale Candidiasis („Scheidensoor")
- Bazilläre Angiomatose (Angiom = Neubildung von Gefäßgewebe)
- Gebärmutterhals-(Zervix)-Dysplasie oder zervikales Carcinoma in situ mit Fieber < 38,5°C oder länger als einen Monat bestehenden Durchfall, Entzündungen im kleinen Becken
- Periphere Neuropathien (20-40% der HIV-Patienten), Polymyositis (Autoimmunerkrankung der Muskulatur, selten), rheumatische Erscheinungen (häufig) und Arthralgien
- Hautveränderungen (kutane Erscheinungsbilder): reaktivierter Herpes Zoster (oft Befall mehrerer Dermatome), Molluscum contagiosum (Virusinfektion mit festen kleinen Hautpapeln), mukokutane HIV-2-Infektionen
- AIDS-Related-Complex = ARC liegt vor, bei jeweils 2 klinischen und 2 Laborbefunden:
  - Klinik: Nachtschweiß (> 1 Monat), Gewichtsverlust (> 10%), Fieber (>1 Monat), Diarrhoe (> 1 Monat)
  - Labor: T4-Helferlymphozyten < 40/µl; Leukopenie, Lymphopenie, Anämie, Anstieg IgG im Serum; Verminderung oder Verzögerung der Hautreaktion vom verzögerten Typ nach Intrakutantestung

KATEGORIE C: AIDS

Die klinische Symptomatik in der letzten Phase der HIV-Infektion (= AIDS) ist gekennzeichnet durch:

- Auftreten sekundäre Infektionskrankheiten mit meist opportunistischen Erregern
- Tumorerkrankungen
- Erkrankungen des zentralen und des peripheren Nervensystems
- Syndrome unklarer Genese

OPPORTUNISTISCHE INFEKTIONEN

Viren

- Herpes simplex-Virus (Reaktivierung latenter Infektionen): Geschwüre an Haut und Schleimhäuten die länger als einen Monat persistieren)
- Zytomegalie-Virus (siehe S. **335**): normalerweise häufig symptomlos, Reaktivierung latenter Infektionen führt bei AIDS-Kranken u. U. zu schweren Organschäden wie Pneumonie, Gastroenteritis, Enzephalitis (Todesursache)
- Varicella-Zoster-Virus führt reaktiviert zu Herpes Zoster (siehe S. 382)
- Epstein-Barr-Virus: Nachweis in bösartigen Burkitt-Lymphomen AIDS-Kranker (siehe auch S. 393)

- JC-Virus (weltweit verbreitet, normalerweise symptomlos; Reaktivierung bei AIDS-Kranken führt zur tödlichen subakuten demyelisierenden Erkrankung des Zentralnervensystems (progressive multifokale Leukoenzephalopathie)

Bakterien

- Mycobacterium avium: normalerweise ungefährlich. Bei schwer abwehrgeschwächten AIDS-Patienten persistierende Bakteriämie mit Absiedlung der Erreger in Knochenmark, Leber, Lymphknoten, Darm, Milz, Lunge, Nieren, Haut, Hirn u. a.
- Mycobacterium tuberculosis: Tuberkulose-Infektionen.
- andere: Streptokokken, Haemophilus influenzae, Staphylokokken, Listerien, Nocardia asteroides, Rhodococcus equi, Salmonellen, Shigellen, Legionellen, Treponemen u.v.m.

Protozoen

- Toxoplasma gondii (siehe S. 338) führt bei Abwehrgeschwächten zur Enzephalitis.
- andere: Kryptosporidien und Isospora belli führen zu schweren Durchfällen

Pilze

- Pneumocystis carinii, wird manchmal auch zu den Protozoen gerechnet: führt reaktiviert zu Pneumonien mit den Leitsymptomen Atemnot und nicht produktiver Husten (siehe S. 396)
- Candidainfektionen als Stomatitis, Ösophagitis, Vaginitis, Proktitis, selten auch generalisiert (siehe S. 379)
- andere: Cryptococcus neoformans (Pneumonie, ZNS-Befall), Histoplasma capsulatum (Pneumonie, disseminierte Infektionen), Coccidioides immitis (Pneumonie, disseminierte Infektionen)

TUMORERKRANKUNGEN

- Kaposi-Sarkom (multizentrischer generalisierter Tumor der Haut, Mundschleimhaut, Lymphknoten und anderer Organe), zunächst rötlich-braune Flecken, die zu dunkelrot-braunen (oder bläulichen) Tumorknoten der Haut heranwachsen und metastasieren.
- Non-Hodgkin-Lymphome von hohem Malignitätsgrad
- invasives Zervixkarzinom

ERKRANKUNGEN DES ZENTRALEN UND DES PERIPHEREN NERVENSYSTEMS

Ca. 40% aller symptomatisch HIV-Infizierten haben neurologische Symptome:

- akute Meningoenzephalitis
- Enzephalopathie (mit Hirnatrophie und Demenz)
- Chronische Meningitis
- Myelopathie (mit Degeneration der Rückenmarksbahnen)
- Periphere Neuropathie

SYNDROME UNKLARER GENESE

- rezidivierende akute Pneumonien (> 1 pro Jahr)
- Kachexie-Syndrom: Fieber, Nachtschweiß, Durchfall, starker Gewichtsverlust, allgemeine Schwäche, Tod durch Mangelernährung

AIDS zeigt sich am häufigsten in der Pneumocystis carinii-Pneumonie (PCP, ca. 60% d. Fälle) oder im Kaposi-Sarkom (ca. 20% d. F.). Alle anderen opportunistischen Infektionen oder Tumoren liegen unter 10%. Die Enzephalitis bzw. Enzephalopathie wird in der Literatur mit einer Häufigkeit von 30-90% angegeben.

Diagnose:

Anamnese, Klinik, Labor (HIV-Antikörper-Nachweis, HIV-Antigennachweis, HIV-Isolierung, Virusbelastung = Virusload, Viral Load: z. Zt.wichtigster Parameter in der Diagnostik, Therapie und Prognose HIV-Infizierter)

Therapie:

Therapieansätze:

- gesunde Lebensführung
- antiretrovirale Substanzen: Diese hemmen die zur Virusreplikation benötigten Enzyme (reverse Transkriptase, HIV-Protease).
- In Erprobung: Gentherapie in Form einer Impfung mit Nukleinsäuren (sog. DNA-Vakzine)
- Therapie und Prophylaxe der Komplikationen (z. B. der Infektionen)
- psychosoziale Betreuung

Prognose:

Aufgrund bisheriger Beobachtungen schätzt man, dass etwa die Hälfte der HIV-Infizierten innerhalb von 10 Jahren das Vollbild von AIDS entwickelt. Zwischen der Diagnose AIDS und dem Tod des Patienten liegen z. Zt. ca. 20 Monate. Die neuen Kombinationstherapien mit antiretroviralen Substanzen scheinen die Prognose zu verbessern.

Vorbeugung:

An einer Impfung wird gearbeitet (z. Zt. noch erfolglos). Weitere Maßnahmen sind: Meidung von Risikoverhalten, Kondombenutzung! Vorsicht bei Blutkontakt (Handschuhe!), bei i. v.-Drogenkonsum sterile Spritzen und Nadeln verwenden und diese niemals austauschen oder weiterverwenden, Paare mit einem HIV-positiven Partner sollten eine Schwangerschaft vermeiden.

LÄUSE

auch: Pedikulose

Meldepflicht:

Es besteht keine Meldepflicht, jedoch sollten Einzelfälle und Epidemien gemeldet werden, damit bei Kontaktpersonen die notwendigen Maßnahmen getroffen werden können.

Erreger:

Läuse: 1- 4,5 mm lange, flügellose, blassgraue Insekten mit abgeplattetem Körper, Männchen sind kleiner als Weibchen, Blut saugende stationäre Parasiten. Läuse spielen in der Medizin u. a. als Krankheitsüberträger eine Rolle. Die Lebensdauer von Läusen beträgt 3-4 Wochen.

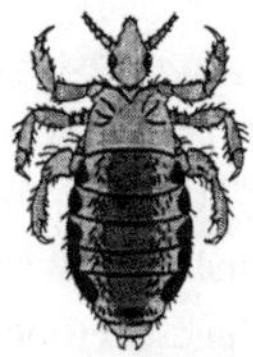

Es gibt 3 Gruppen von Läusen, die den Menschen befallen:

Kopflaus (Pediculus capitis)

Kleiderlaus (Pediculus humanus)

Filzlaus (Phthirus pubis)

- Die Kopflaus hält sich im Kopfhaar auf, vor allem am Hinterkopf und hier wieder vorzugsweise im Ohrbereich. Die Nissen (= Eier) kleben an den Haaren (oft sind die Nissen zuerst zu entdecken).
- Die Kleiderlaus hält sich vornehmlich in Betten auf, die jeden Tag belegt sind. Die Nissen finden sich in den Säumen und Falten der Unterwäsche.
- Die Filzlaus findet sich vornehmlich im Bereich der Schamhaare.

Reservoir:

Mensch

Übertragungsweg:

Die Übertragung von Läusen auf den Menschen geschieht durch direkten Kontakt: Intimkontakt bei Filzläusen, bisweilen auch indirekter Kontakt über Kleidung (Mützen, Schals), Kämme usw.

Inkubationszeit:

beträgt Tage bis Wochen; Läuse entwickeln sich aus den Eiern in 1-2 Wochen.

Klinik: Bei allen Läuseerkrankungen juckende Bissstellen, außerdem:

- Kopflaus: Kopfläuse befallen vor allem Vor- und Grundschulkinder. Nach Ansiedlung kommt es im befallenen Bereich zu Rötung, Bläschen, Pusteln, Blasenbildung mit Nässen, Schuppen und Krusten. Schließlich wird der Kopf von einer Krustenmasse überzogen. Die Läuseeier (=

Nissen) wandern mit dem wachsenden Haar von der Kopfhaut weg und sind als weißliche Gebilde, an den Haaren festgeklebt, zu erkennen.

- Kleiderlaus: Sie verbreitet das Fleckfieber und das Rückfallfieber und macht sich vor allem durch starken Juckreiz bemerkbar. Erstes klinisches Zeichen sind umschriebene Einblutungen an der Haut. An den Stichstellen können sich Papeln entwickeln, es kommt zu Kratzeffekten.
- Filzlaus: Sie kommt vornehmlich im Bereich der Schambehaarung (durch Geschlechtsverkehr übertragen), aber auch an anderen behaarten Körperstellen vor. Zu sehen sind kleine Papeln, Krusten und Kratzeffekte auf der Haut. Typisch sind eigentümlich grau-blaue Hautflecken, sog. „taches bleues.

Diagnose:

Anamnese, Klinik, Nachweis von Läusen und Nissen (makroskopisch sichtbar, Läusekamm)

Therapie:

Insektizide wie Pyrethrum-Extrakt plus Piperonylbutoxid (Goldgeist forte®) oder 0,3% Hexachlorcyclohexan (= Lindan, Jacutin®, nicht bei Kindern) als Gel, Puder oder Emulsion, unterstützend: Kurzhaarschnitt (gute Methode!), 800-Watt-Föhnhaube (Läuse sind hitzeempfindlich), Essig, Rapsöl und Nissenkamm (Nachbehandlung). Während der Therapie sollten Kleider- und Bettwäsche täglich vollständig gewechselt und bei (mindestens) 60°C gewaschen werden, kein Schulbesuch oder Besuch anderer Gemeinschaftseinrichtungen (z. B. Kindergarten), Untersuchung aller Kontaktpersonen. Finden sich 7-9 Tage nach der Therapie mit der Lupe Läuse oder Larven, so ist die Behandlung zu wiederholen.

Vorbeugung:

Vermeidung von Kontakt mit Erkrankten, persönliche Hygiene, häufiger Wechsel von Bettwäsche und Kleidung, Kochen der Kleider und Bettwäsche (bzw. mindestens 20 Min. bei 60°C)

LAMBLIASIS

auch: Giardiasis, Giardiose, Lambliose

Erreger:

Giardia lamblia (früher: Lamblia intestinalis, auch: Giardia intestinalis), weltweit verbreitet, Protozoon

Reservoir:

Mensch (symptomlose Ausscheider), Tiere (noch umstritten: die Lambliasis wäre dann eine Zoonose)

Übertragungsweg:

Infektion durch Zysten fäkal-oral: Nahrungsmittel, Trinkwasser, Hände (Schmierinfektionen)

Inkubationszeit:

6-22 Tage

Klinik:

- oft symptomlos!
- breiiger Durchfall ohne Blut oder Schleim, Malabsorption
- Rumoren im Darm, Völlegefühl, Appetitlosigkeit, Kopfschmerzen
- subfebrile Temperaturen (evtl. auch höheres Fieber), evtl. Anämie

Diagnose:

Anamnese, Klinik

Nachweis vegetativer Formen im Duodenalsaft, Nachweis der Zysten und des Antigens im Stuhl

Differentialdiagnose:

alle anderen mit Durchfällen einhergehende Erkrankungen

Therapie:

Chemotherapie (Metronidazol)

Vorbeugung:

Vermeidung von Stuhlverunreinigungen, Abkochen von Wasser, Händewaschen, in den Tropen kein ungeschältes frisches Obst und kein frisches Gemüse (z. B. Salate) zu sich nehmen.

LEGIONELLOSE (LEGIONÄRSKRANKHEIT)

Nach einem Treffen amerikanischer Kriegsveteranen im Sommer 1976 in Philadelphia kam es zu 180 schweren Erkrankungen des Respirationstraktes mit 29 Todesfällen.

Legionellen sind weltweit verbreitet. In Deutschland treten ca. 6000-7000 Legionellenpneumonien pro Jahr auf. Etwa 1% der Bevölkerung werden in Deutschland jährlich infiziert, nur in ca. 10% d. F. kommt es zu klinischen Symptomen. Sie ist eine der häufigsten Pneumonien!

Erreger:

Legionellen (gramnegative Stäbchen, viele Arten; 90% aller Erkrankungen durch Legionella pneumophila). Sie leben im Wasser oder in feuchter Erde und werden durch infizierte Wasseranlagen (Duschköpfe, Warmwasseranlagen, Inhalationsgeräte, Befeuchtungsanlagen) übertragen.

Inkubationszeit:

2-10 Tage

Klinik:

Breites Spektrum! Von asymptomatischem (90%) über harmlosen, grippeähnlichen Verlauf („Pontiac-Fieber") zu hochfieberhaften Pneumonien mit Schüttelfrost, Kopf- und Muskelschmerzen, Husten, Luftnot; evtl. gastrointestinale Beschwerden (Diarrhoe), Hyponatriämie

Diagnose:

Anamnese (z. B. Hotelaufenthalt), Klinik, Antigennachweis (Sputum, Bronchialsekret, Serum, Urin, Lungenbiopsie) Erregernachweis (Kultur, Mikroskop), serologischer Antikörpernachweis

Therapie:
Antibiotikum
Prognose:
Letalität bei vorher Gesunden 15%, bei Abwehrgeschwächten bis 70%; keine Immunität

LEISHMANIOSE

auch: Leishmaniase, Orientbeule, Kala-Azar
Besonderheit:
An Leishmaniosen sind in 80 Ländern etwa 350 Millionen Menschen erkrankt. Die Zahl der jährlichen Neuerkrankungen liegt bei 400 000 (WHO 1992).
Erreger:
Leishmanien sind Protozoen. Für den Menschen sind drei Arten wichtig:
- Leishmania donovani (Kala-Azar oder viszeralen Leishmaniose; Tropen und Subtropen)
- Leishmania tropica (Orientbeule oder kutanen Leishmaniose; Vorderer Orient, Mittelmeerraum, Nordafrika)
- Leishmania brasiliensis (Haut- und Schleimhautleishmaniose; Mittel- und Südamerika)

Reservoir:
- L. donovani: Wild- und Haushunde
- L. tropica: Wild- und Haushunde
- L. brasiliensis: Wildtiere

Übertragungsweg:
Alle Formen der Leishmaniosen werden durch Blut saugende „Sandfliegen" der Gattung Phlebotomus von kranken Menschen oder infizierten Tieren auf Menschen übertragen.
Inkubationszeit:
- Viszerale Leishmaniose (L. donovani): 2-4 Monate (10 Tage bis 2 Jahre)
- Kutane Leishmaniose (L. tropica): wenige Tage bis viele Monate

Klinik:
- Viszerale Leishmaniose (Kala-Azar)
  - Erbrechen, Leibschmerzen, Durchfälle
  - Fieber 40-41°C (unterschiedliche Dauer, Remissionen, typisch: 2maliger Fieberanstieg während des Tages)
  - Anämie, Lebervergrößerung, Milzvergrößerung (evtl. extremes Ausmaß)
  - Pigmentierung (dunkelbraun) an den der Belichtung ausgesetzten Hautpartien
  - hämorrhagische Diathese (Blutungsneigung von Haut- und Schleimhäuten)
- Kutane Leishmaniose (Orientbeule): kleines, juckendes Knötchen an der Infektionsstelle, später Geschwür mit wallartig erhobenen Rändern, häufig mehrere „Beulen", Abheilung unter Narbenbildung nach ca. 1 Jahr

- Amerikanische Haut- und Schleimhautleishmaniose: kleines juckendes Knötchen an der Infektionsstelle, dann große, tief gehende Geschwüre, die auf die Nasen- und Mundschleimhaut übergreifen und unter Umständen das Knochen- und Knorpelgerüst der Nase zerstören. Krankheitsdauer: viele Jahre, häufig begleitende Sekundärinfektionen.

Diagnose:

Anamnese, Klinik

Bei Kala-Azar: direkter Erregernachweis aus Punktionsmaterial (Knochenmark, Lymphknoten, evtl. Leber oder Milz). Bei Hautleishmaniose wird die Diagnose meist klinisch gestellt mit Sicherung durch den direkten Erregernachweis.

Therapie:

Chemotherapie

Prognose:

Die Prognose der viszeralen Leishmaniose ist ohne spezifische Therapie schlecht. Die Krankheit führt innerhalb von 1-2 Jahren zum Tode. Bei frühzeitiger Therapie ist die Prognose gut.

Vorbeugung:

Fliegenbekämpfung

MONONUKLEOSE

auch: Infektiöse Mononukleose, Monozytenangina, Pfeiffer-Drüsenfieber, Kissing disease (= Kussfieber: spielt auf den Übertragungsmodus durch Küssen an)

Def.:

Virusinfektion des Heranwachsenden mit EB-(Epstein-Barr)-Virus, die zur Hyperplasie und Hypertrophie des lymphatischen Gewebes mit charakteristischen Blutbildveränderungen (mononukleäre Zellen) führt.(In Afrika wird das Epstein-Barr-Virus auch bei bösartigen Burkitt-Lymphomen bei Kindern gefunden.)

Erreger:

Epstein-Barr-Virus (EBV, ein Herpesvirus)

Reservoir:

Mensch (in Westeuropa sind > 95% der Menschen bis zum 30. Lj. mit EBV infiziert).

Übertragungsweg:

direkter Kontakt mit Speichel („Kusskrankheit"), Tröpfcheninfektion, selten Bluttransfusionen

Inkubationszeit:

2-8 Wochen, bei Kindern meist 10 Tage

Klinik: Trias:

- fieberhafte Angina tonsillaris
- Lymphknotenschwellung (generalisiert, 50% d. F.)
- typisches Blutbild

Oft wird eine Milzschwellung beobachtet (gefürchtet: Milzruptur), gelegentlich (5%) Leberbeteiligung mit Gelbsucht (Ikterus).

Diagnose:

Anamnese, Klinik, Lab.: im Differentialblutbild Leukozytose mit 40-90% mononukleäre Zellen und Reizformen der Lymphozyten (typisch aktivierte T-Lymphozyten), Serologie: Antikörper

Therapie:

symptomatisch

Prognose:

gut

MUMPS

siehe unten: Parotitis epidemica

MYKOPLASMEN

MYKOPLASMENPNEUMONIE

Erreger:

Mycoplasma pneumoniae (Bakterium)

Inkubationszeit:

10-20 Tage

Klinik:

10-20% ohne Symptome, 80% Tracheobronchitis, 5-10% atypische interstitielle Pneumonie (mit der Klinik einer atypischen Pneumonie; siehe S. 142)

Komplikationen:

bakterielle Superinfektion; selten: autoimmunhämolytische Anämie (Kälteagglutinine)

Diagnose:

Anamnese, Klinik, Antikörpernachweis, Erregernachweis (Antigen aus Rachensekret)

Therapie:

Antibiotikum (über mindestens 2 Wochen)

PAROTITIS EPIDEMICA

auch: Mumps; Ziegenpeter, Bauernwetzel, Wochentölpel

Erreger:

Mumpsvirus (aus der Gattung der Paramyxoviren)

Reservoir:

Mensch

Übertragungsweg:

Tröpfcheninfektion, direkter Kontakt mit Speichel

Inkubationszeit:

16-20 Tage (12-26 Tage)

Klinik:

- 30-50% der Infektionen verlaufen ohne klinische Symptomatik.
- Müdigkeit, Abgeschlagenheit, Kopf-, Hals-, Ohrenschmerzen, subfebrile Temperaturen
- Organstadium: schmerzhafte Schwellung der Parotis (in 75% d. F. beidseits), mit abstehenden Ohrläppchen und Schmerzen beim Kauen, evtl. Beteiligung der übrigen Speicheldrüsen. (Es gibt auch Mumpserkrankungen ohne erkennbare Parotitis.)
- Komplikationen: Bauchspeicheldrüsenentzündung (Pankreatitis), Hodenentzündung (Orchitis) evtl. mit nachfolgender Sterilität, Thyreoiditis. Nahezu aller Drüsen im Körper können befallen sein („Adenopathie": Erkrankung der Drüsen). Relativ häufig ist die Beteiligung des Zentralnervensystems: Hirnhautentzündung (= Meningitis: 25%) mit guter Prognose, Hirnentzündung (= Enzephalitis, selten) mit ernster Prognose; Schwerhörigkeit (nach Erkrankung Gehörtest durchführen).

Diagnose:

Anamnese, Klinik, (Virusnachweis und Serologie möglich)

Therapie:

symptomatisch: warme Ölverbände auf die Parotis, Mundpflege, Breidiät, Verbot des Besuchs öffentlicher Einrichtungen bis mindestens 1 Woche nach Abklingen der Drüsenschwellung (Ansteckungsgefahr vom 6. Tag vor bis zum 7.-9. Tag nach der Parotitis), Pankreatitis (Therapie siehe S. 209), Orchitis: Hochlagern des Hodens, abschwellende Medikamente, Glukokortikoide

Prognose:

gut (Ausnahme: Mumpsenzephalitis); lebenslange Immunität

Vorbeugung:

aktive Impfung

PNEUMOCYSTIS-CARINII-PNEUMONIE (PCP)

Besonderheit:

Pneumocystis carinii findet sich bei der Mehrzahl der Menschen (70-90%) in der Lunge, ohne dass Krankheitserscheinungen auftreten. Bei gestörter zellulärer Immunität kann es zur opportunistischen Infektion unter dem Bild einer interstitiellen Pneumonie kommen. Die Pneumocystis carinii-Pneumonie ist mit 50% die häufigste Erstmanifestation der HIV-Infektion und mit 85% die häufigste opportunistische Infektion bei AIDS-Patienten. Früher war Pneumocystis carinii vor allem als seuchenhafte Erkrankung von Frühgeborenen und Säuglingen gefürchtet.

Erreger:

Pneumocystis carinii

Reservoir:

Mensch, viele Säugetierarten. (Ob Tiere für den Menschen als Infektionsquelle Bedeutung haben ist noch unklar.)

Übertragungsweg:

aerogen? (wahrscheinlich Inhalation mit Staub oder Tröpfchen)

Inkubationszeit:

3-6 Wochen?

Klinik:

- Atemnot, erhöhte Atemfrequenz (Tachypnoe), trockener Husten, Fieber
- Auskultation und anfangs auch das Röntgenbild der Lunge unauffällig!
- zwei Verlaufsformen: chronisch über Wochen und Monate und schwerer (perakuter) Verlauf

Diagnose:

Anamnese (Abwehrschwäche?), Klinik, Erregernachweis, Histologie (Lungenbiopsie)

Therapie:

Antibiotikum

Prognose:

ist aufgrund der abwehrschwächenden Begleitkrankheiten oft ungünstig

Vorbeugung:

prophylaktisch Antibiotikum bei AIDS-Patienten

RÖTELN

auch: Rubeola; Rötelnembryopathie siehe S. 352

Meldepflicht:

Erkrankung, Tod an Rötelnembryopathie

Erreger:

Rötelnvirus (RNS-Virus aus der Gruppe der Togaviren)

Reservoir:

Mensch

Übertragungsweg:

Tröpfcheninfektion aus dem Nasenrachenraum, seltener indirekter Kontakt mit Gegenständen, die mit infektiösem Nasen-Rachen-Sekret kontaminiert sind; selten Blut, Urin, Stuhl, Konjunktivalsekret

Inkubationszeit:

16-18 Tage (14-21 Tage)

Klinik:

- leichter Beginn (im Gegensatz zu Scharlach), oft nahezu symptomloser Verlauf ohne Fieber und Exanthem, bei symptomatischem Verlauf:
- Fieber, Konjunktivitis
- mittelfleckiges Exanthem (Größe: zwischen grobfleckig bei Masern und stecknadelkopfgroß bei Scharlach), nicht zusammenfließend, beginnt hinter den Ohren, dauert ca. 3 Tage
- generalisierte Lymphknotenschwellung: Bei Röteln kommt es typischerweise zum Auftreten erbs- bis bohnengroßer schmerzloser Lymphknoten zunächst im Nacken (= nuchale Lymphknoten) und hinter den Ohren (= retroaurikulär), später dann generalisiert. Aufgrund der typischen nuchalen Lymphknotenschwellung sind Röteln „im Dunkeln" zu diagnostizieren.
- Milzvergrößerung in 50% d. F.
- Komplikationen: Röteln-Enzephalitis (Frequenz 1:6 000 Erkrankungen), Letalität bis 20%, Röteln-Arthritis (bei Erwachsenen, günstige Prognose), Rötelnembryopathie (siehe S. 352)

Diagnose:

Anamnese, Klinik, ggf. Serologie (Anti-Röteln-IgM beweisen frische Infektion)

Lab.: Leukopenie, Lymphozytose, Plasmazellen (= „buntes Blutbild")

Differentialdiagnose:

Masern, Scharlach (siehe S. 370), Exanthema subitum (Dreitagefieber), infektiöse Mononukleose, Allergie

Therapie:

symptomatisch

Prognose:

gut (Ausnahme: Rötelnenzephalitis, Rötelnembryopathie)

Vorbeugung:

Impfung mit Lebendimpfstoff, Nachimpfung bei Mädchen im präpubertären Alter, Impfschutz bei gebärfähigen Frauen serologisch kontrollieren, ggf. Nachimmunisierung

SCABIES

auch: Krätze

Erreger:

Acarus siro (Krätzmilbe)

Reservoir:

Mensch

Übertragungsweg:

direkter/indirekter Kontakt mit infiziertem Menschen, Intimkontakt, Bettwäsche, Handtücher

Inkubationszeit:

einige Tage bis 6 Wochen

Klinik:

- stark juckende Hauterscheinungen (vor allem nachts bei Bettwärme), vor allem in den Zwischenfingerräumen und im Genitalbereich, auch: vordere Axillarlinie, Handwurzeln, Stamm, selten im Gesicht
- verzweigte Milbengänge: gangartige längliche Papel in der Haut (Lupe), am Ende des Ganges befindet sich die Milbe.
- Nach einigen Tagen bis Wochen kommt es durch Sensibilisierung auf die Milbenantigene zu generalisiertem Juckreiz und sehr variablen Hauterscheinungen (papulovesikulös bis urtikariell), die durch Kratzen und Sekundärinfektionen oft die anfangs typische Klinik überdecken.

Diagnose:

Anamnese, Klinik, mikroskopischer Nachweis der Milbe (oder Eier, Kotballen) aus einem Milbengang (bei chronischen Verlaufsformen ist dieser Nachweis oft sehr schwierig.)

Therapie:

- beim Erwachsenen dreitägige Ganzkörperbehandlung mit γ-Hexachlorcyclohexan (Jacutin®) oder Benzylbenzoat (Antiscabiosum Mago®) (bei Kindern nur stundenweise Behandlung wegen neurotoxischen Nebenwirkungen des Präparates; bei Säuglingen und Schwangeren Therapie mit dem weniger toxischen Benzylbenzoat)
- Vollbäder (mit Antiseptikum)
- Wäsche täglich wechseln und waschen (da die Milben außerhalb der Haut nur 2-3 Tage überleben, genügt das Auslüften der Oberbekleidung über mindestens 4 Tage)
- Untersuchung und Behandlung der Kontaktpersonen
- Nachbehandlung der ekzematösen Hautveränderungen

Prognose:

gut

Vorbeugung:

persönliche Hygiene. Meidung von Kontakt mit erkrankten Personen, häufiger Wechsel von Bettwäsche und Kleidung usw.

SOOR

siehe S. 379: Candida albicans

STAPHYLOKOKKEN-INFEKTIONEN

Erreger:

Staphylokokken: runde, grampositive Bakterien; zahllose Typen werden nach Vorkommen von Hämolysinen, Toxinen und Fermentleistungen usw. eingeteilt. Die meisten Staphylokokken kommen in der Normalflora des Menschen vor. Sie werden nur pathogen bei besonderer Abwehrschwäche des Wirtes und bei Eindringen in das Gewebe des Körpers. Der häufigste und wichtigste pathogene Typ ist der bei Eiterungen vorkommende Staphylococcus aureus (neben den Streptokokken wichtigster Eitererreger). Gefährliche Krankheitserreger sind auch die enterotoxinbildenden Staphylokokken-Typen (Lebensmittelvergiftungen).

Reservoir:

Mensch: Staphylococcus aureus kann bei 30-40% der Menschen aus dem Nasenrachenraum isoliert werden. Bei einigen Menschen ist der Stuhl wichtigstes Erregerreservoir.

Übertragungsweg:

Staphylokokkeninfektionen werden am häufigsten durch verschmutzte Hände übertragen. Extrem infektiös sind z. B. Eiterherde.

Inkubationszeit:

4-10 Tage

Klinik:

Staphylokokken können eine Vielzahl verschiedener Krankheitsbilder verursachen.

- außerhalb der Klinik: Lokalinfektionen (Furunkel, Karbunkel, Abszess, Nabelschnurinfektionen, Mastitis, Puerperalfieber, Osteomyelitis u.v.a.)
- in der Klinik: häufigster Erreger im Krankenhaus erworbener Krankheiten! Wundinfektionen, Infektionen von Haut und Subkutis, Meningitiden, Atemwegsinfektionen (Pneumonien)
- Vergiftungen durch Staphylokokkentoxine: z. B. α-Toxin: Hämolyse, Schädigung der glatten Muskulatur der Darmwand, Blutdrucksenkung, Myokardschäden. Das Enterotoxin ruft, wenn es mit Lebensmitteln eingenommen wird, schwere Durchfälle hervor.

Diagnose:

Anamnese, Klinik, Staphylokokkennachweis aus Eiter, Wundabstrich, Blutkultur, Sputum, Urin, Gallensaft, Pleurapunktat u. a.

Therapie:

Antibiotikum (penizillinasefeste Penizilline)

Vorbeugung:

Händewaschen! Desinfektion! Einmalhandschuhe beim Verbandswechsel!

STREPTOKOKKEN-INFEKTIONEN

siehe S. 369: Scharlach

Meldepflicht:

Tod bei Scharlach und Puerperalsepsis; Epidemien von Angina, Scharlach und Impetigo contagiosa oder Wundinfektionen oder Krankenhausinfektionen. Epidemien in Kliniken, Schulen, Kinder- und Säuglingsheimen, Kindergärten usw. sind ebenfalls meldepflichtig.

Erreger:

Streptokokken: kleine, runde, grampositive Kokken. Die Gattung der Streptokokken umfasst zahlreiche Arten. Aus praktischen Gründen wird in der Medizin eine Einteilung gebraucht, die auf dem Hämolyseverhalten (α, β, γ) und der Antigenstruktur (A, B, C bis V) beruht.

Reservoir:

Mensch: 5-35% gesunder Schulkinder sind asymptomatische Keimträger (Nasenrachenraum).

Übertragungsweg:

meist direkter Kontakt, selten indirekter Kontakt über verschmutzte Gegenstände oder Hände, Tröpfcheninfektion aus dem Nasen-Rachenraum

Inkubationszeit:

1-5 Tage

Klinik:

- Streptococcus pyogenes (A-Streptokokken)

  A-Streptokokkenkrankheiten können in akute Infekte und in deren Folgekrankheiten unterteilt werden:
  - Akute, invasive Infekte: Die Erreger dringen über die Haut oder die Schleimhaut ein und breiten sich vom primären Infektionsherd ins Gewebe aus: z. B. Erysipel (siehe unten), Angina tonsillaris (siehe unten), Phlegmone, Nebenhöhlenentzündung (Sinusitis), Mittelohrentzündung (Otitis media), Hirnhautentzündungen, Wundinfekte u.v.m. Von primären Herden aus kann es zu Septikämien (Puerperalsepsis) oder zur hämatogenen Streuung mit Befall anderer Gewebe kommen (z. B. hämatogene Osteomyelitis).
  - Folgekrankheiten: Glomerulonephritis (siehe S. 240), rheumatisches Fieber (siehe S. 403)
- Streptococcus pneumoniae (Pneumokokken)
  - 40-50% gesunder Erwachsener sind Keimträger!
  - Lappenpneumonie (Lobärpneumonie), Bronchopneumonie
  - akute Verschlechterung einer chronischen Bronchitis, Mittelohrentzündung, Nasennebenhöhlenentzündung, Hirnhautentzündung (Meningitis), Hornhautulkus, Septikämie
- Streptococcus viridans
  - 50-70% aller bakterieller Endokarditiden

(• S. mutans, S. sanguis und S. mitis sind (neben Actinomyces viscosus und A. naeslundii) für die Zahnkaries verantwortlich.)

Diagnose:

Anamnese, Klinik, Abstriche, Blutkulturen, Antikörpertiter (abgelaufene Infekte können durch Bestimmung der Titer der Antikörper gegen das Streptolysin O (Antistreptolysin-O-Titer) und gegen die DNase B wahrscheinlich gemacht werden.)

Therapie:

Antibiotikum

3 Wochen nach Therapie einer Streptokokkeninfektion der Antigengruppe A (Scharlach, Angina tonsillaris, Impetigo contagiosa u. a.) sollte eine Urinuntersuchung durchgeführt werden, um eine als Folgekrankheit auftretende Glomerulonephritis nicht zu übersehen.

Prognose:

im Allgemeinen gut; bei Abwehrschwäche, zu später Antibiotikatherapie oder bei Folgeerkrankungen können ernste Verläufe (z. B. rheumatisches Fieber mit Endokarditis) auftreten.

Vorbeugung:

gute persönliche Hygiene, Händewaschen

ERYSIPEL

auch: Wundrose

Erreger:

β-hämolysierende Streptokokken der Gruppe A

Reservoir:

Mensch

Übertragungsweg:

direkter Kontakt, verschmutzte Gegenstände

Inkubationszeit:

Stunden bis 2 Tage

Klinik:

Es kommt zu Entzündung der Haut und des Unterhautzellgewebes (mit Ausbreitung auf dem Lymphweg). Die häufigsten Eintrittspforten sind z. B. Ulcus cruris, Fußpilz, Rhagaden am Naseneingang

- Schüttelfrost, hohes Fieber
- scharf begrenzte, schmerzhafte, ödematöse Rötung mit flammenförmigen Ausläufern, oft mit Bläschen und Blasen, Gangrän oder Vordringen in die Subkutis
- Komplikationen: Rezidive, Verstopfung der Lymphbahnen (mit Elephantiasis), Sepsis

Diagnose:

Anamnese, Klinik, Abstrich, ggf. Blutkultur (bei Sepsis)

Therapie:

Antibiotikum, Bettruhe, Hochlagern der Extremität

ANGINA TONSILLARIS

auch: Streptokokken-Angina (akute Entzündung der Gaumenmandeln)

Erreger:

β-hämolysierende Streptokokken der Gruppe A (auch: Staphylokokken, Pneumokokken)

Reservoir:

Mensch

Übertragungsweg:

direkt durch Tröpfcheninfektion, indirekt durch Gebrauchsgegenstände von Mensch zu Mensch

Inkubationszeit:

1-5 Tage

Klinik:

- Beginn meist (vor allem bei Kindern) mit hohen Temperaturen, evtl. Schüttelfrost
- Rachenbrennen, Schluckschmerzen (oft ins Ohr ausstrahlend), Mundöffnung erschwert
- belegte Zunge, Mundgeruch (Foetor ex ore), kloßige Sprache, starker Speichelfluss, starkes Krankheitsgefühl, Nahrungsaufnahme behindert
- beide Gaumenmandeln hochrot und geschwollen (wie auch Rachenhinterwand), Eiterstippchen auf den Tonsillen, regionale Lymphknoten geschwollen
- Komplikationen: Larynxödem, Otitis media, rheumatisches Fieber, Glomerulonephritis

Diagnose:

Anamnese, Klinik, Rachenabstrich (Zur Differentialdiagnose und zum Ausschluss von Nachkrankheiten sind bei jeder Tonsillitis bakteriologischer Abstrich, Urinstatus und Differentialblutbild zu untersuchen.)

Differentialdiagnose:

Scharlach, Syphilis, Tuberkulose, Diphtherie, virale Infektionen, Angina Plaut-Vincenti, Mononukleose, orale Kandidose

Therapie:

Bettruhe, Schmerzmittel, weiche oder flüssige Kost, Eis, hochdosierte, systemische (keine lokale!) Antibiotika-Therapie (wegen der drohenden Komplikationen!), feuchte Halswickel

Prognose:

gut, Gefahr: Zweiterkrankungen (siehe unten)

ZWEITERKRANKUNGEN NACH STREPTOKOKKENINFEKTIONEN

10-20 Tage nach einer Erkrankung mit β-hämolysierende Streptokokken der Gruppe A können - als Zweiterkrankungen - ein rheumatisches Fieber oder eine Glomerulonephritis auftreten.
Es handelt sich hierbei um streptokokkenallergische entzündliche Systemerkrankungen, bedingt durch eine Allergie vom verzögerten Typ gegen Streptokokkenantigene (infektinduzierte Autoimmunreaktionen).

RHEUMATISCHES FIEBER (RF)

Def.:
Das rheumatische Fieber (RF) ist eine streptokokkenallergische entzündliche Systemerkrankungen, die sich an Haut, Herz (als rheumatische Karditis), ZNS (als Chorea minor) und Gelenken (als akute Polyarthritis) manifestiert. Erkrankungsgipfel zwischen 5-15 Jahren.

Klinik:
Das rheumatische Fieber beginnt ca. 10-20 Tage nach einer Infektion mit β-hämolysierende Streptokokken der Gruppe A (meist Infektionen der oberen Atemwege: z. B. Pharyngitis, Tonsillitis). Es „leckt die Gelenke und beißt das Herz".

- Allgemeinerscheinungen: Fieber, Kopfschmerzen, Schwitzen
- akute wandernde Polyarthritis: Sie bevorzugt große Gelenke und springt von Gelenk zu Gelenk. Die betroffenen Gelenke sind oft überwärmt, geschwollen und stark schmerzhaft.
- Hauterscheinungen:
  - Erythema anulare rheumaticum (marginatum): rosarote, rundliche Flecken am Stamm (besonders im Gebiet des Nabels)
  - subkutane Knötchen
  - Erythema nodosum (seltener): rötlich blaue, druckschmerzhafte Knoten, meist an den Streckseiten der Unterschenkel
- Karditis als: Endo-, Myo- und Perikarditis lebensbedrohlich! Klappenveränderungen, Rhythmus- oder Erregungsleitungsstörungen usw.
- Chorea minor („Veitstanz"): neurologische Störung mit unkontrollierte Bewegungen der Hände und Ungeschicklichkeit der erkrankten Kinder (verschütten Suppe, zerbrechen Geschirr).
- Pleuritis (selten)

Diagnose:
Anamnese, Klinik, Labor: BSG und CRP (C-reaktives Protein) erhöht, Nachweis von Antikörpern gegen Streptokokken-Antigene: Antistreptolysin O (= ASO oder ASL; besonders bei rheumatischem Fieber), Antidesoxyribonukleidase B(ADB oder Anti-DNAse B; besonders bei Glomerulonephritis).

Jones-Kriterien der AHA (American Heart Association)

	Hauptkriterien		Nebenkriterien
1	Karditis	1	Fieber
2	Polyarthritis	2	Arthralgie
3	Chorea minor	3	BSG u./o. CRP erhöht
4	Subkutane Knötchen	4	Verlängerte PQ-Zeit (im EKG)
5	Erythema marginatum oder anulare	5	Rheumatisches Fieber oder rheumatische Karditis in der Anamnese

Die Diagnose rheumatischen Fiebers ist wahrscheinlich:

1) wenn ein Streptokokkeninfekt vorausging
2) wenn 2 Hauptkriterien oder 1 Haupt- und 2 Nebenkriterien erfüllt sind.

Therapie:

- Antibiose (Penizillin)
- Rezidivprophylaxe („Endokarditisprophylaxe") mit Penizillin als Dauertherapie über 10 Jahre (maximal bis zum 25 Lj, danach nur noch bei diagnostischen oder operativen Eingriffen). Mit jedem Rezidiv wird die Wahrscheinlichkeit eines Klappenfehlers größer!
- Entzündungshemmende Medikamente (z. B. Acetylsalicylsäure, Glukokortikoid)
- Tonsillektomie (Entfernung der Gaumenmandeln), evtl. Zahnsanierung („Fokalsanierung")

Prognose:

Sie wird durch den Verlauf der Endokarditis bestimmt! Je früher die Penicillintherapie einsetzt, umso besser die Prognose.

AKUTE POSTINFEKTIÖSE GLOMERULONEPHRITIS

Def. und Ätiologie:

Immunkomplexnephritis nach einem Infekt mit β-hämolysierende Streptokokken der Gruppe A

Klinik:

Nach einen beschwerdefreien Intervall von 1-2 Wochen nach einem Streptokokkeninfekt (Pharyngitis, Otitis media, Angina, Scharlach, Erysipel, Phlegmone) wird der Patient erneut krank:

- obligat: Mikrohämaturie (evtl. auch sichtbare Erythrozyturie), Proteinurie (< 3 g/24h)
- fakultativ: Ödeme (morgendliche Lidödeme), Hypertonie, Makrohämaturie, Kopf- und Gliederschmerzen, Fieber, Lendenschmerz (Nierenkapselspannung), epileptische Anfälle und Schläfrigkeit (Hirnödem) u. a.

Diagnose:

Anamnese, Klinik, Labor: Urinbefund: Hämaturie, Proteinurie; Blut: BSG und CRP (C-reaktives Protein) erhöht, Nachweis von Antikörpern gegen Streptokokken-Antigene: Antistreptolysin O (= ASO oder ASL; besonders bei rheumatischem Fieber), Antidesoxyribonukleidase B (ADB oder Anti-DNAse B; besonders bei Glomerulonephritis), evtl. Kreatinin und Harnstoff erhöht.

Therapie:

Bettruhe, körperliche Schonung, salz- und eiweißarme Kost, engmaschige Gewichts-, Blutdruck- und Laborkontrollen, antibiotische Therapie eines Streptokokkeninfektes, ggf. Tonsillektomie (Entfernung der Gaumenmandeln), Behandlung von Komplikationen (Lungenstauung, Hirnödem, Hypertonie, Oligurie, Ödeme)

Prognose:

Ausheilung: Kinder > 90%, Erwachsene ca. 50% (evtl. Übergang in chronisches Stadium)

TRICHOMONIASIS

Erreger:

Trichomonas vaginalis (auch: Trichomonas urogenitalis, ein Protozoon) ist weltweit verbreitet

Reservoir:

Mensch

Übertragungsweg:

direkter Kontakt, vorwiegend Geschlechtsverkehr

Inkubationszeit:

2-24 Tage

Klinik:

Trichomonaden finden sich bei 8-12% aller Frauen im gebärfähigen Alter im Genitalbereich (bei 20-30% aller Frauen mit Entzündungen im Genitalbereich) und bei 2-5% aller Männer. Die pathogenetische Bedeutung ist umstritten: Sind sie allein (?) oder zusammen mit Bakterienflora verantwortlich für:

- Kolpitis (Entzündung d. Scheide)
- Prostatitis (Entzündung der Vorsteherdrüse)
- Balanitis (Entzündung der Eichel)
- Urethritis (Harnröhrenentzündung)

Diagnose:

Anamnese, Klinik

Lab.: frischer Vaginal- bzw. Urethralabstrich in physiologischer Kochsalzlösung, lebhafte Bewegungen der Trichomonaden im Nativpräparat

Therapie:

Chemotherapie (Metronidazol)

VARIZELLEN-ZOSTER-VIRUS

siehe S. 382: Herpes Zoster (siehe auch unten: Varizellen)

VARIZELLEN

auch: Windpocken (siehe auch S. 382, Herpes zoster)

Erreger:

Varicella-Zoster-Virus (ein Herpes-Virus)

Reservoir:

Mensch

Übertragungsweg:

„Fliegende Infektion", hochkontagiös (90% der Patienten, die in Kontakt mit dem Erreger kommen, entwickeln die Krankheit)

Infektiosität: 1 Tag vor bis 1 Woche nach Auftreten der Bläschen

Inkubationszeit:

2-3 Wochen

Klinik:

- Erkrankungsgipfel zwischen dem 2. und 6. Lebensjahr, 90% aller Erkrankungen vor dem 20. Lebensjahr (typische Kinderkrankheit)
- evtl. „rash" (flüchtiges Vorexanthem)
- Bläschenbildung am ganzen Körper (schubweise: Roseolen-Papeln-Bläschen-Krusten), keine Narbenbildung, Befall auch der Schleimhäute (Mund, Genitale) möglich, Juckreiz
- Komplikation: Meningoenzephalitis (selten, gute Prognose); Embryopathie bei Infektion der Mutter in der Frühschwangerschaft (Risiko: 1-3%)

Diagnose:

Anamnese, Klinik, Serologie (Titeranstieg, Antikörper)

Therapie:

symptomatisch: Behandlung des Juckreizes (kein Kratzen = keine Narben)

Prognose:

gut

Vorbeugung:

Aktive Immunisierung wird bei nichtimmunen, gefährdeten, abwehrgeschwächten Patienten durchführt, passive Immunisierung mit Varicella-Zoster-Immunglobulin bei Exposition nichtimmuner, gefährdeter Personen.

WURMERKRANKUNGEN (AUSWAHL)

auch: Helminthiasen

Im Dünndarm des Menschen können sich verschiedene Bandwurmarten ansiedeln. Die Entwicklung dieser Parasiten verläuft immer über Zwischenwirte: Würmer können sich im Patienten selbst nicht fortpflanzen, sondern müssen in ihrer Entwicklung vom Ei zur Larve (Finne) und von der Larve zum geschlechtsreifen Wurm einen oder mehrere Wirtswechsel durchführen.

Der Mensch ist auch für Larvenstadien (Finnen) verschiedener Bandwurmarten empfänglich. Sie entwickeln sich in den Körpergeweben und entfalten im Allgemeinen eine größere Schadwirkung als die Darmstadien der Bandwürmer. Hier sind vor allem die Finnen von Echinokokkus-Arten zu erwähnen, die schwerste Erkrankungen und Todesfälle verursachen können (siehe S. 409).

Merke: Hinweis auf eine Wurmerkrankung: Eosinophilie im Differentialblutbild

ASKARIASIS

auch: Askaridiasis

Besonderheit:

Weltweit wird die Zahl der Infizierten auf etwa 1 Milliarde (!) geschätzt (Todesfälle pro Jahr: 20 000). Hauptendemiegebiete sind Länder in Südostasien, Afrika und Lateinamerika. In Mitteleuropa sind Infektionen selten.

Erreger:

Ascaris lumbricoides (Spulwurm), weltweit verbreitet, Männchen sind 25 cm, Weibchen 40 cm, leben im Jejunum des Menschen. Die Larvenentwicklung aus den Eiern vollzieht sich nur im Freien unter Sauerstoffzutritt (deshalb vermehren sich die Würmer nie im Patienten!).

Entwicklungskreislauf: Das Weibchen lebt im Jejunum und scheidet bis zu 200 000 unreife Eier pro Tag aus. Diese gelangen mit dem menschlichen Stuhl nach draußen (dort Reifung der Eier unter Sauerstoff). Die reifen Eier werden mit Gemüse, Salat o. Ä. wieder vom Menschen aufgenommen und gelangen in den Dünndarm. Im Jejunum entwickeln sich aus den Eiern die Larven. Diese durchbohren die Darmwand, gelangen von dort in die Pfortader, zur Leber, in die Lunge, in die Luftröhre. Durch das Flimmerepithel der Luftröhre werden sie mundwärts transportiert und dort erneut verschluckt. Nach ihrer Reise sind sie nun wieder im Jejunum und entwickeln sich dort zu geschlechtsreifen Würmern. Eiproduktion ...

Übertragungsweg:

oral durch Aufnahme larvenhaltiger Eier (verunreinigte Nahrungsmittel, kontaminierte Erde, seltener Trinkwasser)

Inkubationszeit:

ca. 7-9 Wochen

Klinik:

Auch bei massivem Befall hat nur die Hälfte der Wurmträger Beschwerden:

- diffuse Leibschmerzen, Koliken, Übelkeit, Erbrechen, Durchfälle, Ileussymptomatik
- Blockaden des Gallen- u. Pankreasganges (selten)

- eosinophiles Lungeninfiltrat (während der Lungenpassage, DD zur Tbc)
- bei Kleinkindern Wachstumshemmung (Entzug von Aminosäuren) und Lungeninfekte

Diagnose:

Anamnese, Klinik. Lab.: Nachweis der Eier im Stuhl, Eosinophilie im Blutbild, IgE-Erhöhung, Infiltrat im Röntgenbild des Thorax

Therapie:

Chemotherapie

Prophylaxe:

allgemeine Hygienemaßnahmen (Abwasserreinigung, Körper- und Nahrungsmittelhygiene: Waschen von Obst und Gemüse, Kochen der Nahrungsmittel usw.)

BANDWÜRMER (TAENIASIS, TÄNIOSEN) UND ZYSTIZERKOSE

siehe auch: Echinokokkose (Hundebandwurm); weitere Wurmerkrankung: Trichinose (S. 355)

Erreger:

- Taenia saginata: Rinder(finnen)bandwurm
- Taenia solium: Schweine(finnen)bandwurm
- Diphyllobothrium latum: Fischbandwurm (auch: breiter Grubenkopfbandwurm)

Reservoir, Übertragungsweg, Pathogenese:

Hauptwirt für die oben genannten Bandwürmer ist der Mensch. Der Wurm befindet sich im Darm des Menschen, seine Eier werden mit dem Stuhl ausgeschieden und von den betreffenden Tierarten (Rind, Schwein, Krebs/Fisch) aufgenommen. Im Darm dieser Zwischenwirte wird die Larve frei und gerät mit dem Blutstrom in verschiedene Körperteile (z. B. Muskulatur, Lunge, Leber), wo sie sich zur Finne (Zystizerkus) entwickelt. Die Infektion des Menschen erfolgt durch Genuss von finnenhaltigem Fleisch oder Fisch. Der Wurm setzt sich im Dünndarm fest und ernährt sich vom Darminhalt. (Besonderheit: Der Fischbandwurm entzieht dem Darm Vitamin B12, sodass es zu einem Vitamin B12-Mangel kommen kann.)

Klinik:

- in vielen Fällen sind die Betroffenen beschwerdefrei.
- Druckgefühl im Oberbauch, Appetitlosigkeit, Übelkeit, Erbrechen
- oder: Heißhunger, Gewichtsabnahme (trotz reichlichen Essens)
- Abgang von Bandwurmgliedern (Proglottiden) im Stuhl
- Vitamin B12-Mangel-Anämie (bei Befall mit Fischbandwurm)

Sonderform Zystizerkose: In seltenen Fällen infiziert sich der Mensch nicht mit den Finnen des Schweinebandwurms (aus dem Zwischenwirt), sondern mit den Eiern. Der Mensch ist im Entwicklungszyklus dann nicht Endwirt, sondern Zwischenwirt. Im Menschen entwickeln sich Schweinebandwurmfinnen. Dieses Krankheitsbild wird Zystizerkose genannt. Die Finnen können in verschiedenen Organen vorkommen: In der Haut sind die Zystizerken als prall elastische oder derbe Knoten fühlbar. Bei Befall der Muskulatur treten gelegentlich „rheumatische" oder neuralgiforme Beschwerden auf. Im Bereich des Zentralnervensystems kann die Zystizerkose intrazerebral, intraventrikulär und in den Meningen vorkommen. Klinische Ausfallserscheinungen sind dann abhängig von der Lokalisation: epileptiforme Anfälle, chronische Meningitis usw.

Diagnose:

Anamnese, Klinik, Stuhluntersuchung (Abgang von Proglottiden), Lab.: Eosinophilie

Therapie:

Chemotherapie (Niclosamid = Yomesan®), Kontrolle des Stuhls 3 Monate nach Therapieende. Die Zystizerkose kann nicht medikamentös, sondern nur chirurgisch angegangen werden.

Prognose:

gut, bei Zystizerkose ungünstiger

Vorbeugung:

Erfassung der Finnenträger bei der Schlachttieruntersuchung, Abwasserreinigung, Verzicht auf den Genuss rohen Fleisches („Tartar"), Hackfleisch sollte vor dem Verzehr mindestens 24 Stunden tiefgefroren werden.

ECHINOKOKKOSE (HUNDEBANDWURM)

Echinococcus-Arten sind kleine Bandwürmer, die im Dünndarm von Hund, Fuchs, Katze und anderen Karnivoren parasitieren. Nach oraler Aufnahme der Bandwurmeier entwickeln sich in verschiedenen Säugetierarten und im Menschen Larvenstadien (Finnen), die Erkrankungen (Echinokokkose) und Todesfälle hervorrufen können.

Erreger:

- Echinococcus granulosus (auch: E. unilocularis oder E. cysticus): zystische Echinokokkose
- Echinococcus multilocularis (E. alveolaris): alveoläre Echinokokkose

Reservoir, Übertragungsweg, Pathogenese:

Hauptwirt des Hundebandwurms ist der Hund (E. cysticus) und der Fuchs (E. alveolaris, seltener: Hund, Katze). Hund und Fuchs beherbergen den Wurm im Darm und scheiden die Eier aus. Diese können auf oralem Weg in den Darm des Menschen gelangen (direkter Kontakt mit Bandwurmträgern, kontaminierte Nahrungsmittel, z. B. Waldbeeren, Trinkwasser, Verschleppung von Eiern durch Insekten).

- Die Eier von Echinococcus cysticus gelangen nach oraler Aufnahme zunächst in den Darm und von dort in die Leber. Sie können sich dort ansiedeln, weiter in die Lunge wandern oder auf dem Blutweg in andere Organe verschleppt werden. In diesen Organen entwickeln sich die Eier zur zystischen Finne. Diese ist von einer fibrösen Kapsel umgeben (Hydatide oder Echinokokkusblase: flüssigkeitsgefüllte Blase, meist in Leber u./o. Lunge).
- Echinococcus alveolaris kommt hauptsächlich in der Leber vor. Er besteht aus rundlichen, stecknadelkopf- bis erbsengroßen Bläschen. Echinococcus alveolaris zeigt im Gegensatz zu Echinococcus cysticus infiltrierendes Wachstum und Metastasierung. Klinisch ähnelt das Bild oft dem eines bösartigen Tumors.

Inkubationszeit:

unbestimmt

Klinik:

- Zystische Echinokokkose
  - Altersgipfel: 20.-50. Lebensjahr (77% d. F.), auch schon bei Kindern unter 10 Jahren
  - Ein Teil der Infizierten bleibt jahrelang symptomlos.
  - Eine (90% d. F.) oder mehrere (10% d. F.) Finnenblasen (Hydatiden) finden sich in der Leber (50-70%), in der Lunge (15-30%), in anderen Organen (Milz, Niere, Peritonealhöhle, ZNS u. a). Aufgrund der verschiedenen Lokalisation unterschiedlichste Symptome:
    - → Leberechinokokkose: Bauchschmerzen, Ikterus
    - → Lungenechinokokkose: symptomlos, evtl. Husten, Schmerzen, Atembeschwerden
    - → Gehirn- o. Rückenmarkechinokokkose: neurologische Symptome
  - Komplikation: Ruptur von Finnenblasen (Hydatiden) mit allergischem Schock
- Alveoläre Echinokokkose
  - primäre Ansiedlung in der Leber (98% d. F.), chronisch-schleichender Verlauf
  - sekundäre Metastasierung in die Lunge und in andere Organe
  - Oberbauchschmerzen, Ikterus, Lebervergrößerung

Diagnose:

Anamnese, Klinik, Lab.: Eosinophilie, Antikörpernachweis, Sonografie, CT, Angiogramm usw.

Therapie:

Durch chirurgische Entfernung der Echinokokken ist Heilung möglich. Die Operationen gelingen häufig bei zystischer Echinokokkose, selten(er) bei alveolärer Echinokokkose. Bei nur teilweise operierten oder inoperablen Patienten: Chemotherapie. Sie kann Heilung (zystische E.) bzw. Lebensverlängerung (in 80% bei alveolärer E.) bringen.

Prognose:

Die Letalität von E. alveolaris beträgt nach Monaten bis Jahren dauernder Krankheit > 90%! (jedoch ist das Krankheitsbild sehr selten), Spontanheilung ist möglich. Die Letalität von E. cysticus beträgt 3-4% (bei optimaler Versorgung).

Vorbeugung:

Besondere Hygiene beim Umgang mit Hunden, Katzen und Füchsen beachten. Innereien von Schlachttieren sollten nur nach Kochen oder Tiefgefrieren (-18°C, mindestens 3 Tage) als Hundefutter verwendet werden. Bei infektionsgefährdeten Patienten sind vorsorgliche serologische Untersuchungen zu empfehlen.

ENTEROBIOSE (OXYUROSE)

auch: Enterobiasis

Erreger:

Enterobius vermicularis (Madenwurm)

Entwicklungskreislauf: Weibchen (10 mm) wandern aktiv durch den Anus aus (spät abends) und setzen 5000-10000 Eier im Bereich um den Anus ab. Dann sterben die Weibchen ab. Innerhalb von 6 Stunden reifen die Eier heran.

Reservoir:

Mensch

Übertragungsweg:

- durch Selbstinfektion (Hand-Mund)
- aerogen (Wäschestaub u. Ä. wird eingeatmet oder verschluckt).
- direkte Infektion von Mensch zu Mensch
- Retroinfektion (?): Larven schlüpfen perianal aus und wandern aktiv in den Darm zurück.

Klinik:

Vornehmlich erkranken Kinder im Schulalter, nur bei 25% der Befallenen treten Symptome auf:

- Afterjucken (vor allem nachts)
- Nervosität, Entwicklungsstörungen
- bei Mädchen: Flour vaginalis

Diagnose:

Anamnese, Klinik, mikroskopischer Nachweis mittels Klebestreifen (Eier am Klebestreifen).

Therapie:

Chemotherapie

Vorbeugung:

Hygiene (vor allem Hände), Auskochen der Wäsche und Reinigung kontaminierter Gegenstände in heißem Wasser

TRICHINOSE

siehe S. 355

LABOR

BLUTUNTERSUCHUNGEN

BLUTSENKUNG (BSG)

HERSTELLUNG UND NORMALWERTE

Die BSG oder Blutkörperchensenkungsgeschwindigkeit ist ein unspezifischer Suchtest, der orientierend Hinweise auf das Bestehen einer Krankheit gibt.

Das Verhalten der BSG ist ein Zusammenwirken verschiedener Serumbestandteile und wird mitbestimmt durch die Masse der Erythrozyten. Mit zunehmendem Lebensalter steigt ihr Wert an und liegt bei Frauen generell höher. Nicht selten finden sich pathologisch erhöhte (reversible) BSG-Werte, ohne dass dafür ein Grund gefunden wird. Dies sollte bei der Beurteilung der Aussagekraft der BSG berücksichtigt werden.

Herstellung:

In eine 2 ml Spritze werden 0,4 ml 3,8%ige Natriumzitratlösung (evtl. auch EDTA) als Gerinnungshemmer und anschließend 1,6 ml Venenblut aufgezogen und durch Kippen (kein Schütteln) gemischt. Die Blutprobe wird in einem mit einer Millimetergraduierung versehenen Glas- oder Kunststoffröhrchen bis zur Höhe von 200 mm aufgezogen.

In senkrechter Position des Röhrchens wird die Sedimentation des Erythrozyten in mm/Std. nach einer und nach zwei Stunden abgelesen (Methode nach WESTERGREN).

Normalwerte:

Männer:	3-8 mm nach der 1. Stunde	5-18 mm nach der 2. Stunde
Frauen:	6-11 mm nach der 1. Stunde	6-20 mm nach der 2. Stunde

ERNIEDRIGUNG DER BLUTSENKUNG

BSG-Erniedrigung findet sich bei:

- Polyglobulie
- Polycythaemia vera
- Sichelzellanämie

BESCHLEUNIGUNG DER BLUTSENKUNG

MÄßIGE BESCHLEUNIGUNG

(bis 50 mm nach der 1. Stunde)

- entzündliche Erkrankungen wie Nierenbeckenentzündung, Gallenblasenentzündung, Lues, Tuberkulose, oberflächliche Venenentzündung (Thrombophlebitis)
- Myxödem
- Akute Sarkoidose
- Schwangerschaft nach der 8. Woche
- postoperativ (nach einer Operation)
- Magengeschwür (Ulcus ventriculi)
- Krampfaderleiden (Varikosis) u. a.

STARKE BESCHLEUNIGUNG

(über 50 mm nach der 1. Stunde)

- nach Herz- und anderen Infarkten
- chronische Leberkrankheit
- Primär chronische Polyarthritis
- Malignome, Tumor mit Metastasen
- akute bakterielle Infektionen
- Nekrosen
- hämolytische Anämie

SEHR STARKE BESCHLEUNIGUNG

(über 100 mm nach der 1. Stunde)

- Multiples Myelom (Plasmozytom)
- Rheumatisches Fieber
- Hypernephrom (Nierentumor)
- Kollagenosen
- M. Hodgkin
- Peritonitis (Bauchfellentzündung)
- Sepsis, Makroglobulinämie Waldenström, nephrotisches Syndrom u. a.

BLUTBILD

zu kleinem und großem Blutbild vgl. Kapitel Hämatologie (S. 16)

URINUNTERSUCHUNGEN

HARNANALYSE MIT TROCKENCHEMIE-TESTSTREIFEN

Der Harn- oder Urinstatus (Harnanalyse mit Trockenchemie-Teststreifen) gibt Auskunft über das Vorkommen folgender Substanzen im Urin:

- Nitrit
- pH
- Eiweiß (Proteinurie)
- Glukose (Glukosurie)
- Keton (Ketonurie)
- Urobilinogen (Urobilinogenurie)
- Bilirubin (Bilirubinurie)
- Blut
  - Erythrozyten (Erythrozyturie)
  - Hämoglobin (Hämoglobinurie), Myoglobin (Myoglobinurie)
- Leukozyten (Leukozyturie)

Krankheiten vieler Organsysteme lassen sich durch diese äußerst einfach und kostengünstig durchzuführende Untersuchung feststellen:

- Bei Erkrankungen der Niere und des Urogenitaltraktes finden sich Nitrit, Leukozyten und eventuell Eiweiß und eine Verschiebung des pH-Wertes im Urin.
- Bei Diabetes mellitus finden sich Glukose und evtl. Keton im Urin (ketoazidotisches Koma).
- Bei Erkrankungen der Leber sind Urobilinogen und Bilirubin nachweisbar.
- Erythrozyten und Hämoglobin finden sich bei Blutungen im Urogenitaltrakt (z. B. Nierentumor, Blasenpapillom, Nierensteine u. a).

HARNSEDIMENT

Im Harnsediment kann man unter dem Mikroskop Zellen, Zellformationen, Bakterien, Trichomonaden und Kristalle (Salze) differenzieren. Aufgrund der großen Fortschritte in der Trockenchemie (Urinstix) gerät das Harnsediment mehr und mehr ins Hintertreffen.

- Plattenepithelien finden sich bei Entzündungen im Bereich der Blase.
- Nierenepithelien bei Nephritis, Pyelonephritis und beim nephrotischen Syndrom
- Erythrozyten finden sich bei allen Blutungen im Urogenitaltrakt (Papillom, Tumor, Trauma, Nieren- oder Harnleitersteine, Glomerulonephritiden usw.
- Leukozyten bei Entzündungen im Urogenitaltrakt (Urethritis, Pyelitis, Pyelonephritis, Prostatitis, Tumoren usw.)
- Bakterien bei Infektionen, falscher Harngewinnungstechnik, verschmutzten Transportgefäßen
- Trichomonaden (Protozoeninfektion; Klinik wie Urethritis/Zystitis, bisweilen symptomlos)
- Zylinder bestehen aus Proteinen, die in den Nierentubuli bzw. Sammelrohren ausgefallen sind. In einem Zylinder können Zellen bzw. Zellreste eingelagert sein. Sie haben walzen- bzw. bandförmiges Aussehen. Man findet sie in erster Linie (aber nicht ausschließlich) bei entzündlichen Erkrankungen im Bereich der Niere (Nephritis, Pyelonephritis, Glomerulonephritis). Man unterscheidet hyaline-, granulierte- , Erythrozyten-, Hämoglobin-, Leukozyten-, Epithel- und Wachszylinder.
- Kristalle sind im wesentlichen ohne größere Bedeutung.

STUHL (FÄZES)

STUHLTEST AUF OKKULTES BLUT

Okkult bedeutet „heimlich, versteckt". Mit dieser Untersuchung ist es möglich nicht sichtbare Blutspuren zu erkennen. Dieser Test gehört heute zum Bestandteil der Krebsvorsorge. Blutungen aus dem Magen-Darm-Trakt (Polypen, Karzinome, blutende Geschwüre usw.) können mit diesem Test festgestellt werden. Ein positives Ergebnis sollte immer Anlass für eine eingehende Untersuchung des Magen-Darm-Traktes (Magenspiegelung, Darmspiegelung) sein.
Vor der Untersuchung sollte der Patient 2 Tage kein rohes Fleisch essen. Auch Zahnfleisch- oder Nasenbluten kann zu falsch positiven Ergebnissen führen. An drei aufeinander folgenden Tagen werden dann auf drei speziellen „Löschpapierbriefchen" kleine Stuhlproben aufgebracht. Der Test wird ausgewertet, indem auf die auf dem Löschpapier angetrocknete Stuhlprobe ein chemisches Reagenz („Entwicklerlösung") getropft wird. Verfärbt sich das Testfeld charakteristisch blau, so ist damit Blut im Stuhl nachgewiesen. Ursachen können sein:

- Hämorrhoiden
- Dickdarmpolypen
- bösartige Tumoren im Magen-Darm-Trakt
- Divertikel im Darm
- Einrisse im Analbereich (Fissuren)
- entzündliche Dickdarmerkrankungen (M. Crohn, Colitis ulcerosa)
- stärkere Blutungen aus dem oberen Magen-Darm-Trakt

Zwei Drittel der Patienten mit Dickdarmkrebs haben ein positives Testergebnis. Ein Drittel der Dickdarmkarzinome bluten jedoch nicht. Diese Karzinome sind mit dem Test nicht erfassbar.

Lerntext 20 **Normwerttabelle**

Laborwerte	**Einheit**	**männlich**		**weiblich**
Blutsenkung	mm/h	3- 8/1. Std. 5-18/2. Std.		6-11/1. Std. 6-20/2. Std.
Hämatologie				
Hämoglobin	g/dl	13,5-17		12-16
Hämatokrit	%	40-52		36-46
Erythrozyten	Mill./µl	4,3-5,7		3,9-5,3
MCV	fl		84-98	
MCH	pg		28-34	
Retikulozyten	/1000 Erys		3-18	
Thrombozyten	1000/µl		150-300	
Leukozyten	/µl		3000-10 000	
Neutrophile absolut	/µl		2500-7500	
Lymphozyten abs.	/µl		1200-3000	
Eosinophile absolut	/µl		bis 250	
Eisen	µg/dl	55-170		50-150
Ferritin	µg/l	19-500		7-220
Blutausstrich				
Stabkernige	%		1-3	
Segmentkernige	%		60-70	
Eosinophile	%		1-5	
Basophile	%		0-1	
Lymphozyten	%		20-30	
Monozyten	%		2-6	
Serumelektrolyte				
Natrium	mmol/l		135-150	
Kalium	mmol/l		3,5-5,5	
Kalzium	mmol/l		2,0-2,75	

Laborwerte	Einheit	männlich		weiblich
Nierenfunktion				
Harnstoff	mg/dl		11-55	
Kreatinin	mg/dl		0,7-1,5	
Leberenzyme				
GPT	U/l	4-22		4-20
Gamma-GT	U/l	4-28		4-23
CHE	U/l		3000-8000	
Pankreasenzyme				
Amylase	U/l		bis 140	
Lipase	U/l		30-180	
Herzenzyme				
CK	U/l	10-80		10-70
CK-MB	U/l		< 10	
GOT	U/l	6-18		6-16
LDH	U/l		140-290	
Stoffwechsel				
Harnsäure	mg/dl	2,6-7,0		2,6-6,5
Triglyzeride	mg/dl		bis 180	
Cholesterin	mg/dl		Risiko > 200	
LDL-Cholesterin	mg/dl		Risiko > 150	
HDL-Cholesterin	mg/dl		Risiko < 40	
Oraler Glukose-Toleranztest				
Glukose nüchtern	mg/dl		70-120	
Glukose n. 1 Std.	mg/dl		< 200	
Glukose n. 2 Std..	mg/dl		< 140	
Sonstiges				
Bilirubin gesamt	mg/dl		0,2-1,2	
Bilirubin direkt	mg/dl		0,0-0,25	
Haptoglobin	mg/dl		70-320	
Gesamteiweiß	g/dl		6,2-8,2	

INDEX